普通高等教育"十四五"规划教材

钢的浇铸凝固原理

兰 鹏 主编

北 京
冶 金 工 业 出 版 社
2025

内容提要

本书采用理论与实践相结合的方式，阐述了钢在浇铸条件下的凝固行为与特征，包括金属凝固理论的发展、钢的金属学概念、钢的浇铸特性与过程、钢的凝固热/动力学特征、钢的凝固冷却缺陷、钢的凝固组织及其演变规律和钢的凝固传输过程与描述等。

本书可作为高等院校钢铁冶金及材料科学与工程专业教材，也可供钢铁企业现场技术专家和生产管理人员、连铸机设计人员、钢材加工/贸易等相关从业者阅读参考。

图书在版编目（CIP）数据

钢的浇铸凝固原理 / 兰鹏主编. -- 北京 ： 冶金工业出版社，2025. 4. --（普通高等教育“十四五”规划教材）. -- ISBN 978-7-5240-0205-5

Ⅰ. TF7

中国国家版本馆 CIP 数据核字第 2025ZW3211 号

钢的浇铸凝固原理

出版发行	冶金工业出版社	**电　　话**	(010)64027926
地　　址	北京市东城区嵩祝院北巷 39 号	**邮　　编**	100009
网　　址	www. mip1953. com	**电子信箱**	service@ mip1953. com

责任编辑　曾　媛　赵鸿儒　美术编辑　彭子赫　版式设计　郑小利

责任校对　梁江凤　责任印制　禹　蕊

三河市双峰印刷装订有限公司印刷

2025 年 4 月第 1 版，2025 年 4 月第 1 次印刷

787mm×1092mm　1/16；17 印张；411 千字；262 页

定价 65. 00 元

投稿电话　(010)64027932　投稿信箱　tougao@cnmip. com. cn

营销中心电话　(010)64044283

冶金工业出版社天猫旗舰店　yjgycbs. tmall. com

（本书如有印装质量问题，本社营销中心负责退换）

前　　言

钢是全球结构材料中最量大面广的品种，对人类社会的资源、建筑、交通、能源、通信、食品、医疗、军工等领域的蓬勃发展起到了巨大推动作用。自 2018 年以来，全球钢材总产量已持续多年超过 18 亿吨，中国粗钢产量占比接近 50%，或将较长时间内仍保持这一趋势。中国是当之无愧的钢铁大国，从业人员规模和研发投入总量都比较大，钢材产量和品种覆盖率已居全球首位，引领了世界钢铁行业的技术进步和高速发展。

钢铁冶金分为以铁矿石为原料的长流程和以废钢为原料的短流程，不管哪种流程，均需要经历液态成型的浇铸凝固过程。钢的凝固具有高温、潜热大、导热慢、塑性低和包晶相变等特性，与经典凝固学中铝、铜、锌等金属有较大的区别，其浇铸过程的非线性规律更加显著。对钢的凝固过程的正确理解与认识程度决定了浇铸产品水平及其稳定性，而这方面目前还没有建立足够完善的理论结构体系。作者基于多年来的科研工作积累，采用理论与实践相结合的手段阐述了钢在浇铸条件下的凝固行为与特征，其中包括绪论（第 1 章）、钢的金属学概念（第 2 章）、钢的浇铸特性与过程（第 3 章）、钢的凝固相变热/动力学特征（第 4 章）、钢的凝固组织及其演变规律（第 5 章）和钢的凝固传输过程与模型（第 6 章），相关内容构成了一套解析钢的浇铸凝固过程的基本理论框架。

本书第 1 章由兰鹏（北京科技大学）编写，第 2 章由张家泉（北京科技大学）编写，第 3 章中的 3.1~3.4 节由兰鹏编写、3.5 节由韩占光（中冶南方工程技术有限公司）编写，第 4~6 章由兰鹏编写。本书以作者在北京科技大学冶金与生态工程学院“浇铸与凝固模拟”“金属材料热处理”“炼钢学”等课程的教学内容为基础，结合与国内诸多钢铁企业的科研合作成果，同时参考和借鉴了卢震博士、钱宏智博士、孙海波博士、李阳博士、刘珂博士、杜辰伟博士、李少翔博士、刘华松博士、李亮博士、李根博士、王璞博士的科研成果和其他国内外学者的见解，在此对上述单位和人员表示由衷感谢。

本书可作为钢铁冶金相关专业教材，也可作为企业现场技术专家和生产管理人员、连铸机设计人员、钢材加工/贸易相关从业者等的参考书。

由于时间和经验所限，书中不足之处在所难免，欢迎各位读者批评指正。

作 者

2024年9月

目　录

1　绪论 ………………………………………………………………………… 1

1.1　金属凝固理论的发展 ………………………………………………………… 1
1.2　钢的凝固原理与浇铸技术 …………………………………………………… 2
1.3　钢的浇铸凝固理论的应用价值 ……………………………………………… 3
参考文献 …………………………………………………………………………… 3

2　钢的金属学概念 ……………………………………………………………… 5

2.1　钢与铁 ………………………………………………………………………… 5
2.1.1　钢的分类 …………………………………………………………………… 6
2.1.2　铸铁的分类 ………………………………………………………………… 7
2.2　铁碳相图 ……………………………………………………………………… 9
2.2.1　特征点和特征线 …………………………………………………………… 10
2.2.2　包晶反应 …………………………………………………………………… 12
2.2.3　共晶反应 …………………………………………………………………… 13
2.2.4　共析反应 …………………………………………………………………… 13
2.3　钢的凝固相变规律 …………………………………………………………… 14
2.3.1　工业纯铁 …………………………………………………………………… 14
2.3.2　亚包晶钢 …………………………………………………………………… 14
2.3.3　包晶钢 ……………………………………………………………………… 15
2.3.4　过包晶钢 …………………………………………………………………… 16
2.3.5　高碳钢 ……………………………………………………………………… 17
2.4　钢中的相、组织和性能 ……………………………………………………… 17
2.4.1　相 …………………………………………………………………………… 18
2.4.2　组织 ………………………………………………………………………… 18
2.4.3　钢的成分、组织与性能 …………………………………………………… 19
2.5　钢的合金元素 ………………………………………………………………… 21
2.5.1　碳钢与合金钢 ……………………………………………………………… 21
2.5.2　合金元素及其存在形式 …………………………………………………… 23
2.5.3　合金元素的金属学分类 …………………………………………………… 24
2.5.4　合金元素的作用 …………………………………………………………… 27
思考题 ……………………………………………………………………………… 34
参考文献 …………………………………………………………………………… 34

3 钢的浇铸特性与过程 …… 36
3.1 凝固特征温度 …… 36
3.2 高温强度与塑性 …… 38
3.2.1 高温强度 …… 38
3.2.2 高温塑性 …… 40
3.3 热膨胀/收缩 …… 43
3.3.1 热变形的本质 …… 43
3.3.2 热膨胀特性参数 …… 44
3.3.3 热膨胀系数的测定和表征 …… 49
3.4 其他热物性参数 …… 51
3.4.1 密度 …… 51
3.4.2 比热容 …… 54
3.4.3 潜热 …… 56
3.4.4 黏度 …… 57
3.4.5 导热系数 …… 58
3.4.6 扩散系数 …… 61
3.5 钢的浇铸工艺与装置 …… 62
3.5.1 模铸工艺 …… 62
3.5.2 连铸工艺与装备 …… 67
思考题 …… 72
参考文献 …… 73
4 钢的凝固相变热/动力学特征 …… 75
4.1 凝固相变 …… 75
4.1.1 液体 …… 76
4.1.2 固体 …… 77
4.1.3 凝固与结晶 …… 81
4.2 凝固热力学 …… 82
4.2.1 纯金属凝固的能量变化 …… 82
4.2.2 合金凝固的能量变化 …… 84
4.2.3 过冷度与凝固潜热 …… 85
4.2.4 凝固温度与固相率 …… 92
4.3 钢的凝固冷却相变过程 …… 94
4.3.1 纯铁的凝固 …… 94
4.3.2 低碳钢的凝固 …… 95
4.3.3 亚包晶钢的凝固 …… 95
4.3.4 过包晶钢的凝固 …… 96
4.3.5 高碳钢的凝固 …… 97

4.4　钢的形核与生长 …… 98
4.4.1　均质形核 …… 98
4.4.2　非均质形核 …… 101
4.4.3　晶体生长 …… 106
4.4.4　界面粗糙度 …… 107
4.4.5　晶体长大机制 …… 110
4.5　钢的凝固收缩、偏析与裂纹 …… 113
4.5.1　钢的凝固收缩 …… 113
4.5.2　钢的凝固偏析 …… 116
思考题 …… 120
参考文献 …… 121

5　钢的凝固组织及其演变规律 …… 122

5.1　钢中物相的晶格结构 …… 122
5.1.1　晶体学基本概念 …… 123
5.1.2　简单立方点阵 …… 125
5.1.3　体心立方点阵 …… 126
5.1.4　面心立方点阵 …… 128
5.1.5　密排六方点阵 …… 131
5.1.6　体心正方点阵 …… 133
5.1.7　其他点阵结构 …… 133
5.2　钢的凝固组织形貌 …… 134
5.2.1　凝固组织及其显现机理 …… 134
5.2.2　凝固组织形态与界面稳定性 …… 137
5.2.3　平面晶和胞状晶 …… 139
5.2.4　柱状树枝晶和等轴状树枝晶 …… 141
5.2.5　钢的凝固组织与铁碳相图 …… 148
5.3　钢的凝固组织与奥氏体晶粒 …… 150
5.3.1　奥氏体晶粒 …… 150
5.3.2　奥氏体晶粒粗化 …… 151
5.3.3　奥氏体晶粒与 Fe-C 相图 …… 162
5.3.4　凝固组织与奥氏体晶粒 …… 170
5.4　钢的凝固组织与金相组织 …… 175
5.4.1　金相组织 …… 175
5.4.2　奥氏体分解相变 …… 176
5.4.3　三种常见的冷却组织 …… 178
5.4.4　三种常见的回火组织 …… 183
5.4.5　凝固组织与金相组织 …… 185
5.5　钢的凝固组织调控 …… 187

5.5.1　枝晶臂粗化与枝晶粗大 …… 187
5.5.2　凝固组织与均质性 …… 189
思考题 …… 194
参考文献 …… 194

6　钢的凝固传输过程与模型 …… 197

6.1　钢的凝固本质 …… 197
6.1.1　热量传输 …… 199
6.1.2　动量传输 …… 200
6.1.3　质量传输 …… 201
6.2　钢在凝固过程中的热量传输 …… 201
6.2.1　热量传输基本概念 …… 201
6.2.2　傅里叶传热定律 …… 204
6.2.3　热量传输微分方程 …… 206
6.2.4　钢的凝固过程热量传输描述 …… 208
6.3　钢在凝固过程中的质量传输 …… 210
6.3.1　质量传输基本概念 …… 210
6.3.2　菲克第一定律 …… 213
6.3.3　质量传输微分方程 …… 214
6.3.4　钢的凝固过程质量传输描述 …… 216
6.4　钢在凝固过程中的动量传输 …… 217
6.4.1　动量传输的基本概念 …… 217
6.4.2　牛顿黏性定律 …… 220
6.4.3　动量传输微分方程 …… 222
6.4.4　层流与湍流 …… 231
6.4.5　流动与传热和传质的关系 …… 243
6.4.6　钢的凝固过程动量传输描述 …… 244
6.5　电磁力作用下连铸宏观传输模型 …… 252
6.5.1　连铸工况与参数 …… 253
6.5.2　大方坯连铸过程传输模型 …… 254
6.5.3　M-EMS 对结晶器内钢的凝固传输行为的影响 …… 257
思考题 …… 261
参考文献 …… 261

1 绪 论

1.1 金属凝固理论的发展

凝固，是自然界中常见的物理现象，水结成冰是人们最熟悉的凝固过程。随着社会的发展和进步，材料制备工艺不断优化，其中也不可避免地涉及凝固过程。对于诸多固体材料，尤其是金属，凝固过程控制水平直接影响产品的使用性能。因此，凝固理论也得到了不断的发展和完善，进而又支撑了诸多液体成型技术，如浇铸、焊接、定向凝固、3D 打印等。

凝固工艺与实践起源于几千年之前，一些低熔点金属铸件是人类文明进步的见证。实际上，凝固理论的发展至今只有 100 余年，前后经历了从热力学到动力学逐步深入的认识过程。1920—1940 年，Volmer 和 Weber 基于蒸汽凝聚为液体的演变提出了均质形核理论[1]，Becker 和 Döring 随后进行了完善[2]，形成了现代均质形核理论的基础；1945—1950 年美国哈佛大学 Turnbull 将形核理论引入凝聚态体系[3]，建立了凝固形核理论；1953 年，在多伦多大学 Chalmers 的指导下，Tiller 和 Jackson 等提出了完善的“成分过冷”理论与判据[4]；Chvorinov 通过对大量铸件凝固冷却曲线的分析，引入了铸件模数的概念，建立了铸件凝固层厚度随时间变化的数学关系，推导出了著名的平方根定律[5]。1961 年，Tiller 的第一本凝固理论专著 *Principles of Solidification* 出版[6]。1964 年，日本大野笃美受北大西洋冰山的启发，用氯化铵水溶液模拟钢液凝固，开展了大量的试验研究，提出了晶粒游离和沉降的理论，并于 1973 年出版了《金属凝固学》著作[7-8]；1965—1968 年，牛津大学 Hunt 教授创立了 Jackson-Hunt 经典共晶生长理论[9]；1967—1970 年，麻省理工学院的 Flemings 从工程的角度出发，研究了凝固两相区液相流动效应并提出了局部溶质再分配方程[10]；1982 年，哈佛大学应用科学部 Aziz 博士提出快速凝固溶质截留理论[11]；1984 年，Kurz 和 Fisher 出版了 *Fundamentals of Solidification*[12]，已成为凝固领域经典著作。这一时期，我国西北工业大学的周尧和院士、中国科学院金属研究所胡壮麒院士、北京科技大学胡汉起教授等也在亚稳态凝固组织演变方面取得了一些成果，这些成果都为深入认识金属非平衡凝固过程奠定了基础。20 世纪 60 年代后，凝固领域的研究重点同步扩展到应用层面，用以提高材料的凝固质量，降低生产成本，开发高性能产品的制取工艺和装备。由此出现了一些先进凝固成型方法，同时积累了大量的凝固过程数据。这个时期开发和完善的技术包括快速凝固技术、定向凝固技术、等离子熔化技术、激光表面重熔技术、半固态铸造、压力铸造等。

凝固过程数值模拟为揭示金属液固转变的“黑箱”提供了可行手段。到了 20 世纪 70 年代，Flemings、Hunt 等开始采用计算机求解凝固进程，早期把糊状区视为多孔介质[13-14]；到 90 年代，为准确描述凝固过程枝晶间的液相流动，提出了不同传输方程，其中 Voller 的方法得到了广泛应用[15]。21 世纪前后，数值模拟技术已能够实现大尺度浇铸过程宏观传输的耦合求解，如 Beckermann[16]、Combeau[17]、Thomas[18]、沈厚发[19]等人的一些数值仿真工作比较可靠地指导了钢的模铸和连铸生产，某些还涉及收缩和热应力与变形等。近年来，凝固组织数值模拟技术已取得长足进步，如蒙特卡罗、元胞自动机、相场法、分子动力学等均可实现微观尺度的晶体形貌描述，这一领域以 Gandin 和 Rappaz[20]、Nastac 和 Stefanescu[21]的工作最具代表性。除此之外，一些宏观—微观耦合求解预测凝固进程和柱状晶向等轴晶转变的浇铸凝固模型也成功得到了应用[22-24]。

历经了多年的发展，金属凝固理论已日趋完善，从相变热力学到晶体形核与长大，同时涉及凝固界面、收缩、变形、组织演变和传输行为等，建立了比较完整的理论体系，为现代工业凝固过程优化和技术、装备开发提供了可靠指导，对人类社会航空、深海、医疗、交通、信息、能源等领域的突破和进步起到了巨大推动作用。

1.2 钢的凝固原理与浇铸技术

钢的凝固过程也可以通过金属凝固理论来描述。当不考虑多元合金化、强制流动和尺寸效应引起的非线性因素时，其是完全符合凝固晶核形成与长大的热力学、动力学过程。钢是典型的铁基结构材料；随着冷却持续，通常含有一定量的合金元素，因此凝固是在一个温度区间内完成的，这一过程同样需要满足过冷条件才能形成晶体，同时伴随着界面处的溶质再分配、潜热释放、收缩等行为，晶体进一步长大，最后彼此相互接触，即完成了全部相变过程。

与铝、镁、铜等金属或合金相比，钢的凝固温度比较高，合金元素种类比较多，相变行为更加复杂，一些凝固现象和规律尚未彻底明确。浇铸过程中，由于铸锭或铸坯尺寸比较大，钢的导热系数相对较小，凝固潜热较大，故糊状区范围比较宽，导致其凝固传输行为具有更强的非线性特征。同时，糊状区内固相与液相的相互作用，如传热、流动和溶质扩散等，也会引起凝固组织形成和演变的动力学差异，进而影响凝固质量控制。

钢的浇铸方式主要分为模铸和连铸两种，目前的铸钢件产量已相对较少。模铸是把高温钢水浇铸到具有一定形状的模子里，这一过程涉及充型、凝固和冷却三个步骤，实际上相互也有一定的重合。模铸充型过程中，钢水从模子顶部或底部流入，由于模壁的激冷作用，接触瞬间会形成比较强烈的热过冷，进而导致了“大爆炸”形核；这些晶核在液相中随着流股运动，可能被熔化，也可能保留下来，最终沉积到钢锭底部，这一现象也被大量试验结果所证实。连铸是连续浇铸过程，是在连铸机上进行的。钢水从结晶器顶部的水口持续注入，坯壳从结晶器底部持续拉出，同时对坯壳表面进行喷淋冷却，使坯壳内部未凝固钢水的潜热合理释放。相比钢锭模铸，连铸具有动态、快冷、不对称、液芯长度大、强制机械变形的特点，导致钢的凝固特征又具备了一定特殊性。对于凝固传输行为，连铸过程并无特别之处；就晶体形核而言，由于结晶器内强烈对流和冷却作用，大量初生晶核在此处形成，之后存在于坯壳内部的液相中，随着拉坯重熔或长大，最后残留的晶体就成为等轴晶的核心。因此，对于工程尺度上的浇铸凝固过程，具有显著的“蝴蝶效应”，如何理解这种动力学影响机制是实际生产控制的关键。

不管是模铸还是连铸，由于凝固是在一定的时间内完成的，且整个过程按照由表及里的顺序，这种尺寸效应导致钢的浇铸凝固现象呈现明显的非线性规律，而不同区域的固液界面推进、晶体形貌演变、收缩变形趋势等均具有不同的特征，只有从浇铸的特定环境下去解析和讨论，才能真正地指导解决现场的实际问题。

1.3 钢的浇铸凝固理论的应用价值

人类社会发展中，结构材料起到了不可或缺的作用。钢在金属结构材料中的比例最大，与人们的生活生产事务紧密相关。2020 年起，全球钢材的实际年产量已持续 4 年超过 18 亿吨，比其他金属的总和还要多出十余倍，是金属领域当之无愧的“中流砥柱”。目前，钢材生产路线以高温钢水熔炼和精炼、浇铸、热加工、冷加工、热处理为主，其中不可避免地要经历凝固过程。实际生产中，由于浇铸过程控制不当而引起的裂纹、偏析、缩孔、凹陷、夹杂、气泡、析出相等缺陷直接影响钢的产品质量，尤其对高端轴承、弹簧、齿轮等合金钢品种，凝固缺陷会更显著地遗传到产品中，直接降低其力学性能、疲劳寿命、冲击韧性和耐腐蚀性能等，引起业内广泛关注。深入理解和掌握钢的浇铸凝固原理，对于钢铁冶金领域的学生或教师、现场的专家或技术管理人员，以及其他相关从业者，具有以下重要实用价值：

（1）熟悉钢铁冶金生产流程，了解钢水凝固过程的基本现象，明确现场浇铸环节的基本工艺和目标；

（2）厘清钢的浇铸凝固现象的本质，理顺凝固过程传输行为和组织演变、收缩变形之间的多维关系，把握正确的凝固现象和规律；

（3）高效精准地解决浇铸凝固缺陷问题，准确定位偏析、缩孔、裂纹的关键影响因素，并设计调控工艺；

（4）掌握建立凝固传输模型的能力，透视铸坯/铸锭凝固过程的“黑箱”，揭示热量、动量和质量传输的动态规律；

（5）具备全面分析钢材冶金缺陷的能力，熟悉浇铸缺陷遗传到产品中的形式和影响程度，培养从凝固源头解决钢材质量问题的思维；

（6）具备新品种、新技术、新设备开发的能力。

参考文献

[1] Volmer M, Weber A. Nuclei formation in supersaturated states [J]. Zeitschrift fur Physikalische Chemie, 1926, 119: 227-301.

[2] Becker R, Döring W. Kinetische behandlung der keimbildung in übersättigten dämpfen [J]. Annalen der Physik, 1935, 416 (8): 719-752.

[3] Turnbull D, Fisher J C. Rate of nucleation in condensed systems [J]. The Journal of Chemical Physics, 1949, 17 (1): 71-73.

[4] Tiller W A, Jackson K A, Rutter J W, et al. The redistribution of solute atoms during the solidification of metals [J]. Acta Metallurgica, 1953, 1 (4): 428-437.

[5] Chvorinov N. Theory of Solidification of castings [J]. Die Giesserei, 1940, 27: 177-225.

[6] Tiller W A. Principles of Solidification [M]. Solid State Sciences Division, Air Force Office of Scientific Research, 1961.

[7] OHNO A, SODA H. Formation of equiaxed zone in ingots and negative segregation in steel ingots [J]. Tetsu-to-Hagané, 1969, 55 (6): 475-484.

[8] 大野篤美. 金属凝固学 [M]. 东京: 地人書館, 1973.

[9] Hunt J D, Jackson K A. Binary eutectic solidification [J]. Transactions of the Metallurgical Society of AIME, 1966, 236 (6): 843.

[10] Mehrabian R, Keane M, Flemings M C. Interdendritic fluid flow and macrosegregation: Influence of gravity [J]. Metallurgical and Materials Transactions B, 1970, 1: 1209-1220.

[11] Aziz M J. Model for solute redistribution during rapid solidification [J]. Journal of Applied Physics, 1982, 53 (2): 1158-1168.

[12] Kurz W, Fisher D J, Rappaz M. Fundamentals of Solidification 5th Edition [M]. Trans Tech Publications Limited, 1984.

[13] Caldwell T W, Campagna A J, Flemings M C, et al. Refinement of dendrite arm spacings in aluminum ingots through heat flow control [J]. Metallurgical Transactions B, 1977, 8: 261-270.

[14] Allen D J, Hunt J D. Diffusion in the semi-solid region during dendritic growth [J]. Metallurgical Transactions A, 1979, 10: 1389-1397.

[15] Voller V R. An implicit enthalpy solution for phase change problems: with application to a binary alloy solidification [J]. Applied Mathematical Modelling, 1987, 11 (2): 110-116.

[16] Ni J, Beckermann C. A volume-averaged two-phase model for transport phenomena during solidification [J]. Metallurgical Transactions B, 1991, 22: 349-361.

[17] Combeau H, Založnik M, Hans S, et al. Prediction of macrosegregation in steel ingots: Influence of the motion and the morphology of equiaxed grains [J]. Metallurgical and Materials Transactions B, 2009, 40: 289-304.

[18] Meng Y A, Thomas B G. Heat-transfer and solidification model of continuous slab casting: CON1D [J]. Metallurgical and Materials Transactions B, 2003, 34: 685-705.

[19] Li W, Shen H F, Zhang X, et al. Modeling of species transport and macrosegregation in heavy steel ingots [J]. Metallurgical and Materials Transactions B, 2014, 45: 464-471.

[20] Rappaz M. Modelling of microstructure formation in solidification processes [J]. International Materials Reviews, 1989, 34 (1): 93-124.

[21] Nastac L, Stefanescu D M. Macrotransport-solidification kinetics modeling of equiaxed dendritic growth: Part I. Model development and discussion [J]. Metallurgical and Materials Transactions A, 1996, 27: 4061-4074.

[22] Wu M, Ludwig A. Modeling equiaxed solidification with melt convection and grain sedimentation—I: Model description [J]. Acta Materialia, 2009, 57 (19): 5621-5631.

[23] Wu M, Ludwig A. Modeling equiaxed solidification with melt convection and grain sedimentation—II. Model verification [J]. Acta Materialia, 2009, 57 (19): 5632-5644.

[24] Jiang D, Zhu M. Solidification structure and macrosegregation of billet continuous casting process with dual electromagnetic stirrings in mold and final stage of solidification: A numerical study [J]. Metallurgical and Materials Transactions B, 2016, 47: 3446-3458.

2 钢的金属学概念

本章提要：

我国既是全球粗钢产量最大的国家，又是高端钢材品类最多、性价比最高、供货能力最强的国家。“百炼钢化为绕指柔”已不是难题，已实现“可上九天揽月，可下五洋捉鳖”。钢铁行业的飞速发展，直接或间接推动了我国一系列的国之重器和利器的研发，如福建号航母、东风导弹、350 km/h 高铁、第四代核电站、港珠澳大桥、天眼 FAST、空间站、蛟龙号、蓝鲸号、5G 传输等。不得不说，钢铁材料的迭代创新推动了整个国民经济的跨越式发展。

本质上，钢是含有特定合金元素的铁基结构材料，加入合金元素可以调控钢的组织和性能，在不必大幅提高材料和工艺成本的前提下，使基体具备预期的强度、塑性、硬度、韧性、耐蚀性和其他性能（如磁性、膨胀性、抗震性、抗菌性、耐热性等）。钢中最常见的合金元素是碳、锰、铝、镍、铬、铜、钼、钛、铌、钒、钨、硅、磷、硫、氮等。对于某一具体钢种而言，其合金元素并不是单一使用的，目前绝大多数钢种都含有三类以上的合金元素，以达到最佳的综合作用效果。

合金元素加入钢中之后，不但对金属学性能有一定的作用，也会影响自身的浇铸与凝固行为。早期的钢材多为碳钢，即采用碳作为主要的合金化元素，因此对铁碳合金进行了大量理论与试验研究，并绘制成了本领域最经典的 Fe-C 二元平衡相图。现代社会中的钢材虽然加入了其他合金元素，但也会或多或少地含有碳。由于碳对钢的凝固、加工、热处理和使用性能有着非常重要的影响，因此首先对钢的概念及 Fe-C 相图中与凝固和相变有关的信息进行了准确解析，在此基础上阐述了钢的合金化方式与作用。

关键词： 钢与铁、铁碳相图、凝固相变、合金元素

2.1 钢与铁

钢铁是国民生活和生产中最常见的结构材料，对人类社会进步起到了巨大的支撑和推动作用。钢铁材料已应用到人们日常生活的方方面面，如厨具餐具、家具家电、汽车轮船、火车飞机、手机计算机、食品饮料、医疗卫生等。尽管有些产品不是由钢铁材料直接制作而成，如橡胶、玻璃、水泥等制品，但这些材料制备过程中也不能没有钢铁器具或设备。无可辩驳地说，钢铁材料的全面发展是全球社会和经济进步的重要基础。

钢铁，实际上是钢和铁的统称，即钢和铁并不是同一种材料。通常情况下，广义上钢铁一般指的是钢。从本质上说，钢和铁都是铁基材料，最明显的区别是二者的碳含量不同[1]。根据 Fe-C 相图钢的碳含量在纯铁和 2.1%（质量分数）之间，但实际上以碳含量不

超过 1.5%的产品居多。现场生产中，往往把碳含量高于 1.5%而又低于 2.1%的产品称为半钢。铁多指铸铁或纯铁，铸铁的碳含量一般都高于 2.1%，如亚共晶铸铁中白口铸铁的碳含量多在 2.1%~3.2%，灰口铸铁的碳含量多在 2.8%~3.8%，蠕墨铸铁的碳含量多在 3.5%~4.2%；同时也存在碳含量不低于 4.3%的共晶铸铁和过共晶铸铁。纯铁又称工业纯铁，其合金元素极少，碳含量一般低于 0.02%，体现了铁元素的固有性质。就性能而言，纯铁与软钢比较接近。

由于钢和铁的碳含量不同，内部的组织结构不同，二者的力学性能也相差较大，如表 2-1。表中数据可见，钢的杨氏模量范围比铸铁更集中，这是由于钢材多经历了锻造、轧制、挤压等热加工过程，而铸铁材料多为浇铸+热处理状态，前者基体结构整体比后者更为致密、均匀、连续。相比于铸铁，钢在室温下的屈服强度、抗拉强度、硬度、伸长率和冲击功的范围更大，尤其是最大值更高。由此可知，钢具有更广阔的性能调控空间和窗口，这也是钢比铸铁应用更为广泛的主要原因。钢的可塑性远比铸铁好得多，尤其是高温条件下可以实现较大的变形，进而可以通过调控压缩比提高基体致密度和均匀性，并进一步通过热处理实现强度、塑性和韧性的良好配合，最终可用于制备诸多零部件。

表 2-1 钢和铸铁材料的室温力学性能

项目	屈服强度/MPa	抗拉强度/MPa	杨氏模量/GPa	伸长率/%	硬度（HB）	冲击功/J
钢	120~2000	250~4000	180~230	5~80	100~750	25~200
铸铁	150~600	200~800	100~200	0.2~20	120~360	10~20

2.1.1 钢的分类

根据钢中碳和其他合金元素对组织性能的贡献，可以分为碳素钢和合金钢，前者以碳为主要合金元素，同时含有少量硅、锰等，又有以下分类：

（1）普通碳素结构钢。普通碳素结构钢按照钢材屈服强度分为 5 个牌号：Q195、Q215、Q235、Q255、Q275。每个牌号由于质量不同又分为 A、B、C、D 四个等级。相对而言，Q195、Q215、Q235 塑性好，可轧制成钢卷、钢筋、钢管等；Q255、Q275 可轧制成型钢、钢板等。

（2）优质碳素结构钢。钢号以碳的平均质量万分数表示，如 20 号、45 号等。20 号表示碳含量 0.20%（万分之二十），主要用于制造各种机器零件，如螺栓、连杆、法兰、衬板、型材等。

（3）碳素工具钢。钢号以碳的平均质量千分数表示，并在前面冠以字母 T，如 T9、T12 等。T9 表示碳含量 0.9%（千分之九），主要用于制造各种刀具、刃具、量具、模具等。

合金钢是在碳素钢基础上添加一种或多种合金元素而构成的。随着工业生产的迅猛发展，合金钢的种类日益繁多，且具有多种分类方法。

（1）根据合金钢的用途可分为结构钢、轴承钢、工具钢、耐蚀钢、耐热钢及特殊物理性能钢等；

（2）按退火后钢的金相组织，可将合金钢分为亚共析钢、共析钢、过共析钢和莱氏体钢等；

（3）按使用状态钢的金相组织，可分为珠光体钢、马氏体钢、贝氏体钢、奥氏体钢及铁素体钢等；

（4）根据钢中主要合金元素的类型，可将合金钢分为锰钢、硅钢、硅锰钢、硼钢、铬镍钢、铬镍钼钢等；

（5）根据合金元素总量的多少将合金钢大致分为低合金钢（合金元素总量低于3%）、中合金钢（合金元素总量为3%~10%）及高合金钢（合金元素总量高于10%）。

目前的生产生活中，以用途划分是最为常见的。就此而言，全球用量最多的钢材是结构钢，即具有指定力学性能并用于制备某些结构部件的钢材品种。根据应用领域，又分为工程结构钢和机械结构钢。工程结构钢主要用于制备工程结构件，如楼宇、桥梁、船舶、车辆、高压容器及大型建筑和装备工程的梁、筋、板、管、框架、外壳等。这类钢材的特点是：

（1）因结构件尺寸大，形状复杂，多数情况下不可能对其进行整体淬火回火处理，即钢材在热轧或正火条件下就具有一定的屈服强度、抗拉强度及一定的 σ_s/σ_b 比值，同时还具有足够的塑性及韧性；

（2）成型工艺大多采用冷弯及焊接等工序，因此，时效脆化的敏感性小，同时焊缝区的强度和韧性一般不低于基材；

（3）可能长期处于低温或暴露于一定环境介质中，因而钢材具有良好的抗冷脆性和耐候性。

工程结构钢大多是中低碳钢（碳含量一般不高于0.5%），且合金元素含量整体不高，成分体系相对比较简单。

机械结构钢是用于制造各种机床、汽车、拖拉机、船舶、飞机、火箭和导弹等零部件的钢种，这些零部件在使用过程中经受着多种载荷的综合作用，如拉、压、弯、扭、疲劳、冲击等，这些载荷有时是静载荷，有时是动载荷。而且，这些零部件的工作环境也很复杂，有的在高温，有的在低温，有的还受腐蚀介质的作用。因此，机器结构钢的特点是：

（1）在零件整个截面上具有足够高的屈服强度和抗拉强度，以防止过载变形和断裂；

（2）具有高的疲劳强度，以防止交变载荷下的疲劳破坏；

（3）具有足够韧性，以防止冲击或过载下的突然断裂；

（4）具有一定的耐蚀性。

机械结构钢碳含量范围比较宽，低、中、高碳均有涉及，且一般含有多种合金元素提高综合力学性能，进而实现制备齿轮、曲轴、弹簧、轴承、工/模具钢等产品。

2.1.2 铸铁的分类

铸铁中除了含有较多的碳之外，还含有一定量的硅（1%~3%），有时还加入其他合金元素，如镍、铬、钼、铜、铝、硼、钒、稀土等，或者硅含量达到3%以上时就得到了合金铸铁。铸铁具有较低的熔点、优良的铸造性能、高的减摩性和耐磨性、良好的消振性和低的缺口敏感性；铸铁生产工艺简单，成本低，而且在经过适当合金化以后还可以具有良好的耐热性或者耐蚀性，因此在机械、冶金、矿山、石化、交通、船舶、纺织、基建和国防等领域应用很广。除用来制造强度和韧性要求不高的一般部件（如机床的床身、发动机的汽缸体、汽缸套、土建工程中的管道、冶金工业中的钢锭模、底盘、轧辊等）外，还用来制造某些具有综合力学性能的重要零件，如柴油机曲轴、汽车后桥和许多缸体、泵体和套筒等。铸铁的分类方法较多，主要有：

（1）按铸铁的断口特征分类：白口铸铁、灰口铸铁、麻口铸铁；

（2）按铸铁的石墨形态分类：灰铸铁、蠕墨铸铁、球墨铸铁、可锻铸铁；

（3）按铸铁的化学成分分类：普通铸铁、合金铸铁；

（4）按铸铁的共晶度分类：亚共晶铸铁、共晶铸铁、过共晶铸铁；

（5）按铸铁的特殊性能分类：减摩铸铁、抗磨铸铁、耐蚀铸铁、耐热铸铁、无磁性铸铁等。

此外，还可按铸铁的基体组织分类，如铁素体球墨铸铁、珠光体球墨铸铁、贝氏体球墨铸铁等；按铸铁的制取工艺分类，如孕育铸铁、冷硬铸铁等；按铸铁的合金成分分类，如铝铸铁、镍铸铁、铬铸铁、钨铸铁、硼铸铁等。就几种最常见的铸铁材料介绍如下。

白口铸铁：白口铸铁简称为白口铁、白铸铁，其中碳全部以渗碳体（Fe_3C）形式存在，断口呈银白色。由于存在大量硬而脆的Fe_3C，硬度高，脆性大，因此多用于制造耐磨农机具、球磨机磨球、抛丸机叶片、泥浆泵零件和铸砂管等，也有一些用于炼钢原料或制造可锻铸铁的毛坯。白口铸铁的主要成分为：C 2.1%～3.2%；Si 0.5%～1.5%；Mn 0.2%～1.0%；P<0.3%；S<0.15%。

灰口铸铁：灰口铸铁简称灰铸铁，碳主要以石墨形式存在，断口呈灰色，又分为灰铸铁（片状）、球墨铸铁、蠕墨铸铁，基体组织为铁素体、珠光体、珠光体加铁素体。灰铸铁（片状）的化学成分一般为：C 2.7%～3.9%；Si 1.1%～2.6%；Mn 0.5%～1.4%；P<0.3%；S<0.15%。

由于灰铸铁（片状）具有一定的强度和良好的减震性、耐磨性，以及优良的切削加工性和铸造工艺性，并且生产简便、成本低，因此在工业生产和民用生活中的应用最广泛。

球墨铸铁：铁液经过球化处理使石墨全部或大部分呈球状。球墨铸铁的基体组织为铁素体、珠光体、铁素体+珠光体、贝氏体、奥氏体+贝氏体。

球化前的铁液成分一般选择在共晶点附近，以不出现石墨漂浮为前提，通常希望为高碳、低硅、低磷硫，一般为：C 3.5%～3.9%；Si 1.0%～2.0%；Mn 0.3%～0.9%；P<0.1%；S<0.08%。

经球化处理后的铁液还需要进行孕育处理，以消除球化元素所造成的白口倾向，并同时细化石墨球。孕育处理后的球墨铸铁，硅常被调整到1.8%～3.3%，镁残余量控制在0.03%～0.08%，稀土氧化物残余量控制在0.02%～0.04%。

球墨铸铁是20世纪40年代末发展起来的一种新型结构材料，不仅具有类似于灰铸铁的良好减震性、耐磨性、切削加工性和铸造工艺性，还具有比普通灰铸铁高得多的强度、塑性和韧性，铸态下最大抗拉强度可达600～700 MPa，伸长率可达15%～20%，冲击韧度可达100 J/cm^2；一些特殊品种热处理后抗拉强度可达1200～1450 MPa，伸长率可达2%～5%，冲击韧度可达60 J/cm^2。因此，球磨铸铁可用于生产受力复杂，强度、韧性、耐磨性等要求较高的零件，如汽车、拖拉机、内燃机等的曲轴、凸轮轴，还有通用机械的中压阀门等。

蠕墨铸铁：铁液经过蠕化处理后，大部分石墨为蠕虫状的铸铁。蠕墨铸铁的基体组织为铁素体、珠光体、铁素体加珠光体。

蠕化前铁液成分的选择与球墨铸铁的原铁液成分相似，同样为高碳、低硅低磷硫，主要范围为：C 3.5%~3.9%；Si 1.1%~2.0%；Mn 0.4%~0.8%；P<0.1%；S<0.1%。

经蠕化处理后的铁液也需要进行孕育处理，主要是消除蠕化元素所引起的白口组织，细化石墨同时使共晶团数量增多。蠕化孕育处理后的蠕墨铸铁中硅被调整到2.0%~3.0%，添加镁蠕化剂时镁残余量控制在0.015%~0.03%，钛残余量控制在0.08%~0.1%；添加稀土镁蠕化剂时稀土氧化物残余量 $RE_{残}$ 控制在0.001%~0.002%，镁残余量控制在0.015%~0.035%，钛残余量控制在0.06%~0.13%。蠕墨铸铁是20世纪60年代开发的新型铸铁材料，抗拉强度可达500 MPa（铸态），比灰铸铁强度高，且比球墨铸铁铸造性能好，此外还有良好的导热性，因此已应用于生产柴油机缸盖、电动机外壳、驱动箱箱体、制动器鼓轮、液压件阀体、冶金钢锭模和底盘等。

可锻铸铁是白口铸铁石墨化退火处理后形成的，是具有较高塑性和韧性的铸铁。可锻铸铁由于处理工艺的不同又可分为黑心可锻铸铁和白心可锻铸铁。黑心可锻铸铁是白口铸铁在中性气氛中热处理，使渗碳体分解成絮状石墨与铁素体，正常断口呈黑绒状并带有灰色外圈。白心可锻铸铁是白口铸铁在氧化气氛中退火，大量脱碳之后基体组织和碳含量与钢接近，断口呈白色。

可锻铸铁的原铁液成分一般选择在亚共晶范围，以保证获得纯白口组织且不析出初生石墨，同时又具备良好铸造性能。在选择时要综合考虑碳硅含量和锰硫含量的配合关系，对于黑心可锻铸铁：C 2.3%~2.8%；Si 1.1%~2.2%；Mn 0.4%~1.2%；P<0.20%；S<0.25%。对于白心可锻铸铁：C 2.8%~3.4%；Si 0.3%~1.0%；Mn 0.2%~0.8%；P<0.20%；S<0.25%。

可锻铸铁的原铁液通常要进行孕育处理，普遍采用的孕育剂有铝、铋、铝铋、硼铋、硼铋铝等。可锻铸铁经热处理后，抗拉强度可达300~700 MPa，伸长率可达2%~16%，强度高于灰铸铁，韧性接近铸钢，铸造性能又优于铸钢，因此已广泛用于汽车、拖拉机、农业机具及铁路零件，还用于电力线路工具、管路连接件、五金工具及家庭用具等。

除此之外，还有耐磨铸铁、冷硬铸铁、耐热铸铁、耐蚀铸铁等，产量和应用范围有限，在此不多做介绍。

2.2 铁碳相图

铁碳相图是平衡条件下不同温度和成分体系的相平衡，对认识钢凝固冷却过程中的相变和析出至关重要。尽管铁碳相图不能对合金钢和快速冷却条件下的相组分进行准确预测，但它仍是判定转变方向和趋势的基本依据。铁碳相图是常见钢铁材料凝固成型、热加工和热处理的必备基础知识。

铁碳相图的历史最早可追溯到18世纪，瑞典化学家贝格曼（T. O. Torbern Olof

Bergman）试验发现钢与铁的碳含量不同，但这时关注的主要是化学现象，还没有建立理论体系。到了 19 世纪，铁碳相图的研究有了实质性的进步。1868 年，俄国学者切尔诺夫（Д. к. Чернов）注意到只有把钢加热到某一温度 *A* 以上再快冷，才能使钢淬硬，进而有了临界点的概念；随后，切尔诺夫测定了现代相图的两个临界点 A_{c3} 和 $A_{c\,cm}$，并观察到临界点与碳含量有关；1887—1892 年法国金相学家奥斯蒙德（F. Osmond）发现，钢加热和冷却曲线上出现两个临界点 A_3 和 A_2，该温度视加热或冷却（分别以 A_c 和 A_r 表示）过程而异。奥斯蒙德认为这表明铁有多种同素异构体，将在室温约 A_2 保持稳定的相记为 α-Fe，A_2~A_3 为 β-Fe（1922 年被证明与 α-Fe 结构相同），A_3 以上为 γ-Fe；1895 年，奥斯蒙德又证明，如果铁中含有少量碳，则在 690 ℃或 710 ℃左右出现临界点，即 A_{r1}点，在此温度以上碳溶解在铁中，而在低于这一温度时，碳以渗碳体形式由固溶体中分解出来；随着铁中碳量提高，A_{r3}下降而与 A_{r2}相汇合，然后继续下降，至含碳为 0.8%~0.9%时与 A_{r1}合为一点；1904 年，奥斯蒙德又发现 A_4 至熔点间为 δ-Fe。以上述临界点的数据为基础，1897 年，英国冶金学家罗伯茨-奥斯汀（W. C. Roberts-Austen）绘制了第一张铁碳相图，并于 1899 年进行了 2 次修订[2-3]。1900 年，德国学者巴基乌斯-洛兹本（H. W. Bakhuis Roozeboom）首先在合金系统中应用吉布斯（Gibbs）相律[4]，绘制出较为完整的铁碳平衡相图——固态相变部分已非常接近实际，但凝固包晶相变部分有些细节不够清晰。到了现代，随着理论计算与试验检测技术不断进步，铁碳平衡相图不断得到修订[5-7]，目前已日臻完善。

2.2.1 特征点和特征线

铁碳相图是不同成分和温度体系下的 Fe-C 二元相平衡关系。实际上，由于平衡条件下 Fe 与 C 反应会生成比较稳定的 Fe_3C，且钢的现场生产中并未较多地涉及高碳区间的物相调控，因此，对于钢的凝固、加工和热处理，常用的铁碳相图多为 Fe-Fe_3C 相图，如图 2-1 所示。

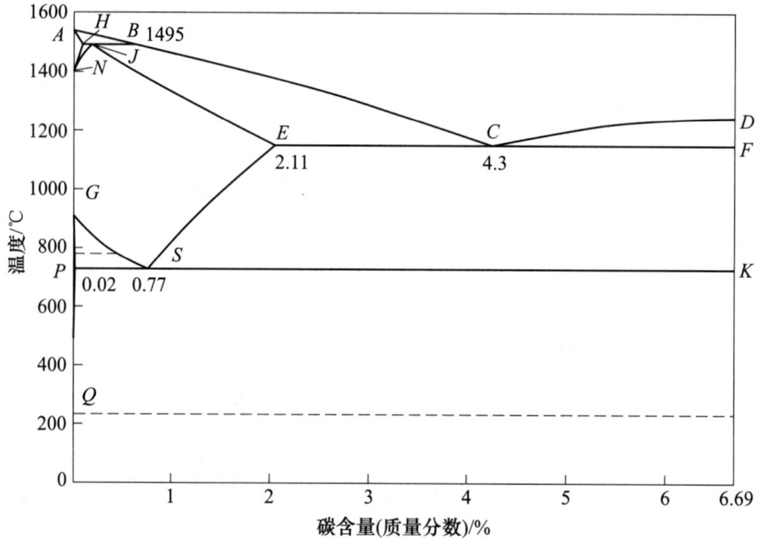

图 2-1　Fe-C 平衡相图

铁碳相图中有一系列关键的特征点，多是与同素异构转变或化学反应有关，共 14 个，见表 2-2。

表 2-2 铁碳相图中的关键特征点

符号	温度/℃	碳含量/%	含　义
A	1538	0	纯铁的熔点
B	1495	0.53	包晶转变时的液相成分
C	1148	4.3	共晶点
D	1227	6.69	渗碳体的熔点
E	1148	2.11	碳在 γ-Fe 的最大溶解度
F	1148	6.69	共晶反应时渗碳体的碳含量
G	912	0	纯铁 α 与 γ 的同素异构转变点（A_3）
H	1495	0.09	碳在 δ-Fe 中的最大溶解度
J	1495	0.17	包晶点
K	727	6.69	共析反应时的渗碳体碳含量
N	1394	0	纯铁 γ 与 δ 同素异构转变点（A_4）
P	727	0.0218	碳在 α-Fe 中的最大溶解度
S	727	0.77	共析点
Q	低温	<0.001	低温下碳在 α-Fe 中的溶解度

铁碳相图中的关键特征线有 8 条，代表不同相区之间的分界线或化学反应，见表 2-3。

表 2-3 铁碳相图中的关键特征线

特征线	含　义
ABCD	铁碳合金的液相线
AHJECF	铁碳合金的固相线
HJB	包晶反应 L+δ→γ
ECF	共晶反应 L→γ+Fe_3C
GS	γ→α 的开始线
ES	碳在 γ 相中的溶解度线
PSK	共析反应 γ→α+Fe_3C
PQ	碳在 α 相中的溶解度线

铁碳相图实际上是由包晶反应（左上部）、共晶反应（右上部）和共析反应（左下部）连接而成，相图中有液相 L、渗碳体相 Fe_3C、高温铁素体相 δ、低温铁素体相 α 和奥氏体相 γ。

纯铁中加入碳进行合金化后，其使 A_3 点温度降低（*G* 点变为 *GS* 线），A_4 点温度升高（*N* 点变为 *NJ* 线）。即由于碳的影响，使 γ 相区范围增大，δ 和 α 相区范围减小。同时，随着碳含量增加（不超过 4.3%），铁碳合金的熔点降低，表现为 *ABC* 线走向是斜向下的。

相图中 *AHN* 为 δ 的单相区，高温下 δ 相中碳的最大溶解度为 0.09%，出现在 1495 ℃；

NJESG 为 γ 的单相区，γ 相中碳的最大溶解度为 2.11%，出现在 1148 ℃，*E* 点也是钢和铁的碳含量分界点；*GPQ* 为 α 的单相区，α 相中碳的最大溶解度为 0.0218%，出现在 727 ℃。

2.2.2 包晶反应

包晶反应位于铁碳相图的左上方，反应式为：

$$L + \delta \rightarrow \gamma \tag{2-1}$$

其表达的是凝固过程中 1495 ℃时液相 L（碳含量 0.53%）与先析出的铁素体相 δ（碳含量 0.09%）反应，生成了奥氏体相 γ（碳含量 0.17%）的过程，如图 2-2 所示。

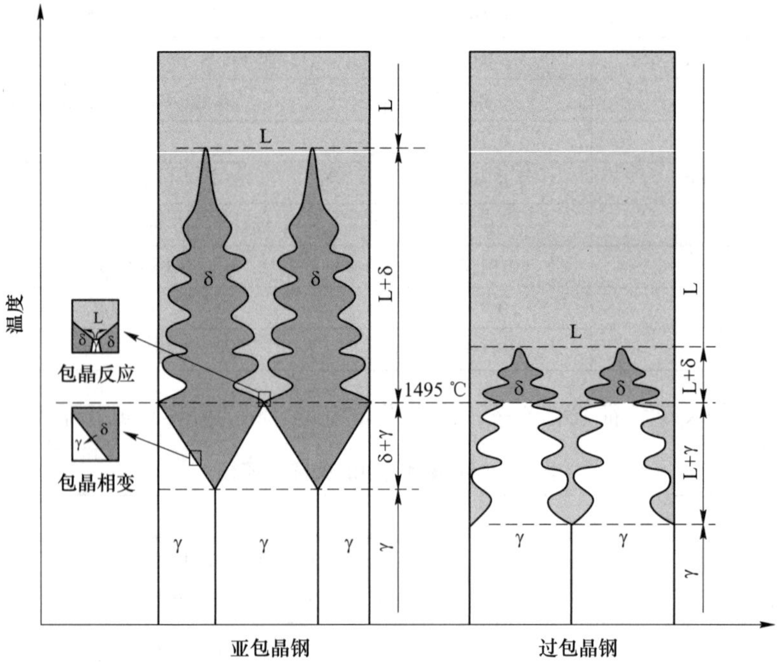

图 2-2 包晶反应与包晶相变

包晶反应是钢的凝固过程中非常重要的一个相变，其实际上是一个界面反应过程，发生于碳含量为 0.09%~0.53%的碳钢中。对于平衡凝固过程，随着温度降低，这类钢种液相 L 中首先生成的是 δ 相，其多以树枝晶形态出现，如图 2-2 所示。当温度降低至 1495 ℃时，δ 相碳含量为 0.09%，其界面前沿的 L 相碳含量达到 0.53%，二者在交汇处发生反应，生成碳含量为 0.17%的 γ 相。发生反应时 δ 相与 L 相的比例可根据杠杆定律计算：

$$\frac{\delta}{L} = \frac{JB}{HJ} = \frac{0.53 - 0.17}{0.17 - 0.09} = \frac{0.36}{0.08} = 4.5 \tag{2-2}$$

包晶反应完成之后，L 相和 δ 相之间已被 γ 相分隔。温度继续降低时，对于碳含量小于 0.17%的亚包晶钢，枝晶内部未反应完全的 δ 相将发生包晶相变，即：

$$\delta \longrightarrow \gamma \tag{2-3}$$

由于 δ 相是体心立方结构，晶格致密度为 0.68；γ 相是面心立方结构，晶格致密度为 0.74。因此，包晶相变过程中会发生显著的体积收缩，由于此时没有液相补缩且固相坯壳较薄，往往导致铸锭/铸坯表面出现凹陷或裂纹问题。

对于碳含量高于0.17%的过包晶钢，由于凝固初生δ相比例较少，故包晶反应之后δ相已被消耗殆尽，剩余液相将以γ相方式凝固，即：

$$L \longrightarrow \gamma \tag{2-4}$$

2.2.3 共晶反应

共晶反应位于铁碳相图的右上方，反应式为：

$$L \longrightarrow \gamma + Fe_3C \tag{2-5}$$

共晶反应表达的是凝固过程中1148 ℃时液相L（碳含量4.3%）中同时析出奥氏体相γ（碳含量2.11%）和渗碳体相Fe_3C（碳含量6.69%）的过程，产物为莱氏体，具有典型共晶组织的网状、片层状或鱼骨状结构。共晶反应时析出的γ相和Fe_3C相的比例为：

$$\frac{\gamma}{Fe_3C} = \frac{CF}{EC} = \frac{6.69 - 4.3}{4.3 - 2.11} = \frac{3.39}{2.19} \approx 1.5 \tag{2-6}$$

共晶反应是铸铁生产过程中的核心反应，对控制铸铁冶金质量具有重要指导作用。由于铁碳相图中共晶反应的温度比较低，浇铸过程中铁水氧化程度比高温钢水弱得多，液体流动性和充型性好，铸件致密度更好。尤其是越靠近共晶点的铁水，其浇铸性能越好，但完全的共晶组织未见是铸件的目标组织。因此，实际生产中需要综合考虑成分、工艺、组织和性能要求。

碳含量低于4.3%的铸铁，称为亚共晶铸铁，其中常见的白口铸铁、灰口铸铁（灰铸铁、球墨铸铁、蠕墨铸铁）大多为亚共晶体系，凝固基体组织为奥氏体和莱氏体；碳含量等于4.3%的为共晶铸铁，凝固基体组织为莱氏体；碳含量高于4.3%的为过共晶铸铁，凝固基体组织为渗碳体和莱氏体。现场生产中，根据实际相图（考虑其他合金元素）判定铸铁凝固过程为亚共晶、共晶或过共晶才是最为准确可靠的。

通常，加入合金元素之后，由于使相图共晶反应的特征点左移，在较低碳含量下即可发生共晶发生。理论上，对于碳含量小于2.11%的碳钢，其凝固过程中不会发生共晶反应；但实际生产中，对于加入大量Cr、Mo、W、V、Nb等的高碳高合金钢，其铸态基体中就会观察到液析碳化物，即共晶产物。钢的共晶产物一般为尺寸较大的硬质相，会大大降低基体的塑性和韧性，这一点在冶金生产中是要严格控制的。一旦出现液析碳化物（如轴承钢），则需要在高温扩散退火过程中将其回熔，减小对产品性能的不利影响。理论上，基于凝固浇铸手段调控碳化物要比热加工的效率更高，但技术难度也更大。

2.2.4 共析反应

共析反应位于铁碳相图的左下方，反应式为：

$$\gamma \longrightarrow \alpha + Fe_3C \tag{2-7}$$

共析反应表达的是冷却过程中727 ℃时固相γ（碳含量0.77%）中同时析出铁素体相α（碳含量0.0218%）和渗碳体相Fe_3C（碳含量6.69%）的过程，产物是珠光体，通常呈片层状结构。共析反应析出的α相和Fe_3C相的比例为：

$$\frac{\alpha}{Fe_3C} = \frac{SK}{PS} = \frac{6.69 - 0.77}{0.77 - 0.02} = \frac{5.92}{0.75} \approx 7.9 \tag{2-8}$$

共析反应是钢铁材料热处理过程的重要反应，是诸多钢铁产品通过热处理工艺调控基体组织性能的基本依据。共析反应是一个固相反应，由于相变温度比较低，且固相中的溶质扩散能力有限，故其与共晶和包晶反应大有不同。

对于碳含量低于0.77%的亚共析钢，平衡条件下其从γ相中先析出α铁素体，727 ℃时发生共析反应，室温下基体组织为铁素体+珠光体；对于碳含量等于0.77%的共析钢，其直接发生共析反应，室温下基体组织为完全的珠光体；对于碳含量高于0.77%的过共析钢，冷却时先析出渗碳体 Fe_3C，进而发生共析反应，室温下基体组织为渗碳体+珠光体。

铸铁凝固时发生共晶反应之后，进一步冷却的过程中也会发生共析反应。对于亚共晶铸铁，其凝固时先析出的奥氏体相和共晶产物中的奥氏体相均会在727 ℃发生共析反应，室温下最终组织为珠光体+莱氏体（相组成为铁素体和渗碳体）；对于共晶铸铁，冷却之后基体组织为莱氏体；对于过共晶铸铁，基体组织为一次渗碳体+莱氏体。为了区分共析反应和共晶反应产物的两种莱氏体，一般把共析反应得到的莱氏体称为变态莱氏体。

值得注意的是，当冷却条件偏离于平衡时，共析反应产物的比例和类别就会受到影响，这也是热处理技术调控钢材组织性能的理论依据。当冷速较大时，由于扩散时间较短，偏离于共析点成分较小的亚共析钢和过共析钢中来不及析出铁素体相或渗碳体相，进而获得全部的珠光体组织，称为伪共析组织。对于亚共析钢，当冷速较大时，尤其加入其他合金元素之后，还可能形成相图上没有的相或组织，如贝氏体和马氏体，后续章节中会详细介绍。

2.3 钢的凝固相变规律

铁碳相图的纵坐标为温度，横坐标为碳含量，理论上可以分析不同合金体系凝固冷却过程的相变特征。对于钢，可以分为工业纯铁（超低碳钢）、亚包晶钢、包晶钢、过包晶钢和高碳钢；对于铸铁，可以分为亚共晶铸铁、共晶铸铁和过共晶铸铁。钢的平衡凝固过程描述如下。

2.3.1 工业纯铁

以碳含量0.01%的铁碳合金为例，其平衡凝固冷却过程和相变如图2-3所示。合金在1点以上为液相L，冷却至稍低于1点时，开始从L相中结晶出δ相，至2点合金全部结晶为δ相。2~3点，δ相晶粒长大。从3点起，δ相逐渐转变为γ相，至4点全部转变完了。4~5点，γ相晶粒粗化。自5点开始，从γ相中析出α相。α相在γ相晶界处形核并长大，至6点时γ相全部转变为α相。在6~7点，α相冷却不变。在7~8点，从α相晶界析出少量 Fe_3C 相。因此，工业纯铁的室温平衡组织为 $\alpha+Fe_3C$，α相呈白色块状，Fe_3C 相总量极少。若忽略 Fe_3C 相，则工业纯铁的组织为100%的α相。

2.3.2 亚包晶钢

以碳含量0.12%的铁碳合金为例，其平衡凝固冷却过程和相变如图2-4所示。合金在

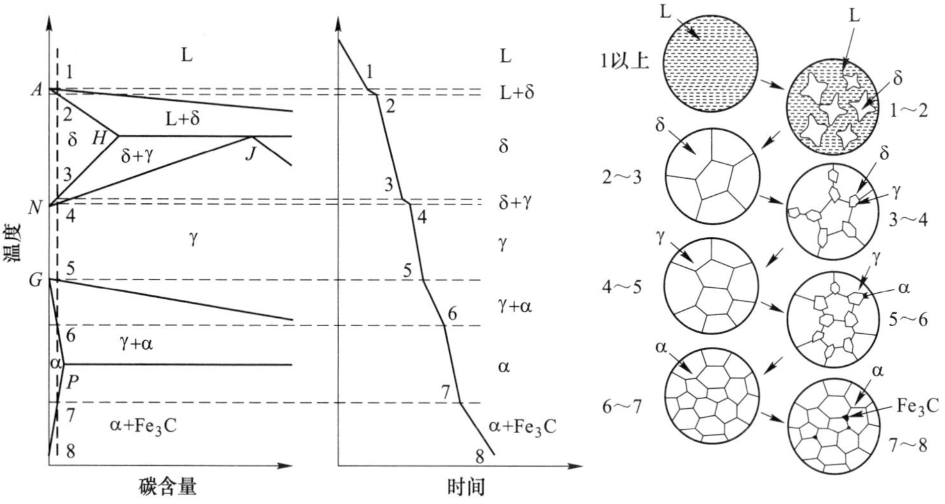

图 2-3 工业纯铁的凝固进程

1 点以上为液相 L，冷却至稍低于 1 点时，开始从 L 相中结晶出 δ 相，至 2 点合金全部结晶为 δ 相。2～2′点，发生包晶反应 L+δ→γ，稍低于 2′点时，发生包晶相变 δ→γ，至 3 点全部转变完成。

3～4 点间 γ 相晶粒粗化。自 4 点开始，从 γ 相中析出 α 相。4～5 点，α 相在 γ 相晶界处形核并长大。5～5′点时发生共析转变 $\gamma\rightarrow\alpha+Fe_3C$，即出现珠光体 P。5′～6 点过程析出少量渗碳体。因此，亚共析钢的室温平衡组织为 α+P，金相显微镜下 α 相呈白色块状，P 为片层状黑色团簇。对于碳含量为 0.12%的钢种，其中前者比例显著大于后者，约为后者的 5 倍。

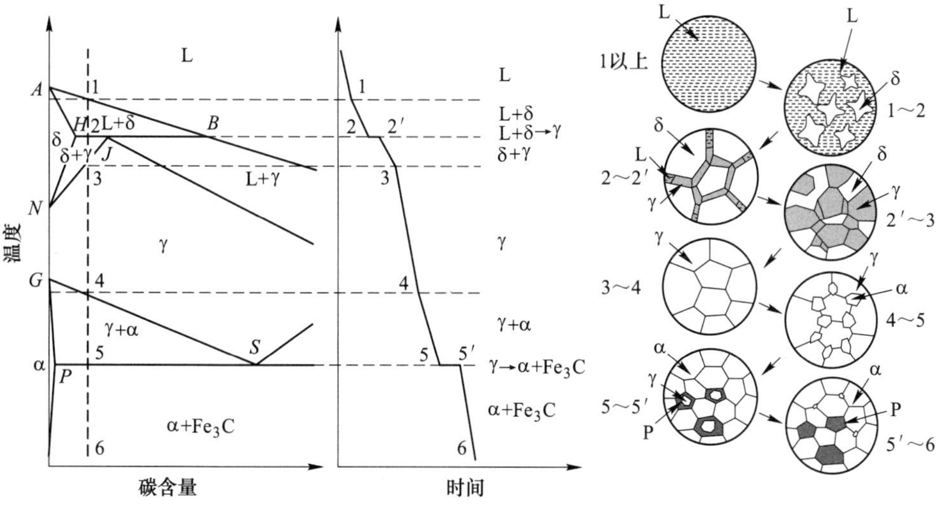

图 2-4 亚包晶钢的凝固进程

2.3.3 包晶钢

以碳含量 0.17%的铁碳合金为例，其平衡条件凝固冷却过程和相变路径如图 2-5 所示。

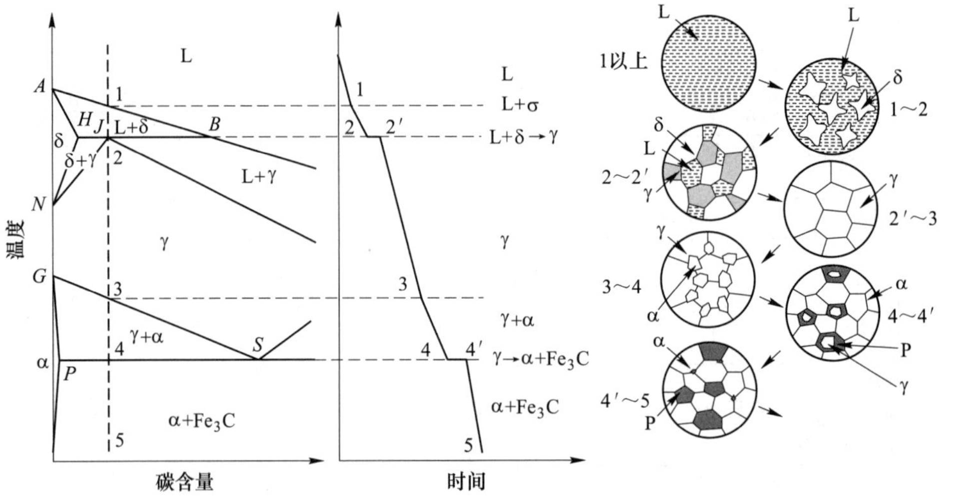

图 2-5 包晶钢的凝固进程

合金在 1 点以上为液相 L，冷却至稍低于 1 点时，开始从 L 相中结晶出 δ 相，至 2 点开始发生包晶反应 L+δ→γ，2～2′点间包晶反应消耗全部液相完成凝固；稍低于 2′点时，进入 γ 相区。2′～3 点间 γ 晶粒粗化。自 3 点开始，从 γ 相中析出 α 相。α 相在 γ 相晶界处形核并长大，至 4 点时开始发生共析转变 $\gamma \to \alpha + Fe_3C$，出现珠光体 P。4 至 4′点共析反应完成。4′～5 点过程析出少量渗碳体。因此，包晶钢的室温平衡组织为 α+P。金相显微镜下 α 相呈白色块状，P 为片层状黑色团簇。对于碳含量为 0.17%钢，其中前者比例较大，约为后者的 3.5 倍。

2.3.4 过包晶钢

以碳含量 0.45%的铁碳合金为例，其平衡凝固冷却过程和相变如图 2-6 所示。合金在

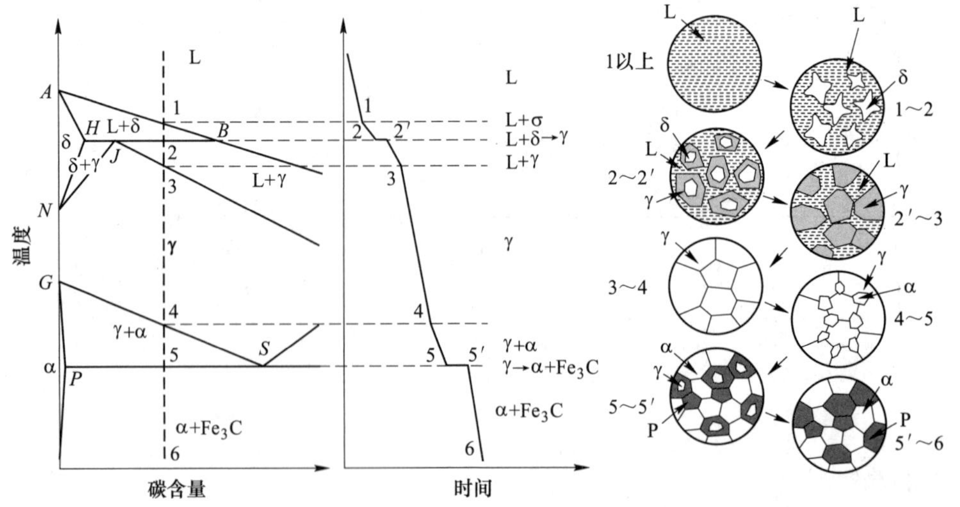

图 2-6 过包晶钢的凝固进程

1点以上为液相L，冷却至稍低于1点时，开始从L相中结晶出δ相，至2点开始发生包晶反应L+δ→γ，2~2′点包晶反应消耗掉全部δ相；稍低于2′点时，剩余液相发生转变L→γ，至3点全部凝固完全。3~4点间γ相晶粒粗化。自4点开始，从γ相中析出α相。α相在γ相晶界处形核并长大，至5点时开始发生共析转变γ→α+Fe_3C，即出现珠光体P。5~5′点发生共析反应，5′~6点析出少量渗碳体。因此，过包晶钢室温下的平衡组织为α+P。金相显微镜下α相呈白色块状，P为片层状黑色团簇。对于碳含量为0.45%的钢，其前者比例小于后者，约为后者的70%。

2.3.5　高碳钢

以碳含量0.70%的铁碳合金为例，其平衡凝固冷却过程和相变如图2-7所示。合金在1点以上为液相L，冷却至稍低于1点时，开始从L相中结晶出γ相，至2点完全凝固。2~3点，γ相略有粗化。

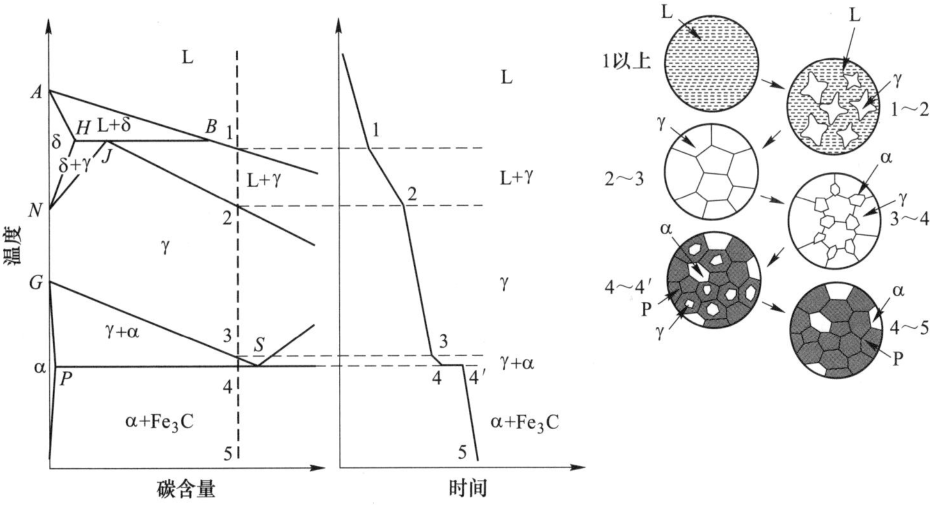

图2-7　高碳钢的凝固进程

自3点开始，从γ相中析出α相，α相在γ相晶界处形核并长大。至4点时开始发生共析转变γ→α+Fe_3C，即出现珠光体P。4~4′点共析转变完成，4′~5点析出少量渗碳体。因此，0.70%高碳钢的室温平衡组织为α+P。金相显微镜下，α相呈白色块状，P为片层状黑色团簇，其中前者比例比后者少，约为后者的10%。

2.4　钢中的相、组织和性能

描述钢材的金相特征，经常会提及相和组织，有时为单相，有时为单一组织，有时又是不同相与不同组织的组合，如铁素体、奥氏体、渗碳体、珠光体、马氏体、贝氏体等。描述钢在凝固和铸态条件下的基体结构时，也会提到组织，如柱状晶组织、等轴晶组织、球（胞）状晶组织、树枝晶组织等。关于相与组织概念的使用，材料和冶金学者有着不同的认识，理解不当就会产生一定的误导和疏漏。

2.4.1 相

相，生活中典型的字面含义为形貌、外观的统称，描述的是一种特征。材料学中的相，可以理解为具有相同规律的晶体结构和化学成分的组态。对于热力学相图中的相，其定义为系统中（宏观）物理与化学性质完全相同的一部分，即不同物质粒子（分子或原子）均匀混合，形成的宏观物理性质和化学性质完全均一的状态。

对于纯铁，根据原子晶格结构和排列形式，常见的相为液相 L、高温铁素体相 δ、奥氏体相 γ 和低温铁素体相 α。Fe 的沸点约为 2750 ℃，现有技术条件下，冶金生产过程中一般不会考虑气相铁。通常认为，液相中 Fe 原子整体呈无序状态，尽管可能存在固定或随机结构的晶胚，但其宏观状态与固相的周期性排列明显不同，故液相的 Fe 只作为一相。固相的 Fe 在冷却过程中会发生同素异构转变，1538 ℃时液相中首先析出的是具有体心立方结构的 δ 相，1394 ℃时 δ 相开始向 γ 相转变，晶体结构由体心立方（BCC）变为面心立方（FCC）。γ 相的硬度（HB）较低（170~220）、塑性较高（40%~50%），对碳的溶解能力较强，是热加工和热处理中常涉及的相态。912 ℃时固相 Fe 由 γ 相转变为 α 相，晶体结构由面心立方变为体心立方，进而一直保持到室温。α 相的硬度（HB）低（50~80）、塑性好（30%~50%），对碳的溶解能力极为有限，故钢在室温下一般呈铁素体+碳化物的两相或多相状态。

钢是纯铁中加入了碳和其他合金元素，一些元素会与 Fe 原子结合生成新的相，最常见的如渗碳体相 Fe_3C（θ 碳化物）。Fe_3C 是由 Fe、C 原子构成的斜方晶格结构，原子周围有 6 个 Fe 原子，构成一个八面体，而每个 Fe 原子属于两个八面体共有。Fe_3C 熔点为 1227 ℃，是一种亚稳态化合物，在一定条件下，渗碳体可以分解为铁和碳，如式（2-9）：

$$Fe_3C \longrightarrow 3Fe + C \tag{2-9}$$

这一相变对铸铁的石墨化控制尤为关键。渗碳体硬而脆（硬度约 800HB），塑性极低，伸长率基本为零，是钢中常见的强化相。通常，加入其他合金元素之后，渗碳体中的 Fe 会被其他元素取代，形成 $(Fe,Cr)_3C$、$(Fe,Mn)_3C$ 等合金渗碳体。

此外，Fe 和 C 还能形成其他相，如 χ 相（Fe_5C_2）、ε 相（$Fe_{2.4}C$）等，二者在马氏体回火过程中会出现。当然，钢中加入其他合金元素之后，还会出现相同结构、不同化学组分的相，简单构型如 TiN、TiC、Ti(CN)、(Ti,Nb)(CN) 等，其中的 Ti 可以被 Nb、V 等其他强碳化物形成元素替换；复杂构型如 Cr_7C_3、$Cr_{23}C_6$ 和 Fe_4W_2C 等。高合金钢中会出现金属间化合物，如 Ni_3Al、Fe_2Nb 等。钢中的非金属夹杂物也是单独的相，如硫化物、氧化物、硅酸盐等。某些低熔点元素加入钢中后，形成的弥散单质颗粒也是单独的相，如 Cu、Pb、As、Sb 等。气体元素聚集形成气泡时，同样是单独的相，如 N、H 等。

铸铁的基体中还存在石墨相，一般是通过石墨化处理得到。石墨是碳的稳定存在形式，对铸铁的性能起到关键作用。正是根据基体中碳的不同状态和形貌，铸铁分为白口铸铁、灰铸铁（片状）、球墨铸铁和蠕墨铸铁等。

2.4.2 组织

组织，是材料学中时常谈到的词汇，可以理解为合金中有若干相以一定的数量、形状、尺寸组合而成的并且具有独特形态的部分。因此，组织可以由单相组成，也可以由多相组成，即钢中组织的数量多于相的数量。

单相也可以称为一种组织。比如，无间隙原子钢（IF 钢），产品服役组织为铁素体，其相组成为单相铁素体+极少量的碳化物；奥氏体不锈钢，通过添加大量的 Ni、Mn、N 等元素扩大奥氏体相区，使室温下奥氏体稳定存在，其基体组织为奥氏体，基本相组成也是奥氏体。对于强冷形成的马氏体钢，未回火之前基体组织是马氏体+少量残余奥氏体，基本相组成为马氏体和奥氏体。值得注意的是，对于低碳马氏体（$w(C)<0.2\%$），其晶格结构仍为体心立方，与铁素体晶格结构相同，但固溶的碳含量不同；对于高碳马氏体，其晶格结构为体心正方，是与铁素体显然不同的相。当然，从组织而言，马氏体与铁素体也是不同的。

多相组织比较常见，最典型的如珠光体。珠光体是一种共析组织，其相组成为铁素体 α 和渗碳体 Fe_3C，平衡条件下二者比例约为 8 ∶ 1。由于铁素体比较软而渗碳体比较硬，二者以片层状有机组合之后，使珠光体具有良好的强度和塑性的匹配，是许多热轧产品的常见服役组织之一，如钢筋、钢轨和某些型材等。

2.4.3 钢的成分、组织与性能

对于钢，下游用户实际上最关注的是产品性能，包括力学性能、化学性能、磁学性能、热学性能和声学性能等，这些都是使用性能，决定了材料是否胜任某些服役环境。除此之外，冶金和材料学者还关注工艺性能，如铸造性能、加工性能、切削性能、热处理性能、焊接性能、涂镀性能等，决定了钢材是否容易生产和制备。实际上，使用性能和工艺性能对钢材都非常重要。

钢的零件制备，需要经过冶炼、浇铸、热加工、机加工、热处理及铆接、焊接等一系列的工艺过程，它能否适应这些工艺过程中的要求，以及适应的程度如何，是决定它能否进行生产或如何进行生产的重要因素，这就是工艺性能。实际上，钢的工艺性能是由多个物理参量的综合作用决定的。比如，钢的铸造性能既与其熔点、黏度及液态/固态的膨胀系数有关，又受到液态与其周围介质的化学作用及其产物的物理性质的影响，用单一的物理参量表示是相当困难且十分繁杂的。于是，工程上用流动性、填充性、凝固收缩性、热裂抗力等表示铸造性能。钢的其他工艺性能，也会采用类似的处理，用于更好的描述对工艺过程的适应能力。

钢材制成零件之后，在使用过程中要求具有适应或抵抗外界载荷的能力，这就是使用性能。因为零件的使用环境不同，这些外界作用也相当复杂，既有质的区别，又有量的差异，如各种力学、化学、辐射、电磁及冷热温度的作用，这些作用强弱、大小不一，既有单一的，也有复合的。比如，钢大多都会作为结构材料，一般首先要求能够分别或同时承受多种动力学或静力学的作用，但也会附加对抵抗其他作用的要求，例如大气下要求抗大气腐蚀、航海中要求抗海水腐蚀、化工上要求抗化学介质的腐蚀、电机上要求抵抗或顺应电磁场的作用、核能工业则要求抗辐射作用、空间技术则要求耐高温或耐低温性能等。钢的使用性能大部分可以和材料的一些基本物理参量直接地联系起来，但工业领域上为了使用的方便，大多是采用模拟试验指标表示，例如由拉伸试验测出的屈服强度、抗拉强度、伸长率、断面收缩率，由冲击试验测得的韧性值，由裂口试样测得的断裂韧性等。上述常见指标的具体物理意义如下：

（1）屈服强度：材料发生屈服时的临界应力值，即基体抵抗微量塑性变形的能力；

（2）抗拉强度：材料在拉伸变形断裂前的最大应力值，实际上是金属由均匀塑性变形向局部塑性变形过渡时的临界应力值；

（3）伸长率：材料拉伸变形标距的伸长量与原始标距之比，反映的是材料拉伸方向的塑性指标；

（4）断面收缩率：简称面缩率，是材料拉伸断裂时断口面积收缩量与原始面积的比值，反映的是塑性的整体变形能力；

（5）冲击韧性：材料抵抗冲击载荷作用而不被破坏的能力，是冲击过程中材料吸收塑性变形功和断裂功；

（6）硬度：材料抵抗其他物体刻划或压入其表面而变形的能力。

当然，材料在其他变形中也有对应的指标，如压缩、剪切、弯曲、扭转过程中会用抗压强度、抗剪强度、抗弯强度、抗扭强度；在交变载荷下还有接触疲劳强度和弯曲疲劳强度等。尽管这些性能指标测定过程和实际服役状态有一定的差异，但其与使用条件的对应关系更为直观，为材料选型和优化提供参考。

工艺性能和使用性能既有联系又有区别，这两类性能的好坏或高低，有时是一致的，有时却是相矛盾的。例如，一些高强度、高硬度、耐高温的钢种常常会给冶炼、浇铸、热加工、机加工等过程带来不少困难，甚至会达到限制或阻碍钢材应用的程度。因此，一方面需要改进冶金和材料加工装备、方法以提高钢材的工艺性能，另一方面应使材料性能具有多变性或多重性以提高其使用性能。幸运的是，大部分钢铁材料在一定程度上具备这方面的特点，因此已实现了最广泛的应用。

钢的基本成分是Fe，同时含有其他合金元素，但不改变其金属学属性。钢中内部原子结合是金属键的作用，决定了内部结构的基本特征与离子键、分子键和共价键晶体大不相同。同属金属键的不同金属，其原子结合力也不同，这主要是受材料化学成分的制约，例如，钢、铝、铜之间性质迥然不同，钢和铸铁之间性能差别也很大。即使如此，同一化学成分，甚至同一结构的材料，它的某些性能仍然可以在一个相当大的范围内发生显著变化。例如，同一化学成分的某种钢的不同零件，其硬度之差可以用一个切削掉另一个，而这是受相和组织的因素控制的。由此可见，成分、相结构和组织都是决定钢材性能的内在因素，三者之间既相互区别，又相互影响，并分别在不同程度上相互制约，这种综合作用决定了钢材的性能。当外界条件（温度、压力或其他物理化学作用）影响到内在因素时，钢的性能就会产生明显的变化。当然，钢的不同性能受到三种因素的影响程度不同。其中，成分是基础，是决定相结构和组织的根本，也是满足性能的先决条件。

当化学成分给定时，钢的某些性能主要是由相结构和组织控制。如一些性能对相结构和组织的变化不敏感，以致从应用角度看，几乎可以忽略不计，将其列为对结构组织不敏感的性能，如密度、弹性模量、热膨胀、熔点、热传导、比热容、电阻、电化学位、热电性、顺磁和逆磁性、光反射、抗辐射性等。其中，有的性能对成分的变化也不大敏感，例如，普通结构用钢，无论碳钢或低合金钢，其弹性模量均为200~220 GPa；普通黄铜，即使合金元素锌由零增至40%，它的弹性模量的变化也仅5%~6%。钢的另一类性能，对相结构和组织的变化反映很敏感，将其列为对结构组织敏感的性能，如屈服强度、抗拉强度、断裂强度、硬度、韧性、伸长率、面缩率、滞弹性、蠕变、铁磁性（包括导磁系数、残余磁感、矫顽力）等。因此，以这些性能为主要评价指标和应用场景的钢材，其相结构和组织调控受到高度重视。

绝大多数情况下，钢都作为结构材料而非功能材料使用，因此，力学性能是最重要、最核心、最关键的指标，其不仅直接用于评价使用性能水平，还描述了浇铸、加工、热处理过程中基体协调变形的能力，与钢的工艺性能也有联系，因此已受到冶金和材料学者的广泛关注和研究。大量应用结果已证实，钢的力学性能直接受到相结构和组织的影响更大，与其成分有一定关系。相同成分的钢，不同的冷却条件下可以得到不同的相组成和金相组织，如不同比例的铁素体和珠光体、不同片层间距的珠光体、不同结构与尺寸的碳化物和不同形貌的铁素体、不同转变程度的贝氏体和马氏体等，进而可以实现比较宽泛的力学性能控制范围。当然，不同成分的钢，相同的相结构和组织属性下，其力学性能也有一定差异，体现出的工艺性能和使用性能也有不同。

2.5 钢的合金元素

2.5.1 碳钢与合金钢

钢中最常见的合金元素是碳，这与碳在自然界中的赋存形式和总量、碳的易获取性、碳的高温还原能力、碳与铁晶格相互作用程度等有关。因此，钢中或多或少都含有一些碳。人们很早就通过钢中碳含量的高低调控钢材产品的组织和性能，并开发了系列品种，如普碳钢 Q195、Q215、Q235、Q255、Q275 等，优碳钢如 10 号、20 号、35 号、45 号、60 号、70 号等，碳素工具钢如 T8、T10、T12 等。上述钢种牌号的主要合金元素都是碳，其余合金元素含量很少，多为炼钢过程控制的残余。碳钢具有成本低、工艺简单、性能调控灵便的优点。一般地，随着钢中碳含量增加，除基体中的固溶量增大外，其珠光体比例增大，相界面增多，强度和硬度提升，可以满足大多服役工况的要求。然而，碳钢强度提升的同时塑性减小、韧性下降，为材料的加工和使用带来了不小的困扰和阻碍。此外，碳钢的屈强比较低，一般不超过 0.6，由于大多数零件一旦发生屈服变形就会被替换，因此大大限制了碳钢在高强度领域的使用。另外需要值得注意的是，当碳含量增大到 0.4%以上时，其焊接性能也会显著降低，焊缝处容易出现高碳马氏体，热应力增大，开裂倾向增加。碳钢的优势和不足列入表 2-4。

表 2-4 碳钢的优势和不足

项目	优势	不足
材料成本	低	—
冶炼和浇铸性能	好	—
热加工性能	好	—
淬透性	—	中、高碳钢差
力学性能	强度和硬度可调范围大	屈服强度和抗拉强度低、屈强比低，强度与塑性矛盾
耐腐蚀性能	—	差

续表 2-4

项目	优势	不足
高温性能	—	差
低温性能	低碳钢良好	中、高碳钢差
焊接性能	低碳钢良好	中、高碳钢差
成型性能	低碳钢良好	中、高碳钢差
热处理性能	低碳钢良好	中、高碳钢差

为了弥补碳钢的诸多不足，人们开始向钢中加入其他合金元素，形成了种类繁多的合金钢。合金元素加入之后，其平衡状态下相图温度-成分关系改变，会引起基体金相组织的热力学变化；同时，合金元素还会改变钢材热处理过程的扩散能力，进而对冷却时的铁素体、珠光体、贝氏体、马氏体的结构、形貌、比例和尺寸等产生动力学影响，进一步地，合金元素也会影响马氏体回火过程的相变的析出行为。正是由于这种明显的相和组织变化，合金钢比碳钢具有更好的性能优势，主要体现在：

（1）屈服强度和抗拉强度进一步提高，可满足高载荷要求；

（2）屈强比提高，材料性能潜力发挥更好；

（3）高强度下可以实现高塑性和高韧性，综合力学性能大大提升；

（4）淬透性提高，可实现超高强度和良好韧性的匹配，疲劳性能提高；

（5）回火稳定性提升，可制备高速钢和耐高温零部件；

（6）硬度和耐磨性提高；

（7）耐腐蚀性能提高。

由于合金元素的加入，钢材的组织和性能调控窗口变宽，使之成为国民经济中最重要的结构材料。然而，合金钢也有一定的不足，主要体现在：

（1）材料成本增加，如 Ni、Mo、W、V、Nb、Cr 等合金原料比较贵，直接增加了钢的原料成本；

（2）冶炼和浇铸性能变差，高合金钢冶炼过程周期长，合金元素窄成分控制难度高，不同炉次之间钢材的一致性下降；某些合金元素凝固偏析倾向大，或者促进其他元素的偏析，甚至出现液析碳化物，导致铸态基体均质性下降，出现带状组织缺陷，严重时影响热处理性能、力学性能和冲击性能等；

（3）合金钢比碳钢导热性能差，加热和冷却时热应力大；合金钢热加工变形抗力大，且变形一致性差，锻造或轧制时容易开裂，加工难度更大；

（4）合金元素增大基体淬透性的同时会影响热处理性能，高合金钢淬火冷速过大时容易开裂；

（5）高合金钢焊接性能差，焊缝开裂倾向大；

（6）合金钢硬度高，切削难度更大。

整体来说，合金钢冶炼、浇铸、加工和热处理工艺复杂，其原料和工艺成本更高，但性能也是碳钢难以匹敌的。经过多年的发展，合金钢已完全融入人们的生活生产中，已成为建筑、机械、交通、船舶、医疗、食品、军工等领域高端装备的必备材料。

2.5.2 合金元素及其存在形式

合金元素是为改善钢的使用性能或工艺性能而有意加入的一种或多种化学元素。钢中除了铁和碳以外，常用的合金元素主要有 Al、B、Ca、Ce、Co、Cr、Cu、La、Mg、Mn、Mo、N、Ni、Nb、P、Pb、S、Si、Ti、V、W 等，还有一些不常见的合金元素，如 As、Bi、Sn、Sb、Zn、Ta、Te、Zr 和其他稀土元素。钢中的 H 和 O 一般是有害元素，通常不列入合金元素。实际生产中，有些元素加入的比较多，其含量可达 10%~40%，有些元素加入的非常少，通常为 0.0001%~0.1%，不同元素起到了不同的金属学作用。

合金元素加入钢中之后，其通常以两种形式存在，一种是溶于晶格之中形成铁基固溶体，另一种是与其他元素结合形成化合物，通常为碳化物和氮化物或金属间化合物（暂不考虑夹杂物）。

（1）铁基固溶体。钢中合金元素可分别与 α-Fe、δ-Fe 和 γ-Fe 形成三种铁基固溶体，分别称为 α、δ 和 γ 固溶体。这些固溶体仍保留着铁的多形性转变的特性，这也是合金元素通过相变和析出等机制调控组织和性能的关键。合金元素加入之后形成铁基固溶体的稳定性一般通过其存在的温度范围及成分范围的大小描述。合金元素溶入基体后，由于原子尺寸不同，某些进入晶格的八面体间隙或四面体间隙位置，如 C、N、B、O、H 等，形成间隙固溶体；某些取代晶格中原来铁原子的位置，形成代位固溶体，如 Mn、Cr、Si、Mo、Ni、Co 等，也称置换固溶体。

（2）碳化物和氮化物。钢中的碳化物和氮化物通常是强化相，其析出类型、数量、形貌、尺寸和分布对钢的性能有着重要影响。一般地，小尺寸第二相可以起到析出强化和细晶强化的作用，当尺寸过大时会降低基体塑性和韧性。钢中的碳化物比氮化物更常见。按照晶体结构不同，可分为两大类：一类是晶体结构比较简单的，当 r_C/r_M（r_C 为碳原子半径，r_M 为合金元素半径）小于 0.59 时，其主要为面心立方点阵、体心立方点阵和密排六方结构，或者是简单六方点阵。这种情况下碳原子填入金属立方晶格或六方晶格间隙中，使碳化物具有金属键，因而碳化物仍保留着明显的金属特性，如 TiC、ZrC、VC、NbC、TaC、WC 等，这类碳化物的最大特点是高熔点和高硬度，是硬质合金、粉末高速钢和高温金属陶瓷材料的主要组成，也是工业用钢的重要强化相。另一类是晶格结构比较复杂的，当 r_C/r_M 大于 0.59 时，形成的第二相结构如下：Fe_3C、Fe_2C、Cr_7C_3、$Cr_{23}C_6$、Fe_4W_2C 等，这类碳化物也具有较高的硬度，是合金钢中的重要强化相，但熔点比简单结构的稍低。钢中氮化物的形成规律和性能与碳化物类似，过渡族金属的氮化物一般形成简单结构。常见的氮化物有 FeN、Fe_2N、Fe_4N、CrN、Cr_2N、MnN、TiN、NbN、ZrN、VN、TaN 及 AlN。合金元素与氮的亲和力大小与碳相似。钢中的氮化物一般不溶于基体，某些氮化物形成于液相，故视为夹杂物。正常的氮合金化钢中，常利用 N 稳定奥氏体并提高强度，或形成析出相提高钢的硬度和耐磨性。一些氮化物还用来提高工艺性能，如 AlN 是渗碳齿轮钢控制晶粒长大的常用析出相。应当注意的是，大多数碳化物与碳化物、氮化物与氮化物之间可以相互溶解，氮化物与碳化物之间也可以相互溶解，形成复合的碳氮化物，如 $(Cr,Fe)_{23}(C,N)_6$、Ti(C,N) 等，但是 N 并不能完全取代 Fe_3C 中的碳。

（3）金属间化合物。钢中的合金元素与铁或合金元素之间可形成金属间化合物。元素周期表中ⅣB、ⅤB、ⅥB、ⅢA 族元素（设为 A 组元）与 Fe、Co、Ni、Mn（设为 B 组元）结合，可形成很多种 B_xA_y 型金属化合物，如 Ni_3Al、Ni_3Ti、NiAl、Ni_2AlTi、Fe_7Mo_6 等。金属间化合物中的某个组元也可被其他组元所取代，形成复合结构。金属间化合物从固溶体中脱溶，已成为铁基、镍基、钴基耐热钢/合金及一些合金化程度较高的合金钢的重要强化手段。应当指出，在不同的合金钢中，不同条件下各种金属间化合物对钢的性能的影响是不相同的。例如，在 Fe-18% Ni 类超强韧钢中，Ni_3Mo 是一个主要的强化相，Ni_3Ti 也造成相当的强化效果。这些金属间化合物的析出，可使钢的屈服强度由固溶态的 687~785 MPa 增至脱后的 2354 MPa 以上。在以金属间化合物硬化的高速钢中，金属间化合物的脱溶可使钢的硬度由 HRC 30~40 增至 HRC 70 以上，即二次硬化的效果使硬度增值达 HRC 20~30 以上。又如，在含铬较高的不锈钢中，在 σ 相形成的早期，钢的性能几乎没有什么明显的改变，可是在后期材料就变脆。再如，在一些耐热钢中，如只限于形成 $Ni_3(AlTi)$ 金属间化合物，则可提高钢的热强性；但如果在高温下发生了 $Ni_3(AlTi)$ 向 Ni_2AlTi 的转变，则钢的高温性能就会变差。

2.5.3　合金元素的金属学分类

钢中的合金元素有诸多分类方式，如按元素周期表的族和周期分，可区分合金元素的基本化学属性；还可以按照金属元素和非金属元素分，其中非金属元素又分为固体元素和气体元素；也有按照频用和罕用、普通与昂贵、常量与微量的多种分类方法。在钢种设计与开发中，根据合金元素金属学作用分类的方法比较常用。

对于固溶到钢中的合金元素，其形成的铁基固溶体和铁的相变稳定性是不同的。由于钢的室温组织大多是由高温 γ 固溶体转变而来，故通常把奥氏体的相对稳定性大小作为合金元素对铁基固溶体的重要影响方面，并作为一种合金元素作用的评价标准。在 γ-Fe 中有较大溶解度，并能稳定 γ 固溶体的元素称为奥氏体形成元素；相反，在 α-Fe 中有较大溶解度，并使 α 固溶体相对稳定的合金元素称为铁素体形成元素。为了规范和统一，根据合金元素对 γ 相区的作用，分为扩大 γ 相区的元素和缩小 γ 相区的元素：

（1）扩大 γ 相区的元素。扩大 γ 相区的元素，是指铁与合金元素组成的二元相图中，使 A_3 温度降低，A_4 温度升高，并在相当宽的温度范围内与 γ-Fe 可以无限固溶或有相当大的溶解度，这类元素是增大奥氏体的相对稳定性的。按照对 γ 相区的扩大程度，又分为开启 γ 相区元素和扩大 γ 相区元素。开启 γ 相区元素是指这类元素与铁组成的二元相图中，γ 相区存在的温度范围变宽，相应地 δ 和 α 相区缩小，并在一定温度范围内铁与该元素可以无限固溶。Mn、Co、Ni 和 Fe 组成的二元相图就属于这一类，如图 2-8 所示。扩大 γ 相区的元素与开启 γ 相区元素类似，但二者不能无限固溶，但会使 γ 相温度区间在一定范围内扩大。典型的合金元素为 C、N、Cu，如图 2-9 所示。

（2）缩小 γ 相区元素。缩小 γ 相区元素是指铁与这类合金元素组成的二元相图中，可以使 A_3 温度升高、A_4 温度降低，合金元素在 γ 相区中的溶解度较小，这类合金元素降低了 γ 相的稳定性。根据对 γ 相区大小和形态的影响，又分为封闭 γ 相区元素和缩小 γ 相区元素。封闭 γ 相区元素是 A_3 温度升高、A_4 温度降低时 γ 相区被 α 相区封闭，在相图上形成 γ 圈。V、Cr、Ti、W、Mo、Al、Si、P、Sn、Sb、As 等属于这一类元素，其中 V 和 Cr 与 α-Fe 在一定温度范围内可以无限固溶，其余元素与 α-Fe 是有限固溶，如图 2-10 所示。缩小 γ 相区元素与封闭 γ 相区元素类似，但由于在一定浓度出现了金属间化合物，破坏了

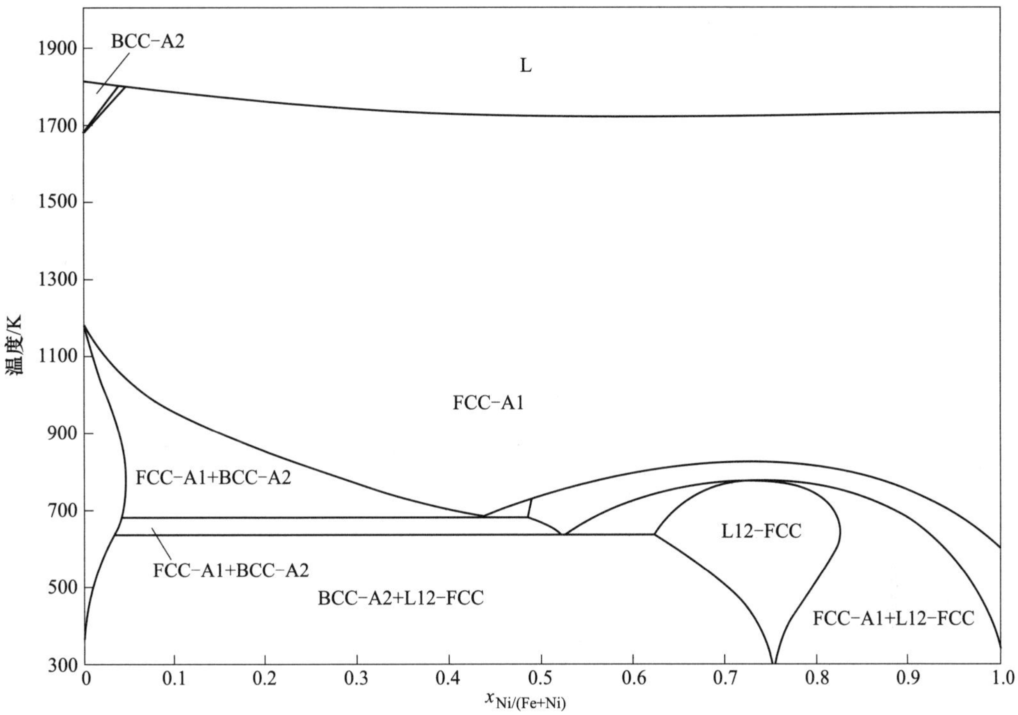

图 2-8 Fe-Ni 二元相图（开启 γ 相区元素）

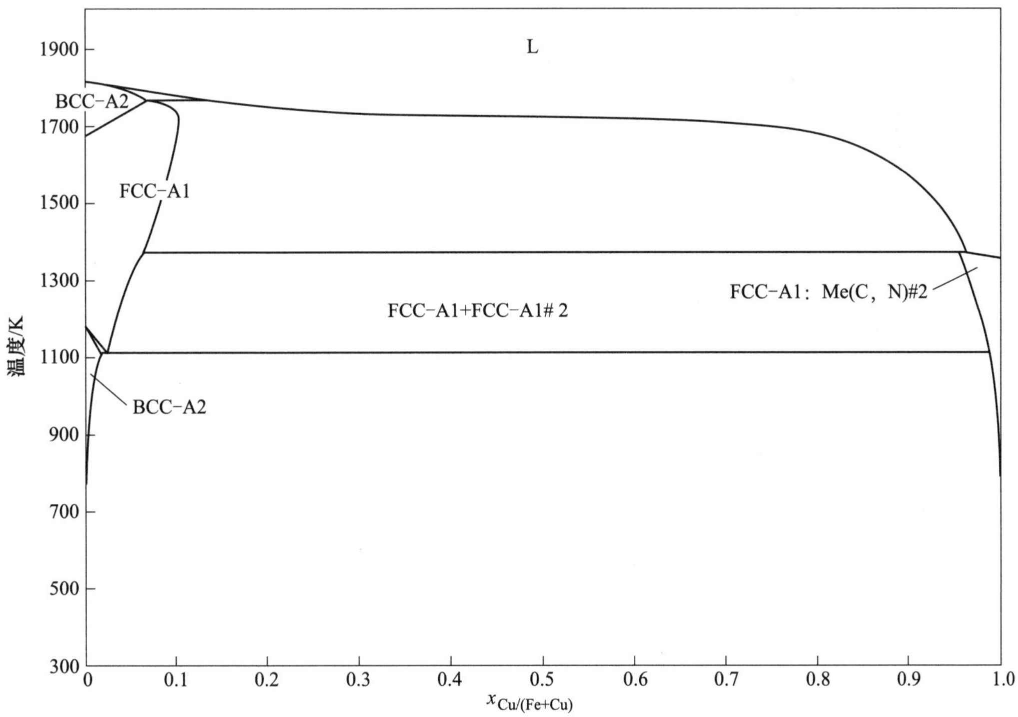

图 2-9 Fe-Cu 二元相图（扩大 γ 相区元素）

γ 圈，使 γ 相在相当大的浓度范围内可以与化合物共存。B、Zr、Nb、Ta、S、Ce 等属于这一类元素，如图 2-11 所示。

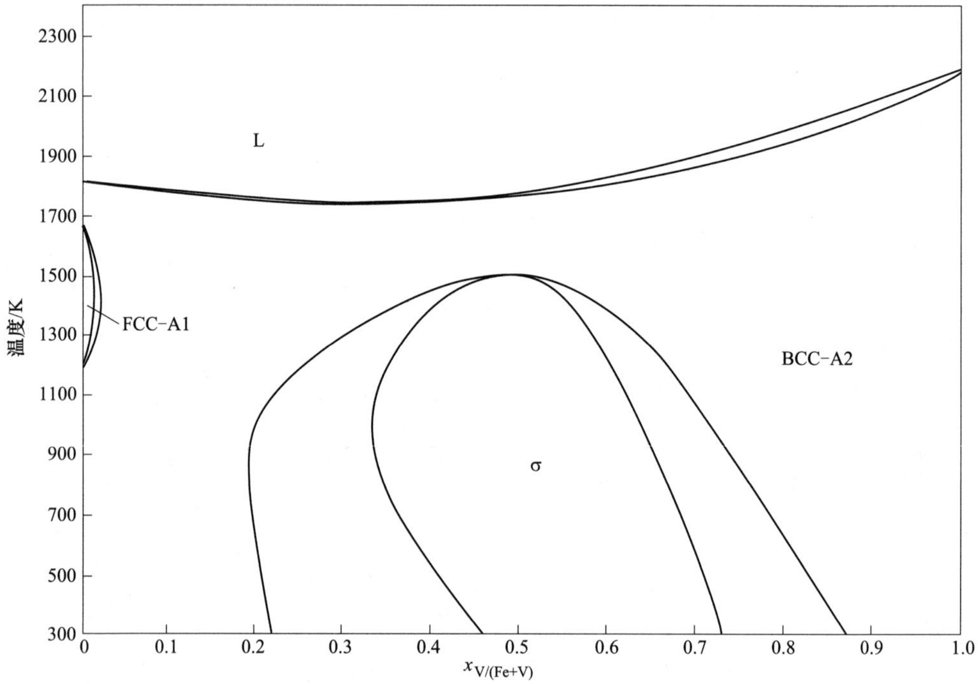

图 2-10　Fe-V 二元相图（封闭 γ 相区元素）

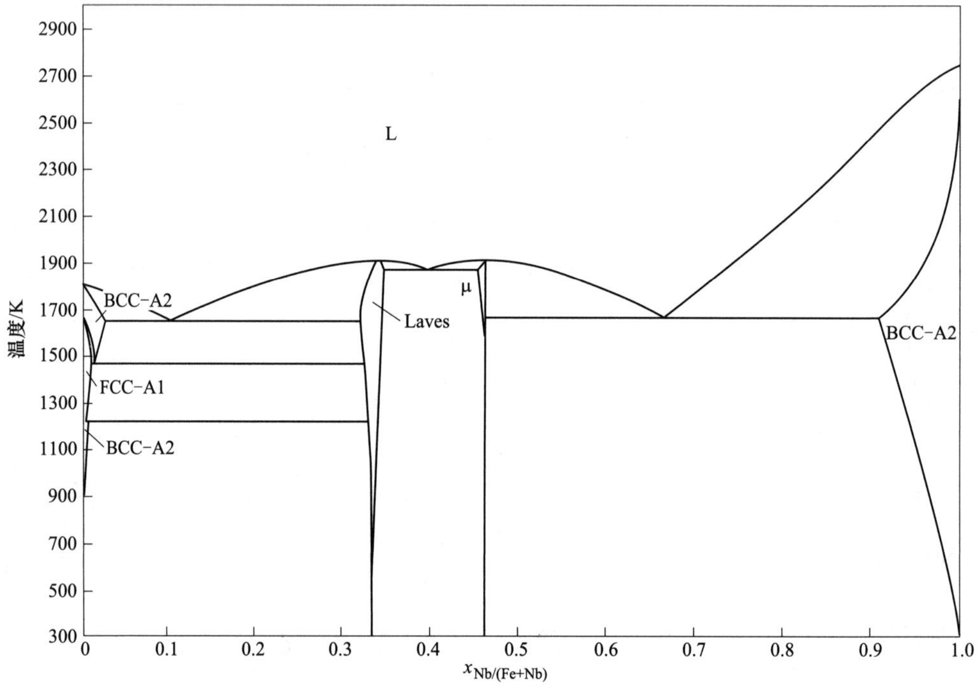

图 2-11　Fe-Nb 二元相图（缩小 γ 相区元素）

除了根据固溶对相变的影响分类之外，还会根据合金元素与碳的结合能力分类，这对于讨论以碳化物形式存在的合金元素的强化作用非常重要。根据合金元素与碳的相互作用情况，可以分为以下两大类：

（1）非碳化物形成元素：这类元素一般固溶在铁素体或奥氏体中，或以其他相（如氮化物）存在于钢中，不会形成单独的碳化物，典型元素如 Ni、Co、Si、Al、Cu 等。

（2）碳化物形成元素：这类元素都有一个未填满的 d 电子层，d 电子层越是不满，其形成碳化物的能力就越强，即和碳之间的亲和力越大，形成的碳化物也越稳定。据此，可以将合金元素形成碳化物的能力由强到弱排列如下：Ti、Zr、V、Ta、Nb、W、Mo、Cr、Mn、Fe。不同书籍或资料中的排序略有不同，主要是因为同一元素可以形成不同结构的碳化物，不同元素的不同结构碳化物的稳定性不好统一比较。根据由强到弱的顺序，一般把 Ti、Zr、V、Ta、Nb 称为强碳化物形成元素，把 W、Mo、Cr、Mn、Fe 称为弱碳化物形成元素，有的材料中也把 W、Mo 称为中强碳化物形成元素。

2.5.4 合金元素的作用

2.5.4.1 合金元素的强化作用

合金元素加入钢中之后，主要是通过对晶格结构、相变和析出及晶粒度的影响调控基体的力学性能，主要机制为固溶强化、析出强化、细晶强化和相变强化等。除此之外，还需要配合冷加工变形而实现位错强化，进而可以制备多种机制共同作用下的高强度钢和超高强度钢。

（1）固溶强化。固溶强化指合金元素固溶于金属基体中造成一定程度的晶格畸变进而提高基体的强度和硬度。由于合金元素和铁的原子尺寸、化学和电学性质不同，固溶体中的溶质原子会造成一定的晶格畸变，晶格畸变使滑移难以进行，增大了位错运动的阻力，从而使钢得到强化。通常，固溶强化程度取决于以下因素：1）基体原子和溶质原子之间的尺寸差别。尺寸差别越大，原始晶体结构受到的干扰就越大，位错滑移就越困难。2）合金元素的量。加入的合金元素越多，强化效果越大。如果加入过多太大或太小的原子，就会超过溶解度，会出现另一种强化机制——析出强化。3）间隙型溶质原子比置换型原子具有更大的固溶强化效果。4）溶质原子与基体金属的价电子数相差越大，固溶强化作用越显著。

（2）析出强化。析出强化是在过饱和固溶体中溶质原子偏聚区和（或）脱溶形成的第二相微粒弥散分布于基体中而引起的强化。由于第二相粒子的存在，外力载荷下位错运动受到阻碍，进而需要更大的力才能使位错开动，这是强化的根本作用。对于具有共格界面的粒子，多通过切过机制；对于具有半共格或非共格界面的粒子，多通过绕过机制。当然，切过和绕过还与第二相粒子的变形能力有关。基于强碳化物形成元素如 Ti、Nb、V 等加入钢中形成的简单晶体结构的碳化物是最有效的析出强化方式。此外，这种第二项粒子还可以起到细晶强化的作用。

（3）细晶强化。细晶强化是利用金属多晶基体中的晶界对位错运动的阻碍作用而实现强化。晶界上的原子排列十分混乱，位错滑移难以越过晶界，而在晶界处发生塞积，晶粒细化后，晶界面积增加，对位错的滑移作用增加。钢的晶粒越细小，内部晶粒和晶界的数目就越多，细晶强化效果就越好。细化强化可以提高强度的同时，改善钢的塑性和韧性，这是其他强化机制无法实现的。合金元素加入钢中之后，其原子或析出相会对晶界运动起到阻碍作用，抑制晶粒长大；同时，一些粒子还可能成为相变的形核基底，进而细化晶粒。

（4）相变强化。相变强化是上述多种机制的复合作用，一般是通过马氏体相变或贝氏体相变实现的。快速冷却时，由于扩散被限制，奥氏体分解由切变控制，溶质原子大量固溶到晶格中，起到了固溶强化作用；切变条件下的相变过程会出现大量位错或孪晶，且快冷形成的马氏体或贝氏体晶粒非常小，起到了位错强化和细晶强化作用；同时，对于贝氏体或回火马氏体，晶粒内部脱溶析出的大量细小弥散的碳化物，起到了析出强化作用。上述多种机制的综合效果，就是相变强化作用。

2.5.4.2 合金元素对相变的作用

合金元素加入钢中对相变和析出的影响是最直接的，进而调控了基体组织和性能，这种强化效果比本身的固溶强化显著得多。因此，了解合金元素对相变的影响是非常必要的。合金元素对相变的影响主要体现在对平衡相图的影响，对加热奥氏体化的影响，对冷却过程铁素体、珠光体、贝氏体、马氏体的影响，对铁素体、奥氏体脱溶的影响，以及对马氏体回火转变的影响等多个方面。

A 合金元素与相图

由于多元相图的复杂性，很多情况下，现场工程师往往通过考察某一合金元素对铁碳二元相图的影响近似考虑多元系的情况。根据合金元素对铁碳相图的影响，也可以把合金元素分为扩大奥氏体相区的元素和缩小奥氏体相区的元素。Mn、Ti、Cr、Mo 对铁碳相图 γ 相区的影响如图 2-12～图 2-15 所示。可以看出，凡是扩大奥氏体相区的元素，都使 A_4 点升高，A_3 点和 A_1 点降低；凡是缩小奥氏体相区的元素都使 A_4 点降低，A_3 点和 A_1 点升高。合金元素对 A_1 的影响如图 2-16 所示。相图中的 A_3 和 A_1 温度对钢材制备是非常关键的，A_3 温度升高，意味着热处理时奥氏体化温度需要提高才能达到奥氏体单相区；对应地，A_1 温度的升高也有同样的作用。

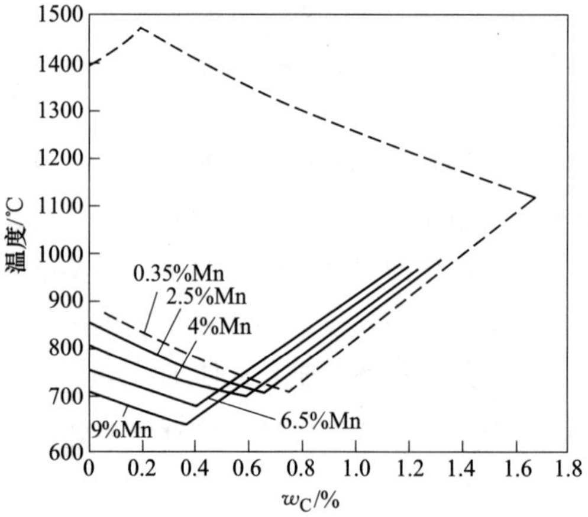

图 2-12 Mn 对 Fe-C 相图奥氏体相区的影响

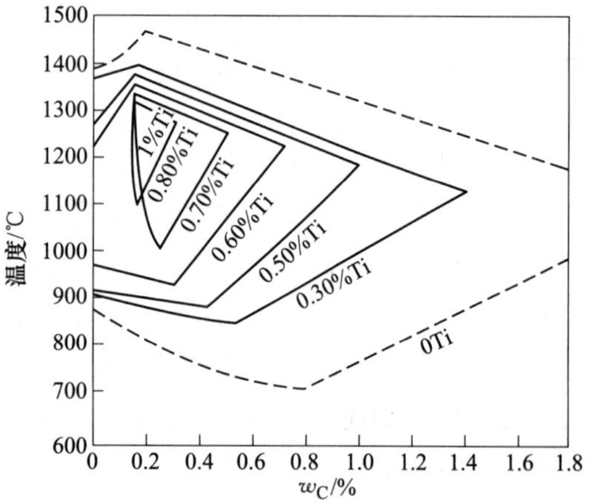

图 2-13 Ti 对 Fe-C 相图奥氏体相区的影响

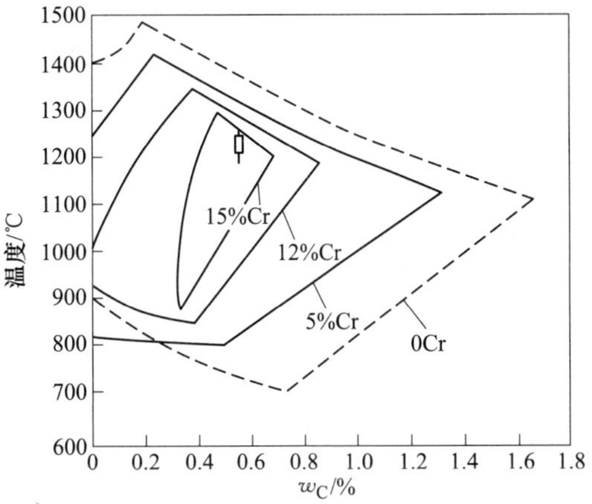

图 2-14 Cr 对 Fe-C 相图奥氏体相区的影响

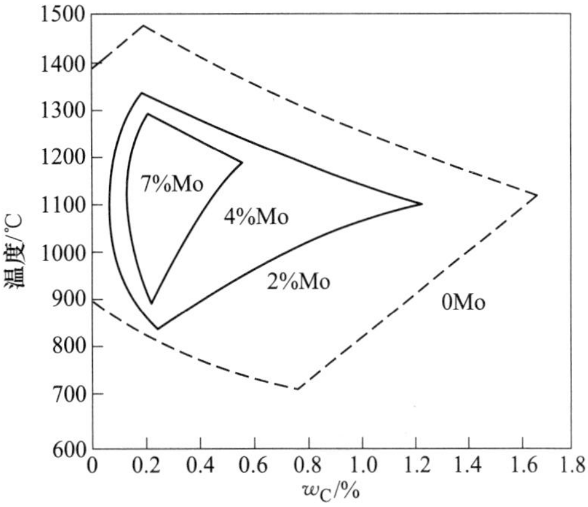

图 2-15 Mo 对 Fe-C 相图奥氏体相区的影响

合金元素对奥氏体相区扩大或缩小的影响，对考虑钢的合金化问题是非常重要的。例如，扩大奥氏体相区的 Ni 或 Mn 含量较多时，可使钢在室温时仍为奥氏体，是稳定奥氏体相的必然选择。一些缩小奥氏体相区的元素，如 Cr、Ti、Si 等，当含量足够多时，可使 γ 相区完全消失，使钢在室温和高温都是铁素体组织。上述这些钢在加热和冷却时无相变发生，或者始终是奥氏体，或者始终是铁素体，就不能用一般的热处理方法调控组织和性能。

合金元素对铁碳相图的影响，还表现在改变共析点 *S* 的碳含量上，如图 2-17 所示。数据表明，常用的一些合金元素，在一般含量的情况下均使 *S* 点左移，即合金钢共析组织中的碳含量比碳素钢的低，某些合金钢碳含量不超过 0.5%，但实际上是过共析钢。另外，合金元素不但改变 *S* 点的成分，而且还改变 *E* 点的成分。研究指出，大多数合金元素都使 *E* 点左移。因此，合金钢中出现共晶莱氏体的最低碳含量一般都小于 2.11%，这是一些高合金模具钢中出现液析碳化物的重要原因。

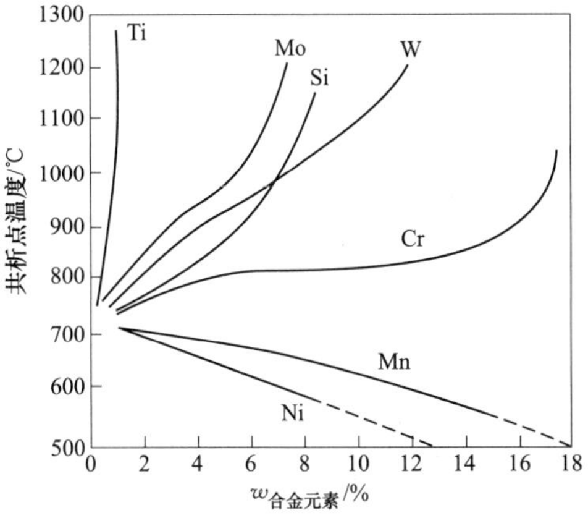

图 2-16 合金元素对 A_1 点温度的影响

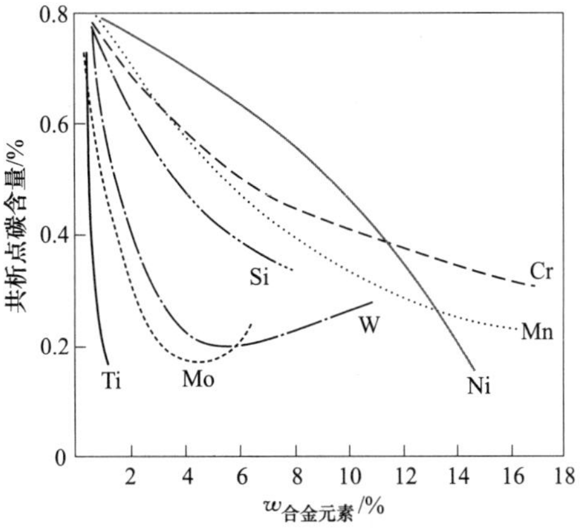

图 2-17 合金元素对共析点碳含量的影响

B　合金元素与奥氏体化

除某些高合金单相钢外，大部分常见钢种的室温组织仍是铁素体加碳化物的复相结构。现场生产时基体在高温扩散退火或热处理时会奥氏体化，铁素体要发生多形性转变，碳化物也要发生溶解或转化，碳与合金元素要均匀化，奥氏体的晶粒尺寸也会发生相应的变化。合金元素对这些过程都有或大或小的影响，通常从两个方面考虑：

（1）奥氏体化时一般希望有较多的合金元素溶解于奥氏体基体。非碳化物形成元素比较容易溶解在奥氏体中，但如果含有强碳化物形成元素时，由于其与碳的结合能力强，为了使其更多的溶解于奥氏体，可再同时加入弱碳化物形成元素减弱强碳化物的稳定性（如 V 和 Mn 同时加入），以促使强碳化物的溶解。

（2）合金元素对奥氏体晶粒尺寸的影响。具体涉及两方面的问题：一个是合金元素能否细化起始晶粒；另一个是合金元素是否阻止晶粒长大。根据对高纯铁合金的研究，碳含量小于 0.05%时，碳对奥氏体晶粒的细化有比较显著的效果；但在 0.1%～0.5%的范围内，碳对晶粒细化不起作用；当碳含量超过 0.5%时，晶粒有粗化的趋势。加入硅含量小于 0.2%时，可细化奥氏体晶粒，但当硅含量在 0.2%～2.1%时，晶粒粗化。加入锰含量小于 13.7%时，可使 Fe-Mn 奥氏体晶粒有少许的细化。在 Fe-C 合金中，当含有 C、AlN、Si、M 其中两个以上组元（AlN 视作一组元）时，奥氏体晶粒最细小。另外，过多的 AlN 虽然对奥氏体晶粒的细化没有作用，但它却可以有效地提高晶粒粗化温度，但当奥氏体化温度高于某一值时，AlN 开始快速地溶于奥氏体，这时奥氏体晶粒就开始急剧长大。Nb、Zr、Ti、V 等元素形成的碳化物或氮化物也有强烈阻止奥氏体晶粒长大的作用。与 AlN 的情况相似，当高于某一温度时，这些元素的碳化物或氮化物就比较显著地溶于奥氏体，同样也会使奥氏体晶粒迅速粗化。

钢中合金元素的分布是不均匀的，这种不均匀性一般体现在显微尺度，有的也体现在宏观尺度。从动力学角度讲，由于凝固偏析或碳化物形成，某些局部区域的溶质含量高，加热时由于合金元素自身的扩散系数较小，且与碳、氮等元素有一定的相互作用，即使碳化物分解之后，其合金元素均匀化的过程也比碳钢长得多，甚至影响碳、氮元素的均匀性。由此可见，大多数合金元素加入钢中都会起到推迟奥氏体化进程的作用。相反，某些促进铁和碳扩散的元素，加热时会加速奥氏体化进程。

C　合金元素与先共析铁素体转变

亚共析钢缓慢冷却时，其奥氏体在临界温度 A_3 附近的转变是一个典型的扩散型形核和长大的过程。由于相变温度比较高且冷速比较小，先共析铁素体在晶界形核并长大为等轴晶粒，铁素体中的碳含量接近于平衡态的值。从对碳扩散的影响看，由于碳化物形成元素（特别是强碳化物形成元素）降低碳在奥氏体中的扩散系数，因而显著推迟先共析铁素体的析出和长大，而非碳化物形成元素的影响则较小。另外，在溶解硼的钢中，已观察到硼对 α 形核有重要作用，微量硼可以显著推迟铁素体在晶粒界的形核，降低了正火时 γ→α 的转变温度。利用硼的这一作用，已成功地开发了在正火或正火+回火状态下具有高屈服强度的焊接用合金钢及具有相当高淬透性的调质硼钢或渗碳硼钢。

D　合金元素与珠光体转变

合金元素对钢的珠光体转变的影响需要分类讨论：

（1）对于强碳化物形成元素，如 Ti、Nb、V、Zr 等，由于它们在奥氏体中的扩散系数远小于碳的扩散系数，因此，合金元素本身的扩散是转变的关键环节。这些元素主要是通过推迟珠光体转变时碳化物的形核和长大延缓整个相变过程。

（2）对于中强碳化物形成元素，如 W、Mo，Cr 等，除了推迟碳化物的形核和长大以外，由于这些元素能增加固溶体原子间的结合力，减小铁的自扩散系数，从而推迟了珠光体转变中的 $\gamma \to \alpha$ 转变，这两方面的原因使整个珠光体转变过程迟缓。

（3）对于弱碳化物形成元素，如 Mn，它既减慢含锰渗碳体的形核和长大，又强烈推迟 $\gamma \to \alpha$ 相变，故 Mn 显著推迟珠光体转变。

（4）对于非碳化物形成元素，如 Ni 和 Co，由于 Ni 推迟 $\gamma \to \alpha$ 相变，而 Co 加速 $\gamma \to \alpha$ 相变，因而 Ni 推迟珠光体的形成，Co 则加速珠光体的形成。对于 Si 和 Al，由于二者不溶解于渗碳体，当渗碳体形核时，它们需要扩散开来渗碳体才得以形成，于是 Si 和 Al 就减慢了珠光体的形成。另外，Si 还推迟 $\gamma \to \alpha$ 相变，而 Al 在这方面的作用尚不清楚。

微量元素硼，由于在晶界的内吸附作用，并形成共格硼相（$M_{23}C_3B_3$），可显著阻止铁素体的形核，从而增大了过冷奥氏体的稳定性。以上情况说明，就单个元素的影响，除 Co 以外，钢中大多数合金元素，只要溶于奥氏体，就会或多或少地提高过冷奥氏体向珠光体转变的稳定性。

有研究还指出，多种合金元素对推迟珠光体转变的综合作用，远比单一元素的作用大得多。如 Cr-Ni-Mo、Cr-Ni-W、Si-Mn-Mo-V 等体系的合金钢就是比较典型的多元少量的复合合金化思路，具体钢种有 40CrNiMo、18Cr2Ni4W、35SiMn2MoV 等。

E　合金元素与贝氏体转变

在一般情况下，除了 Co 能够加速贝氏体的形成外，C、Mn、Cr、Ni、Si、Mo、W、V、Cu 和微量的 B 都会推迟贝氏体转变，其中以 C、Mn、Cr、Ni 最为明显，尤其是对下贝氏体形成的影响尤为显著。贝氏体的长大速度是受碳的脱溶所控制，随着钢中碳含量的增加，由于形成贝氏体所需要扩散的碳原子数量也增加，因而贝氏体的转变速度减慢。具体的影响为：

（1）加入 Ni、Mn 等奥氏体形成元素，降低了奥氏体分解温度，减小了相变驱动力，进而降低了贝氏体的形核率和长大速率；此外，Mn 同时还能降低 C 的扩散速度，通过抑制碳化物析出而推迟贝氏体转变。

（2）加入非碳化物形成元素，如 Si，由于能够强烈地阻止贝氏体转变时碳化物的形成，促使未转变部分的奥氏体中的碳不断富集，从而推迟贝氏体转变。加入碳化物形成元素时，通常会升高珠光体转变的温度，降低贝氏体转变温度，进而出现两组 C 曲线。

（3）强碳化物形成元素 W、Mo、V、Ti、Nb 等强烈推迟珠光体转变，而对贝氏体转变推迟较小。由于珠光体转变是扩散控制，而这些元素在钢中的扩散能力较差，并且强烈阻碍碳的扩散，同时降低铁的扩散系数，进而强烈的阻碍珠光体转变；对于贝氏体转变，其合金元素不扩散，而只发生碳的有限扩散，这些元素在切变过程中对转变速率的相对影响较小。

（4）中强碳化物形成元素如 Cr、Mn 强烈推迟贝氏体转变，但对珠光体转变推迟较小。这两个元素原子尺寸与铁接近，珠光体转变时自身扩散能力与基体比较接近，但对铁和碳的扩散有一定的影响；Cr 增加固溶体原子间的结合力，显著增加了贝氏体转变的切变阻力，同时降低了贝氏体最大形成速率的转变温度；Mn 大大减小了贝氏体相变驱动力，也降低了贝氏体转变温度，且二者会抑制碳的扩散，故对贝氏体转变的推迟作用比珠光体明显。

F 合金元素与马氏体转变

合金元素对马氏体转变的影响可从如下几方面分析：

（1）淬透性。凡是增大过冷奥氏体稳定性的元素，都会使钢的淬火临界冷却速度减小，即容易得到马氏体。

（2）相变温度。当合金元素溶于奥氏体后，除 Co、Al 升高 M_s 点和 Si、B 对 M_s 点影响不大外，其他大多数合金元素，如 C、Mn、V、Cr、Ni、Cu、Mo、W 等都降低 M_s 点，而降低 M_s 点的元素也大多都降低 M_f 点，即冷却到室温下马氏体转变量减小。实际生产中，多种元素的复合影响要复杂得多。

（3）组织形态。合金元素对马氏体的形态（或精细结构）也有影响。大多数合金钢中马氏体的形态也主要是两类，即板条马氏体（如低碳钢、Fe-Ni、Fe-Cr、Fe-Si、Fe-Cu、Fe-Mn 及 18-8 型奥氏体不锈钢等合金中）和孪晶马氏体（如在中、高碳结构钢、工具钢等）。一般情况下，低碳的板条马氏体的塑性和韧性要比高碳的孪晶马氏体好一些。另外，当有氢在固溶体中存在时，马氏体对延迟断裂的敏感性因其形态而异。已经发现，孪晶马氏体对这种形式破坏的敏感性更大，而板条马氏体相对较好。

（4）体积变化。合金元素对奥氏体向马氏体转变时的体积变化也有影响。当从密排面心立方奥氏体转变为体心立方或正方马氏体时，必然产生体积的增大，其会在马氏体转变过程中产生额外应力，这种应力可进一步导致淬火裂纹。为了使这一影响降至最小，一般在热处理方法上采取措施，如使奥氏体脱溶和马氏体回火等。同时，也可以利用合金元素对马氏体转变体积变化的影响，使转变时的体积变化大大减小。一些研究指出，增加 Si、减少 Cr 对减小马氏体转变时的体积变化有利。

G 合金元素与过饱和铁素体脱溶

基于透射电子显微镜研究二元铁基合金过饱和 α 固溶体的脱溶过程，结果表明，其脱溶顺序也大都是按照 GP 区→过渡相→平衡相的规律；以 α-Fe 为基础的三元合金，其脱溶的特点是在特殊碳化物析出之前，往往是先形成 GP 区，由此造成显著的硬化，然后再由特殊碳化物造成弥散硬化。值得注意的是，Fe-Mo-C 合金中如果再加入第四组元，不论是碳化物形成元素还是非碳化物形成元素，都可造成更为显著的时效硬化。因此，为了达到更好的强化效果，在合金化方面，强碳化物形成元素更为适宜。这种条件下，当有碳存在时，合金碳化物就优于其他相而脱溶，引起弥散强化。而非碳化物形成元素，如 Si、P 等，由于对铁素体有强烈的脆化作用，一般很少考虑。在有碳存在时，还可以采用铜，或者联合使用铜镍和铜铝达到复合强化效果。

H 合金元素与奥氏体脱溶

从脱溶物的种类区分，奥氏体的脱溶可分为碳化物的脱溶和金属间化合物的脱溶。

（1）碳化物的脱溶。工业用钢中大都含有相当数量的碳，而且大多利用碳化物脱溶作为金属材料的重要强化手段。碳化物从奥氏体中脱溶在某种情况下对钢材的性能是有利的，在其他情况下则可能是有害的，这要取决于合金的种类（不同元素间的相互作用）、碳化物的类型、数量、形态及分布的特点。如在高碳钢或含有少量弱碳化物形成元素的高碳合金钢中，渗碳体型碳化物易在晶界脱溶，形成晶界网状碳化物。当这种情况出现时，就会给钢的性能带来很大的损害，为消除网状碳化物，常需要采用额外的热处理工艺或特殊冷却手段，这是一些高碳钢生产中的关键问题之一。

含有少量强碳化物（或氮化物）形成元素的奥氏体有可能发生合金碳化物（或氮化物）的脱溶，如 NbC、AlN 等，这一机理已成功地用于细化奥氏体的晶粒和推迟热加工时奥氏体的再结晶。另外，含有强碳化物形成元素的亚稳奥氏体，如果在脱溶温度区间内施加较大的变形量，则其产生的位错就可以为碳化物提供形核位置，即形变诱导析出。而且，大量形变所产生的高位错密度还可以影响马氏体相变，并使之在随后回火时有一个更大的脱溶相粒子密度，从而引起马氏体强化和弥散强化的复合效果，这已成为热机械控制工艺（TMCP）生产高强度钢的基础。在高合金化的奥氏体中，奥氏体甚至可以稳定至室温。碳化物可以由高温冷却时脱溶，也可以由低温过饱和固溶体的时效而脱溶。例如，在简单的 Fe-Cr-Ni 奥氏体不锈钢中，形成的碳化物为 $M_{23}C_6$，在冷却时碳化物可以在晶界或孪晶界形成树枝状，也可以在时效时于晶内脱溶，这些脱溶相粒子将使钢在室温和高温下的强度增加。另外，利用碳化物从奥氏体中脱溶，还可以有效地控制钢中随后发生的相变，沉淀硬化不锈钢就是由此而研发的。

（2）金属间化合物的脱溶。根据金属间化合物晶体结构内原子排列的特点，可以把金属间化合物分为两类，第一类中包括有八面体和四面体间隙，例如 Ni_3Ti、$Ni_3(AlTi)$ 等；第二类中仅包含有四面体间隙，例如 Fe_2Ti、Fe_2Nb、σ 相、μ 相及 χ 相等。一些研究表明，从奥氏体中脱溶的一系列金属间化合物主要是 Ni_3Ti、Ni_3Al、$Ni_3(AlTi)$、NiAl、Ni(AlTi) 及 Ni_2AlTi 等，这些金属间化合物脱溶会引起钢的时效硬化，并使钢具有良好的室温性能。另外，利用从富镍的奥氏体中脱溶出金属间化合物也可以控制奥氏体向马氏体的转变，随后再对马氏体进行低温处理（即再脱溶出其他金属间化合物），就可使钢得到很高的强度或硬度。

I 合金元素与马氏体回火转变

合金元素对这一转变的影响主要表现在两个方面，即对马氏体组织的转变的影响和对残留奥氏体转变的影响。前者包括马氏体的脱溶分解，碳化物的形成、转换和由此而造成的二次硬化，α 相的回复与再结晶，以及发生在原奥氏体晶界区或马氏体晶体范围的回火脆化过程；后者则指残留奥氏体的分解或转变。非碳化物形成元素 Ni、Si、Al 等对上述回火转变的宏观顺序没有多大的改变，其主要作用是推迟各个阶段的进程。因此，与碳素钢相比，要得到相应的组织，就需要加热到更高的温度。碳化物形成元素尤其是强碳化物形成元素存在时，一般阻碍 ε 碳化物的脱溶并使 ε 碳化物稳定，同时可推迟 α 相的再结晶。研究指出，在大约 500 ℃以上回火时，渗碳体被合金碳化物所代替，其机制取决于合金元素的类型及其含量的多少。如在 Cr<3%的钢中，Fe_3C 在原位转变为 Cr_7C_3；但在含铬量较高的钢中，或者是在含有强碳化物形成元素的钢中，合金碳化物通常是单独形核。正是这些单独形核的特殊碳化物，如 M_2C、MC 等，造成了回火时显著的二次硬化。当回火温度升高时，合金碳化物长大，渗碳体回溶到 α 固溶体中，基体最终发生再结晶。这时，α 晶粒的长大受控于慢慢长大的合金碳化物，这是因为晶粒的长大除了取决于铁的自扩散以外，还取决于合金元素的扩散。如此条件下，基体最后形成的组织是合金碳化物加细小晶

粒的铁素体。

关于钢的低温回火脆性，目前除了以极快的速度加热和冷却及热机械控制工艺能够避免之外，比较实用和常用的方法仍是以非碳化物形成元素（如 Si）合金化，进而有效地推迟马氏体脱溶，使低温回火脆性温度区上移，从而使钢获得良好的强韧性。关于高温回火脆性，目前除了在工艺上采取（$\alpha+\gamma$）两相区加热淬火及热机械控制工艺减轻之外，比较有效且实用的方法还是以少量的 Mo、W 等合金化，并在回火后快冷，从而可以大大减弱高温回火脆性。

关于残留奥氏体的分解与转变，有研究指出，残留奥氏体在回火时分解的特点基本上与过冷奥氏体在相应温度下的等温分解相似，但残留奥氏体分解的孕育期显著缩短。而且，不论在珠光体型转变区还是贝氏体型转变区，残留奥氏体的分解是不完全的；虽然开始分解的孕育期短，分解速度大，但很快减慢，甚至停止分解，这种情况在贝氏体型转变区尤为突出。对于含有较多合金元素的钢，在珠光体转变和贝氏体转变 C 曲线之间，有一个过冷奥氏体的亚稳定区。与此相似，这类钢的残留奥氏体在相应温度回火时，也会出现两种转变之间的亚稳定现象。将这类淬火钢回火加热到该区间的上限温度时，残留奥氏体既不转变成珠光体，也不转变成贝氏体，而是在继续冷却到室温时转变成马氏体，这一效应叫做二次淬火。整体来说，合金元素对残留奥氏体分解与转变的影响，可以基本参照其对过冷奥氏体的影响。

扩展阅读　钢中典型的合金元素

常见 20 种合金元素

扫码看资源

思　考　题

1. 钢和铁的成分、组织和性能区别是什么？
2. Fe-C 相图中的特征点和特征线的含义是什么？
3. 包晶反应和共晶反应有何异同？
4. 何谓亚包晶钢和过包晶钢，其凝固相变规律有何区别？
5. 钢中常见的相有哪几种，常见的组织有哪几种，相、组织和性能之间的关系如何？
6. 钢中碳的作用有哪些？
7. 碳钢的优点和不足是什么？
8. 钢中常见的合金元素有哪些？
9. 合金元素在钢中的存在形式有哪几种？
10. 钢中合金元素的金属学作用有哪些？

参　考　文　献

[1] 宋维锡. 金属学 [M]. 北京：冶金工业出版社，1989.

[2] Roberts-Austen W C. Fourth report to the alloys research committee [C]. Proceedings of the Institution of Mechanical Engineers，1897，52 (1)：31-100.

[3] Roberts-Austen W C. Fifth report to the alloys research committee：Steel [C]. Proceedings of the Institution of Mechanical Engineers，1899，56 (1)：35-102.

[4] Bakhuis Roozeboom H W. Eisen und stahl vom standpunkte der phasenlehre [J]. Zeitschrift für Physikalische Chemie, 1900, 34 (1): 437-487.

[5] Roberts-Austen W C. An introduction to the study of metallurgy [M]. Charles Griffin, 1902.

[6] Gutnyk M, Nürnberger F. The Fe-C diagram-History of its evolution [J]. History of Science and Technology, 2023, 13 (2): 243-262.

[7] Tanaka R. On the recent iron-carbon equilibrium diagram [J]. Tetsu-to-Hagane, 1967, 53 (14): 1586-1604.

3 钢的浇铸特性与过程

本章提要：

人类社会先历经了铜器时代，再进入了铁器时代，金属冶铸锻技术的发展是文明进步的直接推动力。然而，这也并不能简单地说铜不如铁。铜的稳定性好，易制取和加工，流动性和成型性好，且传导能力强。就力学强度而言，铜弱于铁（钢），并在结构材料领域逐渐被取代。铁器的发展和推广应用要迟于铜器，尤其是钢，与其化学活泼性强、熔点高、充型差、变形抗力大有关。随着社会进步，人们可以达到的工业化温度和强度越来越高，进而为铁和钢的大规模制备提供了可能。了解和掌握钢的浇铸特性与工艺过程，不仅有助于改进和提升现代化冶金技术，还能加深对历史文明演进规律的理解和认识。

浇铸是液态钢水凝固成型的过程，涉及复杂的传输现象，钢的浇铸特性将直接影响传热、流动、溶质再分配和应力应变，最终影响铸态组织和产品质量。钢的浇铸特性主要指高温热物理特性（如相变温度、密度、比热容、导热系数、膨胀系数等）和高温力学特性（如强度、伸长率、面缩率等）。浇铸不仅是液固转变过程，后续冷却还将发生固态相变和析出，对最终凝固质量也有直接影响。因此，钢的浇铸特性参数均是温度的函数，具有温度非线性特点。

不同钢种具有不同的合金成分和相变与组织特征，在浇铸特性上也具有一定差异，继而不能采用相同的方法或策略控制。因此，正确认识钢的浇铸特性有助于减轻和避免凝固缺陷，提高钢材的质量和效益。本章系统介绍了钢的浇铸特性的基本含义，同时就不同性能随不同元素含量、不同温度的变化规律进行了重点阐述，这些内容是生产中制订合理浇铸工艺、高效控制铸锭/铸坯质量的重要依据。

关键词：凝固特征温度、高温强度与塑性、热物性参数、浇铸过程

3.1 凝固特征温度

钢是一种铁基合金，凝固是在一个温度范围内完成的。浇铸过程中，钢水自开始结晶到凝固完全之前，铸坯/铸锭是由固态坯壳、凝固两相区和中心未凝钢水组成。为更好地描述钢在凝固过程中的相变规律，根据凝固特征温度可以将浇铸状态的连铸坯/铸锭分为固相区、液相区与两相区（或糊状区，即固相区与液相的过渡区），不同的凝固状态表现出不同的物理学与力学特性，对最终凝固质量也有不同的影响。

钢在凝固过程中特征温度与枝晶组织和高温力学特性的对应关系如图 3-1 所示，不同特征温度的物理意义见表 3-1。图 3-1 中 T_L 为液相线温度，此处钢液开始凝固结晶，即液相中刚刚出现固相。当温度继续下降到某一值时，凝固过程形成的枝晶结构表现出能够承

受一定载荷的能力，这一温度值被称为“零强度温度”（ZST，Zero Strength Temperature）；继续冷却时，枝晶承受载荷能力逐渐上升，但其延展变形能力仍基本为零，直到达到某一温度基体开始表现出一定的延展性，此温度点被定义为“零塑性温度”（ZDT，Zero Ductility Temperature）。零强度温度和零塑性温度是衡量钢高温力学行为的重要参数，它们之间温度区间的大小（ΔT=ZST-ZDT）是衡量凝固前沿裂纹倾向的一个重要指标。ΔT 越大，在这个温度范围内形成裂纹的概率就越大。在此温度范围内，钢虽然具有一定的强度，但无延展变形能力，外力作用下一旦出现变形就会开裂。

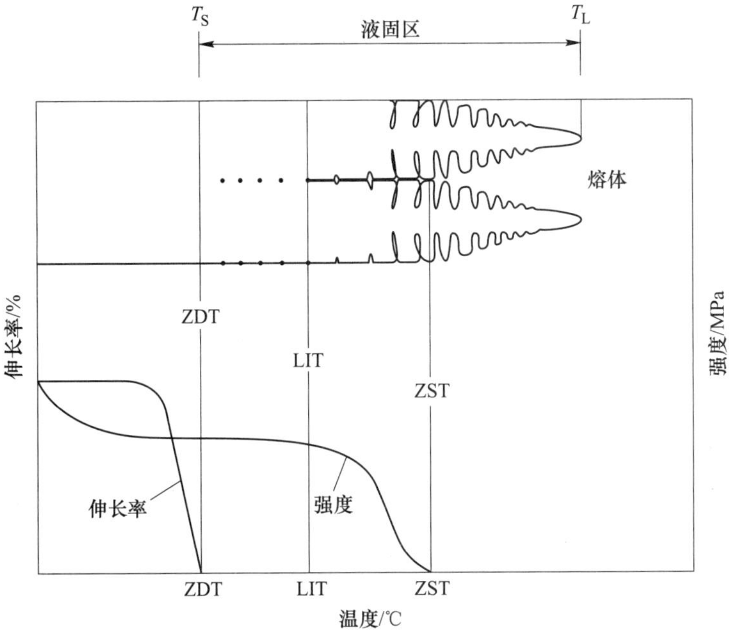

图 3-1　钢的凝固特征温度与枝晶组织和高温力学特性

表 3-1　钢的凝固特征温度及其物理意义

凝固特征温度	符号	对应固相率	物理意义
液相线温度	T_L	0	开始结晶温度
固相线温度	T_S	1	完全结晶温度
零强度温度	ZST	0.80	开始出现抵抗外力的温度
零塑性温度	ZDT	0.99	开始出现抵抗变形的温度
黏滞性温度	LIT	0.90	枝晶间裂纹不能被填充的开始温度

钢在两相区内的低延展性是由枝晶之间的残留液相引起的，这受到溶质微观偏析的直接影响。P 和 S 等溶质元素在树枝晶间富集，使该处局部固相线温度下降，相应地使铸坯零塑性温度 ZDT 明显低于由平衡相图得到的固相线温度 $T_{S,E}$。此时，即使微小的拉伸应变（1%～2%）作用在两相区，枝晶间开裂就会出现。若液态钢水不能够及时填充缝隙，裂隙就会从凝固前沿向连铸坯表面扩展，形成“热撕裂”（Hot Tear）。由此可知，凝固过程溶质偏析使裂纹敏感温度区间显著变宽，是实际生产中固液界面前沿出现裂纹的内在原因。

此外，为了更准确地研究连铸坯裂纹特征，还可以把该区域进一步划分为液相充填区和裂纹敏感区，其分界线称为“黏滞性温度”（LIT，Liquid Impenetrable Temperature）。在填充区，即LIT与ZST之间，即使有裂纹产生，也会被渗入的液相充填；在裂纹敏感区，即LIT与ZDT之间，枝晶已经紧密搭桥，残余液相很难流动，使枝晶间裂纹一旦发生将无法弥合而保留下来。因此，确定钢的两相区热物理状态与特征温度是研究其浇铸特性的重要内容。

大量研究发现，采用固相率f_S（即两相区中固相的比例）描述钢在两相区内的热物理状态及其与高温变形特征的对应关系是比较合理的。液相线T_L、零强度温度ZST等特征温度值也通常根据两相区内的固相率f_S获得，例如将ZST定义为$f_S=0.8$时的温度值，将LIT定义为$f_S=0.9$时的温度值，将ZDT定义为$f_S=0.99$时的温度值。随着温度降低，f_S从0开始逐渐增大；初期凝固速度快，固相率f_S增加也快；而中期凝固速度将会减小，f_S增加的速度也会变缓；后期接近完全凝固时由于潜热释放完毕，f_S快速增加到1。同时，考虑到C、S、P等溶质元素的显微偏析，其固相线温度比平衡条件下还要低一些，其他凝固特征温度也会随之略有下降。

3.2　高温强度与塑性

3.2.1　高温强度

高温下，钢的断裂倾向与其力学性能密切相关。钢在凝固过程中与缺陷相关的强度指标主要包括屈服强度和抗拉强度，这两个参数都可以通过单轴静态拉伸试验获得。一般地，对于单相钢（凝固后高温到室温无相变），其抗拉强度和屈服强度均随着温度的降低而逐渐提高；对于凝固之后到室温之间发生多次相变的钢种，相变过程会对强度的变化产生一定的影响，进而破坏强度与温度之间单调变化关系。早期一些研究中，会采用高温强度判据分析钢在凝固过程中的断裂行为，即当外部载荷、相变应力、热应力的叠加超过基体抗拉强度时，就认为会出现裂纹。东京大学一些学者采用高温拉伸试验测定了不同钢种应变速率为$1\times10^{-2}\ s^{-1}$时的高温断裂应力[1]，如图3-2所示，不同温度下的抗拉强度基本在1~10 MPa，钢种成分见表3-2。莱奥本大学的研究人员采用浸入法（SSCT，Submerged Split Chill Tensile）测定激冷拉伸时坯壳的断裂强度[2]，其随碳含量的变化规律如图3-3所示，结果与前述数据整体接近，实测钢种的化学成分见表3-3。

表3-2　钢种的化学成分　（%）

元素	C	Mn	Si	P	S	Al
1	0.06	1.06	0.08	0.0007	0.0006	0.024
2	0.13	1.04	0.06	0.0005	0.0006	0.025
3	0.18	1.06	0.07	0.0006	0.0006	0.026
4	0.27	1.04	0.15	0.0007	0.0007	0.024
5	0.41	1.03	0.08	0.0008	0.0005	0.030
6	0.60	1.06	0.15	0.0009	0.0008	0.026

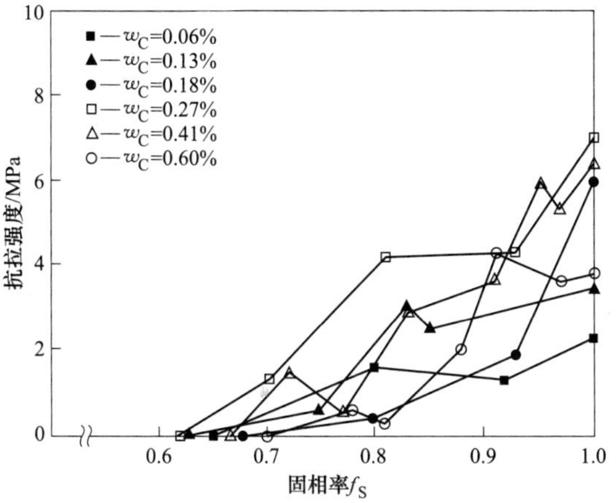

图 3-2　不同钢种基于拉伸法测定的抗拉强度

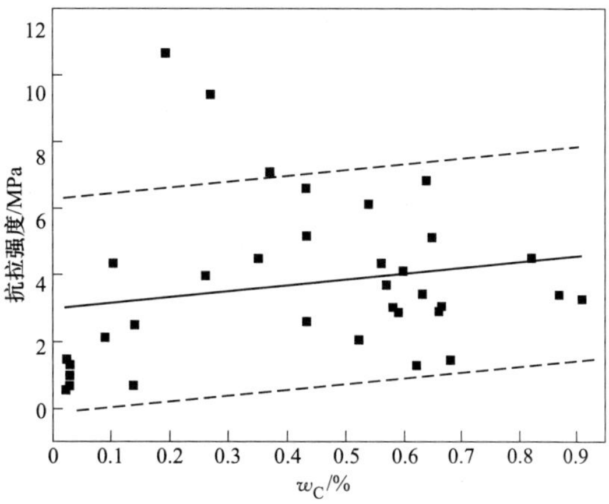

图 3-3　不同钢种基于 SSCT 法测定的抗拉强度

表 3-3　钢种化学成分及性能

项目	化学成分/%					T_S/℃	T_t/℃	应力/MPa	应变率/(10^{-3} s^{-1})
	C	Si	Mn	P	S				
1	0.02	0.27	0.04	0.027	0.020	1538	1449	1.6	12
2	0.02	0.06	0.07	0.013	0.023	1527	1481	0.4	12
3	0.03	0.08	0.10	0.020	0.024	1528	1420	0.5	17
4	0.03	0.04	0.09	0.015	0.024	1526	1475	1.0	11
5	0.03	0.21	0.08	0.025	0.020	1533	1480	1.5	53
6	0.09	0.35	0.27	0.034	0.016	1510	1448	2.2	12
7	0.09	0.02	0.07	0.025	0.022	1496	1422	2.1	42
8	0.10	0.03	0.03	0.019	0.020	1493	1419	4.4	43
9	0.19	0.22	0.19	0.028	0.025	1493	1358	10.7	54
10	0.27	0.25	0.27	0.026	0.022	1493	1350	9.4	40
11	0.57	0.19	0.07	0.033	0.012	1427	1336	3.7	5
12	0.60	0.15	0.06	0.041	0.011	1420	1279	1.2	5
13	0.62	0.20	0.04	0.010	0.010	1416	1317	1.3	33
14	0.63	0.17	0.04	0.010	0.010	1415	1314	3.5	13
15	0.64	0.16	0.03	0.010	0.010	1407	1329	3.8	10
16	0.68	0.26	0.05	0.010	0.010	1407	1329	2.3	10
17	0.14	0.18	0.04	0.010	0.011	1493	1295	2.5	10
18	0.14	0.19	0.03	0.030	0.012	1493	1290	0.7	2
19	0.26	0.19	0.04	0.010	0.011	1482	1283	4.0	10
20	0.35	0.11	0.11	0.041	0.022	1467	1234	4.5	2
21	0.37	0.06	0.03	0.009	0.011	1460	1258	7.2	10
22	0.43	0.17	0.06	0.025	0.010	1453	1271	2.6	10

续表 3-3

项目	化学成分/%					T_S/℃	T_t/℃	应力/MPa	应变率/(10^{-3} s^{-1})
	C	Si	Mn	P	S				
23	0.43	0.14	0.13	0.034	0.022	1451	1245	5.2	2
24	0.43	0.12	0.13	0.007	0.008	1450	1263	6.6	10
25	0.54	0.31	0.04	0.008	0.010	1433	1183	5.6	10
26	0.56	0.07	0.07	0.025	0.009	1426	1238	3.8	10
27	0.58	0.20	0.07	0.008	0.010	1424	1242	2.8	10
28	0.60	0.28	0.04	0.009	0.010	1422	1234	3.7	10
29	0.65	0.18	0.05	0.009	0.010	1412	1242	5.1	10
30	0.82	0.24	0.06	0.008	0.010	1382	1156	4.6	10
31	0.91	0.18	0.06	0.008	0.010	1364	1207	3.6	10
32	0.61	0.27	0.47	0.012	0.012	1418	1232	4.9	10
33	0.56	0.33	0.94	0.013	0.011	1418	1221	8.8	10
34	0.57	0.35	1.41	0.014	0.011	1424	1217	8.5	10
35	0.61	0.23	1.60	0.014	0.011	1413	1220	8.0	10
36	0.57	0.33	2.30	0.016	0.011	1420	1209	10.0	10
37	0.54	0.45	3.12	0.016	0.008	1425	1202	8.2	10

3.2.2 高温塑性

根据材料工程力学，强度判据一般适用于脆性材料。对于钢，只有在 ZDT 温度以上，或者凝固区间内的断裂行为才与之相符。实际浇铸过程中，即使钢的裂纹出现在凝固界面，形成过程也会有一定的变形，强度判据在这种情况下可能不太可靠，不少学者开始关注于塑性判据，即通过临界应变评价裂纹倾向，如图 3-4 所示[3]。观察可见，不同研究中，凝固前沿裂纹形成的临界应变均不超过 4%，且随着应变速率增加而减小，这与晶界脆性随应变速率增大而提高有关。

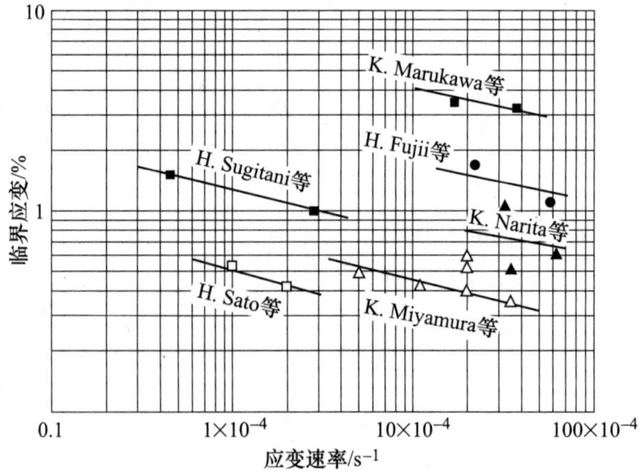

图 3-4　不同应变速率下裂纹形成的临界应变

基于不同方法测定不同碳当量钢种凝固前沿裂纹形成的临界应变如图 3-5 所示[4]。图中可见，随着碳当量由 0.1%增大至 0.6%，裂纹形成的临界应变由 3%~4%降低至 0.5%~1.0%，即临界应变随着碳当量增大而减小。不难理解，随着碳当量增加，凝固两相区宽度增大，脆性温区宽化，出现裂纹的概率也增大。

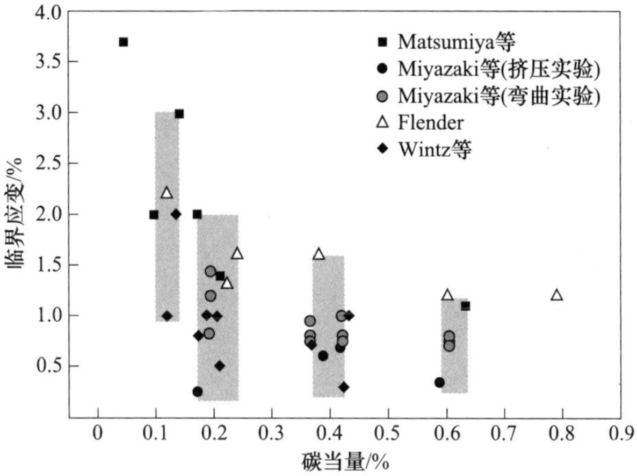

图 3-5　不同碳当量下凝固前沿裂纹形成的临界应变

值得说明的是，上述强度和塑性判据主要针对凝固过程，即 ZST~ZDT 的情况，与连铸坯/铸锭的内部裂纹情况相吻合。实际生产中，裂纹也可能出现在固态坯壳表面，此时基体的温度可能在 600~1200 ℃，上述判据在这一范围内不再适用。

在固态或固相率较高的条件下，高温时基体在较小的外力作用下就会出现变形，此时外部载荷并没有超过抗拉强度，但变形可能达到了极限，进而也会出现裂纹。已有研究表明，钢在浇铸过程中的表面和皮下裂纹情况理论上更符合临界应变判据，即基体高温塑性对断裂行为起着主导作用。钢的高温塑性指标是伸长率和断面收缩率，指基体断裂前的最大变形量。对于固态坯壳，由于高温下已具有良好的塑性，采用光滑试样的均匀变形测定伸长率进而获得临界应变或裂纹倾向仍存在较大误差，因为这与连铸坯/铸锭实际凝固过程中因坯壳厚度不均而导致的局部应力/应变集中严重不符。因此，目前学者比较关注不同温度下钢种的断面收缩率情况，进而间接评价其高温变形的协调性和裂纹敏感性。断面收缩率已成为表征试样高温塑性特征的关键参数，其值等于断口面积的变化量与其原始面积之比的百分数。一般地，断面收缩率越大，说明断裂前基体协调变形的能力越强，钢的高温塑性越好。根据静态拉伸试验，现有研究中通常将断面收缩率低于 40%的区域称为材料的塑性低谷区。

为揭示某一钢种的热塑性规律，一般在 700 ℃~T_S 对棒状试样进行单轴静态拉伸，并测定不同温度下的断面收缩率，其随温度的变化曲线多用于表征基体的热塑性规律，如图 3-6 所示。从图中可以看出，钢在整个高温区内会出现 3 个热塑性较差的区域（脆性区），分别为高温脆性区 Ⅰ：$T_{S,E}$~1200 ℃、中温脆性区 Ⅱ：1200~900 ℃和低温脆性区 Ⅲ：900~600 ℃。

（1）高温脆性区 Ⅰ。该脆性区多在 $T_{S,E}$~1200 ℃。如前文所述，在 ZST~ZDT，钢能承受一定的应力，但其塑性为零，处于极易脆裂区。钢中 C 含量增加，ZST 和 ZDT 将会降低；凝固过程中，S、P 等元素的显微偏析也会降低 ZST 和 ZDT，大大增加固液界面的裂纹敏感

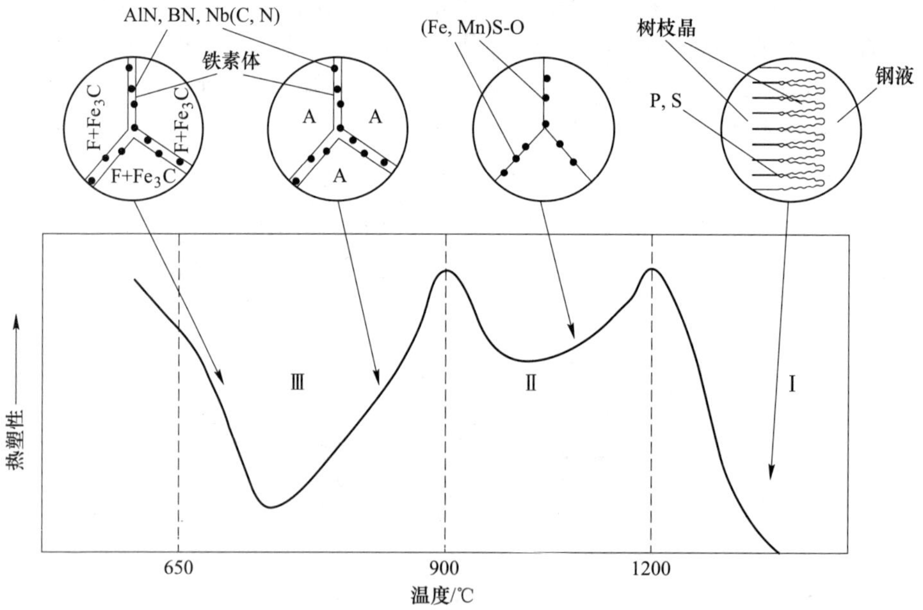

图 3-6 钢的热塑性曲线特征示意图

性，这是实际生产中这一脆性区产生的主要原因。连铸坯/铸锭中的内部裂纹大都在这个脆性区内发生，对应于凝固界面附近；连铸轻压下不当引起的压下裂纹也是这个范畴。

（2）中温脆性区Ⅱ。该脆性区多在 1200~900 ℃。脆裂机理是沿奥氏体晶界析出过饱和的硫化物和氧化物，如（Fe,Mn）S 和（Fe,Mn）O，增加了晶界断裂的敏感性。当钢中 O、S 含量较高而 Mn 含量较低时，晶界断裂的敏感性较强。FeS 和 Fe 共晶相的熔点在 985 ℃（1258 K）左右（图 3-7），1000 ℃以上时晶界仍存在液态膜状结构，外力作用下

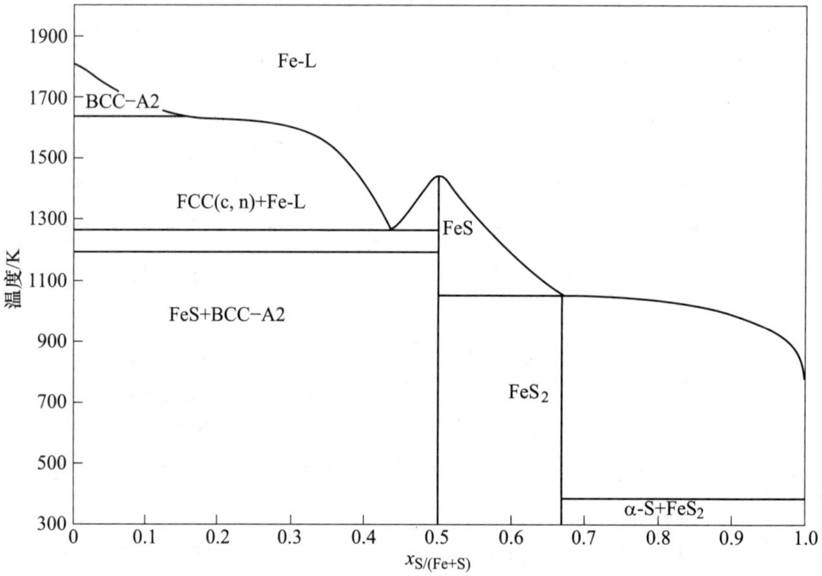

图 3-7 Fe-S 二元相图

极易沿着晶界开裂，这也是该温区内晶界脆化的主要因素。一般地，第二脆性区基体的裂纹敏感性随应变速率增加而增大。

随着精炼脱硫、脱氧能力增强，普通牌号结构钢中硫含量已降低至 0.05%以下，氧含量不超过 0.005%，一般不会出现中温脆性区的裂纹。然而，对于某些含硫易切削钢，硫含量一般高于 0.05%，甚至可能达到 0.1%以上，中温脆性裂纹仍是需要注意控制和避免的。

除此之外，对于某些含铜耐候钢，或铜模具浇铸常规钢种的连铸坯/铸锭表面有铜渗入时，由于高温氧化作用，奥氏体晶界的氧与 Fe 和 Si 结合，进而促进了铜的富集，考虑到铜基本不与钢中其他元素反应，且熔点为 1083 ℃，故 1100 ℃以上也会在晶界呈液相，这是中温脆性区的另一个重要机制。已有研究指出，加入一定的 Ni 可以缓解这种脆性，一方面 Ni 可以增大 Cu 在基体中的溶解度，另一方面可以与 Cu 生成熔点高于 1200 ℃的铜镍相。

（3）低温脆性区Ⅲ

该脆性区多在 900～600 ℃。当温度降至低于 900 ℃时，钢的塑性再次下降，一般在 850～750 ℃塑性最低（断面收缩率最小），此时连铸坯受到外力作用极易产生裂纹，如图 3-8 所示。

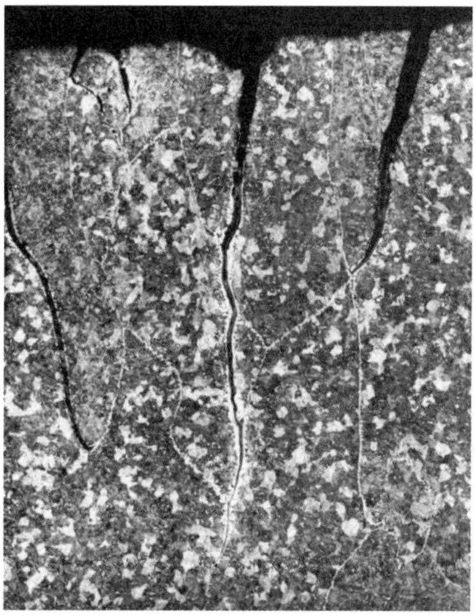

图 3-8 沿晶界薄膜铁素体的低温脆性区裂纹

已有研究表明，钢的低温脆性机理是在奥氏体晶界上出现碳、氮化物粒子，如 Nb(C,N)、AlN、BN 等，一是本身会成为裂纹源，二是会因晶界周围出现无析出带而导致应力应变集中，最终都会增加晶界脆性；或者有 γ→α 相变时，在奥氏体晶界产生了薄膜状的先共析铁素体，因铁素体的形变能力比奥氏体大，使薄膜状的 α 相内变形增加，导致先共析的 α 相和 γ 相交界处产生裂纹。通常认为，连铸坯表面和角部横裂纹大都是在这个脆性区发生的。为避免连铸坯在矫直时产生裂纹，一般要求进拉矫机的铸坯表面温度不低于 850 ℃。对于某些因析出而导致的裂纹，矫直温度要高于 1000 ℃。

3.3 热膨胀/收缩

3.3.1 热变形的本质

大多数钢种都是典型的热胀冷缩材料，即随着温度的升高，材料的体积逐渐膨胀。实际上，由于钢具有同素异构转变，不同相结构的密排度也会引起密度的变化，因此体积随温度的变化规律并非单调的。从高温液态到室温固态的冷却过程中，钢的体积变化受到液相收缩、凝固收缩、相变收缩/膨胀、固相收缩等综合作用的影响，当连铸坯/铸锭内外温度变化不一致、体积收缩得不到补充或不能协调变形时，就会出现热应力和热应变，超过基体的临界范围时就会出现凹陷、裂纹等缺陷。

通常，固体的热膨胀与原子的非简谐振动有关。简单地说，温度升高，导致原子间距增大，因此产生热膨胀。当原子做热振动时，如果原子相对于平衡位置的位移和原子间相互作用力呈线性关系，并对于平衡位置做等距离振动时所受的力相等，则温度变化只能改变原子振动的振幅，而不会改变原子的间距，即原子振动的中心位置不变，不会引起热膨胀。实际上，原子热振动时，原子的位移和原子间相互作用力呈非线性和非对称的关系，必然会引起热膨胀。

两原子相互作用势能与原子间距和温度的关系如图 3-9 所示。E_i 表示不同温度时的能量状态。当原子热振动通过平衡位置 r_0 时，全部能量转化为动能；偏离平衡位置时，部分动能转化为势能；达到振幅最大值时全部能量转化为势能。如加热温度 T_1 时，其能量状态为 E_1，能量曲线上出现两个端点（箭头两端），就代表原子在热振动时的振幅及达到的最大势能值，最大势能中间对应于原子振动的中心位置。根据势能曲线的不对称性，随温度由 T_1 升高 T_5，势能由 E_1 增加到 E_5，振幅增加，振动中心就由 r_1 向 r_5 右移，即双原子间距增大，产生热膨胀。

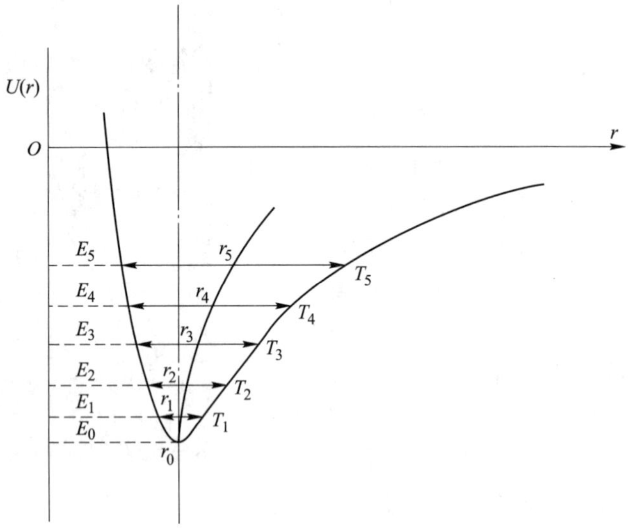

图 3-9　两原子相互作用势能与间距和温度的关系

3.3.2　热膨胀特性参数

以下介绍几个关键的热膨胀特性参数指标。

3.3.2.1　平均线膨胀系数与平均体膨胀系数

设试样在 T_1 温度下的长度为 L_1。当加热温升到 T_2 时，其长度变为 L_2，则其热膨胀伸长量与温度的变化存在以下数学关系：

$$\bar{\alpha} = \frac{L_2 - L_1}{L_1(T_2 - T_1)} \tag{3-1}$$

式中，$\bar{\alpha}$ 为钢的平均线膨胀系数，$℃^{-1}$ 或 K^{-1}。

可见，平均线膨胀系数表示在一定温度范围内每变化单位温度试样在某一方向上长度变化的相对量。

由于金属热膨胀特性具有很强的温度相关性和结构相关性，对于某一实际金属材料，其平均线膨胀系数只是在某一温度范围内才能近似地视为常数。一般固体材料的线膨胀系数数量级为 $10^{-6} \sim 10^{-3}$ ℃$^{-1}$。

体积随着温度变化可以写为：

$$\bar{\beta} = \frac{V_2 - V_1}{V_1(T_2 - T_1)} \tag{3-2}$$

式中，V_2、V_1 分别为钢在 T_2 和 T_1 时的体积，m^3；$\bar{\beta}$ 为钢的平均体膨胀系数，℃$^{-1}$或 K^{-1}。平均体膨胀系数表示每变化单位温度时，材料单位体积变化的相对量。

3.3.2.2　瞬时线膨胀系数与瞬时体膨胀系数

考虑膨胀特性的温度依赖性，由式（3-1）可知，某一温度 T 下的线膨胀系数可表示为：

$$\alpha_T = \frac{1}{L}\left(\frac{dL}{dT}\right)_T \tag{3-3}$$

式中，α_T 为钢在温度 T 下的瞬时线膨胀系数，℃$^{-1}$或 K^{-1}。

同样可得：

$$\beta_T = \frac{1}{V}\left(\frac{dV}{dT}\right)_T \tag{3-4}$$

式中，β_T 为钢在温度 T 下的瞬时体膨胀系数，℃$^{-1}$或 K^{-1}。

3.3.2.3　线收缩率与体收缩率

对于凝固冷却过程，通常用线收缩率和体收缩率表示冷却收缩程度。基于上述基本概念，不难获得试样在冷却过程线收缩率（膨胀率）和体收缩率与对应膨胀系数的关系为：

$$\varepsilon_L = \frac{L_1 - L_0}{L_1} \times 100\% = \alpha_L(T_1 - T_0) \times 100\% \tag{3-5}$$

$$\varepsilon_V = \frac{V_1 - V_0}{V_1} \times 100\% = \alpha_V(T_1 - T_0) \times 100\% \tag{3-6}$$

式中，L_1、L_0 分别为钢在 T_1 和 T_0 时的长度，m；V_1、V_0 分别为钢在 T_1 和 T_0 时的体积，m^3；α_L、α_V 分别为钢在 $T_1 \sim T_0$ 温度内的平均线收缩系数和平均体收缩系数，℃$^{-1}$或 K^{-1}。

热膨胀/收缩性能本质上与晶格结合力和热振动有关，这就建立了其与钢的其他热物性参数的联系。德国物理学家格律乃森（Grüneisen）从晶格振动理论导出了以下公式（单位不详）：

$$\beta = \frac{\gamma}{E_V V} C_V \tag{3-7}$$

式中，β 为体膨胀系数；E_V 为体积模量；V 为体积；C_V 为热容；γ 为格律乃森常数，对于一般金属常数值在 1.5~2.5。

由此可见，热膨胀系数和热容随温度变化的规律具有相似性，同时受到体积和体积模量的影响。

格律乃森还提出固体的热膨胀极限方程，根据该方程可以计算出纯金属由绝对零度到熔点的体积膨胀量。对于一般纯金属，该方程为：

$$\frac{V_S - V_0}{V_0} = \text{常数} \tag{3-8}$$

对于具有立方或六方晶体结构的金属，体积膨胀量为：

$$\frac{V_S - V_0}{V_0} = 0.06 \sim 0.067 \tag{3-9}$$

对于具有正方晶体结构的金属，体积膨胀量有下列关系：

$$\frac{V_S - V_0}{V_0} = 0.0276 \tag{3-10}$$

式中，V_S 为熔点温度下固态的体积；V_0 为在绝对零度时的体积。

线膨胀系数和熔点的关系也可以由以下经验公式表示：

$$\alpha_L T_m = b \tag{3-11}$$

式中，b 为常数，大多数立方晶格和六方晶格金属的 b 为 0.06~0.076。

钢作为一种金属材料，其热膨胀收缩通常直接引起体积的变化。在总质量不变的前提下，基体的密度会随之改变。因此，热膨胀系数与密度和热应变具有直接关系。当发生温度变化时，对应的热应变 $\varepsilon^{th}(T)$ 为加热到温度 T 时，试样伸长量 $\Delta l(T)$ 除以参考温度下试样的长度 $l(T_0)$，即

$$\varepsilon^{th}(T) = \frac{\Delta l(T)}{l(T_0)} = \frac{l(T) - l(T_0)}{l(T_0)} \tag{3-12}$$

密度与热应变之间的关系为：

$$\varepsilon^{th}(T) = \sqrt[3]{\frac{\rho(T_0)}{\rho(T)}} - 1 \tag{3-13}$$

一般地，参考温度选择为室温，$T_0 = 20$ ℃，热膨胀为 ε^{th}；但是，参考温度也可以选择其他温度，参考温度选择其他温度 T_x 时，热膨胀设为 $\bar{\varepsilon}^{th}$，则有：

$$\bar{\varepsilon}^{th}(T) = \frac{\varepsilon^{th}(T) - \varepsilon^{th}(T_x)}{1 + \varepsilon^{th}(T_x)} \tag{3-14}$$

根据热膨胀系数定义，则可以计算出热应变与平均热膨胀系数之间的关系：

$$\bar{\alpha} = \frac{\Delta l(T)}{l(T_0)(T - T_0)} = \frac{\varepsilon^{th}(T)}{(T - T_0)} \tag{3-15}$$

3.3.2.4 热膨胀系数的影响因素

钢的热膨胀系数并非定值，其受到多个因素的影响，最主要的是温度、熔点、相变和合金元素等，具体为：

(1) 热膨胀系数与温度。一般情况下，钢的温度越高，其线膨胀量就越大。试验表明，随温度升高，钢的线膨胀系数开始时的增加幅度较大，随后逐渐减小。钢在不同的温度范围内具有不同的线膨胀系数。

(2) 热膨胀系数与熔点。根据格律乃森定律可知，对于立方晶体结构的金属，当体积增大约为6%时，空间点阵的原子之间作用力已经基本达到熔化的程度；对于正方晶体结构的金属，在体积增大约为2.7%时，金属就达到熔化程度。此外，还可以看出金属的熔

点越低，则膨胀系数越大。立方晶体的体积膨胀到6%和正方晶系体积膨胀到2.7%均是发生在绝对零度至熔点的温度间隔中，间隔越小，每升高1 ℃的体积变化量就越大。反之，熔点越高，温度间隔越大，那么每升高1 ℃的体积变化量就越小，即膨胀系数小，如图3-10所示。对比可知，钢的热膨胀系数在诸多金属材料里处于中等偏低水平。

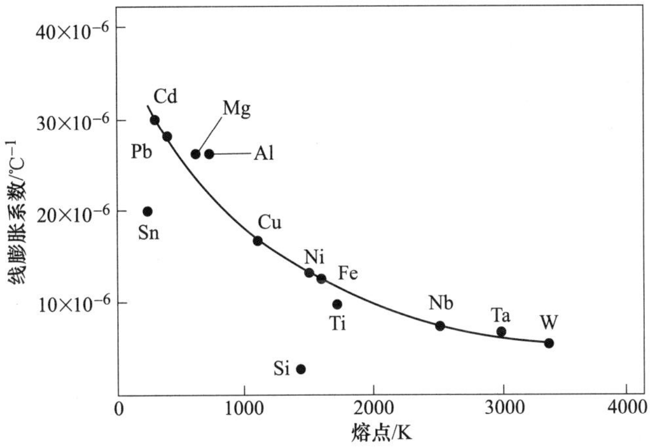

图3-10 金属膨胀系数与熔点的关系

（3）热膨胀系数和相变。金属材料在发生相变的温度区间内，由于晶体结构特征发生改变，其膨胀系数会有附加的变化。此外，同素异构转变或其他相变，也能引起膨胀系数的显著变化，这是因为不同的晶体结构具有不同的膨胀系数。一般情况下，六方晶体的膨胀系数大于面心立方晶体，而面心立方晶体的膨胀系数大于体心立方晶体。表3-4给出了碳钢不同相的体积特征值及膨胀系数。此外，立方点阵的金属线膨胀系数具有晶体取向无关性，非立方系金属膨胀系数依晶向而变化，通常平行于晶体主轴的膨胀系数比垂直方向的大些。

表3-4 碳钢不同相的热膨胀系数

相名称	w(C)/%	点阵常数/nm	比体积 $V/(cm^3 \cdot g^{-1})$	线膨胀系数 α_L/K^{-1}	体膨胀系数 β_V/K^{-1}
铁素体	—	0.2861	0.12708	14.5×10^{-6}	43.5×10^{-6}
奥氏体	0.0	0.35586	0.12227	23.0×10^{-6}	70×10^{-6}
	0.2	0.35650	0.12270		
	0.4	0.35714	0.12317		
	0.6	0.35778	0.12356		
	0.8	0.35842	0.12399		
	1.0	0.35906	0.12442		
	1.4	0.36034	0.12526		
马氏体	0.2	$a = c = 0.2861$	0.12708	11.5×10^{-6}	35.0×10^{-6}
		$a = 0.2858$，$c = 0.2885$	0.12761		
	0.4	$a = 0.2855$，$c = 0.2908$	0.12815		

续表 3-4

相名称	w(C)/%	点阵常数/nm	比体积 $V/(cm^3 \cdot g^{-1})$	线膨胀系数 α_L/K^{-1}	体膨胀系数 β_V/K^{-1}
马氏体	0.6	a = 0.2852，c = 0.2932	0.12863	11.5×10^{-6}	35.0×10^{-6}
	0.8	a = 0.2849，c = 0.2955	0.12915		
	1.0	a = 0.2846，c = 0.2979	0.12965		
	1.4	a = 0.2840，c = 0.3026	0.13061		
渗碳体		a = 0.45144 b = 0.50767 c = 0.67297	0.13023	12.5×10^{-6}	37.5×10^{-6}

（4）热膨胀系数与合金元素。因纯金属晶体结构的不同，其具有不同的热膨胀系数。纯金属的膨胀系数有与其他物理性质相似的规律，即随着元素的原子量呈周期的变化。较难熔化的过渡族元素，具有较低的膨胀系数。合金元素对金属材料的热膨胀系数的影响不仅与合金元素的多少有关，还取决于元素所存在的形式。两元素形成二元合金时，膨胀系数随成分变化有下列几种情况：

1）两元素固态下不互溶，又不形成化合物时，合金的膨胀系数随组元浓度变化呈线性关系。

2）两元素形成固溶体时，合金的膨胀系数比按算术规律计算的值要低一些，随着组元浓度变化呈凹形曲线变化，原因是原子间作用力的增加。

3）两元素形成化合物时，因原子呈严格的规律排列，其相互作用比固溶体原子间的作用要大得多，因此，化合物的膨胀系数比固溶体有较大的下降。

4）形成有序固溶体时，随着合金的有序化程度的增加，膨胀系数比固溶体的要小一些。

5）固溶体的膨胀系数还与溶质金属的价数有关，对第五周期元素在银中的固溶体的研究表明，固溶体的膨胀系数随着溶质价数的增加而增大。

6）当合金基体由多相机械混合物构成时，其热膨胀系数介于这些相的热膨胀系数之间，并且近似地符合直线规律。因此可以根据各相所占的体积分数，用相加法粗略地估计多相合金的膨胀系数。例如两相合金的弹性模量比较接近时，合金的热膨胀系数可以用以下公式求得：

$$\alpha = \alpha_1 V_1 + \alpha_2 V_2 \tag{3-16}$$

如果两相弹性模型相差较大，则合金的膨胀系数用下式计算：

$$\alpha = \frac{\alpha_1 V_1 E_1 + \alpha_2 V_2 E_2}{V_1 E_1 + V_2 E_2} \tag{3-17}$$

式中，E_1、E_2 分别为组成相的弹性模量，Pa。

总体上，多相合金的膨胀系数对组织分布状况不敏感，主要取决于组成相的性质和含量。

不同合金元素与铁形成固溶体时，溶质元素原子浓度对纯铁热膨胀系数变化量的影响如图 3-11 所示。其中，大量的 Mn、Si 合金化使热膨胀系数增加，而 Ni、Co、Al、V 等元素使热膨胀系数减小，这是合金元素对纯铁晶格结构和相结构的双重影响。实际上，合金元素对钢的热膨胀系数的作用还取决于其溶于铁素体还是形成碳化物，图 3-12 给出了一些元素合金化对钢的热膨胀系数的影响。从图中可看出，少量固溶于铁素体中的合金元素 Cr、Ni 和渗碳体 Fe_3C 使钢的膨胀系数降低，而形成的合金碳化物 Mn_3C、Cr_3C_2 使钢的膨胀系数增大。

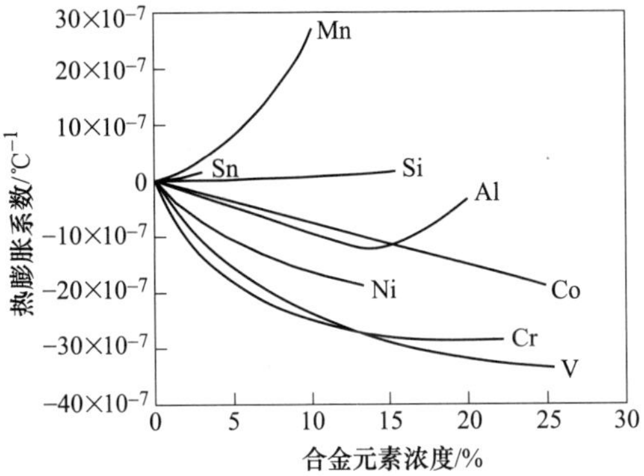

图 3-11 不同合金元素对纯铁热膨胀系数变化量的影响

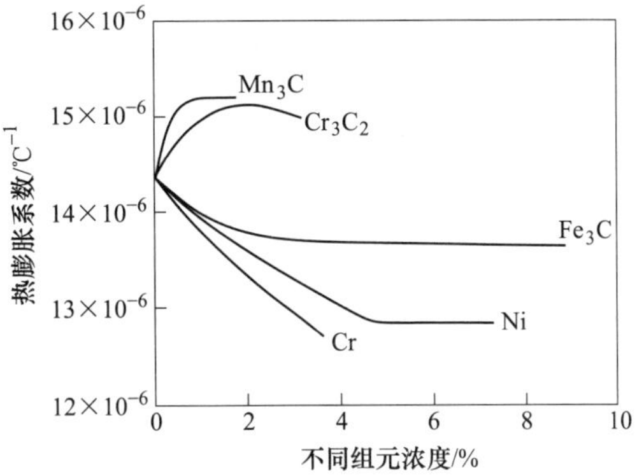

图 3-12 不同合金元素和碳化物对钢的热膨胀系数的影响

因此，通过 Ni、Co 等的高合金化，一些特殊钢种也具有某一温度范围内极小的热膨胀/收缩特性，可大大降低温度变化时的伸缩量和热应力，这类产品多用于超低温环境的容器、管道和仪表等，对力学性能、尺寸稳定性和耐腐蚀性能等均具有严格要求。

3.3.3 热膨胀系数的测定和表征

为了测定热膨胀系数（Coefficient of Thermal Expansion，CTE），试样经历热循环时需测量位移和温度两个物理量。热膨胀系数测量的三个主要技术是：膨胀测量法、干涉测量法和热-力学分析法。光学成像技术可以在极端温度下应用。X 射线衍射可以用于研究晶格参数的变化，但是不能应用于相当体积的热膨胀。为提高热膨胀系数的准确度，许多国家建立了热物性测试方法、装置的国家标准和工业标准（美国 ASTM、日本 JIS、德国 DIN、英国 BS 等），并提供一批标准样品或参考试样。但是不同国家的标准之间仍存在一定的差异，同一国家不同时期的标准也存在差异。我国 1984 年标准中规定试样长度在 80 mm 以上时，直径为 5 mm；长度不足 80 mm 时，直径应为长度的 1/16。而在 1999 年和 2008 年制定的标准中规定，试样最小长度为 25 mm±0. 1 mm，横向尺寸在 3~10 mm。

不同标准中热膨胀系数的计算方法也存在差异[5]。我国在 1984 年标准中，关于真实热膨胀系数的定义为：

$$\alpha_1 = \lim_{T_1 \to T_2} \frac{L_2 - L_1}{L_0(T_2 - T_1)} = \frac{1}{L_0} \cdot \frac{\mathrm{d}L}{\mathrm{d}T} \tag{3-18}$$

式中，L_0 为试样初始长度，m；L_2 和 L_1 分别为 T_2 和 T_1 温度下试样的长度，m；α_1 为材料真实热膨胀系数，K^{-1}。

而在 1999 年和 2008 年修订的国家标准中规定真实热膨胀系数的定义为：

$$\alpha_1 = \frac{1}{L_i} \lim_{T_1 \to T_2} \frac{L_2 - L_1}{T_2 - T_1} = \frac{1}{L_i} \cdot \frac{\mathrm{d}L}{\mathrm{d}T} \quad (T_1 < T_i < T_2) \tag{3-19}$$

式中，L_i 为某一温度 T_i 下的试样长度，m。

对比发现，以上两个公式计算的真实热膨胀系数必然会存在差异，就结果看，由于 L_i 大于 L_0，真实热膨胀系数趋于变小。

目前，我国热膨胀测试的标准方法仍然是推杆法。由于加热、控温及数字化采集技术的发展，可测试的温度范围扩大、测试精度和数据处理自动化程度不断提高。然而，通过试验测量的热膨胀系数温度范围还很有限。以钢的铸态试样为例，测试温度范围一般为室温至 1200~1300 ℃，低碳钢最高为 1350 ℃；在 1350~1500 ℃的高温及凝固温度区间，热膨胀系数已经无法通过热膨胀试验手段测定，因此只能通过计算获得。热膨胀系数计算方法的基本思路是：瞬时线性热膨胀系数与体积变化之间存在三次方关系，而体积与密度间又存在倒数关系。这样就可以在瞬时线性热膨胀系数与当前温度下的密度之间建立起一种数学函数。对于碳钢单相组织的密度随温度的关系，可以通过试验测量得到。多相组织的密度可根据该温度下的相分率，对该温度下不同单相密度进行加权平均得到。

$$\begin{cases}\alpha_T = \dfrac{d\varepsilon^{\mathrm{th}}}{dT} \\ \varepsilon^{\mathrm{th}}(T) = \sqrt[3]{\dfrac{\rho(T_{\mathrm{ref}})}{\rho(T)}} - 1\end{cases} \tag{3-20}$$

式中，α_T 为瞬时线性热膨胀系数，K^{-1}；$\varepsilon^{\mathrm{th}}$ 为热应变；$\rho(T_{\mathrm{ref}})$ 为参考密度，kg/m^3；$\rho(T)$ 为任意温度下的密度值，kg/m^3。

钢的热膨胀特性是固态下钢在加热或冷却过程中由于晶格尺寸的变化所表现出的膨胀或收缩行为，是钢的重要的热物理性能之一。固体材料力学中无论升温还是降温，都是在固态情况下发生膨胀或者收缩，故其计算瞬时热膨胀系数都是基于参考温度为室温（20 ℃）得到的，例如通过热膨胀仪测量的钢的瞬时热膨胀系数。钢的浇铸过程中，钢水在模子/连铸机内冷却而产生凝固收缩，材料是从液态转变成固态，在两相区内的某一温度下，开始表现为线性收缩，故其产生凝固热收缩的基准温度不是室温而是在凝固两相区内线收缩的开始温度。由于基准温度的差异，必然导致同一钢种热膨胀率和热收缩率的差异，如图 3-13 所示，不同钢种的瞬时热膨胀系数如图 3-14。

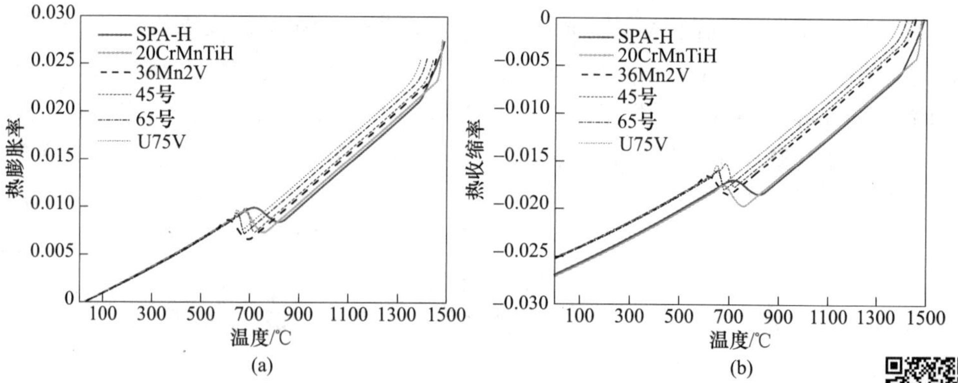

扫码看彩图

图 3-13　钢的热膨胀率与热收缩率随温度变化曲线

（a）热膨胀率；（b）热收缩率

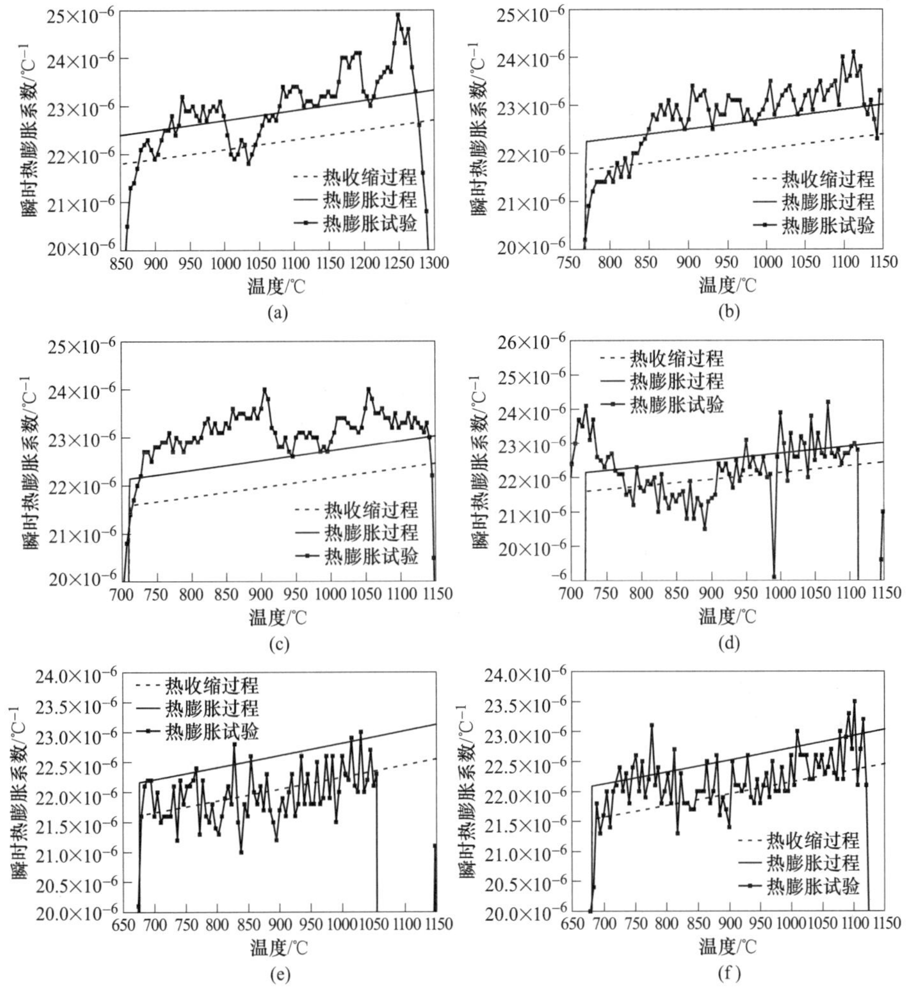

图 3-14　不同钢种的瞬时热膨胀系数

（a）SPA-H；（b）20CrMnTiH；（c）36Mn2V；（d）45 号；（e）65 号；（f）U75V

凝固过程中，当液态钢水的温度下降到黏滞性温度以下时，紧密相连的树枝晶将阻碍液相向凝固前沿枝晶间隙的填充，此时的收缩不再是引起液面下降的体收缩，而是表现为三维尺寸变化的线收缩。因此，在计算凝固收缩的瞬时线性热膨胀系数时，是以黏滞性温度作为基准参考温度的。国内学者通过对比热膨胀过程和热收缩过程的瞬时热膨胀系数，发现由于基准温度选择不同，导致热收缩过程的瞬时热膨胀系数要比热膨胀过程的数值小，与图 3-14 中结果是一致的。

3.4　其他热物性参数

3.4.1　密度

密度是指单位体积的质量，是一种固有性质。由于钢具有热胀冷缩的特性，即体积会随着温度变化而变化，因此，钢的密度也会随温度改变。钢的密度比纯铁的密度要小，这主要是由于其加入了密度更小的合金元素。钢的密度因其合金成分不同而有所差异，室温下一般在 7650~8050 kg/m^3。其中，碳素钢的密度约为 7850 kg/m^3，合金钢的密度则略有不同，具体与合金元素类别和含量有关。钢材的密度还受到制造工艺的影响，不同的钢材成分和制造工艺会影响其密度和性能，如铸态下由于基体致密性较差，其密度较低；经过轧制、锻造和挤压之后，内部孔洞被压合，基体密度接近理论值。

钢的密度是其应用中的重要指标之一，密度高低直接影响着钢材的质量、强度、刚度、耐腐蚀性等。例如，在建筑领域，高密度的钢材可以提供更好的承重能力，而在航空、航天领域，轻量化的钢材则可以提高飞行器的燃油效率。一般地，钢的密度对其力学性能有着重要的影响。从加工角度考虑，密度越大，钢材的强度和硬度越高（位错密度大），但韧性和延展性相对较低；密度越小，钢材的韧性和延展性越好（位错密度小），但强度和硬度相对较低。

实际使用时，一些资料中还谈到钢的真密度。真密度是指材料在绝对密实的状态下单位体积中固体物质的实际质量，即去除内部孔隙或者颗粒间的空隙后的密度。与之对应的，材料的质量与表观体积之比称为表观密度。日常交流和讨论中，当对比不同材料的密度时，其隐含概念通常指材料的真密度；对于同一材料不同状态的密度，其一般指表观密度。从本质上说，同一材料的真密度不会随着工艺条件的变化而改变。

钢的密度可以通过密度仪测定，实际是根据阿基米德原理获得的，具体有气体容积法和比重法。由于固体的密度检测比较烦琐，且可能具有较大误差，因此如何准确计算出钢的密度具有更广泛的意义。本质上，钢是一种铁基晶体，纯金属的密度可表达为：

$$\rho = \frac{nM}{a^3 N_A} \tag{3-21}$$

式中，M 为摩尔质量，铁为 0.056 kg/mol，渗碳体为 0.18 kg/mol；n 为晶格内的原子数，体心立方为 2，面心立方为 4；N_A 为阿伏伽德罗常数，6.022×10^{23} mol^{-1}；a 为晶格参数，m。

对于碳钢，考虑到碳固溶于晶格中，式（3-21）可表示为：

$$\rho = \frac{n_{Fe} M_{Fe}\left(1 + \dfrac{[\%C]}{100 - [\%C]}\right)}{a^3 N_A} \tag{3-22}$$

式中，[%C] 为碳的质量百分数。

当考虑其他合金元素和多相组成时，钢的密度可以用多相密度和对应的相分数计算：

$$\rho = \frac{1}{\dfrac{f_L}{\rho_L} + \dfrac{f_\alpha}{\rho_\alpha} + \dfrac{f_\gamma}{\rho_\gamma} + \dfrac{f_{Fe_3C}}{\rho_{Fe_3C}}} \tag{3-23}$$

Jablonka 等[6]根据试验数据，采用最小乘法回归出了钢中铁素体、奥氏体和渗碳体随温度和碳含量的变化。式（3-24）~式（3-27）给出了各单相密度随碳含量和温度的变化关系：

$$\rho_\gamma = (8099.79 - 0.506T)\cdot(1 - 1.46\times10^{-2}[\%C]) \tag{3-24}$$

$$\rho_{\alpha,\delta} = (7875.96 - 0.297T - 5.62\times10^{-5}T^2)\cdot(1 - 2.62\times10^{-2}[\%C]) \tag{3-25}$$

$$\rho_L = (8319.49 - 0.835T)\cdot(1 - 1\times10^{-2}[\%C]) \tag{3-26}$$

$$\rho_{Fe_3C}(T) = 7685.45 - 6.63 \times 10^{-2}T - 3.12 \times 10^{-4}T^2 \tag{3-27}$$

式中，T 为温度，℃。

Harste[7] 在其学位论文中对试验测量数据进行回归，得到了钢中各单相密度随温度与碳含量之间的关系：

$$\rho_\alpha = 7880.76 - 0.3244T - 2.7461 \times 10^{-5}T^2 \tag{3-28}$$

$$\rho_\delta = (8010.71 - 0.4724T) \cdot \left(1 + \frac{[\%C]}{100 - [\%C]}\right) \cdot (1 + 13.43 \times 10^{-3}[\%C])^{-3} \tag{3-29}$$

$$\rho_\gamma = (8105.91 - 0.5091T) \cdot \left(1 + \frac{[\%C]}{100 - [\%C]}\right) \cdot (1 + 8.317 \times 10^{-3}[\%C])^{-3} \tag{3-30}$$

$$\rho_L = 7965.98 - 0.619T \tag{3-31}$$

式中，T 为温度，℃；[%C] 为碳的质量百分数。

1993 年 Jimbo 等[8] 利用固着液滴轮廓法（The sessile drop profile method）测量了 1250~1550 ℃范围内液态铁碳合金的密度。该方法是利用精确的数字图像技术捕捉和放大液体通过 X 射线区域的阴影，并通过求解 Laplace′s 方程得到液滴的体积和密度，最后利用最小二乘分析法（Least-squares analysis）给出了与温度和碳含量相关的液态铁碳合金密度关系式：

$$\rho_L = [(7.10 - 0.0732[\%C]) - (8.28 - 0.874[\%C]) \times 10^{-4}(T - 1823)] \times 1000 \tag{3-32}$$

式中，T 为温度，K；[%C] 为碳的质量百分数。

2002 年，Mizukami 等[9-10] 利用固着液滴轮廓法测量了 1000~1973 K 普碳钢和不锈钢不同相下的密度。他们认为，普碳钢凝固过程中密度的变化主要依赖于相组成的不同，而与碳、硅、锰、磷、硫的含量无关。不锈钢液相、δ 相和 γ 相的密度并不依赖于铬、镍元素含量。根据 Mizukami 的研究，不同钢种的单相密度见表 3-5。

表 3-5 不同钢种的单相和混合相密度 （$\times 10^3$ kg/m^3）

项目	普碳钢	不锈钢
单相	$\rho_L = -7.50 \times 10^{-4}\Delta T_L + 7.02$	$\rho_L = -7.20 \times 10^{-4}\Delta T_L + 7.04$
	$\rho_\delta = 3.07 \times 10^{-4}\Delta T_\delta + 7.27$	$\rho_\delta = 2.87 \times 10^{-4}\Delta T_\delta + 7.27$
	$\rho_\gamma = 4.80 \times 10^{-4}\Delta T_\gamma + 7.41$	$\rho_\gamma = 4.40 \times 10^{-4}\Delta T_\gamma + 7.43$
混合相	$\rho_{(L+\delta)} = 7.02 + 0.25f_\delta$	$\rho_{(L+\delta)} = 7.04 + 0.23f_\delta$
	$\rho_{(L+\gamma)} = 7.02 + 0.39f_\gamma$	$\rho_{(L+\gamma)} = 7.04 + 0.39f_\gamma$
	$\rho_{(L+\delta+\gamma)} = 7.02 + 0.25f_\delta + 0.39f_\gamma$	$\rho_{(L+\delta+\gamma)} = 7.04 + 0.23f_\delta + 0.39f_\gamma$
	$\rho_{(\delta+\gamma)} = \rho_\delta f_\delta + \rho_\gamma f_\gamma$	$\rho_{(\delta+\gamma)} = \rho_\delta f_\delta + \rho_\gamma f_\gamma$

注：ΔT_L—某一温度与液相线温度之差，K；ΔT_δ—某一温度与 δ 固相线之差，K；ΔT_γ—某一温度与 γ 固相线之差，K。

表中给出的不锈钢密度适用范围是：(1) Cr 含量为 18%~25%；Ni 含量为 4%~25%；(2) 温度范围为 773~1973 K。

Miettinen[11]基于热力学原理，提出了钢的密度与相组分及合金元素的数学关系，其提出密度的计算公式如下：

$$\rho_{\varphi} = \rho_{\varphi}^{Fe} + \sum k_{\varphi}^{i} C_{\varphi}^{i} \tag{3-33}$$

式中，φ 表示不同的相，如 α 相、γ 相等；k_{φ}^{i} 表示某合金元素 C_{φ}^{i} 在 φ 相中的作用系数，$kg/(m^3 \cdot \%)$。

对于液相，以 Jablonka 提出的 ρ_L 为基准，同时可以得到碳的作用系数如下：

$$k_L^C = -83.19 + 0.00835T \tag{3-34}$$

对于其他合金元素：

$$k_L^{Si} = -53.58 + 0.00515T \tag{3-35}$$

$$k_L^{Mn} = -17.21 + 0.00135T \tag{3-36}$$

$$k_L^{Cr} = -14.77 + 0.00535T \tag{3-37}$$

$$k_L^{Mo} = 10.21 + 0.00835T \tag{3-38}$$

$$k_L^{Ni} = 12.72 - 0.00325T \tag{3-39}$$

对于固相，同样以 Jablonka 的数据为基础，对于不同相和不同合金元素的作用如下：

$$k_{\alpha}^{C} = -206.35 + 0.00778T + 1.472 \times 10^{-6}T^2 \tag{3-40}$$

$$k_{\alpha}^{Si} = -36.86 \tag{3-41}$$

$$k_{\alpha}^{Mn} = -7.24 \tag{3-42}$$

$$k_{\alpha}^{Cr} = -8.58 + 1.229 \times 10^{-3}T + 0.852 \times 10^{-7}T^2 + 0.018367[\%Cr]_{\alpha} \tag{3-43}$$

$$k_{\alpha}^{Mo} = 30.78 \tag{3-44}$$

$$k_{\alpha}^{Ni} = -0.22 - 0.470 \times 10^{-3}T - 1.855 \times 10^{-7}T^2 + 0.104608[\%Ni]_{\alpha} \tag{3-45}$$

$$k_{\gamma}^{C} = -118.26 + 0.00739T \tag{3-46}$$

$$k_{\gamma}^{Si} = -68.24 \tag{3-47}$$

$$k_{\gamma}^{Mn} = -6.01 \tag{3-48}$$

$$k_{\gamma}^{Cr} = -7.59 + 3.422 \times 10^{-3}T + 5.388 \times 10^{-7}T^2 - 0.014271[\%Cr]_{\gamma} \tag{3-49}$$

$$k_{\gamma}^{Mo} = 12.45 \tag{3-50}$$

$$k_{\gamma}^{Ni} = 1.54 + 2.267 \times 10^{-3}T - 11.26 \times 10^{-7}T^2 + 0.062642[\%Ni]_{\alpha} \tag{3-51}$$

Miettinen 模型中，T 为温度，单位是℃；$[\%i]$ 表示溶质 i 的质量百分数。

值得说明的是，合金元素对 δ 相的影响与对 α 相基本一致，相关参数可以直接使用。当基体中同时含有铁素体和渗碳体时，可以根据杠杆定律计算二者的比例计算最终的密度。尽管合金渗碳体的密度和 Fe_3C 有所不同，但渗碳体比例与基体相比，不足以对钢的密度造成较大影响，因此，Miettinen 模型的研究中未直接给出合金元素对渗碳体密度的影响。

3.4.2 比热容

比热容是指单位质量物质的热容量，即单位质量物质改变单位温度时吸收或放出的热量。对于液体和固体，定压比热容和定容比热容差异不大。通常，室温下碳素钢的比热容约为 460~500 J/(kg·K)，不锈钢的比热容为 500~600 J/(kg·K)，合金钢的比热容为 470~520 J/(kg·K)。钢和其他金属室温下比热容对比见表 3-6。

表 3-6 不同金属室温下的比热容 (J/(kg·K))

金属	比热容	金属	比热容	金属	比热容
铝	910	铅	130	硅	710
锑	210	镁	1050	银	230
铍	1830	锰	480	钠	1210
铋	130	汞	140	钽	140
镉	230	钼	250	钍	130
碳钢	490	镍	540	锡	210
铸铁	460	铌	270	钛	540
铬	460	锇	130	钨	130
钴	420	铂	130	铀	120
铜	390	钚	130	钒	390
金	130	钾	750	锌	390
铱	130	铑	240	锆	270
铁	460	硒	320		

钢的比热容可以通过试验仪器测定。比热容的测量方法按照热流状态可以分为稳态法、非稳态法和准稳态法。目前较为常用的测量方法有绝热法、脉冲加热法、比较法、热弛豫法、差示扫描量热（DSC，Differential Scanning Calorimetry）法等，其中 DSC 法是目前用途最广泛也是测试精度最高的方法。DSC 法是在程序控制温度的条件下测量试样与参照样品的功率差和热流量差与温度或者时间关系的一种测试技术，是直接测量样品在控温环境下发生的热量差值，因此普遍用于研究材料的比热容。采用 DSC 法测量物质的比热容时，首先测量两个空白盘在一定的升温速率下的热流-温度（或者时间）曲线作为工作基线，然后在相同的升温速率下分别测量比热容已知的基准物质（一般采用高纯度的 α-Al_2O_3）和待测比热容样品的 DSC 曲线。

在给定温度下，待测试样的热流为：

$$\frac{\mathrm{d}q}{\mathrm{d}t} = h = C\frac{m\mathrm{d}T}{\mathrm{d}t} \tag{3-52}$$

基准物质的热流为：

$$\frac{\mathrm{d}q'}{\mathrm{d}t} = H = C'\frac{m'\mathrm{d}T}{\mathrm{d}t} \tag{3-53}$$

以上两式相比，即可得到待测试样的比热容为：

$$C = C'\frac{m'h}{mH} \tag{3-54}$$

式中，C' 为基准物质的比热容，J/(kg·℃)；m' 和 m 分别为基准物质和待测样品的质量，kg；h 和 H 分别为待测样品和基准物质经基线改正后的热流值，W。

激光导热仪采用的是比较法，比较法测量比热容的原理如下：使用一个与样品面积（或至少由遮光片等控制的实际检测面积）相同、厚度（或至少上表面距检测器距离）相同、表面结构（光滑程度）相同、热物性相近且比热容值已知的参比标样（以下简写为“std”)，与待测样品（以下简写为“sam”）同时进行表面涂覆（确保与样品具有相同的光能吸收比与红外发射率)，并依次进行测量，在理想的绝热条件下，根据比热容定义：

$$C = \frac{Q}{\Delta T \cdot m} \tag{3-55}$$

式中，Q 为样品吸收的能量，J；ΔT 为样品吸收能量后的温度变化,℃；m 为样品质量，kg。

由此可得：

$$\frac{C_{\text{sam}}}{C_{\text{std}}} = \frac{Q_{\text{sam}}}{Q_{\text{std}}} \cdot \frac{\Delta T_{\text{std}} \cdot m_{\text{std}}}{\Delta T_{\text{sam}} \cdot m_{\text{sam}}} \tag{3-56}$$

在样品与标样检测面积相同的前提下，若下表面受照光强度（取决于光源稳定性）均匀一致、吸收比（取决于有效表面积与颜色）相同，则 $Q_{\text{sam}} = Q_{\text{std}}$，如此即可计算出样品的比热容。

类似地，比热容测试也涉及特定的设备和方法，也有诸多不便之处。材料选择和使用过程中期望能够根据理论或现有数据建立数学关系。已有研究发现，钢的比热容与碳含量、温度和该温度下相组成有关：

$$C_{\text{p}} = C_{\text{p}}^{\text{L}} f_{\text{L}} + + C_{\text{p}}^{\delta} f_{\delta} + C_{\text{p}}^{\gamma} f_{\gamma} + C_{\text{p}}^{\alpha+\text{Fe}_3\text{C}} (f_{\alpha} + f_{\text{Fe}_3\text{C}}) \tag{3-57}$$

Harste[7]推荐的钢中不同单相比热容随温度和碳含量的关系为：

$$C_{\text{p}}^{\alpha+\text{Fe}_3\text{C}} = \begin{cases} 504.8146 - 0.1311(T+273) - 5.1876 \times 10^{6}(T+273)^{-2} \\ + 4.4866 \times 10^{-4}(T+273)^{2} & T \leqslant 527\ ℃ \\ - 4720.324 + 4.5834(T+273) \\ + 1.1095 \times 10^{9}(T+273)^{-2} & T \leqslant 727\ ℃ \\ - 11501.07 + 12.4764(T+273) & T \leqslant 769\ ℃ \\ 34871.21 - 32.0266(T+273) & T \leqslant 787\ ℃ \\ - 10068.18 + 5.9869(T+273) \\ + 5.2177 \times 10^{9}(T+273)^{-2} & T \leqslant 911\ ℃ \end{cases} \tag{3-58}$$

$$C_{\text{p}}^{\delta} = 441.3942 + 0.17744236769(T+273) \tag{3-59}$$

$$C_{\text{p}}^{\gamma} = 429.8495 + 0.1497802(T+273) \tag{3-60}$$

$$C_{\text{p}}^{\text{L}} = 824.6157 \tag{3-61}$$

式中，T 为温度,℃。

根据以上公式可以计算出某一钢种对应温度下的比热容，其忽略了比热容与合金元素的关系，认为主要取决于相结构，理论上具有广泛的适用范围。

3.4.3 潜热

钢的凝固潜热是指钢水从液相线温度冷却到固相线温度所释放出的相变热。浇铸过程中（到脱模或出坯)，钢的凝固潜热约占该过程总体散热量的1/2~2/3。由此可见，潜热对凝固传热过程分析十分重要。

凝固潜热取值的准确性对钢的浇铸过程计算精度具有很大影响。然而，由于钢的凝固相变温度比较高，已接近现有物理检测手段的上限，相关高温测试技术在精准定量上尚不成熟；同时，钢的实际使用温度远低于凝固温度，现有工程数据库多偏重于常规高温（不超过 1200 ℃），针对凝固的原始数据很少。物性学常推荐采用差热分析法类比测定合金潜热，由于钢的 DTA 高温基线漂移大，试验结果的使用需十分谨慎。

根据固体比热理论中的混合定律（Mixture law），合金的原子比热应等于构成该合金的各种元素的原子比热与其原子百分数的乘积之和[12]；Phelke 及 Hansen 等指出，对于凝固潜热同样可近似类推为：合金潜热等于构成该合金不同元素潜热与其质量分数的乘积之和[13]，并曾在某些合金钢凝固模拟中推荐使用，可满足工程要求，并在理论上适用于大多数钢种。一些常见元素的潜热值已具有广泛应用的数据，钢中常用合金元素的潜热值见表 3-7[14]。

表 3-7 钢中常见合金元素的潜热值 (kJ/kg)

合金元素	潜热	合金元素	潜热
Fe	277	Cu	205
C	3838	Mo	290
Si	1807.5	Ti	440
Mn	268	Nb	220
Cr	316	W	290
Ni	290	Al	395

3.4.4 黏度

钢水的黏度直接影响其流动性，反映了铸造过程的充型能力。对于模铸钢锭或连铸，由于基本不存在薄壁区，因此一般不考虑充型问题。尽管如此，钢水黏度也会对流动、传热、溶质扩散、夹杂物上浮、凝固补缩、晶体沉降等产生一定的影响。黏度的试验测定方法有旋杯法、滴流法和振荡法等。一些学者基于现有数据拟合了经验模型，对于合金液相黏度，日本学者提出以下公式，可适用于液态钢水[15]：

$$\eta = A\exp\left(\frac{B}{RT}\right) \tag{3-62}$$

其中：

$$A = \frac{1.7 \times 10^{-7}\rho^{2/3}T_{\mathrm{m}}^{1/2}M^{-1/6}}{\exp\left(\frac{B}{RT_{\mathrm{m}}}\right)} \tag{3-63}$$

$$B = 2.65T_{\mathrm{m}}^{1.27} \tag{3-64}$$

式中，η 为黏度，Pa·s；A、B 为系数；ρ 为密度，kg/m^3；T_{m} 为熔点，K；M 为摩尔质量，kg/mol；R 为气体常数，8.314 J/(mol·K)；T 为温度，K。

Korolczuk-Hejnak 实测了常规钢种的黏度数据，并拟合出以下公式表征不同合金元素的作用[16]：

$$\begin{aligned}\eta = &-0.024[\%\mathrm{Mn}] + 0.0556[\%\mathrm{Si}] - 0.02697[\%\mathrm{Cr}] - 0.00183[\%\mathrm{Ni}] + \\ &0.1062[\%\mathrm{Mo}] + 6.792[\%\mathrm{P}] - 0.2907[\%\mathrm{Cu}] - 0.7835[\%\mathrm{V}] - 0.00002053T + \\ &0.01767\tau - 0.04884\end{aligned} \tag{3-65}$$

式中，η 为黏度，Pa·s；[%i] 为溶质 i 的质量百分数；τ 为剪切应力，Pa；T 为温度,℃。

此外，一些学者拟合了不锈钢的黏度，忽略了合金元素的影响，公式如下[17]：

$$\ln\eta = -2.396 + 7959/T \quad (3\text{-}66)$$

式中，η 为黏度，mPa·s；T 为温度，K。

Dubberstein 基于振荡法测定了一系列不锈钢的黏度[18]，成分见表 3-8，以 Arrhenius 公式描述了黏度随温度的变化，如下式，对应的数值及其应用范围见表 3-9。

$$\eta = \eta_\infty \exp\left(\frac{Q}{RT}\right) \quad (3\text{-}67)$$

式中，η 为黏度，mPa·s；T 为温度，K。

表 3-8 不锈钢的主要成分 (%)

试样	C	Si	Mn	Cr	Ni	Al	Mo	N	O	S	P
16-7-3	0.027	0.88	7.19	15.9	2.95	0.001	0.0965	0.0154	0.0030	0.0077	0.0166
16-7-7	0.036	0.92	7.37	15.9	6.20	0.002	0.101	0.0167	0.0076	0.0080	0.0135
16-7-9	0.035	0.95	7.12	15.9	9.20	0.003	0.105	0.0226	0.0014	0.0070	0.0176
16-6-20	0.034	0.84	6.34	15.6	20.2	0.011	0.121	0.0180	0.0018	0.0083	0.0107

表 3-9 不锈钢的黏度参数

试样	Arrhenius 公式	$Q/(\text{kJ}\cdot\text{mol}^{-1})$	$\eta_\infty/(\text{mPa}\cdot\text{s})$	温度范围/℃
16-7-3	$\ln\eta = -3.49 + 8772/T$	72.9	0.0305	1500~1600
16-7-7	$\ln\eta = -3.11 + 8025/T$	66.7	0.0448	
16-7-9	$\ln\eta = -2.56 + 7125/T$	59.5	0.0776	
16-6-20	$\ln\eta = -4.30 + 9410/T$	78.2	0.0136	

根据已有数据，整体来看，钢的黏度基本都在 1~10 mPa·s，当合金含量变化不大时，其随成分变化不明显。而对于高合金钢或杂质元素含量比较高的钢种，需要额外考虑。

3.4.5 导热系数

导热系数（又称热导率）是表征材料导热能力大小的物理量，其值是在稳定传热条件下，单位时间内、单位厚度平板两侧表面温差为 1 ℃或 1 K 时，通过单位面积传递的热量。导热系数是材料的固有属性，不会随着零件形状和大小而改变，只与材料的成分和结构有关，同时受到温度的影响。与导热系数相关的另一个参数是热扩散系数，也称为热扩散率或导温系数，实际上是导热系数与密度和比热乘积的比值，单位是 m^2/s。热扩散系数表征物体被加热或冷却时，不同部分温度趋向均匀一致的能力。在相同的条件下，物体的热扩散系数越大，物体内部各处的温度差别越小。与导热系数相比，热扩散系数纳入了材料本体吸热对导热的影响。实际使用中，尤其是钢的凝固与浇铸过程，导热系数更为常用。普通碳素结构钢室温下为铁素体基体，其导热系数常温下为 50~60 W/(m·℃)，奥氏体不锈钢常温下导热系数为 15~20 W/(m·℃)，即奥氏体钢常温下导热性能不及铁素体钢。常见金属材料的导热系数见表 3-10。

表 3-10 不同金属材料 0~400 ℃的导热系数 (W/(m·℃))

金属材料		温度				
		0 ℃	100 ℃	200 ℃	300 ℃	400 ℃
导热系数	银	414	409	373	362	359
	铜	384	379	372	367	363
	铝	228	234	243	249	256
	铁	73	68	61	55	49
	碳钢	52	49	44	42	35
	不锈钢	16	17.5	18	18.5	19.2

导热系数的常用测量仪器是激光热导仪，主要用于陶瓷、金属等材料的比热和热扩散系数的测量，如果确定了对应温度下的密度值即可获得导热系数。激光热导仪一般包括测试室，电路、气体控制系统，真空系统和激光发射系统等四个部分。测试室采用真空密封结构，可选用多种气氛。采用特殊样品支架还可测量粉末、液体（熔融金属）、矿渣、纤维和夹层样品。激光热导仪测量时间短，重复性和准确性极佳，样品形状简单，尺寸小，这些是相对于直接的导热系数测试方法的几个显著优点。激光热导仪的激光能量和脉冲宽度可调，材料适用范围广，温度区间为室温至 2000 ℃，能测量的导热系数范围为 0.1~2000 W/(m·℃)。

激光热导仪测量钢的导热系数的原理如图 3-15 所示，具体为：

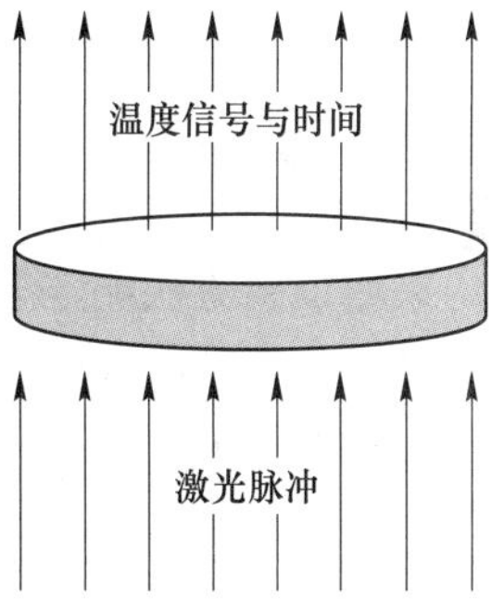

图 3-15 激光热导仪测量钢的导热系数原理

置于真空保护装置内的圆片试样加热升温至试验温度并均温后，用激光光源发射的能量脉冲（Q）辐照试样的下表面，其后，一定时间内试样内的热传导可视为一维半无限大物体的齐次问题，表示为：

$$\begin{cases} \dfrac{\partial T}{\partial t} = \alpha \dfrac{\partial^2 T}{\partial x^2} & (0 < x < d, t > 0) \\ \dfrac{\partial T(0,t)}{\partial x} = 0 \end{cases} \tag{3-68}$$

其初始条件为：

$$T(x,\ 0) = \begin{cases} \dfrac{Q}{\rho \times C \times g} & (0 < x < g) \\ 0 & (g < x < d) \end{cases} \tag{3-69}$$

式中，d 为试样的厚度，m；g 为热脉冲吸收层的厚度，m；C 为定压比热容，J/(kg·℃)。

利用分离变量法可以获得以上齐次微分方程的特解为：

$$T(x,\ t) = \frac{Q}{\rho C d}\left[1 + 2\sum_{n=1}^{\infty} \cos\frac{n\pi x}{d} \cdot \frac{\sin(n\pi g/d)}{n\pi g/d} \cdot \exp\left(-\frac{n^2\pi^2}{d^2}\alpha t\right)\right] \tag{3-70}$$

由于试样不透明，从而 g 足够小，因此有：

$$\sin\left(\frac{n\pi g}{d}\right) \approx \frac{n\pi g}{d} \tag{3-71}$$

令 $x=d$，则试样上方的温升为：

$$T(d,\ t) = \frac{Q}{\rho C d}\left[1 + 2\sum_{n=1}^{\infty}(-1)^n \exp\left(-\frac{n^2\pi^2}{d^2}\alpha t\right)\right] \tag{3-72}$$

可以证明上式中累加求和项 Σ≤0，因而试样上方最高温度为：

$$T(d,\ \max) = \frac{Q}{\rho C d} \tag{3-73}$$

由上述两式的比值对量纲为 1 的数 $\pi^2\alpha t/d^2$ 作图表明，当 $T(d,\ t)/T(d,\ \max) = 0.5$ 时，有

$$\frac{\pi^2 \alpha t_{50}}{d^2} \approx 1.37 \tag{3-74}$$

式中，t_{50} 代表样品上表面温度为其最高温度一半时所需的时间，s。

热扩散系数的实测计算式可进一步写成：

$$\alpha = \frac{0.139 d^2}{t_{50}} \tag{3-75}$$

此外，由于固体激光器的能量脉冲为常数，即 Q=常数，若对钢样的表面事先进行发黑处理，则其对热脉冲的吸收系数将趋于 1，从而由式（3-73）可以获得定压比热的计算式：

$$C = \frac{Q}{\rho d T(d,\ \max)} \tag{3-76}$$

则导热系数可以由下式间接确定：

$$\lambda = C \cdot \rho \cdot \alpha \tag{3-77}$$

采用试验方法测定导热系数是最精准的，但也会带来一些不便。实际使用过程中，可以通过导热系数随温度和合金成分的变化粗略计算钢的导热系数。

与比热类似，钢的导热系数也可以采用多相的平均值：

$$\lambda = \lambda_L f_L + \lambda_\delta f_\delta + \lambda_\gamma f_\gamma + \lambda_{\alpha+Fe_3C}(f_\alpha + f_{Fe_3C}) \tag{3-78}$$

Harste[7] 认为，导热系数主要与钢中不同相的比例有关，其通过回归测试数据得到一组钢的导热系数计算公式：

$$\lambda_{\alpha+Fe_3C} = (80.91 - 9.9269 \times 10^{-2}T + 4.613 \times 10^{-5}T^2)(1 - a_1[\%C]^{a_2}) \tag{3-79}$$

$$\lambda_\delta = (20.14 + 9.313 \times 10^{-3}T)(1 - a_1[\%C]^{a_2}) \tag{3-80}$$

$$\lambda_\gamma = 21.6 + 8.35 \times 10^{-3}T \tag{3-81}$$

$$\lambda_L = 39 \tag{3-82}$$

式中，T 为温度，℃；[%C] 为溶质 C 的质量百分数。

两个系数为：

$$\begin{cases} a_1 = 0.425 - 4.385 \times 10^{-4}T \\ a_2 = 0.209 + 1.09 \times 10^{-3}T \end{cases} \tag{3-83}$$

Miettinen[11] 对合金元素对钢中不同相导热系数的影响进行了研究，提出了以下公式：

$$\lambda_{\varphi} = \lambda_{\varphi}^{Fe} + \sum k_{\varphi}^{i} C_{\varphi}^{i} \tag{3-84}$$

对于液相，其基准导热系数为：

$$\lambda_{\gamma}^{Fe} = 35 \tag{3-85}$$

合金元素对大多数钢种液相导热性能的影响很小。对于高合金不锈钢，几种主要合金元素的影响如下：

$$k_{L}^{Cr} = -0.3574 \tag{3-86}$$

$$k_{L}^{Mo} = -0.5116 \tag{3-87}$$

$$k_{L}^{Ni} = -0.0014 \tag{3-88}$$

对于固相，由于奥氏体相的导热系数随温度降低而减小，而铁素体相的导热系数随温度降低而增大，考虑到大多数碳钢和合金钢均具有固态相变，故不能采用统一的温度函数。Miettinen 认为，对于高合金单相奥氏体钢和低合金钢的高温奥氏体相，其导热系数为：

$$\lambda_{\gamma}^{Fe} = 20.76 + 0.009T \tag{3-89}$$

合金元素对钢的奥氏体相导热系数影响如下：

$$\lambda_{\gamma}^{C} = -3.2627 \tag{3-90}$$

$$\lambda_{\gamma}^{Si} = -0.7598 \tag{3-91}$$

$$\lambda_{\gamma}^{Mn} = -0.1432 \tag{3-92}$$

$$\lambda_{\gamma}^{Cr} = 0.0124 - 2.204 \times 10^{-4}T + 1.078 \times 10^{-7}T^2 + 7.822 \times 10^{-4}[\%Cr]_{\gamma} - 1.741 \times 10^{-7}T \cdot [\%Cr]_{\gamma} \tag{3-93}$$

$$\lambda_{\gamma}^{Mo} = -0.2222 \tag{3-94}$$

$$\lambda_{\gamma}^{Ni} = -0.5860 + 8.354 \times 10^{-4}T - 1.368 \times 10^{-7}T^2 + 1.067 \times 10^{-2}[\%Ni]_{\gamma} - 1.504 \times 10^{-5}T \cdot [\%Ni]_{\gamma} \tag{3-95}$$

对于单相铁素体钢种和低合金钢低温铁素体相，其导热系数可以通过标定不同温度下的关键点获得：

$$\begin{aligned}\lambda_{\alpha}(400\ ℃) = {} & 50.3 - 13.67[\%C]_{\alpha} + 5.245[\%C]_{\alpha}^{2} - 6.863[\%Si]_{\alpha} + 1.409[\%Si]_{\alpha}^{2} - \\ & 3.996[\%Mn]_{\alpha} + 0.188[\%Mn]_{\alpha}^{2} - 3.199[\%Cr]_{\alpha} + 0.141[\%Cr]_{\alpha}^{2} - \\ & 3.307[\%Mo]_{\alpha} + 3.174[\%Mo]_{\alpha}^{2} - 1.251[\%Ni]_{\alpha} + 0.014[\%Ni]_{\alpha}^{2}\end{aligned} \tag{3-96}$$

$$\begin{aligned}\lambda_{\alpha}(200\ ℃) = {} & 63.5 - 22.70[\%C]_{\alpha} + 9.612[\%C]_{\alpha}^{2} - 17.45[\%Si]_{\alpha} + 6.060[\%Si]_{\alpha}^{2} - \\ & 7.694[\%Mn]_{\alpha} + 0.419[\%Mn]_{\alpha}^{2} - 4.812[\%Cr]_{\alpha} + 0.216[\%Cr]_{\alpha}^{2} - \\ & 9.745[\%Mo]_{\alpha} + 8.388[\%Mo]_{\alpha}^{2} - 2.305[\%Ni]_{\alpha} + 0.040[\%Ni]_{\alpha}^{2}\end{aligned} \tag{3-97}$$

$$\begin{aligned}\lambda_{\alpha}(25\ ℃) = {} & 80.5 - 45.03[\%C]_{\alpha} + 21.85[\%C]_{\alpha}^{2} - 31.69[\%Si]_{\alpha} + 11.57[\%Si]_{\alpha}^{2} - \\ & 15.32[\%Mn]_{\alpha} + 0.959[\%Mn]_{\alpha}^{2} - 8.091[\%Cr]_{\alpha} + 0.452[\%Cr]_{\alpha}^{2} - \\ & 4.674[\%Mo]_{\alpha} + 0.204[\%Mo]_{\alpha}^{2} - 3.780[\%Ni]_{\alpha} + 0.084[\%Ni]_{\alpha}^{2}\end{aligned} \tag{3-98}$$

Miettinen 模型中，T 为温度，℃；$[\%i]$ 为溶质 i 的质量百分数。

对于 400 ℃～A_1 的变化，可以采用线性差值计算，如此即可获得某一指定钢种室温到高温液相整个区间内的导热系数。

3.4.6 扩散系数

钢的扩散系数反映了一定温度下基体中原子的运动能力。通常，可通过以下公式描述钢的溶质在固相中的扩散能力：

$$D = D_0 \cdot \exp\left(-\frac{Q}{RT}\right) \tag{3-99}$$

式中，D 为温度 T 下溶质元素的扩散系数，cm^2/s；D_0 为扩散常数，cm^2/s；Q 为扩散活化能，J/mol；R 为气体常数，8.314 J/(mol·K)；T 为开氏温度，K。

钢中溶质的扩散系数受温度的影响比较大。表 3-11 给出了不同元素的扩散活化能和扩散常数[19]。

表 3-11 合金元素在钢中的扩散系数 (cm^2/s)

序号	元素	δ 相		γ 相	
		D_0	Q	D_0	Q
1	C	0.0127	81378.80	0.0761	134557.44
2	Si	8.0	248948.00	0.3	251458.4
3	Mn	0.76	224429.76	0.055	249366.4
4	P	2.9	230120.00	0.01	182840.8
5	S	4.56	214639.20	2.4	223425.6
6	Cr	2.4	239785.04	0.0012	218990.56
7	Ni	1.6	239994.24	0.34	282378.16
8	Cu	2.6	239994.24	0.70	285976.4
9	Mo	3.74	241374.96	0.068	246856
10	Ti	3.15	247692.80	0.15	250956.32
11	V	4.8	239994.04	0.284	258989.6
12	Nb	50.2	251960.48	0.83	266478.96
13	W	1.57	243508.80	0.13	239743.2
14	N	0.008	79077.60	0.91	168489.68

一般地，高温下钢中碳元素在 δ 相中的扩散系数数量级为 10^{-9} m^2/s，在 γ 相中的扩散系数数量级为 10^{-10} m^2/s；对于其他置换元素，δ 相中的扩散系数数量级大概在 10^{-11}～10^{-14} m^2/s，γ 相中的扩散系数数量级在 10^{-12}～10^{-16} m^2/s。溶质在钢水中的扩散系数比固相中要高几个数量级，大概在 10^{-8}～10^{-10} m^2/s。同时，由于强制流动或自然对流的影响，此时溶质分布更多地取决于传输，而非扩散。

3.5 钢的浇铸工艺与装置

3.5.1 模铸工艺

经冶炼和精炼得到温度和成分合格的钢水之后，即将进入浇铸流程，使钢水完成凝固成型，供后续热加工使用。早期，钢铁生产过程中的浇铸方式为模铸，这种方式生产效率低、成材率低、自动化程度低，但组织均匀性较好，且最终产品的压缩比更大，因此目前主要用于生产某些小批量、大尺寸、高性能要求的特殊钢。

模铸即用模子浇铸，是钢水注入锭模中进行冷却成型的凝固控制工艺。与连铸坯相比，模铸钢锭的生产装备比较简单，其产品制备成本较高而生产效率和成材率较低。尽管如此，模铸工艺仍不能完全被连铸取代，某些钢种和工况难以适应连铸方式，或连铸条件下难以保证钢材质量，如：

（1）抗热敏感性强的钢种，如某些高速钢和车轴用钢；

（2）均质度和致密度要求高的棒材和盘条，如某些高碳铬轴承钢；

（3）一些小批量产品及新钢种开发阶段的试制性产品；

（4）某些大型锻件，如核电机组大型铸锻件、水电用涡轮机转子、万吨船只主轴和大尺寸机械底盘等；

（5）大规格轧材，如受压缩比限制的厚壁无缝钢管等。

与连铸相比，模铸在大型零件生产领域具有独特的优势，一方面，其能满足大尺寸零件高压缩比和高致密度的要求；另一方面，其还能提供高屈服强度和高冲击韧性材料。基于以上特点，模铸工艺在特钢行业仍得到广泛应用，国内外模铸钢典型生产商有：

（1）硬线钢。世界上著名的线材生产公司印度 Usha Martin 公司。中国宝钢生产的 SWRH72A～SWRH82B、SWRS72A～SWRS82B 为代表的高碳硬线钢，其钢锭下注工艺与现役的 300T 转炉生产节奏紧密匹配。

（2）轴承钢。德国蒂森钢铁公司、以瑞典 O-VAKO 公司为代表的“UHPEAF→LF→IC”轴承钢生产工艺；日本山阳特殊钢厂、神户制钢等。国内的某些特殊钢企业仍采用模铸工艺生产轴承钢，如大连特钢、抚顺特钢、北满特钢、贵阳特钢、宝钢特钢和长城特钢等。

（3）齿轮钢。日本的山阳特殊钢厂、中国的大同特钢和北满特钢等。

（4）不锈钢。中国本钢特钢、抚顺特钢、宝钢特钢等；其中太钢三炼钢采用的是立式连铸机。

（5）弹簧钢。日本住友金属工艺公司；中国长城特钢、抚顺特钢等。

（6）石油管线钢。

3.5.1.1 模铸钢锭的浇铸方式

模铸钢锭又有上（顶）注和下（底）注之分，二者的主要区别是充型时钢水进入锭模的方向，如图 3-16 所示。上注法是钢水由顶部注入锭模中，其操作和设备成本较低，钢锭内部质量较好，但易发生二次氧化和表面结疤；下注法是钢水从底部注入锭模中，其钢锭表面质量和纯净度较好，但材料和工艺成本较高且通道中往往残留 1%～3%的钢水。表 3-12 对比了上述两种模铸方式的主要工艺特点。一般地，浇铸方式的选择主要与钢种有关。对表面质量要求高的钢种，如板材用钢（尤其是薄板），采用下注较好；对于无缝钢管和炮筒钢，为了降低夹杂物含量并获得致密结构，应选用上注法。此外，工艺和设备条件也是影响浇铸方法的重要因素。真空浇铸时多采用上注法，其钢锭重量一般也比较大；而非真空条件下的中、小尺寸钢锭多采用“一盘多锭”的下注法。

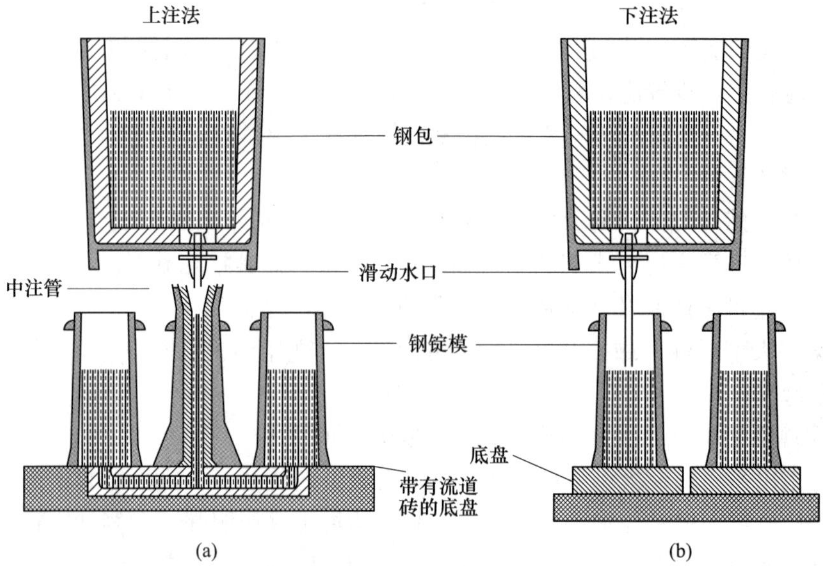

图 3-16 模铸的上注法（a）和下注法（b）

表 3-12 两种模铸方式的主要工艺特点

项目	上注法	下注法
浇铸成本	钢锭模和冒口的材料和操作成本	钢锭模、冒口、中注管、底盘和耐火砖等材料和操作成本
浇铸速度	单支	可多支
钢锭表面质量	结疤	较好
钢锭内部质量	较好	一般
二次氧化	显著	不显著
耐火材料浸蚀	不显著	显著
锭模损耗	较大	较小

3.5.1.2 模铸钢锭的主要设备

以下注钢锭为例，其设备主要包括中注管、底盘、钢锭模和保温冒口等，如图 3-17 所示。为减少钢液充型和凝固过程中的热损耗，除钢锭模外，其他设备内部均配有耐火材料层。

中铸管的材质多为灰口铸铁，其高度一般超过钢锭模和保温冒总和 300~500 mm。中铸管的功能是充型时形成足够的压头，以控制浇铸速度和浇铸高度。底盘一般由灰口铸铁铸成，厚度为 100~250 mm。通常，浇铸的钢锭越多越重，底盘也越厚。根据生产实践，大钢锭的底盘可达钢锭模重量的 40%。底盘的功能是实现钢液分流浇铸，是下注法“一盘多锭”高效生产的必要设备。钢锭模是模铸钢锭系统的核心部件，其功能是吸收并释放其内部钢液的热量进而获得满足用户要求的钢锭。钢锭模的材质和结构参数直接影响着钢液的冷却和凝固过程乃至铸锭质量。钢锭模材质可分为灰口铸铁、球墨铸铁和蠕墨铸铁，而几何结构与钢锭及其最终产品性能和用途有关。保温冒口也称为冒口，其作用是推迟该区域钢水的凝固进程进而提高其对钢锭本体的补缩效率，对改善铸锭内部质量和成材率至关重要。对于中小型钢锭，保温冒口多是在钢锭模顶部内侧悬挂绝热板；而对于大型钢锭，保温冒口通常设计成冒口铁壳与耐火内衬的独立结构。

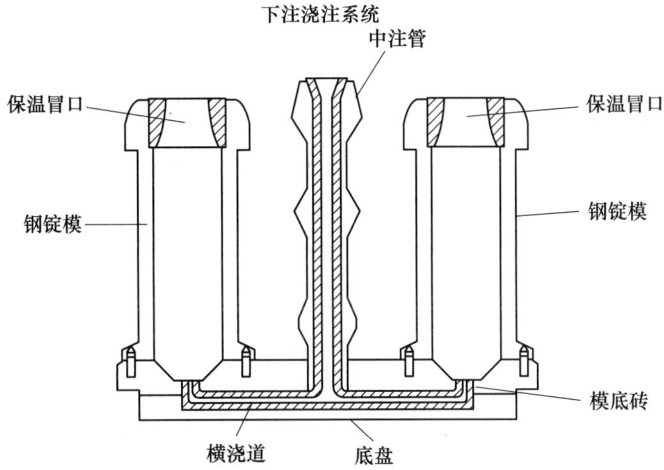

图 3-17　下注法模铸钢锭的主要设备

3.5.1.3　模铸工艺参数与质量控制

模铸工艺的两个重要参数是浇铸温度和浇铸速度。尽管钢种自身特性决定了其缺陷倾向，如高硅钢的疏松缩孔，模具钢的成分偏析，不锈钢的表面缺陷，合金结构钢的裂纹和轴承钢的夹杂物等，但如果控制好浇铸温度和浇铸速度，钢锭质量就可以得到较大程度的改善。已有研究表明，模铸钢锭的诸多质量问题都与浇铸工艺有关。

为了减少凝固过程中的缩孔和裂纹，降低元素偏析和组织不均匀性，减轻气体和夹杂，最有效的工艺方法就是降低浇铸温度。对夹杂物要求严格的轴承钢和高锰钢，因其对耐火材料侵蚀作用较大，浇铸温度不宜过高；易切削钢由于含硫量高易产生热裂也不适合高温浇铸；对于含 Ti、Al、Cr 的高合金钢，为改善其表面质量才可适当提高浇铸温度。值得注意的是，并非浇铸温度越低钢锭凝固质量越好。浇铸温度过低时会出现钢水黏度增大，非金属夹杂物不易上浮，同时容易引起表面缺陷。下注钢锭浇铸温度过低还可能出现钢水流经汤道时冻结的现象，引起浇铸短锭问题。浇铸温度的确定必须综合考虑到钢种凝固缺陷敏感性和现场设备和生产条件。采用红包出钢时，大多数钢种的过热度可控制在 70～80 ℃。一般下注比上注浇铸温度高 10～15 ℃，小钢锭比大钢锭高些。

浇铸速度与浇铸温度、钢种、锭型和冶炼方法等均有关。对于同一钢种，由于国内外企业生产条件的差异，其采用的浇铸速度也相差悬殊。因此，这里只针对浇铸速度选择和确定的基本原则讨论。一般地，浇铸速度必须与浇铸温度相配合，通常可用“高温慢注”和“低温快注”概括二者之间的关系，因此必须根据浇铸温度调整浇铸速度。浇注速度过快对钢锭凝固质量的影响和浇铸温度过高是一致的，其相当于同一时间内进入锭模内的热量增加，模内平均温度升高，钢锭的激冷层厚度减小，柱状晶长度增大，成分偏析和夹杂物增加。另外，浇铸速度较大时锭模内钢水静压力的增速也较大，不利于气体的排出，容易在钢锭中、下部产生纵裂纹。相反，浇铸速度快时钢水在锭模内的循环对流更好，液面更新更充分，可避免由结膜、结壳引起的翻皮缺陷，故对表面质量又有好的影响。目前，大、中型钢锭浇铸时均覆盖保护渣以防止二次氧化和热量耗散，其浇铸速度还要与保护渣性能相匹配，否则对表面质量不利。通常，为了提高钢锭凝固质量，常遵循“两头小、中间大”的浇铸原则，即减小其尾部和头部的浇铸速度，而钢锭本体则全速浇铸。同时，模铸钢锭的浇铸速度还与锭型有关，现有工况下大多符合截面积越大浇铸速度越小的特征。例如，3 t 钢锭下注的平均浇铸时间为 2.5~5.5 min，而 8.2~13.5 t 钢锭下注时间为 9~15 min，其平均线速度从 250~650 mm/min 降低至 140~240 mm/min。此外，过热度和锭型一定的情况下，浇铸速度还取决于钢种，其大体可分为三类：(1) 快速充型，此类钢种具有如下特点：合金元素含量较多，特别是容易氧化结膜或使钢水黏度增大的元素较多，如含有 Cr、Al、Ti、V 和 RE 等元素的不锈钢、合金钢、硅钢等，一般通过快速浇铸保证其表面质量。此外，对钢锭内部夹杂物和碳化物要求严格的钢种，如轴承钢和高速钢等也要通过快速浇铸改善其凝固组织。(2) 中速充型：高、中碳钢，例如轨道用钢和某些碳素结构钢及合金结构钢等。(3) 慢速充型：裂纹敏感性强的钢种，如含碳 0.20%左右的低碳钢，含碳 0.30%~0.50%的中碳结构钢及硅锰弹簧钢等。慢速浇铸可减弱钢水对流循环，加厚钢锭激冷层，可有效改善热裂缺陷。此外，对于体积收缩大的钢种，如碳素工具钢和某些高合金钢等，其一般采用慢速充型。

3.5.1.4　模铸钢锭的凝固组织特征与成材率

钢锭不同区域的传输行为不同，其各部分的凝固结构也不一致。对于镇静钢，根据枝晶大小和形状特征，由外到内依次为表面细等轴晶区（又称为激冷层）、与模壁垂直的柱状晶区和中心粗大等轴晶区。钢锭上部一般会有缩孔，缩孔下部和钢锭中心处会出现疏松。大钢锭中下部还会出现具有负偏析特征的沉积锥区。

钢锭内部的晶粒形貌演变与其凝固热状态密切相关。模铸钢锭时，钢液与钢锭模内壁接触时即可形成大量晶核，由于模壁附近冷却速率和过冷度较大，该处晶核不能充分长大，形成了表层细等轴晶区；随着坯壳生长和模壁温度升高，凝固前沿过冷度不足以形成新晶核，界面处<100>取向平行于热流方向的晶粒优先向中心生长，进而形成了柱状晶区；凝固后期界面前沿冷却速度慢、过冷度大，铸锭中心出现的大量晶核充分生长，形成了粗大等轴晶区。钢锭上部缩孔的产生与凝固体积收缩有关。冒口钢液不断对钢锭本体补缩，表现为冒口液面持续下降，并形成缩孔。钢锭中下部的锥形负偏析区是凝固前期上部晶核沉积导致的，小钢锭冷却速率较快时该特征并不显著。

根据钢锭剖面上的溶质分布特征，其凝固结构一般包括沉积锥负偏析区、A 型偏析区、V 型偏析区和冒下正偏析区。钢水凝固初期，部分熔断枝晶游离并沉积到中下部，由于枝晶内溶质含量较低，其表现为锥形负偏析；A 型偏析区主要位于过渡晶带，是富集溶质、夹杂物和气体的液相沿枝晶间上浮引起的；而 V 型偏析既可能是凝固末期残留钢液的补缩流动，也可能是凝固收缩负压引起等轴晶塌陷；A 型偏析和 V 型偏析均属于通道偏析，大多学者认为二者与合金凝固时糊状区内液相沿枝晶间的流动有关。冒下正偏析是钢液凝固时液相中溶质不断富集的结果，一般位于冒口缩孔底部。

模铸钢锭生产中常通过切头切尾提高产品的纯净度、致密度和均质度，其凝固组织特征决定了成材率不可能太高。大钢锭充型时，锭尾处往往聚集大量杂质，且开坯时会变成鱼尾状；而头部往往存在比较严重的缩孔和偏析。国内企业模铸钢锭的切尾率约为 1%~

2%，而切头率为9%~18%。现有生产实践表明，基于凝固数值模拟技术优化钢锭模结构和浇铸工艺参数已成为提高钢锭成材率的最有效途径。

3.5.2 连铸工艺与装备

对于量大面广的常见钢材品种，其浇铸过程主要通过连铸完成。据统计，全球钢材的连铸比已接近97%，国内连铸比已达到98%以上。大型钢铁企业中，连铸是炼钢和轧钢之间承上启下的环节。连铸生产的工艺流程为：钢包→中间包→结晶器→二次冷却→拉坯矫直→切割→辊道输送→推钢机→连铸坯。连铸技术的应用彻底改变了炼钢车间的生产流程和物流控制，为车间生产的连续化、自动化和信息技术的应用及大幅改善环境和提高产品质量提供了条件。此外，连铸技术的发展还会带动冶金流程其他环节的工艺进步，对企业组织结构和产品结构的简化与优化有着重要的促进作用。

连铸是钢水在连续运行状态下，逐步释放过热、潜热和显热并凝固冷却成为一定形状钢坯的工艺过程。在这种由液态向固态的连续转变过程中，钢坯内部存在动量、热量和质量的传输和相变、外力和热应力引起的变形，这些现象和行为十分复杂，往往同时发生且相互影响。因此，连铸坯的质量控制难度要比模铸高得多。

连铸的主要技术优点如下：

（1）简化了钢坯生产流程——省去了模铸工艺的脱模、整模、钢锭均热和开坯工序；

（2）提高了金属收得率—— 一方面大幅度减少了切头切尾损失，另一方面生产出的钢坯更接近最终产品形状，省去了模铸工艺的加热开坯工序，可提高金属收得率约10%~30%；

（3）降低了生产过程能耗——可省去钢锭开坯均热炉的燃气动力消耗，可减少能耗和排放1/4~1/2；

（4）提高了生产过程的机械化、自动化水平，为劳动生产率的提升、现场工作环境的改善及企业的现代化管理升级创造了有利条件。

钢的连铸过程是在连铸机内完成的。现代连铸机是一套集成了机械、自动化、计算机、网络和信息化、检测与控制等多学科技术成果的复杂系统，可以使钢水比较可控地转变为具有指定形状、尺寸和基础性能的固态坯料。实际生产中，钢水在连铸机内由上到下依次经过钢包、中间包、结晶器、二冷区、空冷区，最后切割成一定长度的钢坯并下线冷却，如图3-18所示。

3.5.2.1 钢包和钢包回转台

钢包又称大包，早期一些的资料中也称为盛钢桶。连铸过程中，钢包是用于盛装钢水并进行浇铸的设备，其与钢水一同来源于冶炼和精炼流程。一般地，钢包由外壳、内衬、控流机构、底部供气装置等部分组成。钢包的外壳由厚钢板焊接而成，其包底比包壁厚度要大。钢包内衬从外到内由保温层、永久层和工作层组成，保温层贴近外壳，主要用于防止热量散失；保温层内侧是永久层，可以起到保护保温层和包壳的作用；工作层与高温钢水、熔渣长时间接触，受到注流冲刷和熔渣浸蚀作用，尤其在精炼过程中受损更严重；工作层的破坏不仅降低了钢包的寿命，还会增加钢水中的夹杂物含量，对生产极为不利。因此，钢包内衬选用合适的耐火材料对改善钢的洁净度、稳定操作、提高生产效率有着非常重要的意义。

连铸过程中钢包放置于连铸机的钢包回转台上。回转台除了承托钢包外，还可以实现

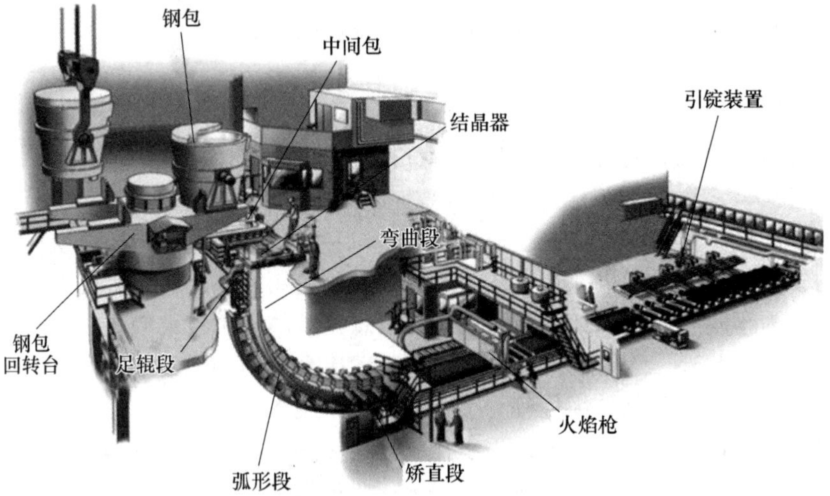

图 3-18　连铸设备结构图

钢水过跨运输。回转台能够在转臂上同时承托两个钢包，一个用于浇铸，另一个处于待浇状态，当一个钢包浇铸完成之后，迅速旋转 180°，将待浇钢包运送到浇铸位置。钢包回转台可将换包时间缩短至 2 min 以内，是多炉连浇的基本保障之一；回转台本身对连铸生产过程的干扰小，占地面积也少。钢包回转台有直臂式和双臂式两种。直臂式回转台是两个钢包坐落在同一直臂的两端，同时做回转和升降运动；双臂式回转台的双臂可以单独回转 100°，单独升降。钢包回转台均设有独立的称量系统，有的还增加了吹氩、调温、倾翻倒渣、加盖保温等功能。

钢包通过底部滑动水口的开启和关闭程度调节钢水流出速度。滑动水口由上水口、上滑板、下滑板、下水口组成，上水口和上滑板固定在机构里，下滑板和下水口安装在拖板里，可以水平方向移动。通过下滑板带动下水口移动调节上、下注孔间的重合程度控制流量大小；下滑板与上滑板由机构的弹簧压紧，使移动过程中滑板间不产生间隙，以免发生滑板漏钢。

钢包和中间包之间采用长水口连接，其安装于滑动水口之下。长水口又称保护套管，其作用是避免钢液二次氧化和注流飞溅，还可消除敞开浇铸的卷渣。长水口的材质主要有熔融石英质和铝碳质两种。

3.5.2.2　中间包和中间包车

中间包也称为中间罐，或简称中包。中间包是位于钢包与结晶器之间用于钢水中转的设备，其主要作用有：

（1）可减小钢水静压力，使注流稳定；

（2）中间包有利于夹杂物上浮，净化钢水；

（3）在多炉连浇时，中间包贮存一定量的钢水，在更换包时不会停浇；

（4）在多流连铸机上，中间包将钢水分配到每个结晶器以同时浇铸；

（5）根据连铸对钢水质量的要求，也可将部分炉外精炼手段移到中间包内实施，即中间包冶金。

中间包的容量一般是钢包容量的20%~40%。在通常浇铸条件下，钢水在中间包内应停留8~10 min才能起到去除30 μm以上夹杂物和稳定流场的作用，为此中间包有向大容量和深熔池方向发展的趋势，容量可达70~100 t，熔池深为1000~1200 mm。

就现场使用而言，中间包的结构、形状应具有保持最小的散热面积，良好的保温性能和制造简单维修方便的特性。一般常用的中间包形状以矩形（一字形）、T形和H形居多，其目的是使钢水注入时尽量不产生涡流和卷渣，且注流区和浇注区有一定距离，避免长水口出口附近的湍流过多地影响钢水在结晶器中的行为。根据连铸机的不同特征，通常多流连铸机采用T形或H形中间包，单流连铸机基本都是矩形中间包。

中间包放置于中间包车上，实现中间包的支撑、对中、升降、运输和快速更换等功能，方便中间包的烘烤、浇注、取样、捞渣和烧氧等操作，目前中间包车有悬臂型、悬挂型、门型和半门型等，一般会配有两台，一用一备模式。中间包车的最核心的作用是承载中间包进行水平和垂直方向的移动，水平方向移动主要是浇铸位和烘烤位之间，垂直方向的移动是实现水口安装或渣线高度调整。

中间包钢水流入到结晶器中是通过浸入式水口实现的，流速通过塞棒或定径装置控制。按照水口的装配结构，可分为整体式水口和分体式水口。前者水口顶部直接砌装在中间包底部，而出口插入到结晶器中，为一体式结构，浇铸过程中无法单独更换；后者分为上水口和下水口两部分，上水口砌装在中间包底部，下水口通过快换装置与上水口相连接，中间通过环缝吹氩防止氧化。

3.5.2.3 结晶器及其振动装置

结晶器是一个不断振动的水冷铜模，是连铸机非常重要的部件，被称为连铸机的“心脏”。钢水从中间包进入结晶器之后才会凝固冷却成型，并形成具有一定厚度的坯壳，这一过程是坯壳与结晶器铜板持续相对运动下完成的。因此，结晶器应具有良好的导热性和刚性（不易变形）且重量轻（振动惯性小），内表面耐磨性要好（使用寿命高）。同时，结晶器结构要简单，便于制造和维护。

根据结晶器生产坯型的不同，可以分为方坯结晶器、圆坯结晶器、板坯结晶器和异型坯结晶器。根据结晶器运动方式不同，可分为旋转结晶器和振动往复式结晶器。根据结晶器几何形状特征，可以分为辊式结晶器和板式结晶器。对于常规连铸机，根据结晶器的弧形结构差异，可分为直结晶器和弧形结晶器。直结晶器用于立式、立弯式及直弧形连铸机，而弧形结晶器用在全弧形和椭圆形连铸机上。根据结晶器铜板的机械结构，有管式结晶器和组合式结晶器两种。小方坯、小矩形坯和圆坯浇铸时多采用管式结晶器，而大方坯、大矩形坯和板坯浇铸时多采用组合式结晶器；H形坯既有用组合式结晶器，也有用管式结晶器。

钢水进入结晶器之后，热量穿过保护渣和铜板，快速被冷却水带走，平均热流密度可达2.0~3.0 MW/m^2，尤其是弯月面附近，局部热流可达平均热流的2~3倍甚至更多。这种条件下，结晶器铜板内外侧会有一定的温差，内部温度约为250~350 ℃，外部温度约为50~100 ℃。为了保证良好的形状和刚度稳定性，结晶器一般具有10~30 mm的有效厚度。考虑到坯壳的凝固收缩效应，一般通过保护渣流入防止出现气隙而降低换热效率。当结晶器处于动态热平衡时，某一水平位置处单位时间内从坯壳中放出的热量，与保护渣和铜板传递的热量，和冷却水带走的热量是基本相等的，铜板热状态保持稳定，不允许超过再结晶温度，以保证连铸坯形状和换热效果的稳定性。当然，随着铜板厚度变化、保护渣结构和性能变化及冷却水流速变化，结晶器换热能力也会发生改变，最终反映为坯壳表面温度和厚度的变化。

在浇铸过程中，如果结晶器是固定不动的，坯壳容易黏结到铜板上，拉坯时黏结区域与未黏结区域之间断裂而导致漏钢。如果加上结晶器振动装置，当发生黏结时，结晶器上振过程中坯壳被拉裂，未凝固的钢水立即填充到断裂处，开始形成新的凝固层；等到结晶器下振时，且当下振速度大于拉坯速度，坯壳即处于受压状态，裂纹被挤压愈合重新连接起来，同时连铸坯被强制消除黏结，得到了良好的“脱模" 效果。由于结晶器上下振动，周期性地改变着液面与结晶器铜板的相对位置，有利于油或保护渣流入结晶器与坯壳的间隙，进而又改善了润滑条件，减少了拉坯摩擦阻力和黏结的可能性，提高了连铸的顺行度。由此可知，结晶器振动装置的作用是：

（1）连铸坯得以强制脱模；

（2）有利于保护渣流入，提高坯壳与结晶器之间的润滑，消除粘连；

（3）坯壳发生粘连拉裂时，结晶器振动可以使之愈合；

（4）能够改善连铸坯表面质量。

目前结晶器的振动方式有正弦式和非正弦式两种，其需要通过振动装置实现。结晶器振动装置的结构需要同时实现两个功能，一是上下往复运动，二是具有一定的数学规律。根据机械结构不同，振动装置分为导轨式、长臂式、复合差动式、短臂四连杆式和四偏心轮式。目前，以短臂四连杆比较常见，其内部又分为板簧、半板簧式等。这些机械结构的目的是使电机输出的转矩最终转变为预期方式的振动位移。液压振动机构中，允许直接采用函数控制输出模式，可以一定程度上简化机械结构。

3.5.2.4　二次冷却区

二次冷却区简称二冷区，是由喷淋系统和/或连铸坯夹持装置（扇形段）构成，其主要作用有：

（1）带液芯的连铸坯从结晶器下口拉出后进入二冷区，向表面直接喷水或气雾冷却，使钢水快速完全凝固；

（2）对未完全凝固的连铸坯起支撑、导向作用，防止坯壳鼓肚变形；

（3）在上引锭杆时对引锭杆起支撑、导向作用；

（4）倘若是直结晶器的弧形连铸机，二冷区的第一段还要使直坯弯曲成弧形坯；

（5）对多辊拉矫机而言，二冷区的某些夹辊又是驱动辊，起到拉坯作用；

（6）对于弧形和椭圆形连铸机，二冷区本身又是分段矫直区。

二冷区是钢水热量释放的重要单元，连铸过程中大约有 50%热量是从二冷区释放出来的，这些热量释放的合理程度决定了连铸坯的凝固质量。因此，大量试验表明，连铸坯裂纹、偏析、凝固组织等缺陷的形成和扩展均受到二冷区设备和工艺条件的影响，某些配套技术如电磁搅拌和轻压下的应用效果也与连铸坯在二冷区内的凝固进程密切相关。因此，制定合理的二冷控制策略对控制和改善连铸坯凝固质量至关重要。

二冷区夹持装置对连铸坯的平稳运行和变形也有直接影响，这对板坯特别重要。当夹持精度或力度不合理时，会挤压连铸坯或未形成足够的支撑，坯壳就会发生额外的凹坑或鼓肚，这一方面可导致连铸坯表面和内部形成裂纹，另一方面也会引起额外的液相流动，加剧液面波动和中心偏析。高精度二冷扇形段的安装和维护是提升和改善连铸坯质量的前提和基础。

3.5.2.5 拉坯矫直装置

连铸机必须装有拉坯机，因为连铸坯运行过程中需要动力或阻力维持平衡和稳定。拉坯机实际上是具有驱动力的辊子，也叫拉坯辊。对于小断面弧形连铸，拉坯力主要是动力，即无拉坯力时连铸坯将因摩擦力过大而卡住不动；对于大断面，不管是弧形连铸还是垂直连铸，拉坯力实际上是阻力，即防止因重力作用而导致坯子自动下滑。

对于弧形连铸机，由于连铸坯需矫直后水平拉出，因而需要矫直机。早期连铸机的拉坯辊与矫直辊装在一起，统称为拉坯矫直机，简称为拉矫机。小方坯和小圆坯的拉矫机多为单机架五辊或七辊组合式拉矫机，两对或三对辊拉坯，单点或两点矫直；对于大方坯和大圆坯，一般是多组双辊牌坊式拉矫机，即由 3~15 个大型独立的拉矫单元构成的多机架系统，每个单元都具备拉坯能力，一般设计为 4~9 点矫直。

现代板坯连铸机采用多辊拉矫模式，且辊列布置已经“扇形段化”，驱动辊布置到弧形区和水平段的一定范围内，这样拉坯动力已分散到多个辊对上，拉矫机变成了一组驱动辊列系统，矫直方式设计为 7~9 点的多点矫直，以及在多点矫直的基础上发展而来的连续矫直。

对连铸拉坯矫直装置的基本要求如下：

（1）具有足够大的拉坯力，可以克服结晶器和辊列上的系统阻力和坯子自身的下滑力，使坯子运行平稳；

（2）具有足够大的矫直力，尤其是满足大断面、低拉速和高碳高合金钢种工况下比较大变形抗力的矫直要求；

（3）能够在较大范围内调节拉速，既能满足安装引锭杆、头坯、正常坯和尾坯的需求，又能实现不同钢种、不同断面和不同冷却强度下的正常生产；

（4）满足多流连铸机布置的空间、供给和维护方面要求，结构设计简单，安装调整方便，不同流的备件可替换；

（5）具有一定的异常事故的处理能力，如允许未能矫直的事故坯通过。

3.5.2.6 切割装置

连铸坯完全凝固后会被切割成定尺或倍尺长度，这是由产品规格和轧钢要求决定的。由于连铸坯是在运行中完成切割的，故切割装置必须与连铸坯具有拉坯方向的同步运动。目前连铸机多采用火焰切割装置，有的也使用机械剪切。火焰切割装置是用氧气和燃气（乙炔、丙烷、天然气、焦炉煤气、氢气等）通过喷嘴燃烧加热切缝处基体并将其氧化吹散达到切割目的。

火焰切割的优点是：

（1）设备轻，加工制造容易；

（2）切缝质量好，且不受连铸坯温度和断面大小的限制；

（3）设备的外形尺寸较小，对多流连铸机尤为适合。

目前，大多数连铸坯都采用火焰切割。火焰切割也有一定的缺点：

（1）金属损失量大，约为连铸坯重量的 1%~1.5%；

（2）切割速度较慢；

（3）切割产生氧化铁、废气和热量，需配备运渣设备和除尘设施；

（4）当切割短定尺时需要增加二次切割；

（5）消耗大量的氧气和燃气。

随着高拉速连铸技术推广应用，小方坯和小圆坯出坯温度越来越高，为机械剪切提供了良好条件。机械剪切是对连铸坯施加机械力使其被剪断，目前主要有电动剪和液压剪，其中以后者稍常见。机械剪切的优点是：

（1）投资少，设备简单；

（2）效率高，剪切时间短；

（3）切缝损失少；

（4）无污染，环境友好。

目前，机械剪切已经在小方坯和小圆坯上有了一定的占有率，但在大断面连铸坯上还有一定难度。

3.5.2.7 下线处理装置

连铸坯切割之后，即进入到下线处理流程，包括输送、冷却、精整、出坯等工序。下线处理方式与工艺流程、车间布置、所浇钢种、铸坯断面及其质量要求等有关。例如小断面连铸坯切断后，由输出辊道直接送往加热炉，或由辊道送往冷床，或由集料装置吊运至精整工段堆冷，方便随后人工精整。在这种情况下，连铸坯下线处理设备由输送辊道、连铸坯横移设备、冷床或集料装置、精整装置等构成。对于现代化大型板坯生产，下线处理装备比小连铸机要复杂些。除了输送辊道、连铸坯横移设备和各种专用吊具外，还应有板坯冷却装置、自动清理装置、翻板机、垛板机、打号机、去毛刺机、自动称量装置等设备。拉钢机和推钢机是横向移动连铸坯的主要设备。翻板机用来配合质量检验和对连铸坯表面进行清理，垛板机是板坯的一种集料装置。打号机在连铸坯上标记炉号、铸机号、钢号和重量等数据以供鉴别，一般采用气动或液压驱动。冷床由钢轨或型钢制成，对连铸坯起到冷却和收集作用，当冷床上连铸坯存放到一定数量后，用吊车或其他专用吊具运走温度达到目标区间的连铸坯。精整装置用于对连铸坯表面的各种缺陷进行清理，如除毛刺和除磷等；清理后的连铸坯通过称量装置进行称量，目前多采用电子秤。

扩展阅读　钢的浇铸质量缺陷

凝固缩孔、裂纹、偏析、析出等

扫码看资源

思　考　题

1. 钢的凝固特征温度有哪些，对应的固相率分别是多少？
2. 凝固温度范围内，钢的高温强度和塑性范围是多少？
3. 钢的三个高温脆性区分别对应什么机理？
4. 钢热变形的本质是什么，与哪些性质有关？
5. 钢的热膨胀参数有哪几种表征方法，分别怎么计算？
6. 钢的热膨胀系数如何测定？

7. 钢的密度随温度和合金元素含量如何变化?
8. 钢的比热容随温度的变化规律如何?
9. 钢的潜热与哪些因素有关，大概在什么范畴?
10. 钢水的黏度受到哪些因素影响?
11. 钢的导热系数随温度和合金含量变化的规律如何?
12. 钢中合金元素的扩散系数大概在什么数量级?
13. 钢的模铸工艺包括哪几种，分别包括哪些装备?
14. 钢的连铸过程如何? 主体装备的功能如何?

参 考 文 献

[1] Shin G, Kajitani T, Suzuki T, et al. Mechanical properties of carbon steels during solidification [J]. Tetsu-to-Hagane, 1992, 78 (4): 587-593.

[2] Xia G, Zirngast J, Hiebler H, et al. High temperature mechanical properties of in situ solidified steel measured by the new SSCT test [C] //Conference on Continuous Casting of Steel in Developing Countries, 1993: 200-210.

[3] Nagata S, Matsumiya T, Ozawa K, et al. Estimation of critical strain for internal crack formation in continuously cast slabs [J]. Tetsu-to-Hagane, 1990, 76 (2): 214-221.

[4] Pierer R F. Formulation of a hot tearing criterion for the continuous casting process [D]. Montanuniversitaet Leoben, 2007.

[5] 苗恩铭. 材料热膨胀系数影响因素概述 [J]. 工业技术, 2005, 39 (5): 26-29.

[6] Jablonka A, Harste K, Schwerdtfeger K. Thermomechanical properties of iron and iron-carbon alloys: density and thermal contraction [J]. Steel Research, 1991, 62 (1): 24-33.

[7] Harste K. Investigation of the shrinkage and the orgin of mechanical tension during the solidification and successive cooling of cylindrical bara of Fe-C alloys [D]. Clausthal: Technical University of Clausthal, 1989.

[8] Jimbo I, Cramb A W. The density of liquid iron-carbon alloys [J]. Metallurgical Transactions B, 1993, 24: 5-10.

[9] Mizukami H, Yamanaka A, Watanabe T. Prediction of density of carbon steels [J]. ISIJ International, 2002, 42 (4): 375-384.

[10] Mizukami H, Shirai Y, Yamanaka A, et al. Prediction of density of stainless steel [J]. ISIJ International, 2000, 40 (10): 987-994.

[11] Miettinen J. Calculation of solidification-related thermophysical properties for steels [J]. Metallurgical and Materials Transactions B, 1997, 28 (2): 281-297.

[12] Dong S Y, Xiong S M, Liu B C. Numberical simulation of microporosity evolution [J]. Journal of Materials Science and Technology, 2002, 20 (1): 23-26.

[13] Hansen P N, Sahm P R. How to model and simulate the feeding process in casting to predict shrinkage and porosity formation [C] //The Solidification Committee of the Metallurgical Society of AIME. Modeling of casting and welding process Ⅳ. Warrendale: Metallurgical Society of AIME, 1988: 33-42.

[14] 陈则韶, 葛新石, 顾毓沁. 量热技术和热物性测定 [M]. 合肥: 中国科学技术大学出版社, 1990.

[15] Hirai M. Estimation of viscosities of liquid alloys [J]. ISIJ International, 1993, 33 (2): 251-258.

[16] Korolczuk-Hejnak M. Empiric formulas for dynamic viscosity of liquid steel based on rheometric measurements [J]. High Temperature, 2014, 52 (5): 667-674.

[17] Mills K C, Su Y, Li Z, et al. Equations for the calculation of the thermo-physical properties of stainless

steel [J]. ISIJ International, 2004, 44 (10): 1661-1668.

[18] Dubberstein T, Heller H P, Fabrichnaya O, et al. Determination of viscosity for liquid Fe-Cr-Mn-Ni alloys [J]. Steel Research International, 2016, 87 (8): 1024-1029.

[19] Ghosh A. Mathematical model for prediction of composition of inclusions formed during solidification of liquid steel [J]. ISIJ International, 2009, 49 (12): 1819-1827.

4 钢的凝固相变热/动力学特征

本章提要：

第一次工业革命的标志是蒸汽机的发明和使用。英国发明家瓦特改良了蒸汽机，进而出现了广泛应用的蒸汽驱动式机械设备。随着蒸汽机的改进，一门新的科学——热力学诞生了。爱因斯坦曾经这样评价："总有一天，人们会发现牛顿定律、相对论和量子力学的局限，并找到新的理论代替它们，但是唯有基于统计理论的热力学是永恒的。"热力学领域出现了诸多诺贝尔奖获得者，如荷兰物理学家范·德瓦尔斯 Johannes van der Waals（1837—1923）、德国物理学家马克斯·普朗克 Max Planck（1858—1947）、德国化学家瓦尔特·赫尔曼·能斯特 Walther Hermann Nernst（1864—1941）、美国物理学家拉斯·昂萨格 Lars Onsager（1903—1976）和比利时化学家伊利亚·普里戈金 Ilya Prigogine（1917—2003）等。我国学者周尧和、舒光冀和胡汉起等在金属凝固热/动力学方面也做出了突出贡献，推动了凝固理论的发展进步，并解决了国内葛洲坝大型水轮机叶片、30 万千瓦发电机组高压外缸铸件、航天领域大型薄壁复杂铸件成型、蒸汽轮机不锈钢叶片、球墨铸铁汽车曲轴、凝固细晶化高洁净钢等工业技术难题。

钢铁冶金生产中，从铁矿石到温度与成分合格的钢水，是一个高温氧化还原及夹杂物与有害元素脱除的过程，是洁净钢产品制备的前提和基础。然而，生活生产中的钢铁材料均是以某种特殊形状和尺寸的固态形式出现的，如此才能充分发挥钢材作为结构材料的性能优势。由钢水到固态坯料的转变，就是炼钢的浇铸环节，其本质是一个凝固过程。本章着重介绍钢的凝固过程中涉及液体到固体的物相转变、热力学特征、凝固相变路径、晶体形核与生长等物理化学行为，这些现象相互作用、相互影响，最终决定钢的浇铸质量。因此，了解和认识钢的凝固过程，是设计浇铸装备、优化浇铸工艺、提高浇铸质量的基础理论依据。

关键词：凝固相变、过冷度、形核、生长、界面

4.1 凝固相变

凝固的核心是液固之间的物相转变，是一个过程描述。对于钢，由钢水到连铸坯/铸锭的过程，就是凝固。考虑到钢水的液态特征，其具有与水非常类似的性质，最直观的就是流动性，这一过程中，体系内部原子或分子之间的相对位置并不固定；对于连铸坯，尽管外力作用下会发生弹性或塑性变形，但相邻原子之间的位置比较固定。除此之外，液体和固体也具有其他不同的特征，进而决定了其不同的性质。

4.1.1　液体

4.1.1.1　液体的分子/原子结合力

液体（Liquid）是四种物质状态之一，它没有确定的形状，具有一定的流动性，因此形状往往受容器的影响。通常，容器是什么形状，注入的液体就呈什么形状。尽管如此，液体的体积在压力及温度不变的环境下，也是固定不变的。液体分子间的距离较远，分子运动也较剧烈，分子间的吸引力较小。

液体的分子/原子结合得非常牢固，但不是刚性结合，粒子之间有一定的自由度可以移动。温度上升时，分子的振动强度增加，使得分子之间的距离也随之增大。当液体的温度到达沸点时，分子之间的内聚力消失，因此液体会转变为气体（除非出现过热）。当温度下降时，分子之间的距离减少。当温度低到凝固点时，分子会排列成一种特殊的形式；当分子之间的内聚力越来越强时，液体会转变为固体（除非出现过冷），称为凝固或结晶。

4.1.1.2　液体的流动性与润湿性

和气体一样，液体可以流动，可以容纳于各种形状的容器。有些液体不易被压缩，而有些则可以被压缩，但压缩量比较小，远不及气体。液体有相对固定的密度，不能扩散布满整个容器，会产生液体本身的表面，而气体则会完全均匀地充满容器。除此之外，气体一定可以和另一气体均匀混合，液体则不然，两种液体（例如水和油）可能无法均匀混合，这是液体的一种与众不同的属性，叫作表面张力，是自由面上液体分子受到的极其微小的拉力，其原因是自由表面上液体分子和两侧分子引力不平衡。由此可见，表面张力不在液体的内部存在，只存在于液体表面。一般液体的表面张力较小，对液体的宏观运动不起作用，但会影响微观尺度的毛细作用。

表面张力可以导致浸润现象，又称润湿现象，当液体与固体接触时，液体能附着在固体表面叫浸润，否则叫不浸润。实际上，液体的附着层将沿着固体表面延伸，二者之间形成一个接触角 θ，如图 4-1 所示。若 θ 为 0°时，液体将全部展延到固体表面上，这种现象称为完全浸润；当接触角 θ 为锐角时，液体可以润湿固体，称为良好浸润；当接触角 θ 为钝角时，液体仍能润湿固体，称为可以浸润；当接触角 θ 为平角时，液体不能润湿固体，液体与固体表面基本分离，称为不浸润。浸润现象的产生与液体和固体的性质有关，同一种液体，能浸润某些固体的表面，但对另外某些固体的表面就很难浸润。例如，水能润湿玻璃，但不能润湿石蜡。浸润现象可从能量的观点解释：附着层中任一分子，在附着力大于内聚力的情况下，分子所受的合力与附着层相垂直并且指向固体，此时分子在附着层内比在液体内部具有较小的势能，液体分子要尽量挤入附着层，使附着层扩展。附着层中的液体分子越多，系统的能量就越低，状态也就越稳定，因此最终导致了附着层沿固体表面延展而将固体润湿。

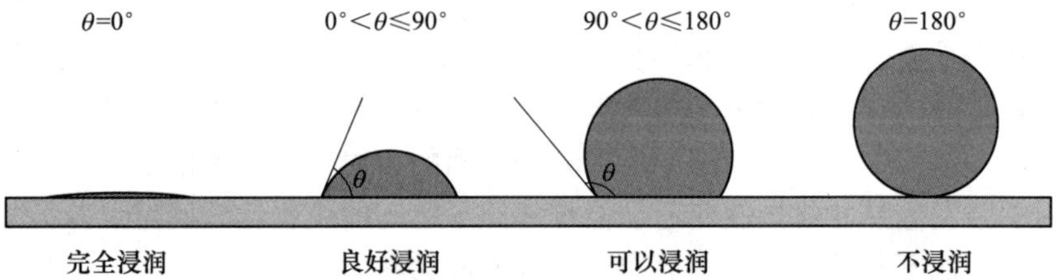

图 4-1　液体与固体表面的界面行为

4.1.1.3 液体的密度与压力

液体的密度通常接近于固体，而远大于气体，因此液体和固体都被归为凝聚态物质。液体和气体都可以流动，都可被称为流体。虽然液态水在地球上很丰富，但在已知的宇宙中，液态并不是最常见的物态。由于液体的存在需要相对较窄的温度和压强范围，因此宇宙中最常见的物态是气体（如星际云气）和等离子体（如恒星中）。

此外，液体会对容器的边界施加压力，这个压力传送到四面八方，水平方向基本不变，但在深度方向会逐渐增大，即著名的帕斯卡定律。

$$p = \rho g h \tag{4-1}$$

式中，p 为压强，Pa；ρ 为液体的密度，kg/m^3；g 为重力加速度，m/s^2；h 为液体深度，m。

4.1.1.4 液体的饱和蒸气压

液体具有一定的蒸气压。在一定温度下，液体中分子运动的速度及其具有的能量都不相同，液面上能量较大的分子可以克服液体分子间的引力而逸出液体表面，成为蒸气分子，这一过程称为蒸发。另外，其中的一些气体分子撞击液体表面被吸收重新返回液体，这个过程称为凝聚。起初，假设液体上方没有气体分子，凝聚的速度为零；随着蒸发形成的气体分子越来越多，凝聚的速度也越来越快，当凝聚速度和液体蒸发速度相等时，即单位时间内逸出液体表面的分子数等于返回液体表面的分子数，就达到了蒸发与凝聚的动态平衡。此时，在液面上方的气体分子数不再改变，蒸气的压力就恒定了。在一定的温度下，与液体平衡的蒸气称为饱和蒸气，其对应的压力就是该温度下的饱和蒸气压，简称蒸气压。温度一定时，每种液体都有恒定的蒸气压，它是液体的一种固有特征，常用来表示液体在一定温度下的挥发性。蒸气压大的物质为易挥发物质，反之为难挥发物质。同种物质在不同温度下有不同的蒸气压，并随着温度的升高而增大。

由于液体的蒸气压随温度的升高而增大，当某一温度下液体的蒸气压等于外界大气压时，液体内部产生大量气泡并不断逸出，在液体内部和表面同时发生剧烈的汽化现象，称为沸腾，此时的温度称为该液体的沸点。以水为例，一个大气压下，若水温达到 100 ℃，此时水的蒸气压正好是一个大气压，100 ℃即是一个大气压下水的沸点。对应的，纯铁的沸点约为 2750 ℃。

通常，升温或减压能使液体气化，例如将水升温变成水蒸气。反之，加压或降温一般能使液体固化，例如将水降温变成冰。然而，只加压并不能使所有的液体变为固体，例如仅仅给水加压不降温，那么水永远不会变成冰。当压力不变时，随着温度降低，液体和固体的体积自由能会出现差异，某一温度下二者的自由能相等时，理论上即开始发生液态向固态的转变，这一温度称为熔点。水在一个大气压下的熔点是 0 ℃，纯铁的熔点是 1538 ℃。

4.1.2 固体

4.1.2.1 固体的结合力

固态是物质存在的一种热力学平衡状态。与液体和气体相比，固体具有比较固定的体积和形状，质地比较坚硬。根据凝聚态物理学研究结果，固体内部基本粒子的间距很小，作用力很大，因此相对位置比较固定，粒子只在各自平衡位置附近作无规律的振动。因此，固体能保持一定的体积和形状，流动性差，一般不存在自由移动粒子。在外力不太大时，固体的体积和形状改变很小。当外力超过一定程度后，固体也可以发生变形，如橡皮泥被捏成不同外形、面团被擀成面皮、钢坯被轧成钢筋等。

4.1.2.2 晶体和非晶体

固体分为晶体和非晶体。晶体的内部粒子（原子、离子、分子等）在三维空间呈周期性重复排列，如图 4-2 所示。而非晶体的内部粒子通常是无规则排列或者短程有序而长程无序。

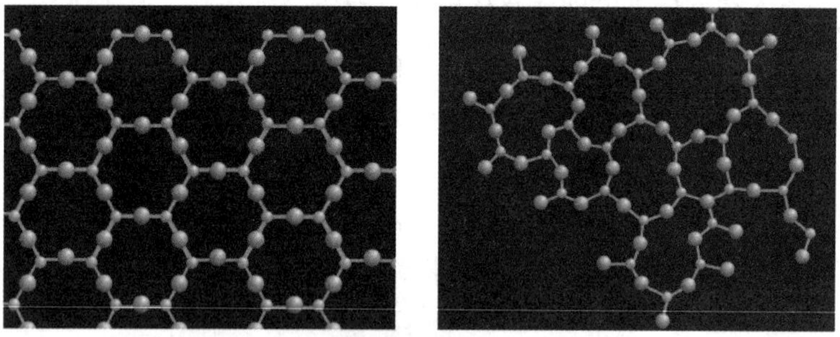

扫码看彩图

图 4-2 Be_2O_3 晶体和玻璃结构

与非晶体相比，晶体有以下几个主要特征：

（1）晶体自然条件下具有整齐规则的几何外形，可以自发地形成封闭的凸多面体，即自范性或自限性，如雪花、石英等；

（2）晶体有固定的熔点，如冰转变为水的温度是 0 ℃；

（3）晶体有各向异性的特点，不同方向的力学、声学、磁学、电学等性能有差异；

（4）晶体相对应的晶面角相等，称为晶面角守恒，如图 4-3 所示，不同条件下晶体外形有差异，但两相邻晶面夹角总是恒定的。

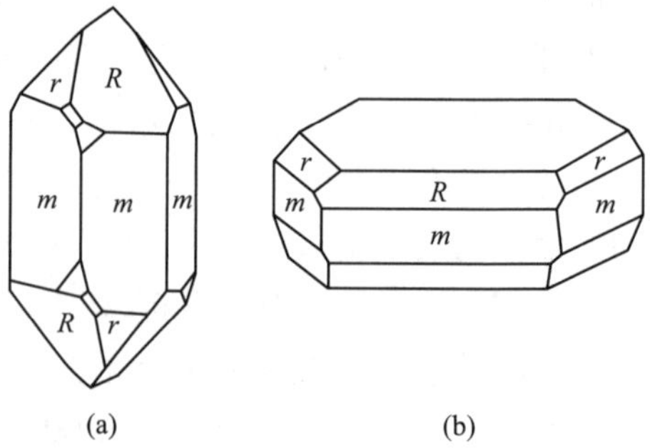

图 4-3 石英晶体的外形结构与晶面角守恒
（a）理想石英晶体；（b）一种人造石英晶体

（5）晶体可以使光发生有规律的衍射，如图 4-4，出现斑点或光环。

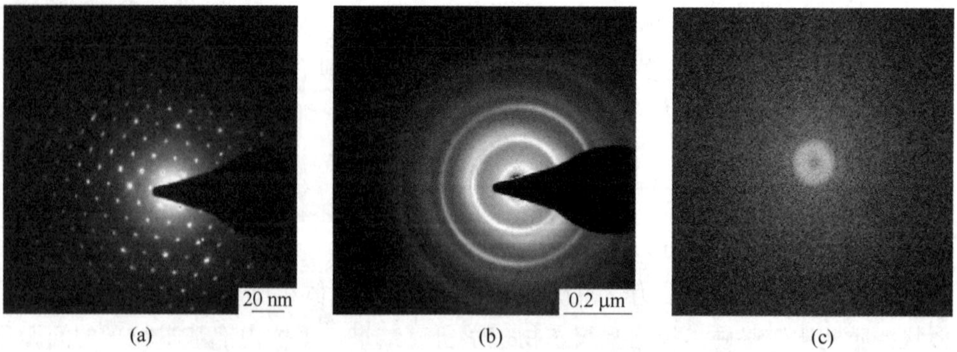

图 4-4 单晶（a）、多晶（b）和非晶（c）的电子衍射花样

4.1.2.3 晶系和点阵

晶体按其内部结构周期性规律可分为七大晶系和十四种点阵，其中十四种点阵如图 4-5 所示，分别是：(1) 简单三斜；(2) 简单单斜；(3) 底心单斜；(4) 简单正交；(5) 底心正交；(6) 体心正交；(7) 面心正交；(8) 简单四方；(9) 体心四方；(10) 简单六方；(11) 三方菱面体；(12) 简单立方；(13) 体心立方；(14) 面心立方。

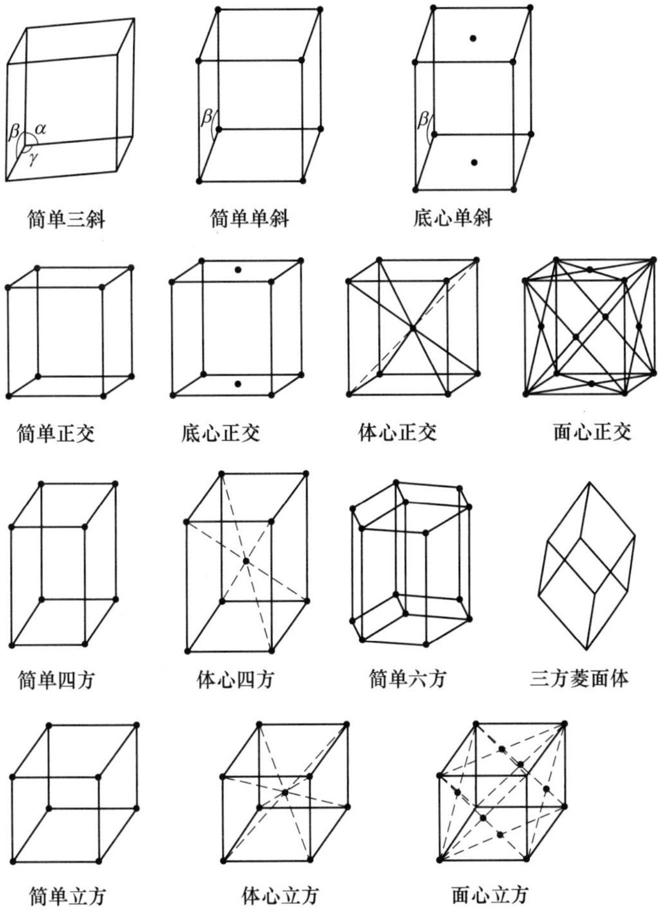

图 4-5 晶体的 14 种点阵

七大晶系包括上面不同点阵类型，如图 4-6 所示：

(1) 三斜晶系一种：简单三斜；

(2) 单斜晶系两种：简单单斜、底心单斜；

(3) 正交晶系四种：简单正交、底心正交、体心正交、面心正交；

(4) 六方晶系一种：简单六方；

(5) 菱方晶系一种：简单菱形；

(6) 四方晶系两种：简单正方、体心正方；

(7) 立方晶系三种：简单立方、体心立方、面心立方。

根据粒子排列是否具有一致性，晶体又分为单晶体和多晶体，这可以通过电子衍射花样区分，如图 4-4 所示。单晶体的内部粒子排列规律完全一致，即整个结构是一个晶粒；

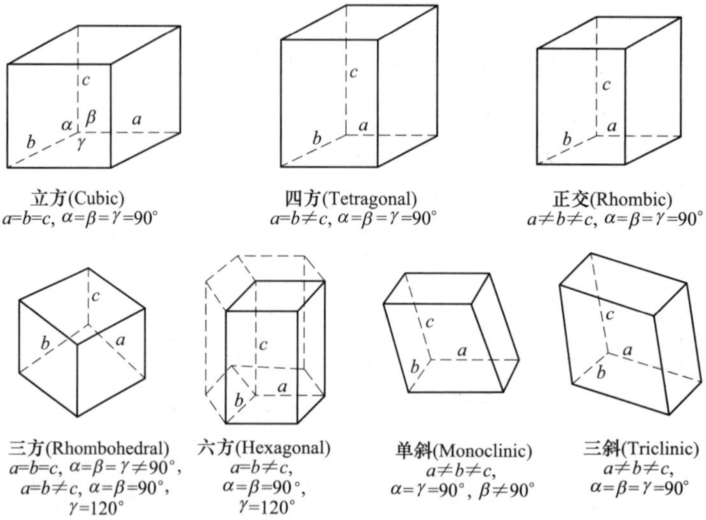

图 4-6　晶体的 7 种晶系

而多晶体是由许多取向不同的晶粒构成的。

按照晶体内部质点间作用力性质不同，可分为离子晶体、分子晶体、原子晶体、金属晶体四类：

（1）离子晶体是指由离子化合物构成的晶体，离子晶体属于离子化合物中的一种特殊形式，不能称为分子。由正、负离子或正、负离子基团按一定比例通过离子键结合形成的晶体称为离子晶体。强碱、活泼性金属氧化物和大多数的盐类均为离子晶体。离子晶体一般硬而脆，具有较高的熔点和沸点，熔融或溶解时可以导电。

（2）分子晶体是指分子间通过分子间作用力（即范德华力）构成的晶体。分子晶体是由分子组成，可以是极性分子，也可以是非极性分子。由于分子间的作用力很弱，分子晶体具有较低的熔点、沸点，因而硬度小、易挥发，许多物质在常温下呈气态或液态。例如，O_2、CO_2 是气体，乙醇、冰醋酸是液体。相同类型的分子晶体，其熔点、沸点随分子量的增加而升高。

（3）原子晶体是指相邻原子间以共价键相结合形成的具有空间立体网状结构的晶体。原子晶体整体是一个三维的共价键网状结构，它是一个“巨分子”，又称共价晶体。原子晶体一般具有熔点高、沸点高、硬度大、不导电、难溶于常见的溶剂等性质。由于共价键具有方向性和饱和性，所以每个中心原子周围排列的原子数目是有限的，所有原子间均以共价键相结合，晶体中不存在单个分子。例如，金刚石晶体、单质硅、SiO_2 等均为原子晶体。

（4）金属晶体是指由金属键构成的晶体，其基本粒子是金属阳离子和自由电子（也就是金属的价电子）。金属单质及一些金属合金都属于金属晶体，例如镁、铝、铁和铜等。金属晶体中存在金属离子（或金属原子）和自由电子，金属离子（或金属原子）总是紧密地堆积在一起，金属离子和自由电子之间存在较强烈的金属键，自由电子在整个晶体中自由运动。金属晶体具有共同的特性，如金属有光泽、不透明，是热和电的良导体，有良好的延展性和力学性能。大多数金属具有较高的熔点和硬度，金属晶体中的金属离子排列越紧密，金属离子的半径越小、离子电荷越高，金属键越强，金属的熔点、沸点越高。

4.1.2.4 固体材料的性能

对于现实生活中的固体，其可以是单一元素的晶体，也可以是由多种元素组成的化合物晶体，还可以是非晶体。固体材料广泛应用于不同行业和领域，如建筑、机械、电子、化工、医疗等，常见的固体材料包括金属、陶瓷、塑料、橡胶、玻璃、纤维等。

固体材料的主要性能特征包括以下几个方面：

（1）强度：是指其抵抗外力断裂和变形的能力，包括拉伸强度、压缩强度、弯曲强度等。

（2）硬度：是指其抵抗划痕、压痕等外物压入的能力，包括布氏硬度、洛氏硬度、维氏硬度等。

（3）韧性：是指变形和断裂过程中吸收能量的能力，包括断裂韧性、冲击韧性等。

（4）耐磨性：是指其抵抗磨损的能力，包括磨损率、耐磨性等。

（5）耐腐蚀性：是指其抵抗化学腐蚀的能力，包括耐酸碱性、耐腐蚀性等。

（6）导电性和绝缘性：是指其导电或绝缘的能力，包括电导率、电阻率、介电常数等。

（7）热性能：是指其导热或隔热的能力，包括热导率、热膨胀系数、热稳定性等。

（8）光学性能：是指其透光或反射的能力，包括透光率、反射率、折射率等。

固体是人类生活和生产中大量工具、器件、装备、用品的主要存在状态，具有良好的力学、声学、热学、磁学和光学性能的组合，是大部分结构材料和功能材料的典型存在和呈现形式。由于不同的结构特性，不同的固体材料具有不同的物理、化学和力学性质，需要根据具体应用场景选择适合的材料。

4.1.3 凝固与结晶

凝固是一个由液态转变为固态的过程，与温度和压力有关，也受到其他组分的影响。凝固通常发生在冷却过程中，换句话说，凝固是一个放热过程。对于由液态转变为固态，尤其是高温到室温，其热量释放一般分为三部分：（1）过热：液体温度降低时释放的热量；（2）潜热：凝固过程额外释放的热量；（3）显热：固体降温时释放的热量。钢由1600 ℃冷却到室温，其凝固潜热一般占有较大比例，约为20%~30%。

凝固过程中，当温度下降时，液体中原子或分子运动能力降低，相互之间引力增大，相对位置逐渐固定，以长程或短程有序的规律排列，进而形成晶体或者非晶体。对于晶体，当压力一定时，平衡条件下凝固的发生一般具有固定的温度。当冷却速度较大时，其凝固温度会偏离平衡温度，冷速越大，这种偏差就越大。现实生活中，凝固或多或少均偏离平衡态，因此实际的凝固温度均会与理论值有一定差异。

日常交流中，对于一些凝固问题，人们会经常提到结晶的概念，且多数时候会将二者混淆。实际上，结晶是一种独特的凝固形式，是指液态转变为固态晶体的过程。对于常见金属，大多数生产条件下，其凝固之后均为晶体，即金属的凝固和结晶具有相同的含义。对于一些非金属材料，例如橡胶、玻璃、石蜡、甘油等，其液体冷却后为非晶体，此时的凝固过程不能称为结晶，一般称为玻璃化转变。

玻璃化转变是非晶态高分子材料固有的性质，是高分子运动形式转变的宏观体现。根据高分子的运动形式不同，绝大多数聚合物材料通常可处于以下三种物理状态（或称力学状态）：玻璃态、高弹态（橡胶态）和黏流态。玻璃化转变则是高弹态和玻璃态之间的转变。从分子结构上讲，玻璃化转变温度是高聚物无定形部分从冻结状态到解冻状态的一种松弛现象，而不像相变那样释放潜热，所以它既不是一级相变也不是二级相变。在玻璃化转变温度以下，高聚物处于玻璃态，分子链和链段都不能运动，只是构成分子的原子（或基团）在其平衡位置做振动；而在玻璃化转变温度以上时分子链虽不能移动，但是链段开始运动，表现出高弹性质；温度再升高，就使整个分子链运动而表现出黏流性质。

4.2 凝固热力学

4.2.1 纯金属凝固的能量变化

凝固本身是一个相变过程，在热力学上具有自发性。以纯铁的凝固结晶为研究对象，一定压力下，当温度降低时，体系的自由能是增大的，这可以通过热力学基本定律来理解。对于某一体系，其吉布斯自由能可以表达为：

$$G = H - TS \tag{4-2}$$

式中，G 为吉布斯自由能；H 为焓；T 为温度；S 为熵。

考虑到焓与内能的关系：

$$H = U + pV \tag{4-3}$$

式中，U 为内能；p 为压强；V 为体积。由此可得：

$$G = U + pV - TS \tag{4-4}$$

根据热力学第一定律：

$$U = Q - W \tag{4-5}$$

式中，Q 为热量；W 为所做功。

根据熵的定义：

$$\mathrm{d}S = \frac{\mathrm{d}Q}{T} \tag{4-6}$$

可得

$$\mathrm{d}Q = T\mathrm{d}S \tag{4-7}$$

根据式（4-5），不考虑做功时：

$$\mathrm{d}U = \mathrm{d}Q - \mathrm{d}W = T\mathrm{d}S - p\mathrm{d}V - V\mathrm{d}p \tag{4-8}$$

根据自由能公式：

$$\mathrm{d}G = \mathrm{d}U + p\mathrm{d}V + V\mathrm{d}p - T\mathrm{d}S - S\mathrm{d}T \tag{4-9}$$

上述两式合并，

$$\mathrm{d}G = -S\mathrm{d}T \tag{4-10}$$

即：

$$\mathrm{d}G/\mathrm{d}T = -S \tag{4-11}$$

根据熵的定义，其为系统内部结构混乱度，恒为正值。因此可知，当温度下降时，体系的吉布斯自由能逐渐增大。

凝固过程涉及固、液两相，由于结构不同，温度变化时其具有不同的特征，如图 4-7 所示。图中可见，随着温度降低，固相和液相的体积自由能均增大，但液相的斜率比固相大，因此二者在某一温度下有个交点。

在交点温度以上，有：

$$G_S > G_L \tag{4-12}$$

此时液相的自由能更低，体系以液态存在。

在交点温度以下，有：

$$G_S < G_L \tag{4-13}$$

此时固相的自由能更低，体系以固态存在。

通常，可以采用冷却曲线表示凝固过程中的温度变化规律，平衡条件下纯金属（如纯铁）或共晶合金的冷却曲线如图 4-8 所示。高温液态金属注入模具中后，其温度会逐渐下降，此时为液态过热的释放；当温度降低至 T_m 时，由于凝固潜热释放，其温度下降速度会减小，由于纯金属和共晶合金的凝固是在某一个温度下完成的，导致冷却曲线出现一个平台，直到液相完全转变为固相；当凝固潜热释放完全之后，继续冷却时温度进一步下降，这是固态显热的释放。

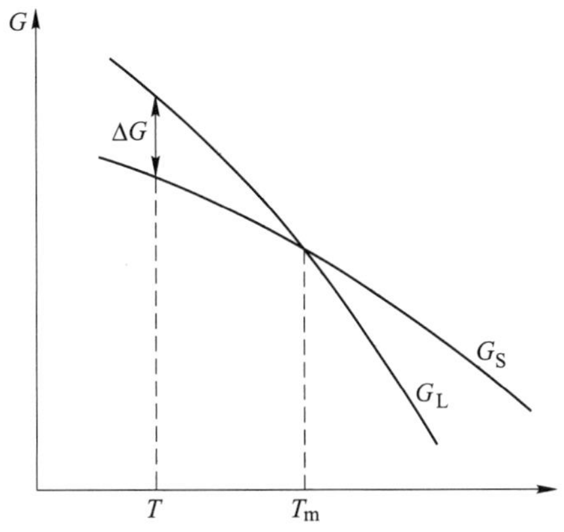

图 4-7　凝固过程体系自由能变化

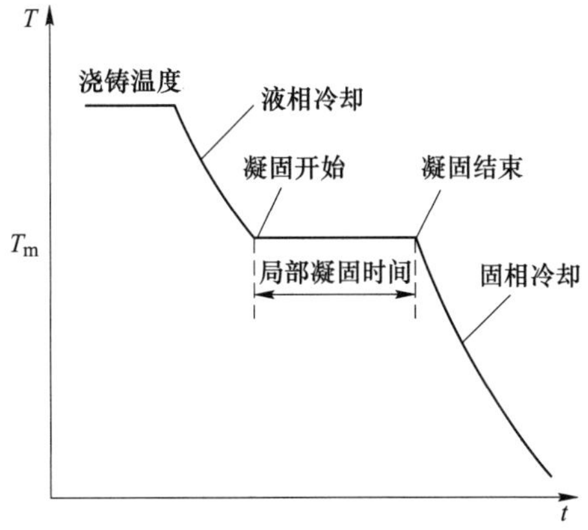

图 4-8　纯金属或共晶合金的平衡凝固冷却曲线

凝固过程的自由能变化可以通过热力学描述。一定温度 T 下，当相变发生时，体系的自由能变化为[1]：

$$\Delta G = \Delta H - T\Delta S \tag{4-14}$$

凝固过程中，其驱动力为固、液两相的自由能之差。液相转变为固相的单位体积自由能变化为：

$$\Delta G_V = G_S - G_L \tag{4-15}$$

根据相变自由能变化公式可得：

$$\Delta G_V = (H_S - H_L) - T(S_S - S_L) \tag{4-16}$$

当压力一定时，相变过程的焓变为：

$$\Delta H = H_L - H_S = L_m \tag{4-17}$$

又因为：

$$\Delta S_m = S_L - S_S = \frac{L_m}{T_m} \tag{4-18}$$

故凝固过程的体积自由能变化为：

$$\Delta G_V = -\frac{(T_m - T)L_m}{T_m} \tag{4-19}$$

式中，L_m 为熔化潜热，表示固相转变为液相时的吸热量，为正值；ΔS_m 为固体的熔化熵。根据试验结果，大多数金属的熔化熵接近于摩尔气体常数，即 $\Delta S_m \approx R = 8.31\ J/(mol \cdot K)$，这个实验结果被称为 Richard 法则。根据式（4-19）可知，若要凝固过程中 $\Delta G_V<0$，实际相变温度 T 要低于平衡温度 T_m。

4.2.2 合金凝固的能量变化

非共晶合金的凝固过程是在一个温度范围内完成的，Fe-C 相图低碳钢范围的平衡凝固冷却曲线如图 4-9 所示。钢水冷却时，首先发生液相的过热释放；随着冷却进行，当温度达到凝固开始温度时，则会析出 δ 相，并伴随着潜热释放，此时冷却曲线不是一个平台，而是斜率减小，直至凝固结束温度液相全部消失；进一步冷却时，固态显热释放，温度继续下降。

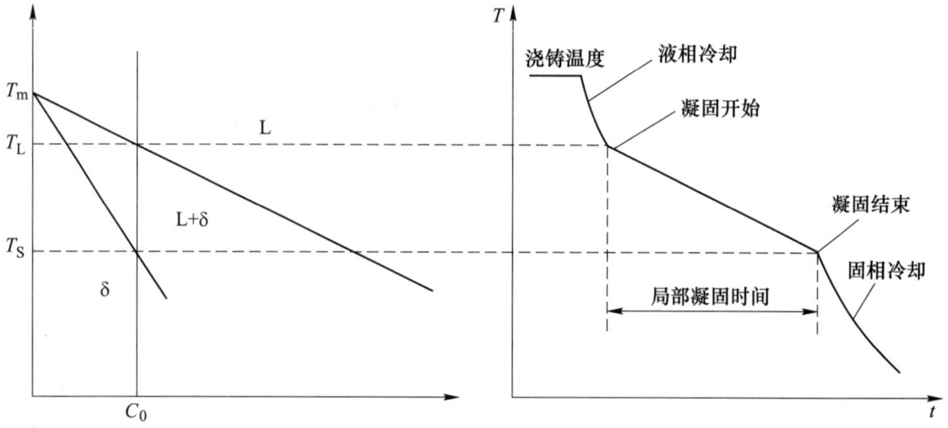

图 4-9 合金的平衡凝固冷却曲线

对于合金，由于选分结晶的作用，其实际成分也是变量。因此，当压力不变时，其凝固过程的体积自由能是温度和成分的函数，这类似一个二元溶液结晶问题。一定温度下，以成分为横坐标、自由能为纵坐标，可以得到自由能-成分曲线[2]，这是二元溶液自由能、化学势平衡与相变问题的理论基础。

对于摩尔分数分别为 x_A、$x_B(x_A+x_B=1)$ 的 A、B 两种原子组成的理想溶液，一定温度和压力下，如果两组元可以组成不同结构的相，则存在不同相的多条自由能曲线，如图 4-10 所示。对于 α 和 β 两相，其自由能曲线分别为 G_α 和 G_β。设 α 和 β 两相浓度分别为 C_α 和 C_β，二者分别对应于曲线上的 d、e 两点。设溶液的平衡浓度为

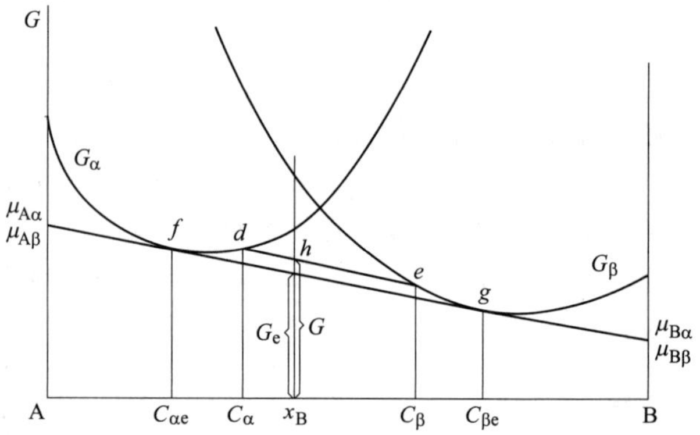

图 4-10 某 AB 理想溶液一定温度和压力下的自由能曲线

X_B，此时体系的平均自由能 G 为 X_B 垂直线与 de 线之间的高度，这就是切线规则。

当不同相处于热力学平衡时，系统是稳定的。考虑上图中的体系，对于成分为 X_B 的二元溶液，在上述温度和压力下，两相自由能曲线公切线 fg 对应的 G_e 为系统能量的最小值，此时两组元在各相内具有相同的化学势，系统处于平衡状态。f、g 对应的浓度 $C_{\alpha e}$ 和 $C_{\beta e}$ 是 α 相和 β 相的平衡浓度。理论上，如果有足够的时间，系统中两相浓度将会自发地从 d、e 移动到 f、g，以使系统能量最低。

对于一个 A、B 两组元的共晶体系的凝固过程，其自由能变化与二元溶液相图类似。设 α 相、β 相具有不同的晶体结构，加上液相 L，系统内存在三相，即共有三条自由能曲线，如图 4-11 所示。T_1 温度下，体系中为 α+L 相，L 相和 α 相自由能曲线具有公切线，与 β 相自由能曲线没有公切线，α 相切点浓度对应于相图中 T_1 温度线与 α 相区的交点，L 相切点浓度对应于 T_1 温度下与 L 相区的交点。T_2 温度下，体系中为 α+β+L 相，此时 L 相的自由能曲线与 α 相、β 相各有不同公切线，其对应关系与上述类似。T_E 温度对应于相变温度，此时三相自由能曲线具有相同的公切线，切点位置分别对应于相图横线的三个点。T_3 温度下，L 相消失，体系为 α+β，此时 L 相自由能曲线位置较高，其与 α 相、β 相的公切线分别相交于另一相自由能曲线之上，说明这并不是体系能量最低的状态，α 相和 β 相自由能曲线的公切线满足能量最低原理，两切点分别对应于相图中对应温度与各自单相区的交点。

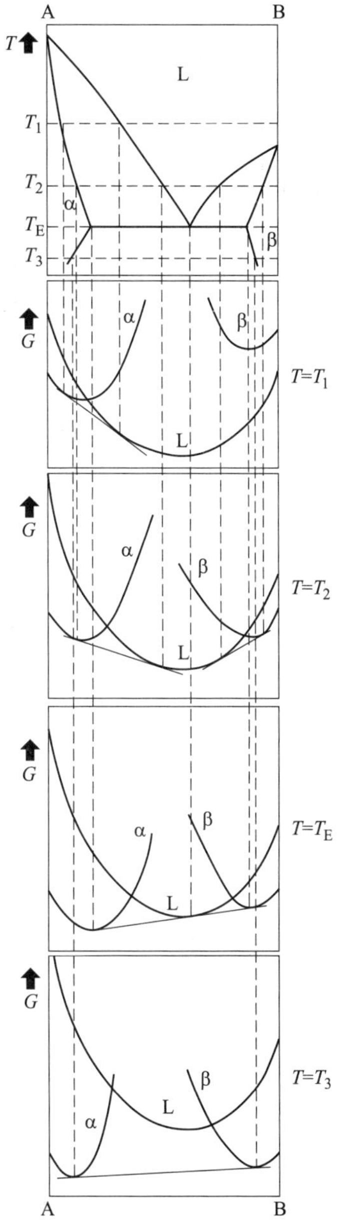

图 4-11 某 AB 合金平衡条件下不同温度的自由能曲线

4.2.3 过冷度与凝固潜热

纯铁的凝固是冷却到一定温度时才开始发生的，理论上，平衡条件下该温度为液相和固相自由能相等的交点 T_m。实际上，除了一些科学研究中可以达到接近平衡的状态外，生活生产中大多是近平衡或非平衡条件。这种情况下，液相和固相不会在 T_m 温度下共存无限时间，这说明凝固并不会在 T_m 温度下发生，因此，其需要额外的驱动力才能克服这个能量壁垒，即冷却到低于 T_m 的某一温度 T。

凝固过程中原子迁移及其自由能变化如图 4-12 所示。从根本机制看，凝固是一个原子跃迁、重组的过程。由图中可见，原子从介稳态的液相 L 过渡到稳态的固相 S 的过程中，必然要经过一个自由能较高的中间态，这个中间态就是固液两相的界面能，它构成了液固转变过程中的阻力。因此，过冷度的存在是产生凝固的必要条件，为实现凝固到底需要多大的过冷度则与凝固过程中所需克服的相变阻力的大小密切相关。

根据凝固过程的体积自由能变化：

$$\Delta G_V = -\frac{(T_m - T)L_m}{T_m} \tag{4-20}$$

令 $\Delta T = T_m - T$，表示实际凝固温度和理论凝固温度的差值，即为过冷度。由此可得：

$$\Delta G_V = -\frac{\Delta T L_m}{T_m} \tag{4-21}$$

分析可见，过冷度大小与凝固驱动力直接相关。当实际凝固温度与平衡温度差值越大时，相变自由能越大，凝固越容易进行。冷却降温过程中，冷速越快，其过冷度越大，越有利于凝固进行。

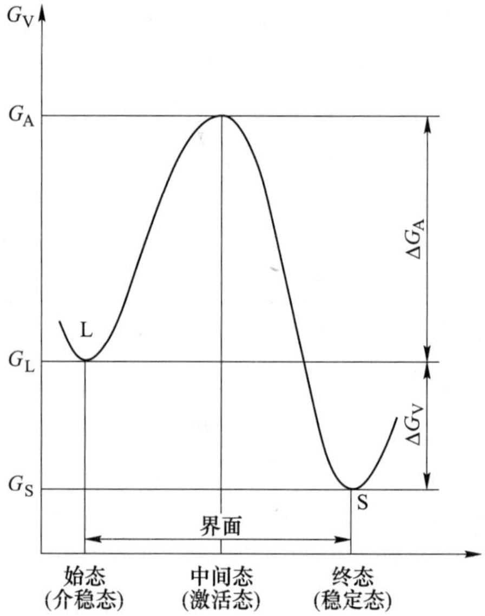

图 4-12 凝固过程中原子迁移及其自由能的变化

对于实际条件下的冷却曲线，其凝固往往会有滞后，即开始结晶的温度与理论温度出现差值，如图 4-13 所示，二者之间的差异即为过冷度。通过冷却曲线计算不同冷速下的凝固过冷度也是比较常见的测定方法，根据已有学者对常见金属的凝固温度和过冷度的实测结果，对于均质形核，二者之间存在 $\Delta T \approx (0.2 \sim 0.3)T_m$ 的关系；对于非均质形核，$\Delta T \approx (0.01 \sim 0.05)T_m$。

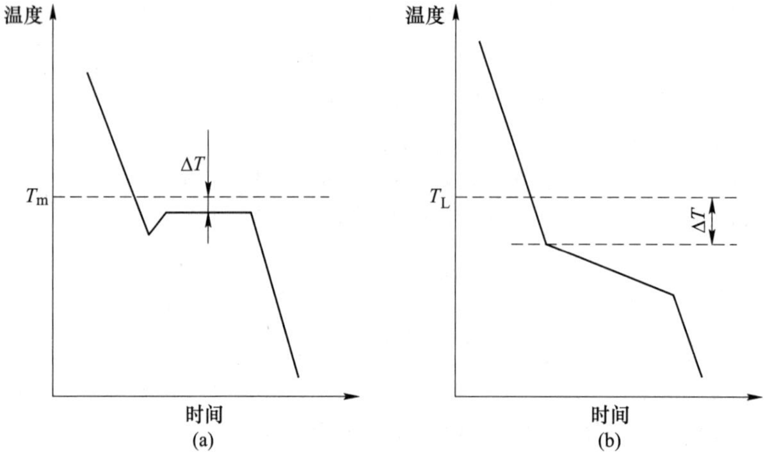

图 4-13 纯金属（a）和合金（b）的过冷度

根据凝固时过冷度的形成机制，可分为五个类别，分别是热过冷 ΔT_t、曲率过冷 ΔT_r、成分过冷 ΔT_c、压力过冷 ΔT_p 和动力学过冷 ΔT_k。实际凝固过程中，不同条件下、不同类别的过冷度发挥的作用是不同的。对于常规冷却条件，热过冷 ΔT_t、曲率过冷 ΔT_r 和成分过冷 ΔT_c 对凝固的影响最显著。

（1）热过冷。热过冷（Thermal undercooling）是由液体实际温度分布所引起的过冷状态，如图 4-14 所示，其为理论凝固温度与实际温度的差值。当高温钢液注入模具中时，熔体内部会形成一个正温度梯度；由于模具温度比较低，与器壁接触的表层液体温度迅速降低至凝固温度以下，进而形成一定厚度的热过冷层。凝固过程中，随着金属熔体温度的不断降低，就必然会出现热过冷克服凝固阻力，其大小与外界换热条件影响下的温度梯度有关。热过冷推动了凝固发生，是金属凝固过程控制的关键要素。

具体分析中，热过冷度的界定和计算还需要细致区分。就相图而言，从冷却平衡过程考虑，金属熔体温度下降都是热作用，即对于某一深过冷的金属熔体，其实际温度 T 与平衡温度 T_m 的差值就是热过冷度，$\Delta T_t = T_m - T$。对于凝固形核与长大过程，由于晶体的固液界面不可能是平齐的，纯金属形成晶核时还需要满足曲率过冷度 ΔT_r，合金除满足曲率过冷度之外还需要满足成分过冷度 ΔT_c。因此，计算某一深过冷熔体的热过冷度时，会从总过冷度中去除上述过冷度，即 $\Delta T_t = T_m - T - \Delta T_r - \Delta T_c$。实际上，这两种方法只是对理论凝固温度概念的定位不同。前者以热力学相图上的温度 T_m 为准，考虑的是平齐界面；后者考虑到了其他因素对热力学平衡状态的影响，本质上二者仍是统一的。

（2）曲率过冷。曲率过冷与晶体形态相关，是由与晶体表面曲率相关的固液两相界面能引起的过冷度。在之前章节的内容中，T_m 定义为液固两相的平衡温度，实际上指的是液、固两相在平直界面条件下两侧达到平衡时的温度。如果凝固时的液固界面是曲面，则会由于界面张力效应而形成附加压力破坏原有的平衡。

当初生固相是球形界面时，会引入额外的能量阻力 ΔG_{Vr}，这时界面处液相只有通过 $T_m \to T_r$ 的温度改变获得一个新的过冷度 $\Delta T_r = T_m - T_r$，此时体积自由能进一步降低，抵消了界面曲率带来的额外阻力，如图 4-15 所示。也就是说，初生固相曲率大于零时，会导致凝固温度或熔点降低（$T_m \to T_r$）。常规生产条件下，钢的凝固界面处枝晶形态可近似为球形或抛物线形，由于存在表面张力，冷却过程中必须满足这一过冷度，凝固才会发生。因此，某种意义上说，曲率过冷阻碍了凝固形核。

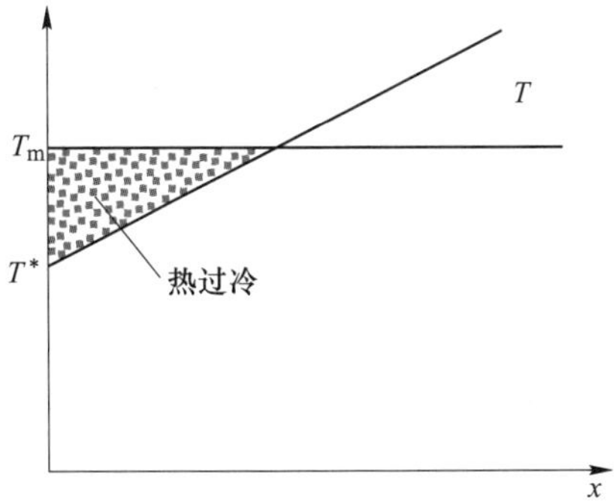

图 4-14　正温度梯度下的热过冷示意图

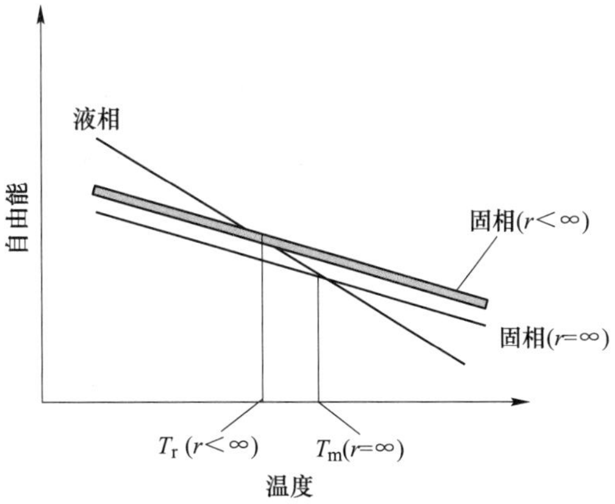

图 4-15　曲率过冷与凝固自由能变化

对于曲率为 K 时，其单位体积上产生的附加能量为：

$$\Delta G_{Vr} = \gamma K \tag{4-22}$$

对于曲率 K，根据数学定义，对于任意空间的曲面物体：

$$K = \frac{dA}{dV} = \frac{1}{\gamma_1} + \frac{1}{\gamma_2} \tag{4-23}$$

式中，γ_1 和 γ_2 分别为曲面的最大半径和最小半径。

对于半径为 r 的球形界面：

$$K = 2/r \tag{4-24}$$

对于半径为 r 的圆柱形界面：

$$K = 1/r \tag{4-25}$$

凝固过程某一温度 T_r 下的自由能变化为：

$$\Delta G_{Vr} = -\frac{\Delta T_r L_m}{T_m} \tag{4-26}$$

二者平衡时，可得：

$$\Delta T_r = \frac{\gamma K \cdot T_m}{L_m} \tag{4-27}$$

因为 $\Delta S_m = L_m/T_m$，可得：

$$\Delta T_r = \frac{\gamma K}{\Delta S_m} \tag{4-28}$$

引入吉布斯-汤姆森（Gibbs-Thomson）系数 $\Gamma = \gamma/\Delta S_m$，即形成单位面积界面所需的能量，则：

$$\Delta T_r = \Gamma K \tag{4-29}$$

曲率过冷对钢的凝固形核具有直接影响。对于球形晶核，曲率 $K=2/r$。一般地，金属的 Γ 可取 1×10^{-7} ℃/m，当晶核半径为 1 μm 时，曲率过冷度为 0.2 ℃；当半径为 0.1 μm 时，曲率过冷度为 2 ℃；对于初生形核，其半径多在纳米级别，对应的曲率过冷度在几十到几百摄氏度，这或许就是纯铁凝固过冷度实测值约为 300 ℃的根本原因。

（3）成分过冷。成分过冷也叫本质过冷，是合金中特有的一种过冷度。合金在非平衡凝固过程中，由于溶质再分配造成界面前沿溶质浓度的变化，引起理论凝固温度的改变而在液固界面前液相内出现液相温度低于理论凝固温度的现象，这种由固-液界面前沿溶质再分配引起的过冷，称为成分过冷。图 4-16 中可见，对于某一浓度为 C_0 的合金，其冷却至某一温度 T^* 时，对应的液相平衡浓度为 C_L^*。由于非平衡条件下液相中有限的扩散作用，界面前沿液相中因选分结晶而聚集的溶质不能完全均匀化，因此在界面前沿形成一个溶质边界层 δ_C；在溶质边界层内，根据扩散方程可以求出其溶质分布函数：

$$C_{L,x} = C_0\left[1 + \frac{1-k}{k}\exp\left(-\frac{v}{D_L}x\right)\right] \tag{4-30}$$

其中 v 为凝固界面推进速度。根据液相线计算公式：

$$T_L = T_m - m \cdot C_0 \tag{4-31}$$

界面前沿的实际液相线为：

$$T_{L,x} = T_L - m \cdot (C_{L,x} - C_0) = T_L - m \cdot C_0\left[\frac{1-k}{k}\exp\left(-\frac{v}{D_L}x\right)\right] \tag{4-32}$$

由上式对 x 求导，可得其液相线的斜率：

$$G_{L,x} = \frac{m \cdot C_0 \cdot v}{D_L}\left[\frac{1-k}{k}\exp\left(-\frac{v}{D_L}x\right)\right] \tag{4-33}$$

对于界面前沿的斜率，$x=0$ 时：

$$G_{L,x=0} = \frac{m \cdot C_0 \cdot v}{D_L}\frac{1-k}{k} \tag{4-34}$$

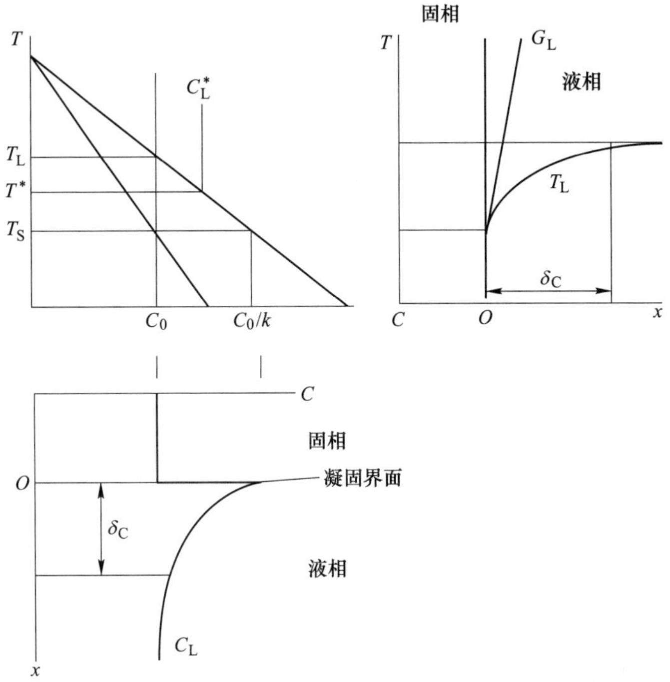

图 4-16 合金凝固前沿溶质富集引起液相线温度的变化

当考虑外界换热时，界面前沿的实际温度梯度与溶质再分配引起液相线的温度梯度对比，对于溶质分配系数 $k<0$ 的合金，当实际温度梯度 G_T 大于液相线斜率 G_L 时，如图 4-17 所示，凝固界面前沿液相的实际温度均高于液相线温度，无成分过冷；当 G_T 小于 G_L 时，二者交汇处出现阴影区，该范围内液相实际温度低于液相线温度，出现成分过冷。因此，可以导出成分过冷的形成条件为：

$$\frac{G_T}{v} \leqslant \frac{m \cdot C_0}{D_L} \frac{1-k}{k} = \frac{T_L - T_S}{D_L} \quad (4\text{-}35)$$

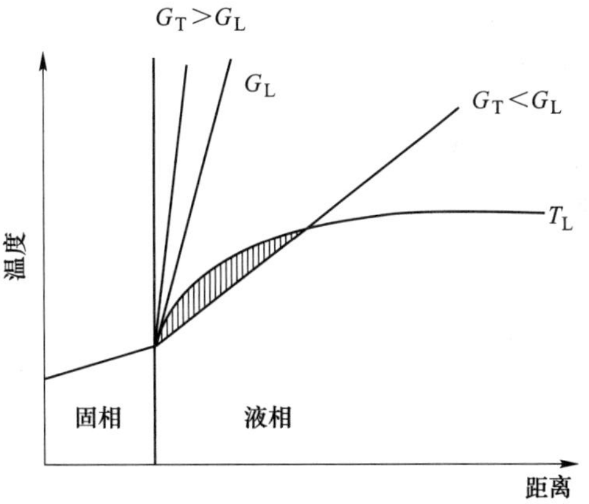

图 4-17 合金凝固界面前沿成分过冷形成条件

由此可知，对于凝固两相区宽度越大、溶质液相扩散系数越小的合金，其界面前沿越容易出现成分过冷；对于外界传输引起的实际温度梯度越小、界面推进速度越大的合金，也越容易出现过冷。

对于 $k<0$ 的合金，可以推导出成分过冷的最大过冷度为：

$$\Delta T_{max} = m \cdot C_0 \frac{1-k}{k} - \frac{G_T D_L}{v}\left[1 + \ln \frac{vmC_0(1-k)}{G_T D_L k}\right] \quad (4\text{-}36)$$

成分过冷的范围是：

$$X = \frac{2D_L}{v} - \frac{2kGD_L^2}{m \cdot C_0(1-k)v^2} \quad (4\text{-}37)$$

和纯金属相比，合金凝固过程中需要考虑成分过冷。本质上，成分过冷降低了界面前沿的实际凝固温度，如图 4-18 所示，相同冷却条件下，界面前沿过冷度比不考虑溶质富集时减小了 $m \cdot C_0(1-k)/k$（对应于 T_L 与 T_S 之间温度差值），只有当温度进一步下降才能使界面继续推进，实际上是阻碍了凝固进程。同时，成分过冷使凝固界面前沿之外出现更大的过冷度，有利于等轴晶形核和长大，这就是高碳钢和高合金钢凝固组织中的等轴晶率比低碳钢更高的原因。

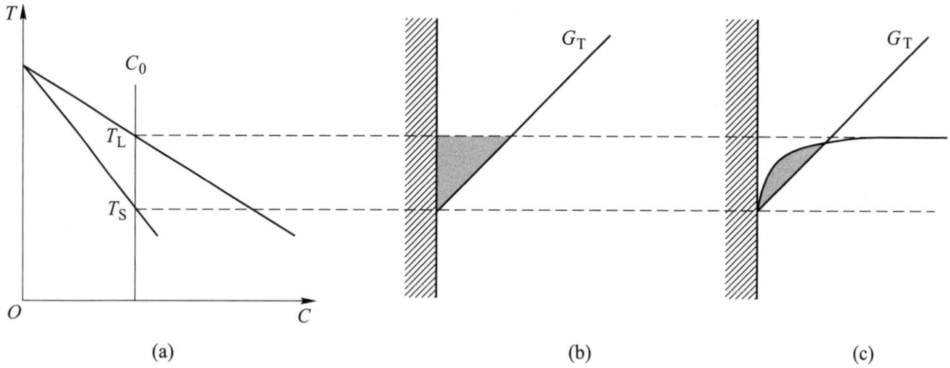

图 4-18　合金凝固界面前沿成分过冷的影响

（a）二元相图；（b）无溶质再分配的过冷；（c）发生溶质再分配时的过冷

成分过冷不影响凝固晶体形核，但对晶体长大及其形貌演变有着非常关键的作用。因此，成分过冷理论是金属定向凝固技术的基本依据，对飞机发动机涡轮叶片生产质量控制至关重要。

（4）压力过冷。压力过冷是与系统外界压力有关的过冷度。在凝固过程中，液固两相的平衡温度 T_m 除了受到界面曲率的影响之外，还会受到系统压力的影响。一般情况下，T_m 指的是常压（即一个大气压）下纯物质的熔点或合金的液相线温度，对于某一压强下的过冷度，可以根据自由能的热力学关系求出，因为：

$$dG_L = V_L dp - S_L dT \tag{4-38}$$

$$dG_S = V_S dp - S_S dT \tag{4-39}$$

当体系温度为 T_m 时，因为 $dG_L = dG_S$，可得：

$$V_L dp - S_L dT = V_S dp - S_S dT \tag{4-40}$$

整理可得：

$$(V_L - V_S) dp = (S_L - S_S) dT \tag{4-41}$$

进一步移项：

$$\frac{dT_p}{dp} = \frac{\Delta V}{\Delta S_m} \tag{4-42}$$

因为 $\Delta S_m = \dfrac{\Delta L_m}{T_m}$，可得：

$$\frac{dT_p}{dp} = \frac{T_m \Delta V}{\Delta L_m} \tag{4-43}$$

式（4-43）即物理化学中的 Clausius-Clapeyron 方程，当系统的压强由 1 atm 变化

p atm（1 atm≈101.325 kPa）时，液固两相的平衡温度则会由 T_m 变化到 T_p，设 $\Delta T_p = T_m - T_p$，则：

$$\Delta T_p = \frac{\Delta p \Delta V}{\Delta S_m} = \frac{T_m \Delta p \Delta V}{L_m} \tag{4-44}$$

由此可见，对于相变体积减小的熔体，当体系外界压力增大时，过冷度随之增大，即增大压力相当于升高了熔点或凝固温度。压力过冷与热过冷相似，是外界可以控制的过冷度，也是凝固的驱动力。计算表明，对于常见金属，当外界大气压由 1 atm 增加到 1000 atm 时，凝固时的压力过冷度变化也不超过 10 ℃。根据已有结果，压力过冷度对金属熔点的影响大约为 0.01 ℃/atm 数量级。因此，实际生产中，通过压力控制凝固过程演变的技术仍不多。

实际上，曲率过冷也可以通过液相界面的压力过冷来理解。当液相中出现具有一定曲率 K 的界面时，其附加压力可根据 Young-Laplace 公式计算：

$$\Delta p_r = \gamma K \tag{4-45}$$

代入式（4-44）即可获得曲率过冷度的另一个公式：

$$\Delta T_{r,p} = \frac{\Delta p \Delta V}{\Delta S_m} = \frac{\gamma K T_m \Delta V}{L_m} \tag{4-46}$$

根据数学规定，凸面曲率为正值，凹面为负值。因此，液相中形成的负曲率会导致 $\Delta T_{r,p}$ 减小，即液体的熔点和凝固温度降低，这与通过固相界面自由能推导出的公式结果是完全一致的。

（5）动力学过冷。动力学过冷是与凝固过程中固、液相原子界面迁移和附着动力学有关的过冷度。凝固界面处原子运动是一个动态过程，当原子由固相向液相迁移的速率大于液相向固相时，就会发生熔化，反之就会凝固：

$$\left(\frac{\mathrm{d}n}{\mathrm{d}t}\right)_{L\to S} = f_S A_S n_L \nu_L \exp\left(-\frac{\Delta G_S}{kT}\right) \tag{4-47}$$

$$\left(\frac{\mathrm{d}n}{\mathrm{d}t}\right)_{S\to L} = f_L A_L n_S \nu_S \exp\left(-\frac{\Delta G_L}{kT}\right) \tag{4-48}$$

式中，n_S 和 n_L 为单位面积上固相和液相界面上的原子数；f_S 和 f_L 为单个原子向固相和液相界面运动的概率；A_S 和 A_L 为单个原子被固相和液相界面捕捉到的概率；ν_S 和 ν_L 为固相和液相原子的振动频率；ΔG_L 和 ΔG_S 为熔化和凝固过程中单原子从穿过界面的激活能。

对于平衡温度 T_m 下：

$$\left(\frac{\mathrm{d}n}{\mathrm{d}t}\right)_{L\to S} = \left(\frac{\mathrm{d}n}{\mathrm{d}t}\right)_{S\to L} \tag{4-49}$$

为了凝固能够进行，只有当体系温度 $T_m \to T_k$ 时，即存在一个过冷度 ΔT_k，才会使：

$$\left(\frac{\mathrm{d}n}{\mathrm{d}t}\right)_{L\to S} > \left(\frac{\mathrm{d}n}{\mathrm{d}t}\right)_{S\to L} \tag{4-50}$$

有学者推导得到以下公式：

$$\Delta T_k = \frac{R T_m^2 v}{L_m v_C} \tag{4-51}$$

式中，v 为凝固速度；v_C 为理论上晶体的最大生长速度。目前，对于 v_C 的计算有两种方式，第一种是假设晶体长大速度等于原子的扩散速度，可得：

$$v_C = \frac{D_L}{a_0} \tag{4-52}$$

式中，D_L 为液相中原子扩散系数；a_0 为原子间距。

第二种假设最大长大速度为原子在界面上的附着速率：

$$v_C = v_0 \tag{4-53}$$

式中，v_0 是声速。

对比可见，第二种假设比第一种的结果大 3 个数量级。纯金属凝固过程中枝晶快速生长试验数据表明，其测定结果与第二种假设的计算值更为接近。对于常规凝固过程，金属的动力学过冷度一般在 0.01~0.05 K。

凝固过程中，晶体长大是液相原子越过界面向固相沉积的动力学过程。相变阻力取决于固液界面的结构、界面固相一侧的晶面指数、界面处晶体缺陷的形式和数量及具体的沉积机制。晶体生长的阻力较小，尽管不同晶体及晶面在不同的生长机制下所需的动力学临界过冷度相差悬殊，但与形核过程相比，ΔT_k 数值不仅比均质形核的过冷度小几个数量级，而且也比非均质形核过冷度小得多。动力学过冷度 ΔT_k 对固液界面的亚微观结构形态具有重要的影响。

凝固是一个放热过程，该过程中释放的热量称为凝固潜热。由于凝固属于一级相变，其热量释放是比较多的。表 4-1 中统计了一些常见金属的凝固温度和相变潜热。整体来看，凝固温度越高，其相变潜热越大，但也存在个别金属的异常规律。

表 4-1　不同金属的凝固温度与相变潜热

金属	凝固温度/K	过冷度/K	相变潜热/(kJ · kg^{-1})
Al	934	175	395
Bi	544	227	50
Co	1767	330	260
Cu	1357	236	214
Fe	1811	420	277
Mn	1519	308	268
Ni	1728	480	307
Pb	600	240	24
Ti	1940	350	420

凝固潜热是材料的固有参数，不会受到冷却条件的变化而变化，但会受到组成元素的影响。对于合金，当溶质含量不高时，可以采用混合定律估算其凝固潜热。

4.2.4　凝固温度与固相率

对于纯金属和共晶合金，平衡条件下其凝固温度为 T_m，理论上是一个温度点或非常小的温度区间。对于其他合金，其凝固温度是一个范围，凝固开始温度为液相线温度 T_L，即刚开始析出固相的温度；凝固结束温度为固相线温度 T_S，即液相完全转变为固相的温度。合金的凝固过程是一个区间内完成的，其存在固液两相温区，也会称之为糊状区，如图 4-19 所示。按照糊状区内液相流动能力的大小，凝固区间又可划分为三个部分：倾出段、补缩段和密闭段。

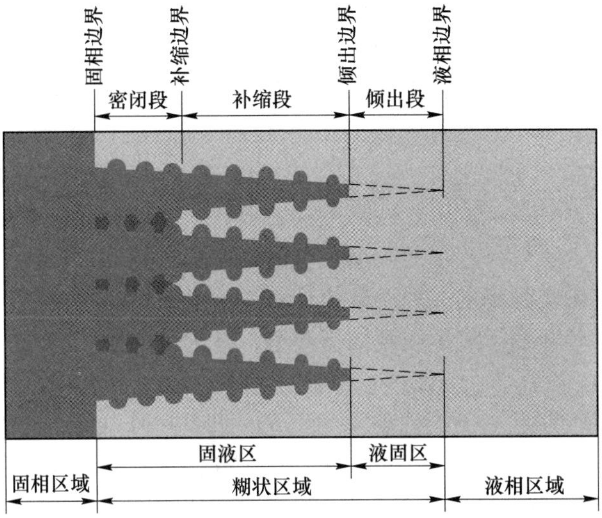

图 4-19 凝固界面前沿的不同区域

（1）倾出段：在液相边界附近，固相率很低，晶体处于悬浮状态而未连成一片，可以自由移动。用倾出法做试验时，晶体能够随液态金属一起被倒出。

（2）补缩段：距液相边界较远处温度降低，固相率增加，晶体已经连接形成网络，在倾出试验中不会随液体金属一起被倾出，但液体能在其晶体间流动，可以补充凝固带来的收缩。

（3）密闭段：在靠近固相边界处，固相率很高，枝晶搭桥联结成为牢固的晶体骨架。骨架分割了尚未凝固的少量液体，形成了互不连通的小“熔池”（图中的暗色），这些小熔池之后凝固而发生的体积收缩得不到其他液体的补充。

倾出段与补缩段之间的界面称为“倾出边界”，固相率约为 $f_S = 0.3$；补缩段与密闭段之间的界面，称为“补缩边界”，固相率约为 $f_S = 0.6 \sim 0.7$。

除了上述转变点温度外，凝固过程的零强度温度 ZST、零塑性温度 ZDT 和黏滞性温度 LIT 也是常见的特征指标，其是影响凝固过程钢的高温力学特性的关键因素，这在第 1 章中内容已有介绍，此处不再重复。

目前，采用固相率 f_S（即两相区中固相的比率）描述钢两相区内的物理状态是一种比较可靠的处理方法。液相线 T_L、零强度温度 ZST 等特征温度值也通常根据两相区中的固相率 f_S 获得，例如将 ZST 定义为 $f_S = 0.8$ 时的温度值，将 LIT 定义为 $f_S = 0.9$ 时的温度值，将 ZDT 定义为 $f_S = 0.99$ 时的温度值。随着温度降低，f_S 从 0 开始逐渐增加，实际上多为非线性特征。初期凝固速度快，固相率 f_S 增加也快；而中期凝固速度将会减小，f_S 增加的速度也会变缓；末期时由于凝固潜热完全释放，也会有一个加速凝固的过程。

凝固过程中固相率 f_S 与温度的关系是表征凝固进程的关键参量。目前，比较简单的方式是线性表示法，即：

$$f_S = \frac{T_L - T}{T_L - T_S} \tag{4-54}$$

实际上，由于凝固传输本身的非线性特征，固相率并非随着温度下降而线性变化。当凝固两相区较小时，采用线性处理基本可以满足工程要求。对于高碳钢和高合金钢，这种方法会引入一定的误差。

非线性关系可以比较准确地描述凝固进程的变化，但处理方法也许多种，如平方、开方、三角函数或其他复杂函数。其中，工程上比较常用的是 Rogberg 提出的模型：

$$f_S = -\frac{\pi(T - T_L) + 2(T_L - T_S)\left[1 - \cos\left(\frac{\pi}{2}\frac{T - T_L}{T_L - T_S}\right)\right]}{(\pi - 2)(T_L - T_S)} \tag{4-55}$$

实际上，对于现场实际问题，采用数值计算方法求解枝晶尺度凝固过程的传输方程是最为合理的，不少学者开发了溶质微观偏析模型，其求出的固相率与温度的关系也是非线性的，整体精度更高。

上述内容中，固相率是一个“抽象”的概念，即某一冷却条件下等温试样中固相的比例。对于某一铸锭或连铸坯的任何一个位置，其均有各自的固相率的变化规律，即局部区域的凝固演变特征。现场生产时，为了对铸锭或连铸坯整体凝固进程进行描述，有时也会提出一个固相率的“具象”概念，即某一铸锭某个时刻已凝固部分占总体的比例，这时的固相率本质上是“凝固率”，对于现场交流时要注意区分，不要混淆。

4.3 钢的凝固冷却相变过程

第 1 章 Fe-C 相图部分已经介绍过不同钢种的凝固冷却过程及其组织演变特征，这里结合不同凝固路径进一步分析生产中的冷却相变特征及其对应的缺陷倾向和机理。

4.3.1 纯铁的凝固

根据 Fe-C 相图，最左侧坐标轴由上到下即为纯铁的凝固路径。理论上，绝对的纯铁是不存在的。目前，国内外制备的纯铁中仍存在少量或微量杂质，由此按纯度可分为工业纯铁（纯度 99.6%~99.8%）、纯铁（纯度 99.90%~99.95%）和高纯铁（纯度 99.99%~99.999%）。纯铁的纯度常用 N 表示，如 99.99%可写为 4N。另外，由于不同金属提纯的难易程度不同，其高纯金属的定义也不同。当前已实现连续化大规模生产的纯铁被称为工业纯铁。随着技术的进步，工业纯铁的纯度定义范围也会随之提升。近年来，国内外研发了多种新的高纯铁制备方法，多数在 4~6 N 内，被称为超纯铁，但仍只限于实验室或小规模试制，无法工业生产。纯铁具有良好的软磁性能，使得纯铁可作为制备磁记录介质、磁传感器等元器件的磁性材料，锻造后的纯铁作为电磁纯铁在汽车制品上有着广泛应用，如起动电机中定子上的极靴、交流发电机转子的爪极等。纯铁还具有良好的耐腐蚀性，很难被盐酸、硫酸溶解，其导电能力、热性能及延展性也很好。

纯铁凝固冷却时的相变路径为 $L \to \delta \to \gamma \to \alpha$，其中 $L \to \delta$ 转变温度为 1538 ℃，$\delta \to \gamma$ 转变温度为 1394 ℃，$\gamma \to \alpha$ 转变温度为 912 ℃，室温下的组织为铁素体。由于纯铁的杂质含量比较低，凝固温度较高（1535~1538 ℃），两相温区较窄，一般可能在 0.01~3 ℃，与

常见的超低碳钢凝固特性比较类似。日本学者观察过某超低碳钢初始凝固时的坯壳形貌，发现其表面凹凸不平，实际厚度不均匀。分析认为，当钢中溶质和杂质含量非常少时，其凝固形核均匀性会降低，进而影响初生晶粒数量和坯壳厚度。国内一些团队认为，纯铁和超低碳钢凝固两相区较窄，潜热释放比较集中，当冷却过强时，尤其是坯壳较薄的条件下，表层发生的相变收缩可能导致坯壳出现凹陷，降低了传热的均匀性。实际上，平衡条件下纯铁 $\delta \to \gamma$ 转变温度为 1394 ℃，非平衡时相变温度更低，此时坯壳温度较低且坯壳较厚，常规冷却条件下相变收缩引起的凹陷可能不明显。

此外，由于纯铁中溶质元素含量低，其高温强度较小、塑性较好，由此导致蠕变量比较大。因此，工程上生产工业纯铁或超低碳钢时，为了控制连铸坯形状和尺寸精度，一般采用强冷或超强冷，否则会出现鼓肚、宽展或椭圆度超标的问题。实际生产中，冷却过强会导致坯料凝固组织中柱状晶比较发达，对热加工性能有一定的影响，同时也会形成比较强的织构。如果铸态织构对最终组织性能不利，其调控过程也会额外增加热处理成本。

4.3.2 低碳钢的凝固

根据钢种凝固特性而定义的低碳钢，和材料学的定义不同，这里是指铁碳相图上碳含量在 0.01%~0.09%的钢种。其生产中，尽管钢中会加入其他合金元素，但属于低碳钢凝固路径的钢种牌号也比较多，其服役组织多为铁素体+珠光体（少量）或马氏体。低碳化成分设计虽然提高了基体韧性、耐腐蚀性和焊接性，但也降低了强度和耐磨性，这一部分可通过合金化或热处理补偿。低碳钢体系的主要产品涉及冷轧钢板、电工钢、不锈钢、管线钢和一些耐热钢等，尤其以板材居多。

低碳钢凝固冷却时的高温相变路径为 $L \to L+\delta \to \delta \to \delta+\gamma \to \gamma$，室温下的金相组织是铁素体+少量珠光体。由于溶质碳的存在，相变过程并不是在某一温度下完成的，而是一个范围。与超低碳钢和工业纯铁相比，实际生产过程中，由于凝固潜热是在一个区间内释放，其热量传输稳定性较好。对于这类钢种，其初始凝固也以强冷为主。平衡条件下，$\delta \to \gamma$ 相变发生在 1394~1450 ℃，考虑到非平衡条件下相变的滞后性，其实际温度更会低。因此，发生相变体积收缩时的温度较低、坯壳较厚，$\delta \to \gamma$ 相变收缩不会导致坯壳变形。对应地，常规连铸工艺下低碳钢表面质量大多不会出现明显问题。然而，对于一些特殊工艺，如薄板坯连铸和双辊薄带连铸，其初凝冷速较大，会导致坯壳内部形成较大的温度梯度，即坯壳较薄的条件下表面温度就降低至 $\delta \to \gamma$ 相变范围，尤其是碳含量在 0.07%~0.09%的钢种，其凝固和固态转变的温度更高，$\delta \to \gamma$ 相变发生更早，由此引起的体积变化可能引发坯壳收缩，进而出现凹陷、裂纹等问题。常规冷却强度的连铸生产条件下，低碳钢凝固特性引起的缺陷倾向不大。

4.3.3 亚包晶钢的凝固

亚包晶钢的概念是与包晶反应（$L+\delta \to \gamma$）有关的，在包晶反应涉及的碳含量（0.09%~0.53%）范围内，位于包晶点左侧的钢种称为亚包晶钢（0.09%~0.17%），包晶点上为包晶钢（0.17%），包晶点右侧的钢种为过包晶钢（0.17%~0.53%）。工程概念上，尤其是一些现场的专家，很多时候把亚包晶钢简称为包晶钢，实际上这是不可取的。从学术概念上，包晶钢的广义范畴包括亚包晶钢、包晶钢和过包晶钢，而其狭义上特指包晶点成分的钢种。本书以学术上的特指概念讨论，分别称之为亚包晶钢、包晶钢和过包晶钢。尽管亚包晶钢、包晶钢和一些碳含量较低的过包晶钢也存在凝固质量缺陷，但其机制是各不相同的。

亚包晶钢和包晶钢涉及的产品众多，得益于这一碳含量的钢种具有较高的强度和硬度，以及高的塑性、韧性、加工性和焊接性，同时充分发挥了碳的强化作用，材料和工艺成本比较低。从凝固特性上来说，一些低合金钢、不锈钢、耐热钢和调质钢等，也属于亚包晶钢范畴。

亚包晶钢凝固冷却时的高温相变路径为 L→L+δ→δ+γ→γ，与低碳钢相比，少了一个单相 δ 相区。亚包晶钢的凝固两相区也有一定的范围，潜热释放也是存在一个过程。然而，亚包晶钢凝固坯壳内外表面明显凹凸不平，坯壳厚度均匀性最差，因此连铸生产中时常出现凹陷、裂纹、结疤、漏钢等质量问题。凝固过程中，平衡冷却条件下，当温度降低至 1495 ℃时，先析出的 δ 相会与液相 L 发生反应，生成 γ 相，即包晶反应。对于亚包晶钢，这一反应完全消耗了液相，还残留一部分未转变的 δ 相。从本质上说，包晶反应产生的体积变化可以被残留液相补充，且其发生于高温下的凝固前沿，对坯壳表面影响不大；而剩余 δ 相会发生包晶相变，即 δ→γ，此时温度为 1450~1495 ℃，尽管非平衡下该温度也会降低，但与纯铁和低碳钢相比，其包晶相变的温度最高，对应的坯壳较薄，δ→γ 相变体积收缩最容易引起坯壳变形；当某处发生凹陷时，由于气隙的作用，其热流密度降低，坯壳生长变慢；未发生凹陷的区域，坯壳与结晶器贴合较好，可正常生长，如此坯壳就会凹凸不平，且这种不均匀会随着时间延长而不断放大。严重时出现坯壳开裂和熔化，进而发生漏钢事故。

根据相变收缩机理，其残留 δ 相比例越大，收缩量就越大，实际缺陷应该越明显。实际上，这与凝固过程中的冷却条件有关。对于碳含量为 0.09%的钢种，尽管包晶相变体积收缩量最大，但相变发生的温度较低，坯壳较厚，抗变形能力也相对较强，实际上未必是缺陷最敏感的钢种，而碳含量在 0.12%~0.15%的钢种缺陷比例往往最高。当冷却强度比较高时，较薄的坯壳内会形成较大的温度梯度，进而促进了 0.09%碳含量钢种包晶相变收缩引起的变形作用，其缺陷敏感性会提高。实际上，强冷会降低整个亚包晶钢体系初凝坯壳的均匀性，但不同碳含量的钢种的影响程度不同。

包晶钢凝固冷却的高温相变路径是 L→L+δ→γ，平衡条件下基体进入 γ 相的温度为 1495 ℃。奥氏体晶粒高温下的粗化倾向特别大，在接近 1500 ℃时，考虑到铸态基体中的能量积累，其晶界迁移速度很快，可以在几秒到几百秒内由几十微米长大到几毫米。因此，尽管包晶钢出现裂纹的比例也很高，但其机理是奥氏体化温度高，晶粒粗化。包晶钢连铸过程中裂纹一般不存在凹陷，这是与亚包晶钢缺陷的主要差别。实际生产中，碳当量在 0.16%~0.20%的钢种均在一定程度上存在奥氏体晶粒粗化的问题。

4.3.4 过包晶钢的凝固

过包晶钢是 Fe-C 相图上碳含量在 0.17%~0.53%范围内的钢种，其对应于诸多的中碳合金钢，主要产品是螺栓、齿轮、曲轴、连杆、法兰等一系列常见的机械结构零件。这类钢种具有高的强度、硬度和良好的韧性，对焊接性能要求较低。

过包晶钢凝固冷却时的高温相变路径为 L→L+δ→L+γ→γ。与亚包晶钢相比，其凝固

初生相仍为 δ 相，这一点两类钢种是一致的；不同的是，过包晶钢发生包晶反应时 δ 相被完全消耗掉，残留部分液相。因此，过包晶钢中不存在 δ→γ 的包晶相变及其收缩与凹陷问题。过包晶钢的凝固两相区一般比低碳钢更宽，其凝固潜热释放更为均匀。过包晶钢是连铸生产过程中缺陷敏感性较低的钢种，其表面缺陷不常见，中心偏析不及高碳钢显著，浇铸温度适中，冷却窗口比较大，工艺控制过程相对简单。目前，一些棒线材品种钢高拉速连铸技术开发中，多以过包晶钢为主要对象，生产效率比较高。

然而，过包晶钢体系的钢种后续加工过程中大多需要进行热处理，考虑到淬火变形和组织性能协调控制时，这类品种对成分均匀性要求较高。由于加热炉对溶质宏观偏析的改善程度有限，尤其是合金钢中 Cr、Mo、Mn 等元素对碳扩散起到强烈的抑制作用，其均质化更多需要从连铸源头工序控制。对此，连铸坯或钢锭横断面内的碳极差是过包晶钢品种的重要的评价指标。现有轻压下和电磁搅拌等技术对连铸中心偏析的调控作用比较直接，但对碳极差的影响不太明显。目前的实际生产中，中碳钢的均质性问题仍只能从常规工艺手段入手，如过热度、拉速、冷却等方面，再配合电磁搅拌和轻压下整体调控，对于高端品种来说，将碳极差控制在低于 0.02%仍是一个难题。

4.3.5 高碳钢的凝固

根据钢种凝固特性而定义的高碳钢，和材料学的含义也不同，这里是指铁碳相图上碳含量在 0.53%以上的钢种。由于高碳钢中含有较多的碳，其一方面溶解到基体里起到固溶强化作用，另一方面可以形成碳化物，可以同时提高强度和耐磨性。因此，高碳钢品种一般用于制备高强度、高硬度的零件，同时具有一定的韧性，如车轮、轨道、弹簧、帘线、钢丝、轴承、工具等。

高碳钢凝固冷却时的高温相变路径为 L→L+γ→γ。与前述钢种均不同，高碳钢凝固过程的初生相不是 δ，而是 γ。平衡条件下，碳在 δ 和液相中的分配系数为 0.19，在 γ 和液相中的分配系数为 0.34。从凝固界面选分结晶来看，γ 相凝固时固、液相中溶质更为均匀，而实际则相反。高碳钢枝晶间的溶质碳偏析往往比低碳钢更为严重。这是因为，溶质枝晶偏析除了与分配系数有关外，还与扩散系数有关。δ 相凝固的低碳钢、亚包晶钢和过包晶钢，虽然其选分结晶更显著，但由于溶质的逆扩散（指凝固过程的固相扩散）作用，这种界面处初始形成的碳浓度差会快速减小。根据一些学者的最新认识，高温 δ 相中碳的溶质偏析可近似忽略。当然，这是对 Fe-C 二元合金而言。当考虑其他合金元素时，还要考虑碳的活度的变化。对于 γ 相凝固，尽管界面处碳的溶质再分配不及 δ 相显著，但其几乎可以完全保留下来，因为 γ 相是密排结构，扩散激活能更大。相同温度下，γ 相中碳的扩散系数比 δ 相约小两个数量级，因此，其凝固逆扩散作用比较弱。枝晶间溶质偏析会导致产品中出现带状组织缺陷，引起材料性能的各向异性，对使用寿命不利。

除此之外，高碳钢的宏观偏析与收缩问题也比较严重。由于高碳钢两相区宽度比较大，如某些轴承钢和工具钢的凝固温区可达 120~150 ℃，其一方面导致浇铸过程的糊状区范围比较大，连铸时液芯比较长，凝固补缩难度大；另一方面使凝固过程收缩量也比较大，对应需要的补缩量也比较多，负压抽吸力更大，当把浓化钢液泵入中心时，就会出现比较严重的中心偏析；而不能泵入足够的液相时，就会出现比较明显的中心缩孔，二者遗传到产品中就会出现异常组织问题或致密度缺陷，影响基体的力学性能、疲劳性能和冲击性能，甚至导致过早报废。

4.4 钢的形核与生长

钢的凝固是一个由液态到固态的动态演变过程，整体上分为晶体形核和生长两个阶段。对于不同成分和冷却条件的钢水，又有不同的形核和生长机制，这与其他类别的合金也有显著不同。

形核是凝固最初始阶段的标志，是结晶开始发生的起点。对于常见金属的凝固过程，比如钢、铜、铝、镁等，其一般都涉及形核过程。形核就是形成晶核，晶核是指可以稳定存在的、可以作为结晶核心而长大的原子或分子微团。常见的形核方式有均质形核和非均质形核（也叫异质形核）两种。

4.4.1 均质形核

4.4.1.1 概念

均质形核是指液相中不借助外来质点而自发地、均匀地由液相原子或分子而形成晶核的过程。液相中，始终存在一定的成分起伏、结构起伏和浓度起伏，如图 4-20 所示，导致某些局部区域会出现原子或分子基团，这些原子或分子基团会初步形成具有固体结构的周期式排列，称为晶胚；由于能量随机波动，这些晶胚不能全部稳定存在，当尺寸小于临界半径时会消溶，大于临界半径时会保留下来，形成晶核。因此，凝固过程晶体形核是具有一定随机性和偶然性的能量起伏的结果。

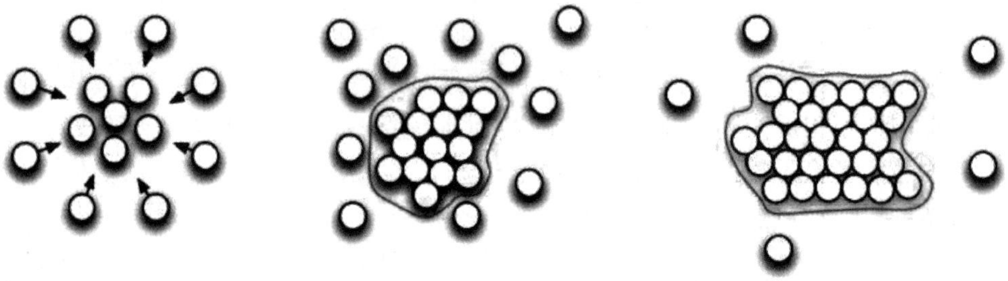

图 4-20 液相中的粒子基团和晶核

4.4.1.2 临界形核半径与形核功

对于均质形核，其可以通过热力学关系分析形核过程，如图 4-21 所示。对于某一体积 V_0 的液相 L，其凝固之前的体系自由能为：

$$G_1 = G_L V_0 \tag{4-56}$$

式中，G_L 为液相单位体积的自由能。

当出现一个尺寸为 r 的晶胚时，体系自由能为：

$$G_2 = G_L\left(V_0 - \frac{4}{3}\pi r^3\right) + G_S \frac{4}{3}\pi r^3 + 4\pi r^2 \gamma \tag{4-57}$$

式中，G_S 为固相单位体积的自由能；γ 为固液界面能。

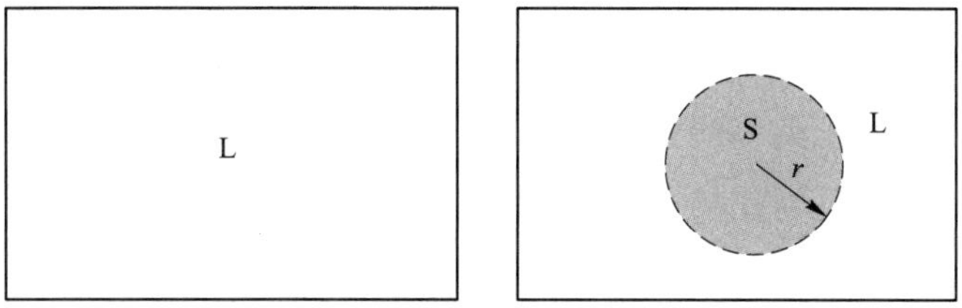

图 4-21 均质形核示意图

因此，凝固过程中的能量变化为：

$$\Delta G = G_2 - G_1 = -\frac{4}{3}\pi r^3 \Delta G_V + 4\pi r^2 \gamma \tag{4-58}$$

其中 $\Delta G_V = G_L - G_S$

由此可见，凝固形核过程中的动力是体积自由能减少，阻力是界面能，如图 4-22 所示。

将上述公式 ΔG 对 r 进行求导并令 $\frac{d\Delta G_V}{dr} = 0$，可得：

$$r_c = \frac{2\gamma}{\Delta G_V} \tag{4-59}$$

式中，r_c 为临界形核半径。

根据前述分析，凝固过程单位体积的自由能变化值为：

$$\Delta G_V = L_m \Delta T / T_m \tag{4-60}$$

式中，L_m 为凝固潜热，则可进一步表示为：

$$r_c = 2\gamma T_m / (L_m \Delta T) \tag{4-61}$$

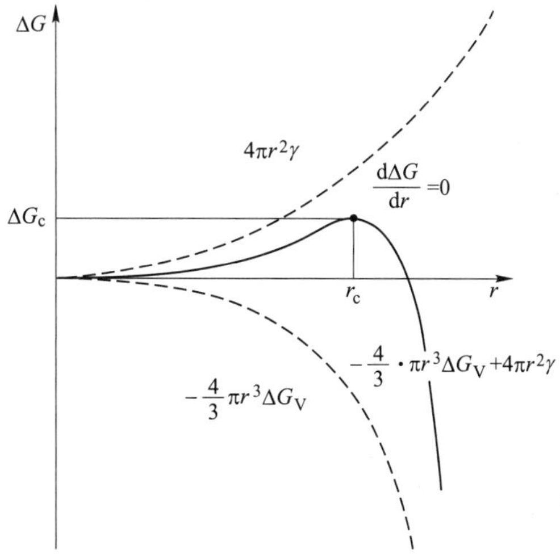

图 4-22 均质形核自由能变化与晶核半径的关系

可见，临界晶核半径与过冷度成反比，此时对应的临界形核功为：

$$\Delta G_c = -\frac{4}{3}\pi r_c^3 \frac{2\gamma}{r_c} + 4\pi r_c^2 \gamma = \frac{4}{3}\pi r_c^2 \gamma \tag{4-62}$$

因此，临界形核功为对应表面能的三分之一。将临界半径公式代入可得：

$$\Delta G_c = \frac{16\pi\gamma^3 T_m^2}{3L_m^2} \cdot \frac{1}{\Delta T^2} \tag{4-63}$$

由此可见，临界形核功与过冷度的平方成反比。

4.4.1.3 形核密度

实际应用中，除了考虑凝固时的临界形核半径之外，更多关注的是形核密度和形核速率，即单位体积的形核数量和单位时间单位体积的形核数量。

根据形核过程的自由能变化：

$$\Delta G = n_i \Delta G_i - T\Delta S_i \tag{4-64}$$

式中，n_i 为晶核数；ΔG_i 为每个晶核的形核能；ΔS_i 为形核过程中的熵变，可以根据熵的公式计算：

$$\Delta S_i = -kn[C\ln C + (1-C)\ln(1-C)] \tag{4-65}$$

其中，$n = n_i + n_L$，$C = n_i/n$，$1 - C = n_L/n$，k 为玻耳兹曼常数，如此可得：

$$\Delta S_i = -k[-(n_i + n_L)\ln(n_i + n_L) + n_i\ln n_i + n_L\ln n_L] \tag{4-66}$$

令自由能对形核数求导，当系统能量最低时，有：

$$\frac{\partial \Delta G}{\partial n_i} = \Delta G_i - T\frac{\partial \Delta S_i}{\partial n_i} = 0 \tag{4-67}$$

$$\frac{\partial \Delta S_i}{\partial n_i} = -k\left[-(n_i + n_L)\frac{1}{n_i + n_L} + \ln(n_i + n_L) - n_i\frac{1}{n_i} - \ln n_i\right] \tag{4-68}$$

整理可得：

$$\frac{\partial \Delta G}{\partial n_i} = \Delta G_i + kT\ln\frac{n_i}{n_i + n_L} = 0 \tag{4-69}$$

由于 $n_L \gg n_i$，可以简化为：

$$\Delta G_i + kT\ln\frac{n_i}{n_L} = 0 \tag{4-70}$$

即

$$n_i^{cr} = n_L\exp\left(-\frac{\Delta G_i}{kT}\right) \tag{4-71}$$

其中，ΔG_i 即为临界形核功，式（4-71）就是形核密度公式。

4.4.1.4 形核速率

形核速率是单位时间内单位体积的形核数量，其可表示为形核密度与单位时间内原子堆砌到晶核表面概率的乘积。

$$I = n_i^{cr}\cdot\frac{dn}{dt} \tag{4-72}$$

其中，

$$\frac{dn}{dt} = \nu\exp\left(-\frac{\Delta G_A}{kT}\right) \tag{4-73}$$

式中，ΔG_A 为原子从液相迁移到晶核的激活能；ν 为液相中原子进入晶核的概率，具体可表示为：

$$\nu = \nu_{L\to S}n_S \tag{4-74}$$

式中，$\nu_{L\to S}$ 为原子从液相到固相晶核的跃迁频率；n_S 为液相中与晶核相接触的原子数。

全部代入可得：

$$I = n_L\nu\exp\left(-\frac{\Delta G_i}{kT}\right)\exp\left(-\frac{\Delta G_A}{kT}\right) = n_L\nu\exp\left(-\frac{\Delta G_i + \Delta G_A}{kT}\right) \tag{4-75}$$

式（4-75）中的系数可以用 I_0 表示，对于大多数金属，$I_0 = 10^{42}\ m^3/s$。考虑到单位体积临界形核功与过冷度的关系：

$$\Delta G_{c,V} = \frac{16\pi\gamma^3 T_m^2 V_m^2}{3L_m^2}\cdot\frac{1}{\Delta T^2} \tag{4-76}$$

式（4-75）可进一步简化为：

$$I = I_0 \exp\left(-\frac{K_N^{hom}}{T\Delta T^2}\right) \exp\left(-\frac{\Delta G_A}{kT}\right) \tag{4-77}$$

式中，K_N^{hom} 为与均质形核有关的系数。当过冷度较小时，式（4-77）中动力学的指数相很小，已有研究中求出 $-\Delta G_A/(kT) \approx 0.01$，则：

$$I = I_0' \exp\left(-\frac{K_N^{hom}}{T\Delta T^2}\right) \tag{4-78}$$

此处，$I_0' = 10^{40}\ m^3/s$。由于过冷度与温度的关系为：

$$T = T_m - \Delta T \tag{4-79}$$

最终可得形核率与过冷度的关系为：

$$I = I_0' \exp\left[-\frac{K_N^{hom}}{(T_m - \Delta T)\Delta T^2}\right] \tag{4-80}$$

对于纯铁，上述公式中的系数见表 4-2。

表 4-2　纯铁的凝固形核参数

参数	T_m/K	L_m/(J·mol^{-1})	V_m/(m^3·mol^{-1})	γ/(J·m^{-2})	k
Fe	1811	15120	7.2×10^{-6}	0.24	1.38×10^{-23}

代入式（4-80）计算，可得到曲线如图 4-23 所示。图中可见，随着凝固过冷度增大，当超过某一值时，纯铁的形核速率陡然增大，该值即为可以测定的临界形核过冷度，约为 300 K。金属的临界过冷度 ΔT_c 一般为（0.2~0.3）T_m。

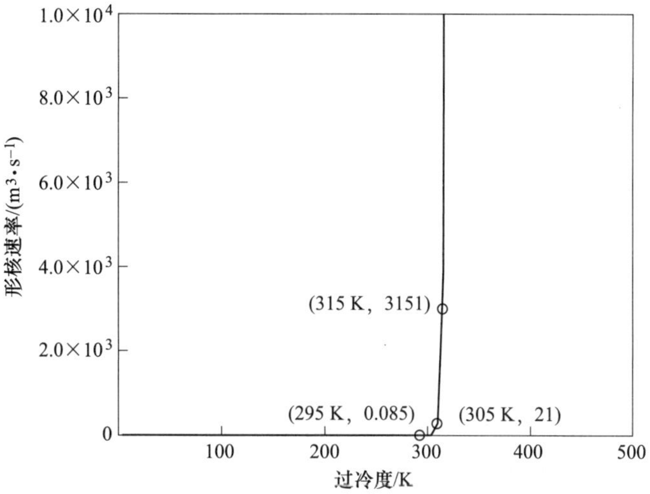

图 4-23　纯铁凝固形核速率与过冷度的关系

4.4.2　非均质形核

实际生产中，液态金属一般盛放在容器中，如钢水与器壁的耐火材料不可避免地接触，同时钢水内部也或多或少地存在一些杂质，这些都导致液态金属内部并不是纯净的，其凝固过程中晶核一般会借助这些外来质点而形成，这在热力学上需要克服的能量势垒更小。因此，均质形核多存在于一些理想条件或某些特殊的实验室环境，非均质形核具有更广泛的实用性。

非均质形核是指依附于熔体之中的外来质点表面或容器壁面（基底）而形成晶核的过程，如图4-24所示。从热力学角度讲，其过程与均质形核类似，同样需要成分起伏、结构起伏和能量起伏，但比均质形核更容易发生。

当某一基底上出现半径为 r 的球冠形状的晶核并达到平衡时，该过程的能量变化为：

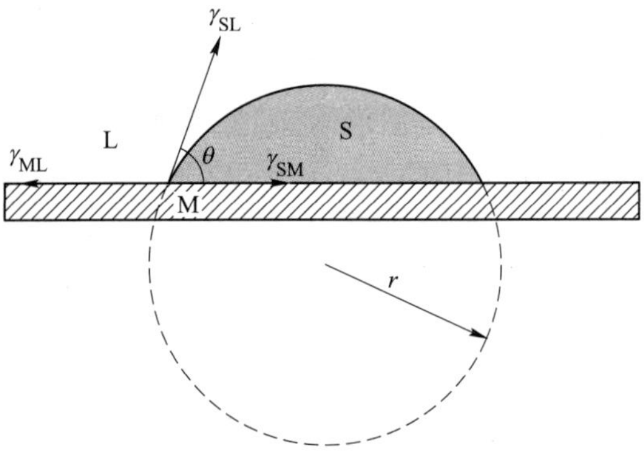

图 4-24　非均质形核示意图

$$\begin{aligned}\Delta G^{\mathrm{Het}} &= -\Delta G_V V_S + \gamma_{S/L} A_{S/L} + (\gamma_{S/M} - \gamma_{M/L}) A_{S/M} \\ &= -\Delta G_V V_S + \gamma_{S/L}(A_{S/L} - A_{S/M}\cos\theta)\end{aligned} \tag{4-81}$$

式中，$\Delta G_V = G_L - G_S$，为凝固过程中液固两相体积自由能的差。$-\Delta G_V V_S$ 为出现体积为 V_S 的固相而减小的体积自由能，$\gamma_{S/L}A_{S/L}$ 为球冠曲面 $A_{S/L}$ 增加的表面能，$(\gamma_{S/M} - \gamma_{M/L})A_{S/M}$ 为球冠底部平面 $A_{S/M}$ 由 L/M 界面变为 S/M 界面而引起的体系能量变化，其中，S 为初生相，L 为液相，M 为基底。

由于存在液相、基底相和初生相的界面，基于力学平衡关系，有：

$$\gamma_{S/L}\cos\theta + \gamma_{S/M} = \gamma_{M/L} \tag{4-82}$$

根据数学推导，球冠的体积与其截面夹角 θ 的关系为：

$$V_S = \frac{(1-\cos\theta)^2(2+\cos\theta)}{4} V_{\mathrm{sphere}} = f(\theta) V_{\mathrm{sphere}} \tag{4-83}$$

式中，V_{sphere} 为球的体积，引入的函数为：

$$f(\theta) = \frac{(1-\cos\theta)^2(2+\cos\theta)}{4} \tag{4-84}$$

球冠的曲面 $A_{S/L}$ 面积为：

$$A_{S/L} = 2\pi r^2(1-\cos\theta) \tag{4-85}$$

球冠底面 $A_{S/M}$ 面积为：

$$A_{S/M} = \pi r^2 \sin^2\theta \tag{4-86}$$

将上述公式代入式（4-81），可得：

$$\begin{aligned}\Delta G^{\mathrm{Het}} &= -\Delta G_V f(\theta) V_{\mathrm{sphere}} + \gamma_{S/L}[2\pi r^2(1-\cos\theta) - \pi r^2 \sin^2\theta \cdot \cos\theta] \\ &= -\Delta G_V f(\theta) V_{\mathrm{sphere}} + f(\theta) 4\pi r^2 \gamma_{S/L} \\ &= f(\theta)\Delta G^{\mathrm{Homo}}\end{aligned} \tag{4-87}$$

对比发现，与均质形核相比，非均质形核的自由能变化与之相差一个与接触角 θ 有关的函数。

$f(\theta)$ 函数曲线与 θ 的关系如图4-25所示。图中可见，当 $\theta<45°$ 时，即初生相和基底良好浸润，45°对应的 $f(\theta)$ 值约为0.06，即此时非均质形核需要的能量为均质形核的6%；当 $\theta=90°$ 时，初生相和基底具有一定程度的浸润，$f(\theta)$ 的值为0.5，非均质形核能量为均质形核的一半；当 $\theta=180°$ 时，初生相和基底不浸润，$f(\theta)$ 的值为1.0，非均质形核能量与均质形核的相同，本质上初生相与基底并不接触。由此可见，非均质形核的能量与接触角

密切相关。初生相与基底之间的接触角越小，非均质形核的能量越低。

对于非均质形核过程的临界形核半径和形核功，可以根据均质形核的公式进行推导，结果为：

$$r_c^{het}=\frac{2\gamma}{L_m\Delta T}T_m \tag{4-88}$$

$$\Delta G_c^{het}=\frac{16}{3}\cdot\frac{\pi\gamma^3}{L_m^2\Delta T^2}T_m^2 f(\theta) \tag{4-89}$$

对比发现，非均质形核的临界形核半径与均质形核相同。尽管非均质形核条件下只需要一个球冠形的晶核，但其球冠半径与均质形核时的球形晶核半径完全相等。对于临界形核功，非均质形核与均质形核相差一个系数$f(\theta)$，这与初生相和基底之间的接触角有关。

非均质形核和均质形核过程热力学关系如图 4-26 所示。图中可见，二者的自由能变化整体相差一个系数$f(\theta)$，但拐点位置是一致的，即相同过冷度下的临界形核半径相同，但能量势垒整体比均质形核小（θ 小于 180°）。

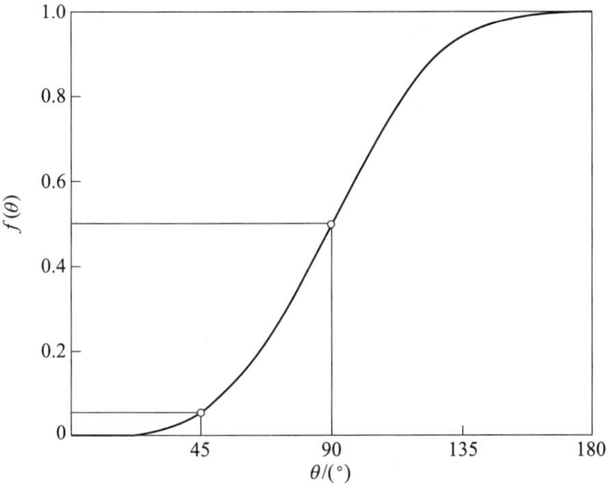

图 4-25　接触角函数曲线

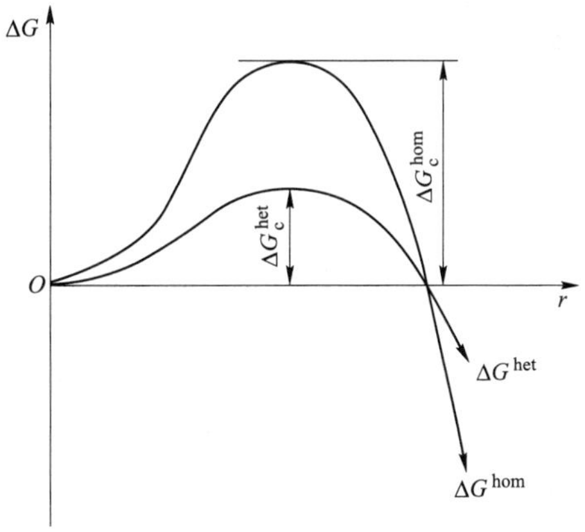

图 4-26　两种形核模式自由能变化与晶核半径的关系

图 4-27 为两种形核模式下临界形核功和形核速率随过冷度的变化规律。由图中可见，对于某一可检测到的凝固形核程度，均质形核和非均质形核对应的临界形核功是相同的，但二者的临界过冷度不同，非均质形核需要的临界过冷度要远小于均质形核的过冷度。由于基底的作用，非均质形核时只需要构成球冠即可，形核可以更早地发生；到达某一过冷度时，形核速率迅速增大，即可被设备检测到凝固过程。相对地，均质形核需要更大的过冷度，才能形成整个球形晶核并达到一定量的可以被检测到的程度，说明其凝固相对滞后。

实际生产中，考虑到钢水内部不可避免地存在可以作为基底的固相界面，虽然形核能力各有不同，但与均质形核相比，这些夹杂物或析出相的基底极大促进了非均质形核，实际形核过冷度一般在 3～50 ℃范围内，由此可见，均质形核在实际浇铸过程基本不会发生。

考虑到基体非均质形核能力与接触角的关系，理论上，可以通过改变外来固相的类别

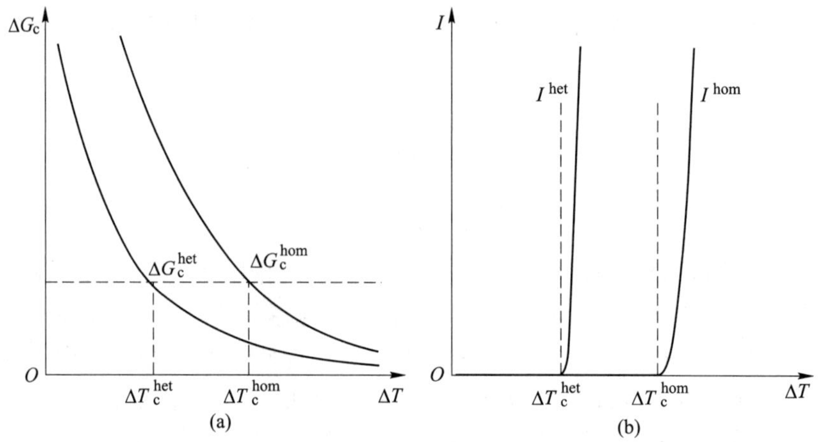

图 4-27 两种形核模式自由能（a）和形核速率（b）与过冷度的关系

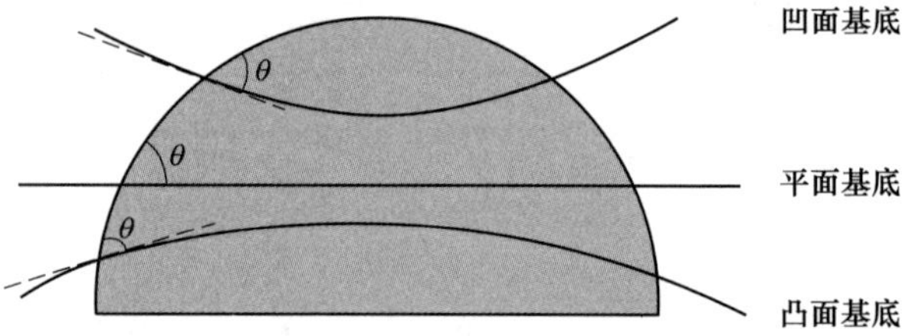

图 4-28 基体形貌对非均质形核能力的影响

或表面形貌提高非均质形核效率。对于球冠形晶核，当半径一定时，可能有三种表面状态，如图 4-28 所示。对于平面基底，前述内容已分析完毕；对于凹面基底，可以实现更大接触角的晶体形核，即形核效率提高；对于凸面基底，对应的接触角会减小，形核能力降低。实际生产中，调控基底形貌的技术目前还很少应用。

球冠形晶核是最常见的非均质形核模型。实际上，非均质形核的晶核形貌可能更贴近于圆盘状或圆板状，尤其是一些小平面生长的金属，如图 4-29 所示。这种情况下，其能量变化同样可通过球冠形晶核均质形核的方式推导（此处省略），结果如表 4-3 所示，其圆板晶核半径表达式与球形晶核类似，同时多出一项圆板临界厚度参数；对应地，其临界形核功为圆板平面面积与表面能差的乘积。

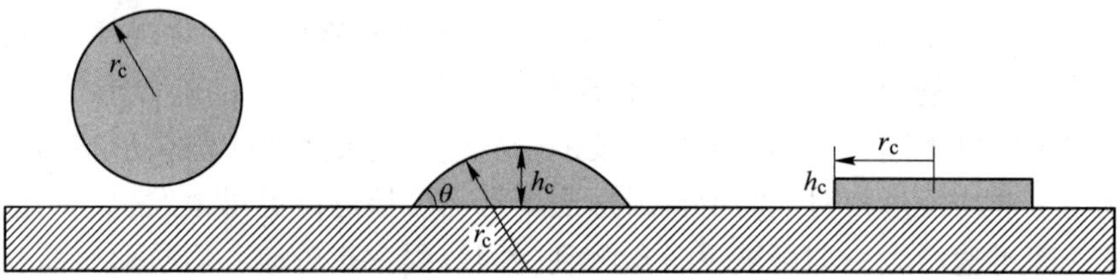

图 4-29 不同形式的晶体形核

表 4-3 不同晶核结构的形核参数

项目	球形（均质）	球冠形（非均质）	盘状（非均质）
基本参数	$\gamma_{S/L}$	$\gamma_{S/L}$，θ	$\gamma_{S/L}$ $\Delta\gamma = \gamma_{S/L} + \gamma_{S/M} - \gamma_{M/L}$

续表 4-3

项目	球形（均质）	球冠形（非均质）	盘状（非均质）
临界形核参数	$r_c = \dfrac{2\gamma_{S/L}}{\Delta G_c}$	$r_c = \dfrac{2\gamma_{S/L}}{\Delta G_c}$	$r_c = \dfrac{2\gamma_{S/L}}{\Delta G_c}$ $h_c = \dfrac{2\Delta\gamma}{\Delta G_c}$
临界形核功	$\Delta G_c = \dfrac{4}{3}\pi r_c^2 \cdot \gamma_{S/L}$	$\Delta G_c = \dfrac{4}{3}\pi r_c^2 \cdot \gamma_{S/L} \cdot f(\theta)$	$\Delta G_c = \pi r_c^2 \cdot \Delta\gamma$

现有研究中发现，某些质点是否可以作为有效的非均质形核基底可以通过其晶格结构与初生相的错配度评价。错配度是指两种相接触材料晶体结构上的错排程度。Bramfitt[3]提出了一个计算形核基底与初生晶体固相结构之间平面错配度的方程：

$$\delta_{(hkl)_n}^{(hkl)_m} = \frac{1}{3}\sum_{i=1}^{3}\left(\frac{\left|(d_{[uvw]_m^i}\cos\theta) - d_{[uvw]_n^i}\right|}{d_{[uvw]_n^i}}\right) \times 100\% \tag{4-90}$$

式中，$(hkl)_m$ 和 $(hkl)_n$ 分别为基底和晶核的低指数晶面（hkl）；$[uvw]_m$ 和 $[uvw]_n$ 分别为对应的低指数晶向；d 为某一晶向上的原子间距。

图 4-30 为 Ce_2O_3 和某奥氏体凝固模式钢种之间不同晶面上的错配度模型。根据理论与

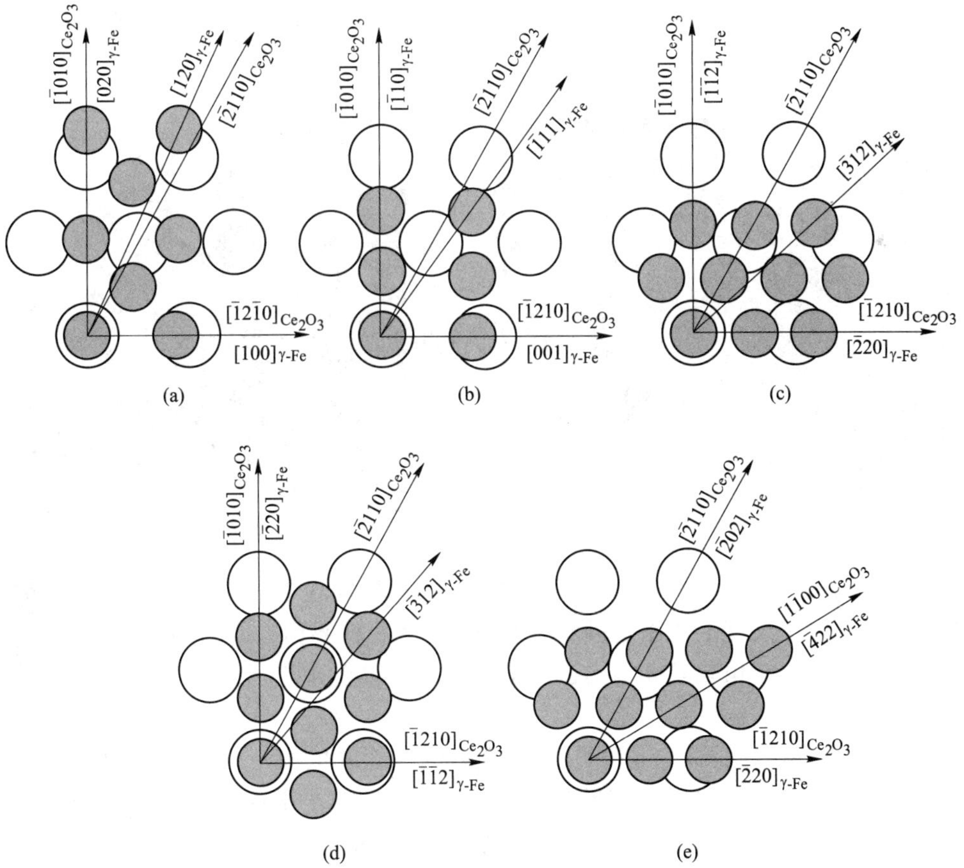

图 4-30　Ce_2O_3 和 γ-Fe 的晶格错配度

实验结果，当基底与晶核之间的错配度小于6%时，非均质形核能力非常强；当二者错配度在6%~12%时，基底对非均质形核具有一定的作用；当错配度大于12%时，基底对非均质形核的贡献很小。错配度本质上考虑的是晶体学结构对凝固过程界面能的影响，已得到广泛的推广和应用。平面错配度理论已逐渐成为评价和筛选非均质形核基底的可靠依据，之后进一步发展出来的边-边模型与此算法出发点相同，精度上可能会有一定的提高。

4.4.3 晶体生长

4.4.3.1 晶体生长的概念

就金属凝固过程来看，其形核过程占据的时间比例很小，凝固进程主要由晶体生长控制。晶核生长的实质就是液态金属原子向晶核表面堆砌的过程，也是固液界面向液体中迁移的过程。液相原子向固相沉积的方式及速度取决于固相结合键的特性及凝固驱动力的大小，二者均会影响固液界面结构，进而影响晶体形貌和尺寸等。

4.4.3.2 晶体形貌与界面

当晶核形成以后，过冷条件下，液相中的原子会自发地堆砌到晶核表面，晶核不断长大，进入晶体生长过程。晶体生长机制与方式决定了其生长速度及各向异性和形态，而这与固液界面原子排列结构有关。对于金属中常见的晶体，通过金相显微表征手段观察发现，其微米尺度上主要呈现圆润化和棱角化两种特征，如图4-31和图4-32所示。

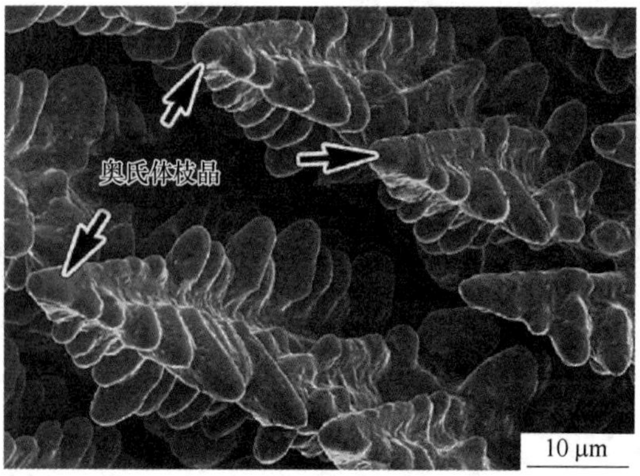

图4-31 钢的凝固晶体形貌

图4-32 铋的凝固晶体形貌

一些学者对不同晶体生长过程界面结构进行了观察发现[4]，微观上圆润化的晶体结构在原子尺度上往往是粗糙不平的，称为粗糙界面，如图4-33所示。对应地，微观上棱角化晶体结构在原子尺度是光滑整齐的，称为光滑界面，如图4-34所示。

扫码看彩图

晶体生长时，若液相原子的沉积位置完全随机（连续生长），形成坑坑洼洼、凹凸不平的凝固界面，则在原子尺度上表现为粗糙界面，也叫非小平面，如图4-35所示。晶体生长过程中，若液相原子主要在台阶或扭折处沉积，只留下少数空位或台阶，则固液界面在原子尺度上表现为光滑界面，也叫小平面，如图4-36所示。从界面原子排列结构上讲，不同的形式具有不同的能量，进而影响原子堆砌速率和晶体长大方式。

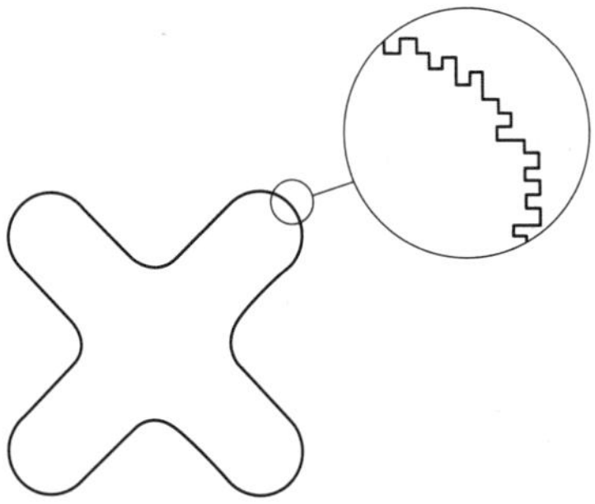

图 4-33　微观圆润界面与原子尺度粗糙界面的对应关系

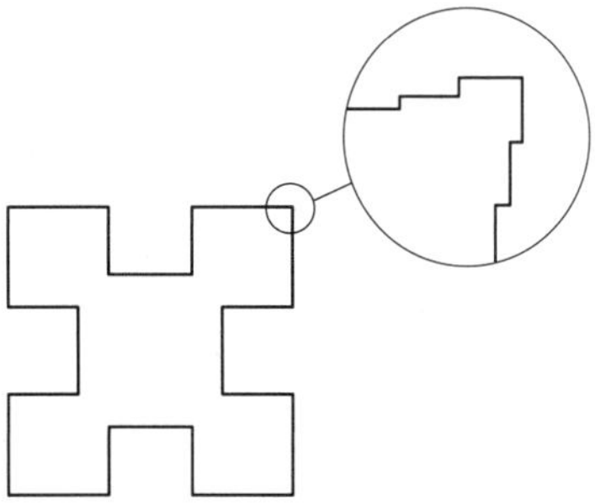

图 4-34　微观棱角界面与原子尺度光滑界面的对应关系

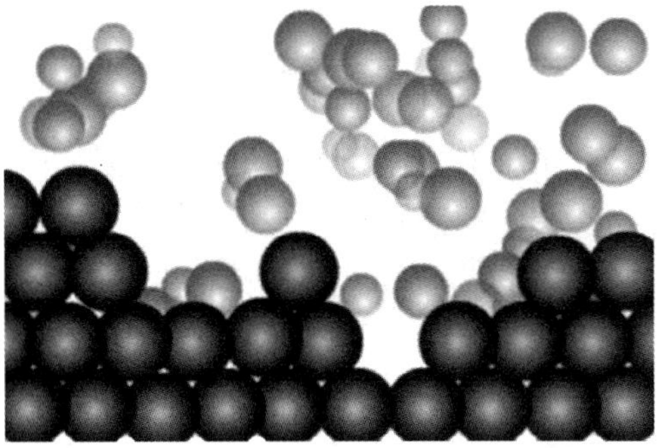

扫码看彩图

图 4-35　原子尺度上凝固界面的粗糙特征

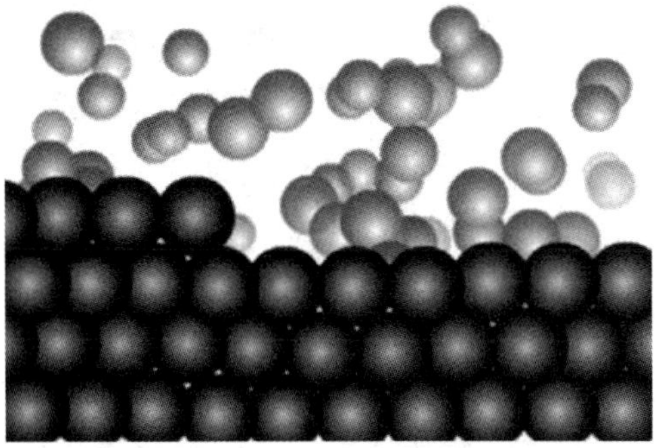

扫码看彩图

图 4-36　原子尺度上凝固界面的光滑特征

4.4.4　界面粗糙度

根据 Bragg-Williams-Gorsky 模型[5]，对于由两组元 A、B 组成的 α 置换固溶体，其中三种最邻近结构键对为 A-A、B-B 和 A-B，对应的键能分别设定为 ε_{AA}、ε_{BB} 和 ε_{AB}。设每种键对的数量为 P_{AA}、P_{BB} 和 P_{AB}，由于键焓是每个原子对键能的累加，其可以表示为：

$$H^{\alpha} = \varepsilon_{AA} \cdot P_{AA} + \varepsilon_{BB} \cdot P_{BB} + \varepsilon_{AB} \cdot P_{AB} \tag{4-91}$$

设 z 为配位数，即晶格上某个原子周围的最邻近原子数，对于 FCC 和 HCP 结构，$z=12$；对于 BCC 结构，$z=8$，如图 4-37 所示。根据随机分布假设，zX_A 是 A 原子的占位数，zX_B 是 B 原子的占位数，总原子对数为：

$$P_{AA} = N_A \cdot zX_A \cdot \frac{1}{2} = \frac{zN}{2}X_A^2 = \frac{zN}{2}(X_A - X_A X_B) \tag{4-92}$$

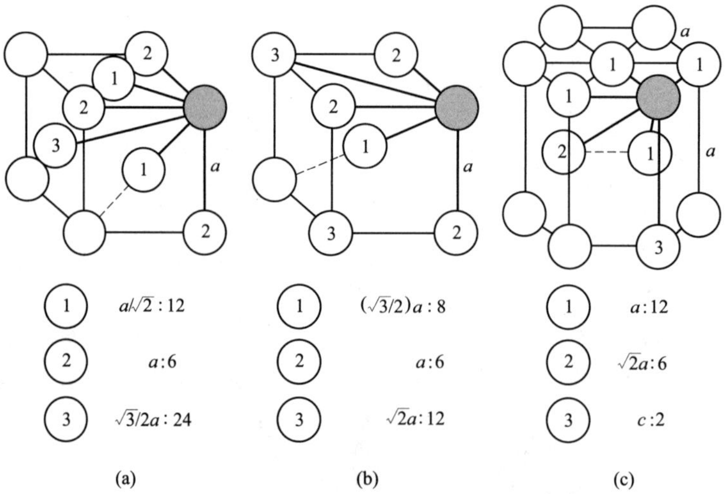

图 4-37　不同晶格结构的配位数

(a) FCC; (b) BCC; (c) HCP

1—最相邻; 2—次相邻; 3—第三相邻

$$P_{BB} = N_B \cdot zX_B \cdot \frac{1}{2} = \frac{zN}{2}X_B^2 = \frac{zN}{2}(X_B - X_AX_B) \tag{4-93}$$

$$P_{AB} = N_A \cdot zX_B = zNX_AX_B \tag{4-94}$$

式（4-94）中，利用了 $X_A + X_B = 1$，N 为晶格总节点数。其中 1/2 是为了避免重复计算 A—A 和 B—B 键对。

将键对数计算结果代入式（4-91），可得体系键焓表达式为：

$$\begin{aligned} H^{\alpha} &= \varepsilon_{AA} \cdot X_A \cdot \frac{zN}{2} + \varepsilon_{BB} \cdot X_B \cdot \frac{zN}{2} + zN\left(\varepsilon_{AB} - \frac{\varepsilon_{AA} + \varepsilon_{BB}}{2}\right) \cdot X_AX_B \\ &= H_A^{\alpha} \cdot X_A + H_B^{\alpha} \cdot X_B + \Omega_{AB}^{\alpha} \cdot X_AX_B \end{aligned} \tag{4-95}$$

其中右侧第一项和第二项分别是晶体 A、B 的键焓，第三项是相互作用参数。当 A、B 原子相互吸引时，$\Omega_{AB}^{\alpha} < 0$；反之，相互排斥时，$\Omega_{AB}^{\alpha} > 0$。

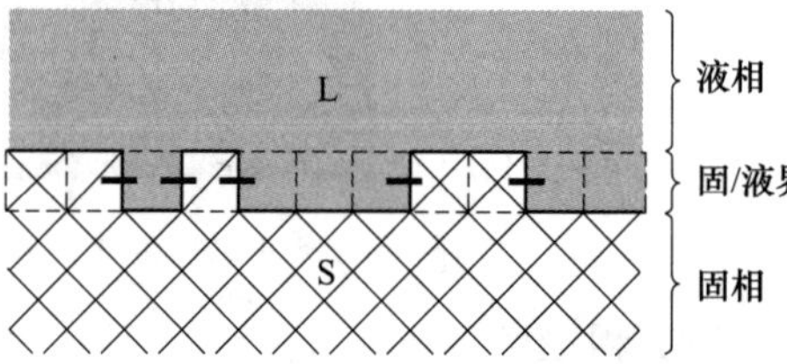

图 4-38　凝固界面结构

对于固液界面结构，根据图 4-38，设界面上固相和液相原子 S、L 的比例为 X_S 和 X_L，Jackson 等[6]推导出由界面原子排布引起的界面能变化，对于这种界面状态，其键焓为：

$$H^* = \varepsilon_{SS} \cdot X_S \cdot \frac{z^*N^*}{2} + \varepsilon_{LL} \cdot X_L \cdot \frac{z^*N^*}{2} + z^*N^*\left(\varepsilon_{SL} - \frac{\varepsilon_{SS} + \varepsilon_{LL}}{2}\right) \cdot X_SX_L \tag{4-96}$$

式中，z^* 为晶格配位数；N^* 为晶格总节点数。

式（4-96）中等号右侧第一项和第二项分别是固相和液相的键焓，第三项是与邻近原子为液相或固相有关的键焓，即与界面粗糙度有关。

$$\Delta H_{rough} \approx z^*N^*\left(\varepsilon_{SL} - \frac{\varepsilon_{SS} + \varepsilon_{LL}}{2}\right) \cdot X_SX_L \tag{4-97}$$

对于与界面粗糙度有关的熵变，根据规则溶液的二元混合模型，其可以表示为：

$$\Delta S_{\text{rough}} \approx -N^* k(X_S \ln X_S + X_L \ln X_L) \tag{4-98}$$

由此，对于凝固温度 T_m 下，其界面粗糙度引起的自由能变化为：

$$\begin{aligned}\Delta G_{\text{rough}} &\approx \Delta H_{\text{rough}} - T_m \cdot \Delta S_{\text{rough}} \\ &= N^* kT_m(\alpha X_S X_L + X_S \ln X_S + X_L \ln X_L)\end{aligned} \tag{4-99}$$

其中，

$$\alpha = \frac{z^* \left(\varepsilon_{SL} - \dfrac{\varepsilon_{SS} + \varepsilon_{LL}}{2} \right)}{kT_m} \tag{4-100}$$

根据固液平衡时界面的能量关系：

$$\alpha \approx \frac{\eta}{N^*} \cdot \frac{\Delta H_m}{RT_m} = \frac{\eta}{N^*} \cdot \frac{\Delta S_m}{R} \tag{4-101}$$

式中，α 为 Jackson α 因子；η 为某密排面上原子与同层原子的配位数，其与 N^* 的比值小于 1。考虑到 Richard 法则，对于大多数金属 $\Delta S_m \approx R$，由此可知，金属的 α 基本不超过 2。

将不同 α 下自由能随 X_S 的变化曲线绘制出来，如图 4-39 所示。由图中可见，对于 $\alpha \leqslant 2$ 的情况，界面自由能变化在 $X_S = X_L = 0.5$ 处存在极小值，说明界面上固相和液相原子各占约一半的情况系统能量最低，即对应于粗糙界面；对于 $2<\alpha<5$ 的情况，自由能变化极小值存在于 $X_S = 0.05 \sim 0.5$ 和 $X_S = 0.5 \sim 0.95$，说明界面在粗糙和光滑之间过渡；对于 $\alpha>5$ 的情况，自由能变化的极小值只存在于 X_S 接近 0 或 1 的位置，即界面存在极少固相原子或几乎全部为固相原子时能量最低，对应于光滑界面。

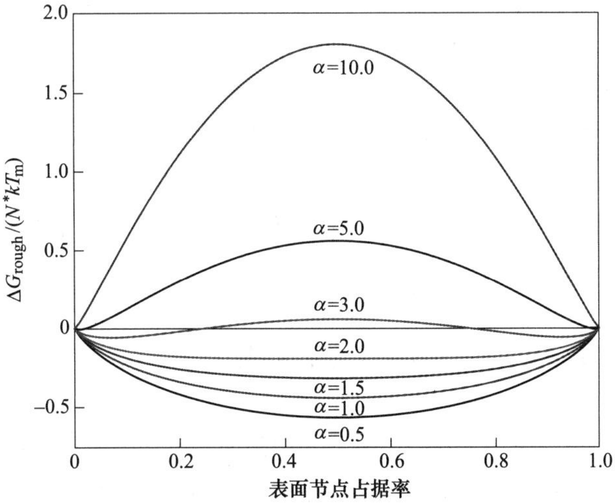

扫码看彩图

图 4-39 不同 α 下的界面自由能函数变化规律

表 4-4 中列出了几种常见金属和非金属材料的 $\Delta S_m/R$ 值。对比可见，其值基本处于 2 以下，钢的结果也不例外。考虑到配位数关系，α 也基本不超过 2，说明大多数金属的固液界面为粗糙结构，微观上呈现枝晶、胞晶或平面晶形貌。值得注意的是，Bi 和 Si 的 $\Delta S_m/R$ 值比较大，导致 α 可能处于 2~5，其界面为粗糙和光滑的过渡，即不同条件下会出

现小平面或非小平面结构。H_2O 的 $\Delta S_m/R$ 也比较大，处于过渡区，实际凝固过程中既可形成圆润的枝晶，又能形成棱角的小平面晶体，与具体冷却条件和杂质成分有关。

表 4-4 不同材料的 $\Delta S_m/R$ 值

材料	$L_m/(J \cdot g^{-1})$	$M/(g \cdot mol^{-1})$	T_m/K	$\Delta S_m/R$
非小平面				
Al	373	27	933	1.30
Cu	211	63.5	1356	1.19
Fe	270	56	1811	1.01
Ni	298	58.7	1728	1.22
Sn	59	118.7	504	1.68
SCN	44	80.1	331	1.27
Zn	112	65.4	693	1.27
小平面				
Bi	54	209	544	2.50
Si	1790	28	1687	3.59
H_2O	334	18	273	2.65

4.4.5 晶体长大机制

实际凝固过程中，从微观尺度上，可以观察到不同晶体、不同长大机制时原子堆砌位置的差异，其存在连续生长、二维晶核式生长、借螺形位错生长和借孪晶台阶生长等形式[7]，其中第一种为垂直长大，后三种为横向长大。

4.4.5.1 连续生长

连续生长是粗糙界面的生长方式。粗糙界面有很多位置适合生长，或者说有很多台阶可以接纳穿过界面的液相原子，因此，晶体长大比光滑界面要容易得多。连续生长的固液界面推进是比较均匀的，生长速度决定于外部条件，如散热速度和扩散速度。连续生长模式下界面推进速度 v 可表示为：

$$v = \mu_0 \Delta T_K \tag{4-102}$$

式中，ΔT_K 为动力学过冷度；μ_0 为生长系数，可表示为：

$$\mu_0 = \frac{\beta D_L L_m}{a k T_m^2} \tag{4-103}$$

式中，a 为一个原子堆砌到界面之后的推进距离，β 是修正系数，为：

$$\beta = (a/\lambda)^2 6\nu_{L \to S}/\nu_L \tag{4-104}$$

式中，λ 为原子跃迁距离；$\nu_{L \to S}$ 为液相原子堆砌到液/固界面的频率；ν_L 为原子跃迁进入液相中的频率。当 $a=\lambda$ 且 $\nu_{L \to S}=\nu_L/6$ 时，$\beta=1$。整体来看，连续生长方式下晶体界面的推进速度是过冷度的一次函数，其生长速度相对是最快的，需要的过冷度很小，为 $10^{-4} \sim 10^{-2}$ K，几乎可以忽略。连续生长速度的系数为 1～100 cm/(s · K)。

理论上，过冷度是由界面处的温度和成分决定的，由于这种生长机制的界面推进速度极高，界面处浓度差异影响较小，因此，生长速度最终由界面处液相原子的扩散能力和潜热的导出能力决定，前者决定了液相原子穿过界面堆砌在固相上的速度，后者决定界面前沿保持一定的动力学过冷度的能力。值得说明的是，连续生长时，由于不同晶面堆砌时的能量变化也是略有不同的，会导致某些晶向优先生长，进而出现择优取向，这在晶体长大过程中也要考虑。

4.4.5.2 二维晶核式生长

图 4-40 显示了三种小平面生长方式，分别是二维晶核生长、借螺形位错生长和借孪晶台阶生长。假定光滑界面为理想的无缺陷晶面，这种晶面有显著的晶体学特性，它一般都是特定的密排面，晶面内原子排列紧密，固、液两相的原子排列结构和键能差别很大，界限非常分明。液态转变为固态要在很窄的过渡区域内快速完成，因此，液相中的原子要在完整晶面上直接堆砌很困难。由于缺少现成的台阶作为接纳新原子的角落，堆砌上去的原子也很不稳定，极易脱落或弹回，其不可能像粗糙界面那样借助于连续生长机制进行长大。

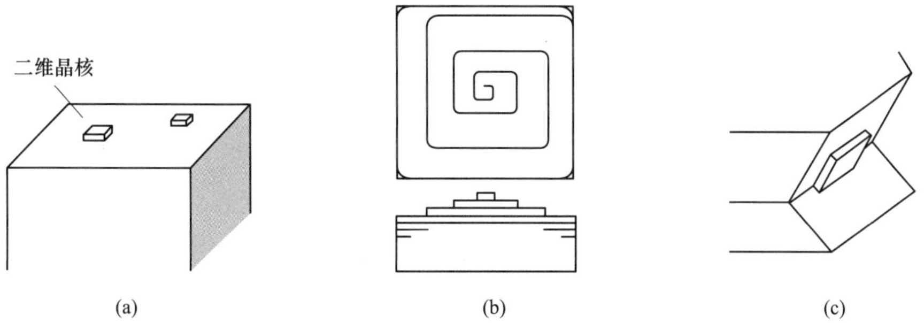

图 4-40 三种横向生长方式

（a）二维晶核生长；（b）借螺形位错生长；（c）借孪晶台阶生长

当光滑界面为完整无缺陷界面时，只能依靠成分起伏、结构起伏和能量起伏使液态原子首先在界面上形成单原子厚度的二维晶核，然后利用其周围台阶沿着界面横向扩展，直到长满一层后界面就向液相前进了一个晶格间距。这时，必须再利用二维形核产生新台阶，才能开始新一层的生长，如此周而复始便实现了固液界面的推进。界面推移具有不连续性，并且有横向生长的特点。二维晶核的台阶沿界面运动是这种生长机制的基本特征，由此又称侧面生长或层状生长。

对于二维晶核式生长，其生长速度为：

$$v = \mu_4 \exp\left(\frac{\mu_3}{3\Delta T_k}\right) \tag{4-105}$$

式中，μ_3 和 μ_4 为系数。

$$\mu_3 = \mu_0 \frac{\pi g B^2 a T_m^2}{\beta D_L} \tag{4-106}$$

$$\mu_4 = \mu_0 \left(\frac{L_m}{k T_m^2}\right)^{1/6} (\Delta T_k)^{7/6} (2 + g^{-1/2}) \tag{4-107}$$

式中，g 和 B 分别为相关参数；g 可以通过下述公式求得：

$$g = (\pi^4/8) n^3 \exp\left(-\frac{n\pi^2}{2}\right) \tag{4-108}$$

式中，n 为扩散原子层数，这里指固液界面原子层数。

对于光滑平面 $g=1$，对于粗糙平面 $g\ll 1$。

B 可根据 Turnbull 经验公式求得：

$$B = \nu_m \gamma / a\Delta H_m \tag{4-109}$$

对于金属 $B=0.5$，对于非金属 $B=0.35$。

二维晶核式生长是光滑界面的理想生长方式，其生长速度相对是最慢的，需要的动力学过冷度比较大，为 1~2 K。

4.4.5.3 借螺形位错或孪晶生长

实际上，凝固形核时全部为无缺陷的晶核是不太可能的。对于某些有缺陷的晶核，如螺形位错或孪晶，其存在侧向台阶，因此液相中原子可以堆砌到台阶上进行生长，其速度为：

$$v = \mu_1 (\Delta T_k)^2 \tag{4-110}$$

其中的系数为：

$$\mu_1 = \frac{1 + 2g^{1/2}}{g} \cdot \frac{\beta D_L L_m^2}{4\pi\gamma T_m^3 k V_m} \tag{4-111}$$

式中，V_m 为摩尔体积。借助晶体缺陷侧向台阶生长的系数为 $10^{-4} \sim 10^{-2}$ cm/(s · K)，比二维晶核方式的生长速度快，但远不及连续生长方式。

图 4-41 对比了三种方式下晶体生长速度。观察发现，粗糙界面的连续生长速度最大，其次为借助螺位错和孪晶台阶等晶体缺陷的生长速度，二维晶核式生长速度最小。对应地，粗糙界面生长的过冷度最小，借助晶体缺陷的侧向生长居中，而二维晶核式生长需要的过冷度最大。粗糙界面生长速度最快是因为它的生长“台阶”弥散地分布于整个界面上，液体中的原子可以在界面上任何位置连续堆砌使晶体连续长大，且需要的驱动力最小；螺形位错机制的长大速度小于前者，但增大过冷度可使界面上螺形位错增多，界面长大速度加快。当达到某临界过冷度 ΔT_1 后，界面上螺形位错大量增加，其密度很高，类似粗糙界面，此时两者生长速度相等。二维生核长大机制，需要很大过冷度。当过冷度达到某临界值 ΔT_2 后，晶体生长表面上的二维晶核密度迅速增大，长大速度迅速加快。当过冷度达到 ΔT_3 时，其生长界面类似于粗糙界面，此时的长大速度与粗糙界面完全相同。因此，本章中介绍的不同机制的生长速度公式多基于较小过冷度条件而获得的数学简化结果，这一点是需要明确的。

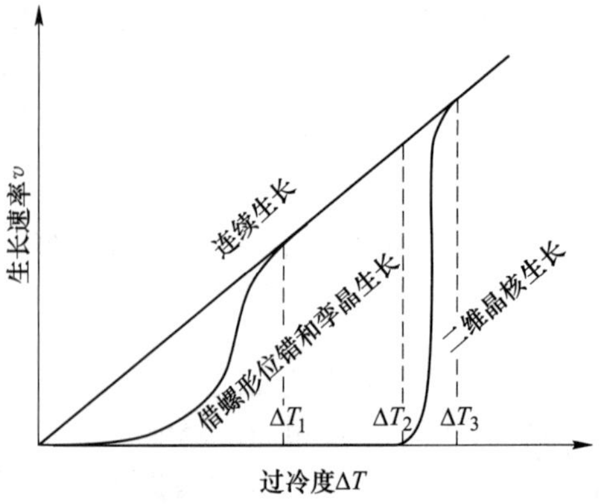

图 4-41　不同机制下生长速率与过冷度的关系

外界冷却条件及界面温度分布也会影响晶体形貌，微观上呈现圆润化或棱角化的结构，其中枝晶和平面晶是最常见的形态。一般来说，正温度梯度下，光滑界面的晶体会以小平面方式长大，微观上具有规则的几何外形；粗糙界面的晶体也会以小平面形式长大，微观上为平面晶结构；负温度梯度下，光滑界面的晶体在 α 较小时具有树枝方式的结构，局部带有小平面的枝晶，α 较大时以平面方式长大，具有小平面特征的规则几何外形；粗糙界面的晶体则会以树枝状方式长大，呈现树枝状晶体，简称树枝晶，如图 4-42 所示。

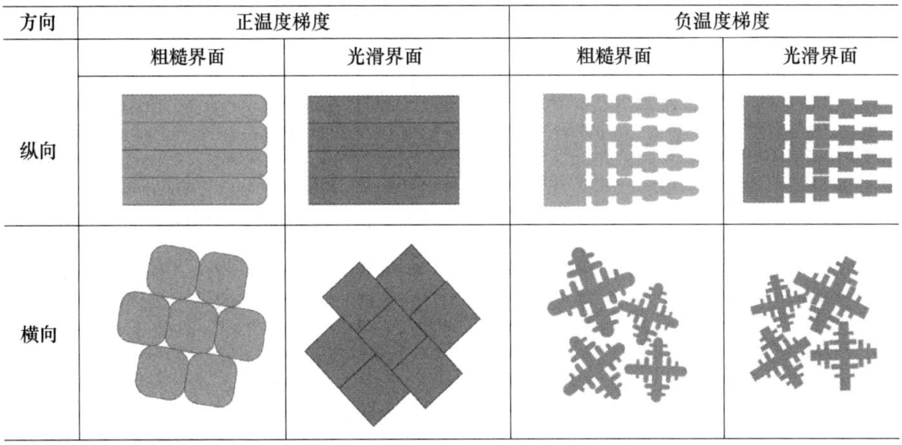

图 4-42 不同条件下的晶体形貌

扫码看彩图

晶体生长具有择优取向，即在某些晶向上生长速度比其他方向的大，进而导致与这些晶向垂直的晶面消失，最终大多以某些密排面作为表面。对于大多数金属，不管是 FCC 还是 BCC 结构，其择优取向一般均为<100>晶向。对于粗糙界面的晶体，其负温度梯度下会形成以 $[100]$、$[010]$、$[001]$、$[\bar{1}00]$、$[0\bar{1}0]$、$[00\bar{1}]$ 六个晶向为一次晶主轴的树枝状结构，如图 4-43（a）所示。对于光滑界面晶体，负温度梯度下晶体长大之后呈八面体状，主轴方向与粗糙界面晶体一致，外表面被 (111)、$(\bar{1}11)$、$(1\bar{1}1)$、$(11\bar{1})$、$(\bar{1}\bar{1}1)$、$(\bar{1}1\bar{1})$、$(1\bar{1}\bar{1})$、$(\bar{1}\bar{1}\bar{1})$ 所覆盖，如图 4-43（b）所示。

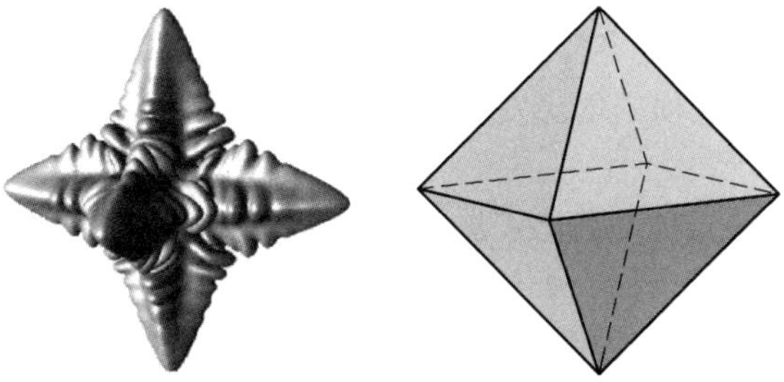

(a) (b)

扫码看彩图

图 4-43 不同界面特征晶体择优生长
（a）粗糙界面；（b）光滑界面

4.5 钢的凝固收缩、偏析与裂纹

4.5.1 钢的凝固收缩

凝固是伴随着液固转变的放热过程[8-9]。对于纯金属和共晶合金，凝固收缩只体现在液相和固相原子结构排列的差异；对于其他合金，其凝固过程是在一个温度区间内完成的，这一方面涉及金属内部原子排列结构的变化，另一方面也影响到原子之间的距离。当温度下降时，由于引力增大、斥力减小，原子间距减小[10]，如图 4-44 所示。对于纯铁，随着温度降低，δ 铁素体晶格常数由 0.2940 nm(1538 ℃) 减小到约 0.2931 nm(1400 ℃)；由于 γ 奥氏体具有密排结构，其晶格常数高温下为 0.3688 nm(1400 ℃)，温度降低至 910 ℃ 时减小至约 0.3645 nm；α 铁素体 900 ℃高温下晶格常数为 0.2905 nm，室温下约为 0.2866 nm。对比可以看出，不同相结构的基体，其晶格间距均随着温度降低而减小，宏观上表现为体积收缩，这在凝固过程的固相中也会不可避免地发生。相比之下，当凝固温区比较窄时，由液相和固相原子排列差异导致的体积变化是凝固收缩的最主要的贡献。生产和试验中观察发现，凝固两相区越宽，其凝固收缩量也越大，说明凝固温度对凝固收缩的影响也是不能忽略的，这就是低合金钢凝固收缩比纯铁大、高碳钢凝固收缩比低碳钢大的根本原因。

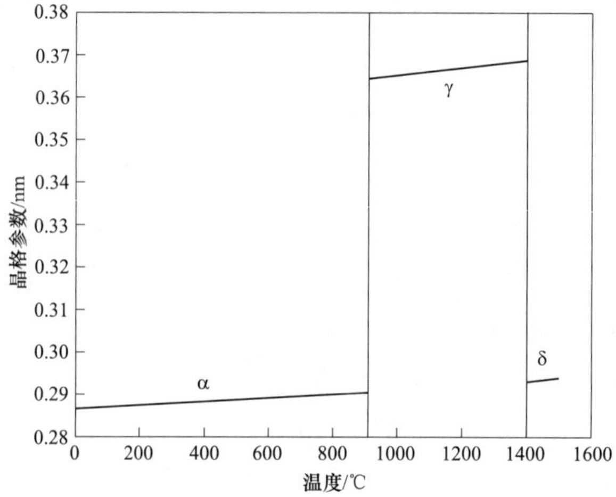

图 4-44 纯铁晶格常数随温度和相的变化

大多数金属凝固冷却过程中均会发生收缩，但也有例外。在下列情况中，温度降低体积反而膨胀：

（1）某些固态相变导致体积膨胀，如 Fe-C 合金发生 γ→α 转变是产生体积膨胀；

（2）少数结构不紧密的金属，如镓、铋、锑和锗凝固过程中体积膨胀 1%~5%；

（3）灰口铸铁凝固和冷却过程中的石墨化膨胀。

收缩与膨胀是相对应的，常见金属的热收缩机理、评价方法和测定手段已在第 1 章内容中介绍过，这里不再重复。然而，凝固收缩与前述均相基体中的收缩有所不同，钢从高温液态到完全固态时的体积变化具有特殊的规律，如图 4-45 所示。

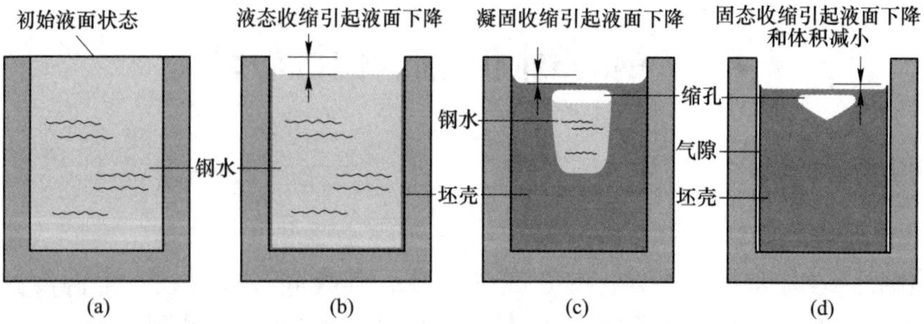

图 4-45 钢的浇铸过程的凝固收缩

(a) 浇铸完成；(b) 开始出现坯壳；(c) 凝固持续；(d) 凝固完成

由图 4-45 中可见，初始时刻（见图 4-45（a））时，钢水瞬间充满整个模具，此时液面与模具顶部平齐；浇注之后，钢水与模具接触就会开始散热，由于温度下降，液态原子之间的距离减小，刚出现固态坯壳之前的液面下降，主要体现为液态收缩（见图 4-45（b））；随着冷却进行，与模具相接触的界面上率先凝固，同时由于液面自由换热也会慢慢结壳，此时液面高度会进一步下降，这是凝固收缩+未凝结金属的液态收缩而引起的，前者会起到主要作用（见图 4-45（c））；由于固态坯壳中心区域还有钢水，其会进一步凝固，此时顶部液体补缩不完全，会在钢锭内部的中上区域形成一个或多个缩孔，这是凝固收缩和残余金属液的液态收缩共同作用的结果；对应地，由于温度降低，固态坯壳也会收缩，会在金属和模具之间产生气隙，同时会导致液面进一步下降，这主要是固态收缩的影响，理论上也与凝固收缩和残留金属液态收缩有关，但其对表层变形影响较小（见图 4-45（d））。

由于上述凝固过程是非等温的，不同阶段的体积变化会同时受到多种因素的影响，对分析凝固收缩有一定误差。然而，考虑到凝固过程中温度变化区间不大，结晶开始之后的液态收缩比凝固收缩要小得多，且二者对表面出现的固态收缩的影响可以忽略，因此，通过凝固过程液面下降和内部缩孔体积估算凝固收缩量在工程范畴上仍比较合理。理论上，采用均温试样测定不同温度和相变时的体积变化规律是最可靠的方法，但由于液体具有流动性，会影响与传感器的接触状态，因此，常规热膨胀仪也不能准确测定凝固过程的收缩量，但固相下的线膨胀率和膨胀系数仍是可信的。

总结上述钢水的凝固过程，结合 Fe-C 相图的相变规律，从高温液态到固态的冷却过程中，纯铁的体积变化由以下几个部分组成：

（1）液态收缩；

（2）L→δ 凝固收缩；

（3）δ 的固态收缩；

（4）δ→γ 相变收缩；

（5）γ 的固态收缩；

（6）γ→α 相变膨胀；

（7）α 的固态收缩。

由于纯铁不同相的晶格结构不同，不同温度下晶格参数也有变化，会导致其密度随之改变，如图 4-46 所示。温度下降时，由于液相中原子间距也是随温度降低而减小，故液相密度逐渐增大，1800 ℃时约为 6800 kg/m^3，1538 ℃时增加至约 7000 kg/m^3；发生凝固相变之后，密度陡然增加至 7250 kg/m^3；之后 δ 铁素体密度随温度降低继续增大，到 1394 ℃时约为 7400 kg/m^3；之后转变为 γ 相，相变引起密度略有增加，但实测数据不太明显，到 912 ℃时 γ 相密度为 7700 kg/m^3；随后转变为 α 铁素体，密度减小至 7600 kg/m^3，到室温时增大至约 7880 kg/m^3。

对于碳钢，由于低碳钢的凝固路径与纯铁有一定的共性，其体积收缩的顺序和变形量也比较接近；对于亚包晶钢和包晶钢，其多了一个包晶反应，但其对收缩的影响不明显，随后的包晶相变对收缩的影响与低碳钢类似；过包晶钢的凝固过程以 δ 相为初生相，以 γ 相凝固结束，不存在 δ 相的包晶相变对应的固态收缩；而高碳钢的凝固过程均为 γ 相，同样也没有 δ 相的包晶相变收缩。

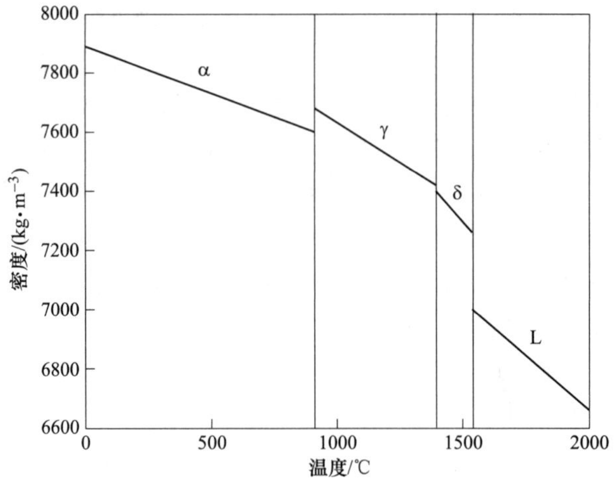

图 4-46　纯铁密度随温度的变化

4.5.2　钢的凝固偏析

对于纯金属，由于不存在溶质，凝固过程中不会出现偏析。对于合金，由于溶质在固、液相中的溶解度不同，当溶质平衡分配系数小于 1 时，会出现先凝固的晶体溶质少、后凝固的晶体溶质多的现象；对于平衡分配系数大于 1 的溶质，则分布规律相反。凝固界面上的溶质再分配也会不断累积，并通过扩散和对流等方式形成宏观尺度的溶质成分不均匀，这就是凝固偏析。由此可见，凝固偏析与溶质类别、含量、平衡分配系数、冷却与传热条件、扩散、流动和凝固组织形貌与尺寸等均有关，且不同溶质之间的偏析还有相互影响，是凝固过程中非常复杂的物理行为。

广义上，偏析是指基体成分不均匀的现象，凝固过程中出现的合金成分不均匀就是溶质偏析。一般地，偏析分为显微偏析（枝晶偏析）和宏观偏析（低倍偏析）两类，现在开始越来越关注半宏观偏析。显微偏析是发生在几个晶粒范围内或树枝晶空间内，成分的差异局限于几微米到几十微米的范畴，遗传到轧材中会出现带状组织，引起材料各向异性，显微偏析一般通过高温扩散退火可以显著改善，但一些扩散能力较差的合金元素，如 Mo、W、Cr、Mn 等，其显微偏析在工业生产流程中也难以彻底消除。

4.5.2.1　显微偏析

由于固、液相中溶质的溶解度不同，凝固界面处会发生溶质再分配，即固、液相中溶质重新分布。平衡条件下，对于某合金的凝固过程，如图 4-47 所示，其液相中溶质浓度 C_L^* 和固相 α 中溶质浓度 C_S^* 具有如下关系：

$$k_0 = \frac{C_S^*}{C_L^*} \tag{4-112}$$

式中，k_0 为溶质平衡分配系数，图 4-47 中分别给出了 $k_0<1$ 和 $k_0>1$ 的两种情况。根据相图中溶质含量与斜率的关系：

$$k_0 = \frac{C_S^*}{C_L^*} = \frac{(T_0 - T^*)/m_S}{(T_0 - T^*)/m_L} = \frac{m_L}{m_S} \tag{4-113}$$

由此可见，平衡条件下 k_0 是一个与温度和成分无关的函数，只与相图中液相线和固相线的斜率有关。对于 $k_0<1$ 的溶质，k_0 越小，斜率相差越大，两条线之间的距离越远，液相和固相的溶质浓度差异越大，非平衡凝固条件下的偏析就越严重；反之，对于 $k_0>1$ 的溶质，k_0 越大，斜率相差越大，非平衡条件下的成分不均匀性越明显。

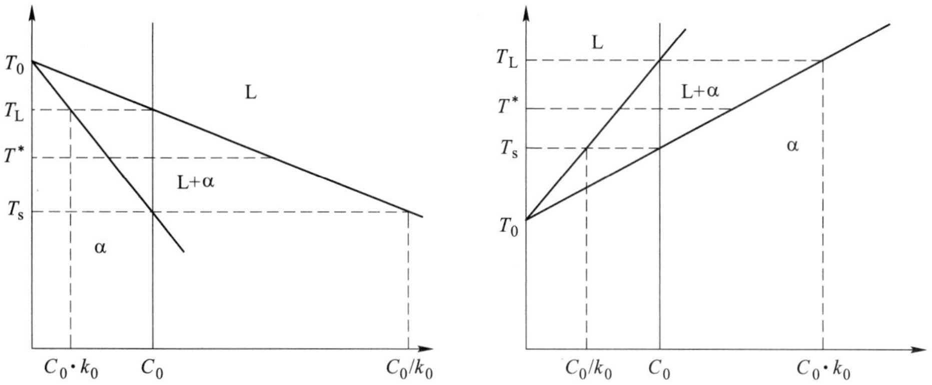

(a)　(b)

图 4-47　$k_0<1$（a）和 $k_0>1$（b）凝固冷却相图

非平衡凝固条件下，对于钢中某 $k_0<1$ 的溶质，如碳、锰、铬、钼、铌等，其显微偏析形成的过程和机理如图 4-48 所示。设溶质初始成分为 C_0，钢水冷却到液相线温度 T_1 时出现晶核，其成分为 S_1；连续冷却到 T_2，固相成分理论上为 S_2。此时先结晶的 S_1 应该通过原子扩散使其成分变为 S_2，但由于冷速较快，原子来不及扩散，使晶体中心与外围成分产生了差异，其平均成分既不是 S_1 也不是 S_2，而是 S_2'。当温度下降到固相线温度 T_S 时，按平衡凝固过程，固相成分应为 S_4 且结晶完成，但实际固相平均成分却是在 S_4'，此时结晶尚未结束。只有当温度降到 T_S'时，液体才全部消失，固相的平均成分才达到初始成分 C_0。

凝固初期形成的枝晶比较纯净，随着凝固的进行，晶体由内到外逐渐形成了浓度为 S_1、S_2'、…的“多层”固相。由于凝固后期液相中溶质逐渐富集，其形成的固相中也会含有较多溶质。因此，对于 $k_0<1$ 的溶质，晶体内的浓度由枝晶干到枝晶间逐步增加，如图 4-49 所示。实际凝固过程中溶质在固相内的扩散能力有限，于是在铸态组织中便形成了微观偏析。

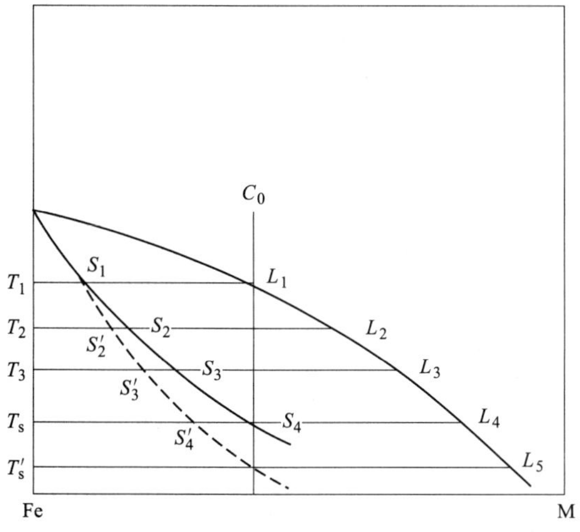

图 4-48　钢中某溶质 M 的非平衡结晶过程

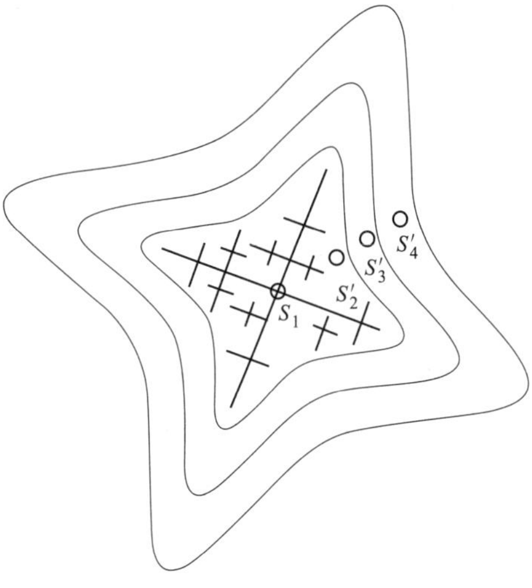

图 4-49　钢的枝晶内部溶质分布规律

4.5.2.2　宏观偏析

宏观偏析是几毫米到几百毫米尺度的溶质分布不均匀，在连铸和模铸过程中均会出现，不同合金、不同工况溶质宏观偏析的形式和程度也不同。早期研究大钢锭铸态组织时，常采用硫印方法检测宏观偏析，其原理是相纸上的硫酸和钢锭检测面上的硫化物发生反应生成硫化氢气体，硫化氢再与相纸上的溴化银作用生成硫化银沉淀，进而在相纸上的相应位置形成黑色或褐色斑点。通过这种方法观测到钢锭内部的宏观缺陷如图 4-50 所示。观察可见，大钢锭纵剖面上存在 V 型偏析、A 型偏析、中心偏析、冒下偏析和沉积锥负偏析几种形式。

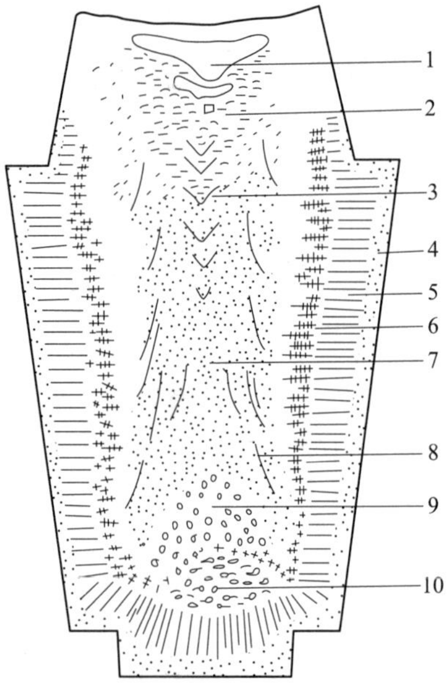

图 4-50　大钢锭纵截面的宏观缺陷分布
1—缩孔；2—冒口正偏析；3—V 型偏析；4—表面激冷层等轴晶；5—柱状晶；6—粗化柱状晶；7—中心偏析；8—A 型偏析；9—沉积锥负偏析；10—沉积锥夹杂物

钢锭中的 V 型偏析分布在中上部的中心等轴晶区，目前普遍认为是凝固末期由收缩引起的负压抽吸残留浓化钢液或枝晶结构坍塌导致的，是一种范围比较大的正偏析，这一点已基本达成共识；A 型偏析是由钢水凝固过程中局部区域内溶质富集所形成的一种通道型偏析，多位于柱状晶和树枝状等轴晶之间的边界附近，与热浮力和溶质浮力及一些杂质、气泡共同作用下产生的浓化钢液上浮流动有关；中心偏析是轴线上凝固负压抽吸浓化液相补缩的结果，这受到溶质再分配和液相流动的双重影响；冒口正偏析是凝固末期溶质不断富集引起的，因为冒口区域液相最后凝固，选分结晶会导致该区域液相溶质含量不断升高，当富集比较严重时，冒口线以下也会出现明显的正偏析；沉积锥负偏析是大型钢锭特有的偏析形式，由于开始浇注时钢水与器壁直接接触，会形成大量晶核，同时，充型和凝固过程中也会熔断一定量的枝晶臂，这些晶核在随后的凝固过程中由于重力作用会沉积到钢锭中下部，整个区域纵截面上像一个倒锥形，由于初生晶核往往比较纯净，故该位置往往是负偏析。大钢锭宏观偏析特征及其形成机理是人们研究连铸坯宏观偏析的基础，二者的某些偏析特征和规律具有比较大的共通之处。

连铸坯的宏观偏析主要表现为中心偏析、V 型偏析、CET 正偏析和白亮带四种形式。连铸坯的中心偏析特征与大钢锭比较类似，方坯、圆坯中心偏析的形成机理也与之基本一致，板坯由于宽向距离比较大，当扇形段辊列或辊缝不好时会出现鼓肚，由此导致的残留液相流动与凝固负压抽吸流动相叠加，会促进中心偏析；连铸坯中 V 型偏析的特征和机制也与大钢锭比较接近，不同的是，连铸坯 V 型偏析范围比较小，这与其横断面尺寸比大钢锭小有关；CET 正偏析与凝固组织形态转变有关，柱状晶凝固界面比较平齐，其前沿会有溶质富集，由于中心区域出现等轴晶而阻碍柱状晶界面前沿溶质向中心扩散时，二者之间产生截留作用，进而出现 CET 正偏析；白亮带是连铸坯中特有的偏析形式，其一方面与侧孔水口流股冲击坯壳有关，另一方面也受到电磁搅拌强制钢水流动的影响。当凝固界面前沿的钢水流速较大时，这种冲刷流股会将界面处富集的溶质带走，导致凝固前沿液相中溶质含量下降，由于选分结晶作用，此时新结晶的固相中溶质比正常情况下少，浸蚀时为白亮色，这是一种负偏析。

4.5.2.3 半宏观偏析

半宏观偏析也叫点状偏析，多位于连铸坯或铸锭的中心区域，一般为形状不规则的斑点或斑块，尺度在显微偏析和宏观偏析之间，以几百微米到几毫米比较常见。半宏观偏析在热加工时会形成条带结构，其与带状组织有所不同，是一种典型的溶质偏聚缺陷。条带内外的金相组织、析出相和晶粒度等具有显著差异，进而导致材料性能各向不一。由于半宏观偏析尺度也比较大，其通过热加工和热处理也无法彻底消除。

早期国外研究中发现，当板坯中心线偏析不连续时，可观察到内部不规则形状的溶质偏聚斑点（Segregation spot）。20 世纪 80 年代，日本学者 Haida[11] 试验中观察到 UO 管线钢连铸坯中也存在上述点状缺陷，主要特征为轮廓不清晰、大小不均匀、分布不规则，与板坯中心的线状偏析在形态和尺寸上均具有显著差异，不少研究中将其定义为半宏观偏析。2012 年，Ogibayashi[12] 在分析板坯中心线偏析形成机理时首次明确提出点状偏析的概念，与线状偏析对应，同属于 C 类偏析。Ogibayashi 认为，点状偏析在连铸坯横断面上是斑点状，纵断面上呈 V 型，属于半宏观范畴，这一描述已成为国际上连铸领域点状偏析的广义概念。国内学者许志刚等[13] 在试验中观察到，当连铸坯芯部为等轴晶组织时，偏析斑点分散在整个等轴晶区域，且中心线附近的斑点尺寸最大可达 3 mm，为典型的点状偏析；当连铸坯芯部为柱状晶组织时，偏析斑点基本集中在中心线附近，为线状偏析，这两类特征与 Ogibayashi 定义的两种 C 类偏析形态基本完全对应。纪元等[14] 在 P110 石油套管钢圆坯中心区域也发现了点状偏析，如图 4-51 所示。试样经苦味酸浸蚀后，可观察到点状偏析布在粗大枝晶间，尺寸在 500 μm~2 mm，达到了半宏观尺度，而柱状晶区的溶质富集范围多在 100 μm 以下，属于显微偏析。EPMA 试验结果表明，该点状偏析内部含有 Mo、Cr、Mn、Si 等元素，对应的最大偏析比分别为 2.70、1.51、1.50 和 1.44。

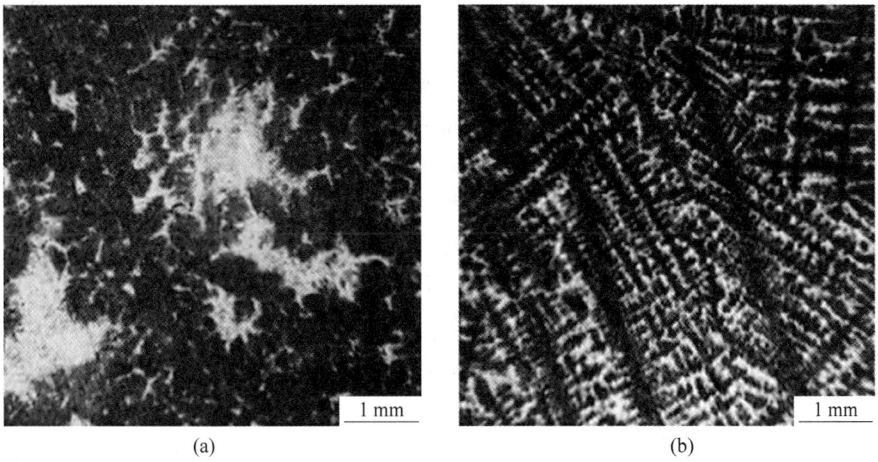

图 4-51 不同区域的溶质偏析

（a）等轴晶区的点状偏析；（b）柱状晶区的显微偏析

李博等[15] 将 C110 石油套管钢连铸坯等轴晶区的点状偏析分为两类，一类是斑块型点状偏析，如图 4-52（a）所示，其尺寸大于 200 μm 且内部存在细小枝晶；另一类是疏松型点状偏析，如图 4-52（b）所示，其尺寸多在 100~200 μm，内部观察不到枝晶。EPMA

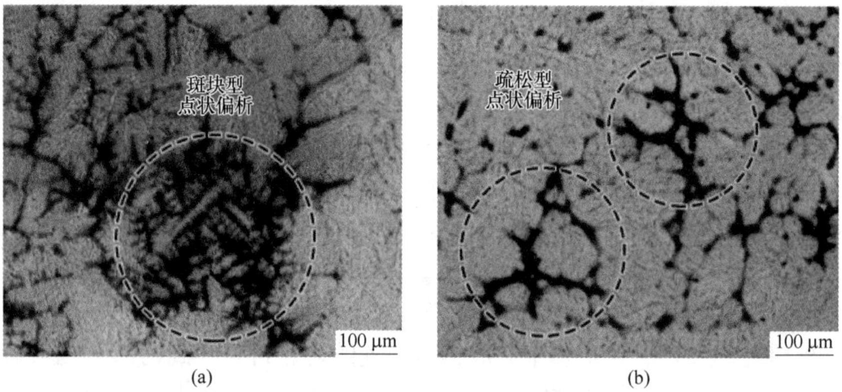

图 4-52 等轴晶区不同形态的点状偏析
（a）斑块型；（b）疏松型

测定点状偏析处存在不同程度的 C、Mo、Cr、Mn 等溶质元素正偏析，其中 C 的最大偏析比约为 40，Cr、Mo 接近 10，Mn 为 4~5。

整体来说，连铸坯中的半宏观偏析具有以下的共性特征：轮廓不清晰、大小不均匀、分布不规则、尺寸在 100 μm 以上。在连铸坯横断面上呈斑点状，纵断面上多呈 V 型。放大观察发现，点状偏析多出现在铸坯芯部粗大枝晶间，等轴晶结构中尤为明显。点状偏析内部是 C、Mn、P、Cr、Mo 等溶质的正偏析，不同元素的偏析程度相差较大。

在钢锭或连铸坯凝固过程中，某些率先凝固的等轴晶沉降到中心，随着温度降低，等轴晶充分长大并选分结晶。等轴晶相互连接形成的网络阻碍了钢液宏观流动，枝晶间偏析难以均匀化。当凝固收缩产生的负压增大到一定程度时，枝晶间残留的浓化钢液被抽吸并集中到某些大尺度区域，即形成点状偏析。点状偏析多集中于钢锭或连铸坯的中心区域，凝固组织形貌对点状偏析形态、尺寸和分布特征具有直接影响。根据已有研究结论，对于连铸而言，拉速、断面尺寸、钢水过热度、水口结构、结晶器电磁搅拌、二冷电磁搅拌、二冷强度、轻压下、末端电磁搅拌、辊缝与对弧精度等均对点状偏析具有显著影响，而中间包结构、结晶器振动、保护渣、一冷强度、下线冷却和送装制度等对其影响较小。值得说明的是，钢种成分本身也影响铸坯中点状偏析内溶质的富集程度。溶质偏析与选分结晶和逆扩散均有关，因点状偏析属于半宏观范畴，其内部既有溶质分配系数较小而扩散较快的元素（如碳），又有溶质分配系数较大而扩散较慢的元素（如锰、铬、钼等），还有溶质分配系数较小而扩散又较慢的元素（如磷）。

扩展阅读 钢的凝固裂纹

热裂纹、冷裂纹

扫码看资源

思 考 题

1. 液体中的粒子结合特征是什么，液体有哪些特性？
2. 固体的结构特征如何，晶体和非晶体有何区别？
3. 晶系和点阵的概念是什么，分别含有多少种类型？

4. 凝固与结晶的概念是什么?
5. 凝固过程的驱动力是什么，表达式如何?
6. 凝固过冷度的概念是什么，为什么需要过冷度?
7. 凝固过冷度分为哪几种，各自的概念是什么?
8. 推导成分过程的形成条件，说明成分过冷的实际意义。
9. 按照糊状区内液相流动能力，凝固区间分为哪几部分，分别具有什么含义?
10. 凝固过程固相率的表达式有哪几种，各自的适用性如何?
11. 根据 Fe-C 相图，不同钢种的凝固相变过程如何?
12. 解释均质形核的概念和能量变化，解释临界形核半径的表达式及其与过冷度的关系。
13. 非均质形核与均质形核有何异同，非均质形核时的接触角函数表达式与物理含义是什么?
14. 晶体长大的概念是什么，分为哪两类，各自具有什么特征?
15. 凝固过程界面粗糙度的概念是什么，界面粗糙度对晶体结构的影响如何?
16. 晶体长大机制有哪几种?
17. 钢的凝固收缩本质是什么，高温到室温的收缩由哪几部分组成?
18. 凝固偏析的概念是什么，分为哪几类?

参 考 文 献

[1] Nishizawa T. Thermodynamics of microstructures [M]. ASM International, 2008.
[2] Stefanescu D M. Science and engineering of casting solidification [M]. Springer, 2015.
[3] Bramfitt B L. The effect of carbide and nitride additions on the heterogeneous nucleation behavior of liquid iron [J]. Metallurgical Transactions, 1970, 1 (7): 1987-1995.
[4] Glicksman M E. Principles of solidification: An introduction to modern casting and crystal growth concepts [M]. Springer Science & Business Media, 2010.
[5] Bragg W L, Williams E J. The effect of thermal agitaion on atomic arrangement in alloys-Ⅱ [J]. Proceedings of the Royal Society of London. Series A-Mathematical and Physical Sciences, 1935, 151 (874): 540-566.
[6] Jackson K A. Liquid metals and solidifcation [C]//American Society for Metals, Cleveland, Ohio, 1958.
[7] Kurz W, Fisher D J, Rappaz M. Fundamentals of Solidification 5th Edition [M]. Trans Tech Publications Limited, 2023.
[8] Flemings M C. Solidification processing [J]. Metallurgical and Materials Transactions B, 1974, 5: 2121-2134.
[9] Flemings M C, Shiohara Y. Solidification of undercooled metals [J]. Materials Science and Engineering, 1984, 65 (1): 157-170.
[10] Jablonka A, Harste K, Schwerdtfeger K. Thermomechanical properties of iron and iron-carbon alloys: density and thermal contraction [J]. Steel Research, 1991, 62 (1): 24-33.
[11] Haida O, Kitaoka H, Habu Y, et al. Macro- and semi-macroscopic features of the centerline segregation in CC slabs and their effect on product quality [J]. ISIJ International, 1984, 24 (11): 891-898.
[12] Ogibayashi S. Mechanism of centerline segregation in continuous casting and current status of the mathematical model and future subject [J]. Sanyo Technical Report, 2012, 19 (1): 2-14.
[13] 许志刚，王新华，黄福祥，等. 管线钢连铸板坯的半宏观偏析和凝固组织 [J]. 北京科技大学学报，2014，36 (6): 751-756.
[14] Ji Y, Lan P, Geng H, et al. Behavior of spot segregation in continuously cast blooms and the resulting segregated band in oil pipe steels [J]. Steel Research International, 2018, 89 (3): 1700331.
[15] 李博，张忠铧，刘华松，等. 高强耐蚀管钢点状偏析及带状缺陷的特征与演变 [J]. 金属学报，2019，55 (6): 762-772.

5 钢的凝固组织及其演变规律

本章提要：

凝固组织的发现使凝固科学从宏观层面走向了微观尺度，是凝固机理研究发展中的里程碑。同时，凝固组织将凝固学科和材料学科联系起来，推动了金属浇铸原理与技术的进步。Chalmers、Tiller 和 Jackson 等提出的成分过冷理论、Atsumi Ohno 发现的晶粒游离和沉降规律、Hunt 建立的共晶生长体系数学描述，是金属凝固组织研究的一些标志性成就。国内胡壮麒、傅恒志、舒光冀、陈熙琛等老一辈学者在这一领域也做出了重大贡献，进而实现了钢、铸铁和高温合金等诸多材料凝固组织控制与产品工业化制备，突破了国内涡轮叶片、微晶金属粉末、单晶与定向凝固叶片、稀土永磁合金、高性能球墨铸铁等关键技术瓶颈。

日常交流中，涉及钢的铸态质量控制的话题离不开凝固组织。然而，不少人对凝固组织本身的意义仍然比较模糊，甚至与其他一些相近词汇混淆，如凝固结构、铸态组织、金相组织等。大多数情况下，技术交流之中提到的凝固组织指的是柱状晶和等轴晶。凝固结构与凝固组织的含义相近，但更多强调的是晶体类别的具体特征，如尺寸、位置、比例等；铸态组织的概念比较含糊，其直接含义是铸态下基体的组织，这里可能是凝固组织，也可能是金相组织，冶金学者多指前者，材料学者多指后者，视具体语境而异；金相组织的含义比较明确，特指金相显微镜下观察到的组织，如珠光体、马氏体、贝氏体等。

就实际概念而言，凝固组织有两层含义，《冶金学名词》中定义为：凝固过程形成的、具有不同晶体特征的区域，其描述的是不同凝固结构，是一种比较宏观的范畴；根据对凝固理论的理解，凝固组织是指在金属凝固过程中形成的、具有某种特定结构、形貌和取向特征的晶体，是一种微观范畴的概念。本章主要阐述与钢的凝固组织相关的重要概念和机理，以及凝固组织与奥氏体晶粒和金相组织的关系，并介绍了一些常见的凝固组织调控方法。

5.1 钢中物相的晶格结构

钢本质上是一种铁基合金，其内部的物相结构主要体现为纯铁的晶格结构的特点。然而，由于合金元素的加入，如碳、锰、铬、镍、钛、钼等，其一方面影响钢的基体结构，可能形成一些非平衡组织，如马氏体、贝氏体等，另一方面也会出现一些新的析出相，如渗碳体、合金渗碳体、碳化物和氮化物、金属间化合物等。基体和析出相的晶格结构决定了材料组织状态，进而影响最终性能。钢中的基体相和析出相主要结构包括体心立方、面心立方、密排六方、体心正方和其他一些不常见的复杂结构。为了方便理解，本章从一些基本概念和简单立方晶格开始介绍。

5.1.1 晶体学基本概念

5.1.1.1 晶格

在对晶体结构的研究中，布拉维（Bravais）于 19 世纪中叶提出了空间点阵学说，认为晶体是相同格点在三维空间作周期性无限分布所构成的系统，这些格点的总和称为点阵。1912 年，劳厄（Laue）对晶体进行了 X 射线衍射试验，首次证实了空间点阵学说的正确性。将晶体抽象为空间点阵大大提高了晶体领域的研究效率，推测与数学和物理学相结合，最终形成了晶体学。

晶格结构是晶体学中对晶体的抽象描述，其中涉及几个晶体学基本概念，如基元、格点、晶格、晶向、晶面等。在晶体中适当选取某些原子作为一个基本结构单元，这些基本结构单元在空间周期性重复排列就形成晶体结构，这个基本结构单元称为基元，如图 5-1 所示，基元是晶体结构中最小的重复单元。任何两个基元中相应原子周围的情况是相同的，而每一个基元中不同原子周围情况则不相同。为了研究晶体的周期性，常把基元抽象成一点，即用一点代表一个基元，这些点称之为格点。点阵采用周期性排列的格点描述了晶体中原子的排布规律，用假想的直线将这些格点连接起来，所构成的几何框架称为晶格，因此，晶格实际上是点阵与基元的组合。

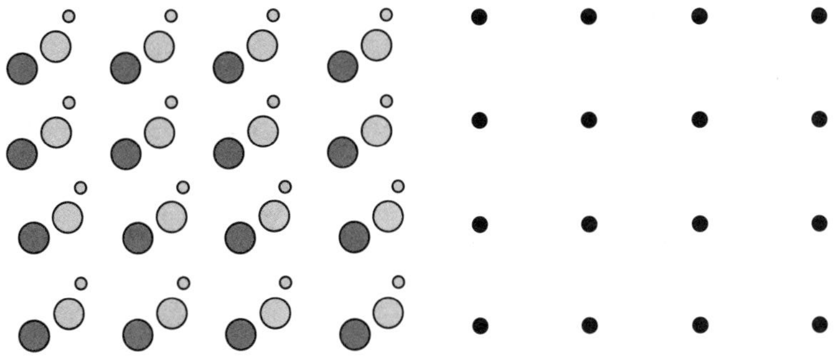

(a)　　(b)

图 5-1　晶体的结构

（a）基元；（b）格点

晶格分为简单晶格和复式晶格。如果晶体由完全相同的一种原子组成，且每个原子周围的情况完全相同，则这种原子所组成的网格称为简单晶格或称为布拉维晶格，如图 5-2 所示。如果晶体由两种或两种以上原子组成，同种原子分别构成格点相同的网格，称为子晶格，它们相对位移而形成复式晶格，如图 5-3 所示。

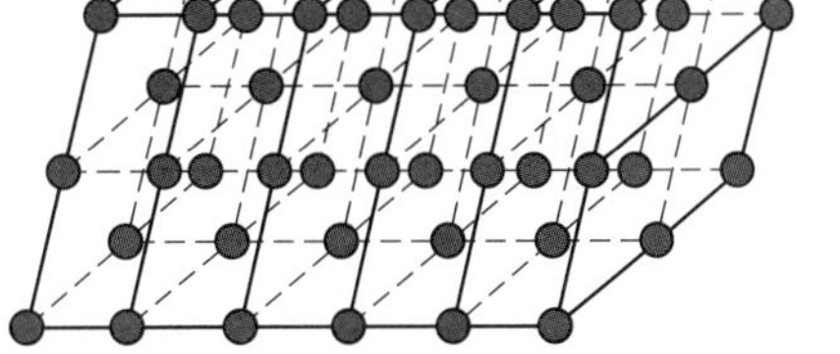

图 5-2　简单晶格结构

扫码看彩图

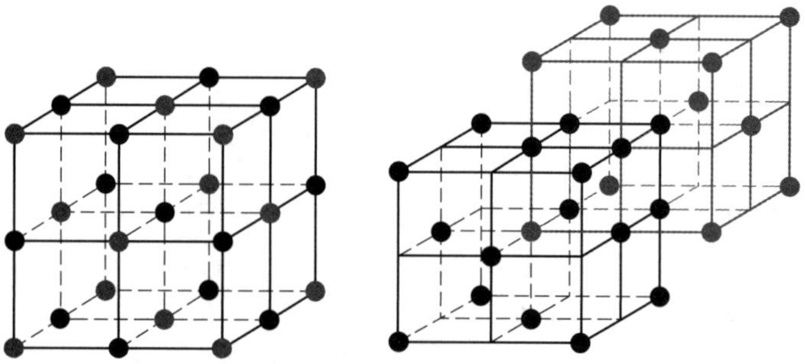

图 5-3 NaCl 晶体的复式晶格结构

扫码看彩图

5.1.1.2 原胞与基矢

在晶格中取一个格点为顶点，以三个不共面的方向上的周期为边长所形成的平行六面体作为重复单元，沿三个不同的方向进行周期性平移，就可以充满整个晶格。这个体积最小的重复单元即为原胞（Primitive Cell），代表原胞三个边的矢量称为原胞的基本平移矢量，简称基矢，如图 5-4 所示。基矢通常用表示 $\boldsymbol{a}_1$、$\boldsymbol{a}_2$、$\boldsymbol{a}_3$ 表示。为了反映晶体结构周期性的同时反映出每种晶体的对称性，所选取的重复结构单元的体积不一定最小，顶点不仅可以在格点上，还可以在面心或体心，如图 5-5 所示，这种重复结构单元称为晶胞。晶胞的基矢通常用 $\boldsymbol{a}$、$\boldsymbol{b}$、$\boldsymbol{c}$ 表示。根据晶胞的周期性特征，分为七种晶系、十四种点阵，这在晶体概念中介绍过。

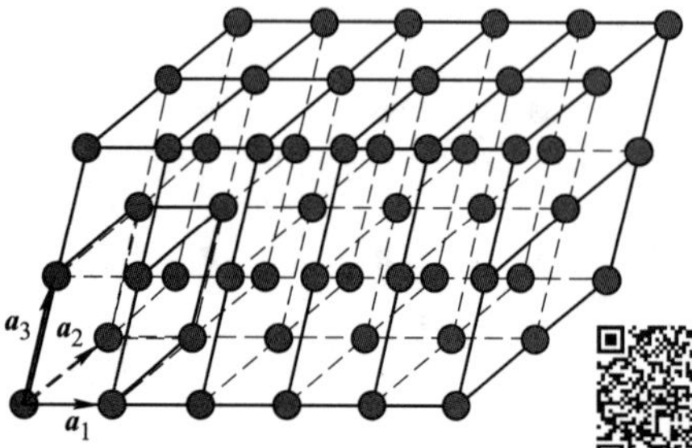

图 5-4 原胞和晶格基矢

扫码看彩图

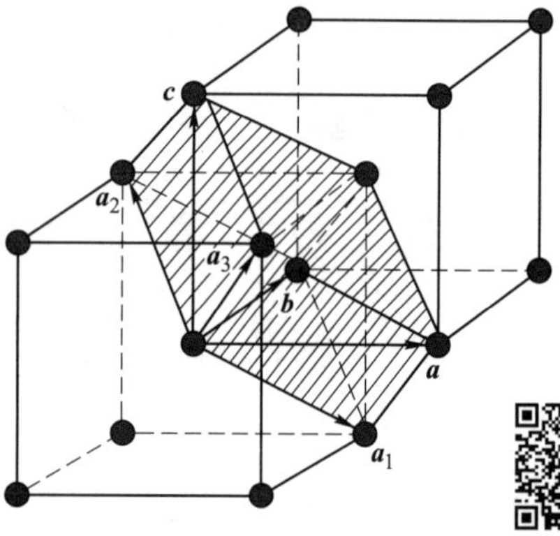

图 5-5 晶格基矢和晶胞基矢

扫码看彩图

5.1.1.3 晶向与晶面

通过晶格中任意两个格点连一条直线称为晶列，晶列的取向称为晶向。晶向可以用晶向指数表示。取某一原子为原点 O，如图 5-6 所示，原胞的三个基矢为 $\boldsymbol{a}_1$、$\boldsymbol{a}_2$、$\boldsymbol{a}_3$，晶格中其他任一格点 A 的位矢可以表示为：

$$\boldsymbol{R} = l_1'\boldsymbol{a}_1 + l_2'\boldsymbol{a}_2 + l_3'\boldsymbol{a}_3 \qquad (5\text{-}1)$$

式中，l_1'、l_2'、l_3' 为整数。将 l_1'、l_2'、l_3' 化

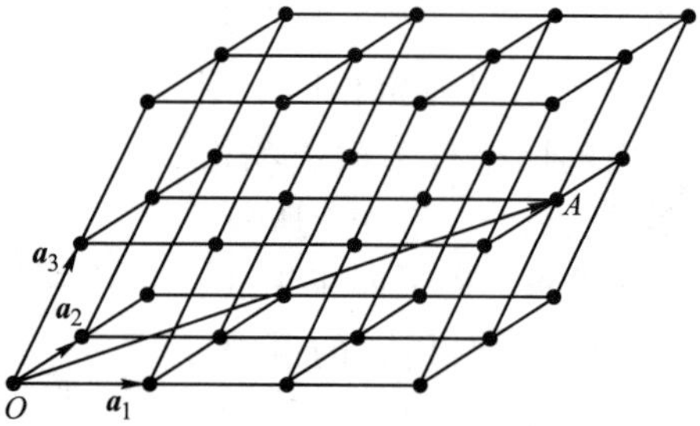

图 5-6 某点 A 的位矢与晶胞基矢

扫码看彩图

为互质的整数，即：

$$l_1' : l_2' : l_3' = l_1 : l_2 : l_3 \tag{5-2}$$

$[l_1, l_2, l_3]$ 即为该晶列的晶向指数。

在晶格中，通过任意三个不在同一直线上的格点作一平面，称为晶面。晶面可以用晶面指数表示。取原胞基矢为 $\boldsymbol{a}_1$、$\boldsymbol{a}_2$、$\boldsymbol{a}_3$，设晶面族中某一晶面在三个基矢上的交点的位矢分别为 r、s、t，将系数 r、s、t 的倒数约化为互质整数：

$$\frac{1}{r} : \frac{1}{s} : \frac{1}{t} = h : k : l \quad \text{（其中 } h\text{、}k\text{、}l \text{ 为互质整数）} \tag{5-3}$$

则把 (hkl) 称为晶面指数。

金属晶体的基元通常就是一个原子，是一种简单晶格结构。因此，金属晶格的一些关键参数与金属原子及其排列规律有关，涉及原子尺寸、原子间距、晶格常数、晶面间距、配位数与密排度等。

5.1.1.4　原子间距

原子尺寸是指晶格中原子直径的大小，这与材料本身有关，相关规律见元素周期表。原子间距是某一方向上两个原子圆心之间的距离，不同晶向上的距离不一样，一般指特征方向上的距离。晶格常数是指晶胞中 a、b、c 轴的长度，与材料和晶格类型有关。材料不同、晶格类型相同，其晶格常数也不同；材料相同，晶格类型不同，晶格参数也不同。

5.1.1.5　晶面间距

晶面间距是指两相邻平行晶面之间的距离，由于晶体中不同方向上晶面原子排列结构具有差异，通常，低晶面指数的晶面间距较大，而高指数的晶面间距较小。对应地，晶面间距越大，该晶面上原子排列越密集。

5.1.1.6　配位数

配位数是一个晶格中原子周围最邻近原子的个数。晶体的配位数对其结构稳定性、热力学性质、物理化学性质等均有重要影响，最常见的配位数是 6、8 和 12，最大为 12。

5.1.1.7　密排度

密排度就是原子所占的体积与晶胞的体积的比值。密排度越大，说明原子堆积越密，空间利用率越高。密排度是晶格尺度上材料的密实程度，决定了材料宏观上的理论密度。相对地，面心立方和密排六方的密排度比体心立方大，体心立方比简单立方大。

5.1.2　简单立方点阵

简单立方（Simple Cubic，SC）结构的特征是晶格中三个轴的常数 a、b、c 大小相等，三个轴相互垂直，且面心和体心均没有原子，是立方晶系的一种，如图 5-7 所示。

钢中基体相和析出相几乎不涉及这种结构，但简单立方晶格是其他常见结构的基础，对于认识晶格参数非常直观。目前，已经发现金属中钋的 α 相为简单立方晶格。由图 3-1 中可见，对于这种结构，8 个原子的八分之一分别占据着立方晶格 8 个顶角，所以实际上这个晶胞里只包含 1 个原子。不难发现，简单立方结构的配位数为 6，即对于某个原子，其晶格的上下左右前后共有 6 个原子与之相接触。密排度计算方法如下：

设晶胞边长为 a，原子半径为 r，根据简单立方晶格结构：

$$a = 2r \tag{5-4}$$

晶胞体积 V 为：

$$V = a^3 = 8r^3 \tag{5-5}$$

原子体积为 V_a：

$$V_a = 8 \times \frac{1}{8} \times \frac{4}{3}\pi r^3 = \frac{4}{3}\pi r^3 \tag{5-6}$$

密排度为：

$$S = \frac{V_a}{V} = \frac{\pi}{6} \approx 0.523 \tag{5-7}$$

如果知道实际的原子半径和摩尔质量，就能计算其理论密度。钋的 $r=0.167$ nm，$M=209$ g/mol，则其理论密度为：

$$\rho = \frac{nM}{VN_A} = \frac{1 \times 209}{8 \times (0.167 \times 10^{-9})^3 \times 6.02 \times 10^{23}} = 9.3\ \text{g/cm}^3 \tag{5-8}$$

式中，V 为晶胞体积；n 为晶胞内原子数。

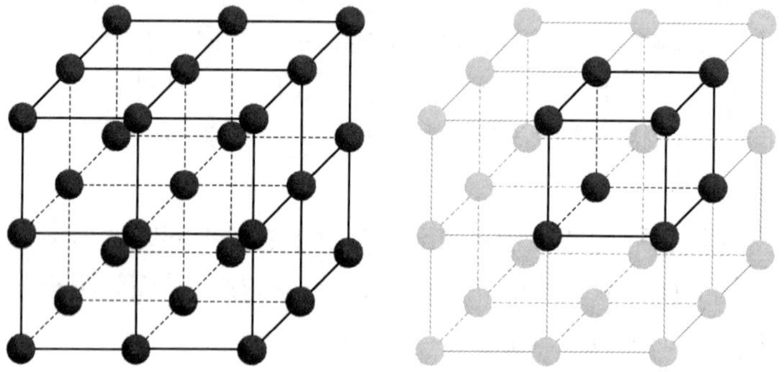

(a) (b)

图 5-7 简单立方点阵

扫码看彩图

5.1.3 体心立方点阵

体心立方（Body Center Cubic，BCC）的特征是晶格中三个轴的常数 a、b、c 的大小相等，三个轴相互垂直，晶格空间中心处也有一个原子，属于立方晶系，如图 5-8 所示。

体心立方晶格是钢的基本结构，高温下的 δ 相和室温下的 α 相均是体心立方晶格，一些常用合金的基体相也是体心立方结构，如铬、钼、钨、钒。体心立方晶格的 8 个原子的八分之一分别占据着立方晶格的 8 个顶角，中心还有一个原子，所以实际上这个晶胞里包含 2 个原子。同样可知，体心立方结构的配位数为 8，即对于体心处的原子，其四周有 8 个原子与之有接触。注意到这种结构下晶胞的体对角线长度恰好等于 4 倍的原子半径，于是，密排度与理论密度计算如下：

设晶胞边长为 a，原子半径为 r，根据几何关系以及勾股定理：

$$a^2 + a^2 + a^2 = (4r)^2 \tag{5-9}$$

晶胞体积 V 为：

$$V = a^3 = \frac{64}{9}\sqrt{3}r^3 \tag{5-10}$$

原子体积为 V_a：

$$V_a = \left(8 \times \frac{1}{8} + 1\right) \times \frac{4}{3}\pi r^3 = \frac{8}{3}\pi r^3 \tag{5-11}$$

密排度为：

$$S = \frac{V_a}{V} = \frac{\sqrt{3}}{8}\pi \approx 0.68 \tag{5-12}$$

对比可见，体心立方结构比简单立方结构的密排度大约30%。同样地，可以根据原子半径和摩尔质量计算纯铁的理论密度，铁的 $r = 0.125$ nm，$M = 56$ g/mol，则其理论密度为：

$$\rho = \frac{nM}{VN_A} = \frac{2 \times 56}{\frac{64}{9}\sqrt{3} \times (0.125 \times 10^{-9})^3 \times 6.02 \times 10^{23}} = 7.7\ \text{g/cm}^3 \tag{5-13}$$

式中，V 为铁的体心立方晶胞体积；n 为晶胞内原子数。

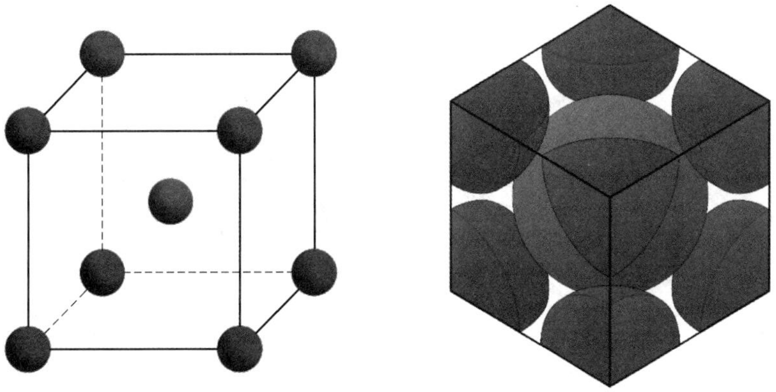

(a) (b)

图 5-8 体心立方的晶格结构

扫码看彩图

对于钢，由于存在高温 δ 相和室温 α 相两种铁素体，虽然标记不同，但本质上晶格结构完全一致。考虑到温度对晶格间距的影响，高温下 δ 相的晶格常数会比 α 相更大一点。实际上，钢中合金元素的加入会导致晶格结构出现一定的膨胀或收缩，进而引起晶格常数的变化，一些常见合金元素对纯铁体心立方晶格的影响如下[1]：

$$\begin{aligned} a_{bcc} = 2.8664 + & \frac{(a_{Fe} - 0.279x_C)^2(a_{Fe} + 2.496x_C) - a_{Fe}^3}{3a_{Fe}^2} - \\ & 0.03x_{Si} + 0.06x_{Mn} + 0.07x_{Ni} + 0.31x_{Mo} + \\ & 0.05x_{Cr} + 0.096x_V \end{aligned} \tag{5-14}$$

式中，x_i 为元素 i 的摩尔分数；a_{Fe} 为纯铁的晶格常数。

整体来看，碳对晶格常数的影响比较复杂，锰、镍、钼、铬、钒会使铁的体心立方晶格常数变大，硅会使其减小。

体心立方是钢的基本晶格结构，当钢中存在 C、N、B、H、O 等元素时，这些原子存在于晶格间隙中。图 5-9 为体心立方晶格的八面体间隙和四面体间隙，原子数量分别

为 $6\left(=6\times\frac{1}{2}+4\times\frac{1}{12}\right)$ 个和 $12\left(=4\times\frac{1}{2}\times6\right)$ 个。

对于八面体间隙，当晶格参数为 a 时，根据排列特征，则原子半径为：

$$r=\frac{\sqrt{3}}{4}a \tag{5-15}$$

八面体间隙垂直轴上的距离最小，为扁八面体，以此计算间隙原子半径：

$$r_{\mathrm{m}}=\frac{a}{2}-\frac{\sqrt{3}}{4}a=\frac{2-\sqrt{3}}{4}a \tag{5-16}$$

间隙原子半径与晶格原子半径的比值为：

$$\frac{r_{\mathrm{m}}}{r}=\frac{\frac{2-\sqrt{3}}{4}a}{\frac{\sqrt{3}}{4}a}\approx 0.155 \tag{5-17}$$

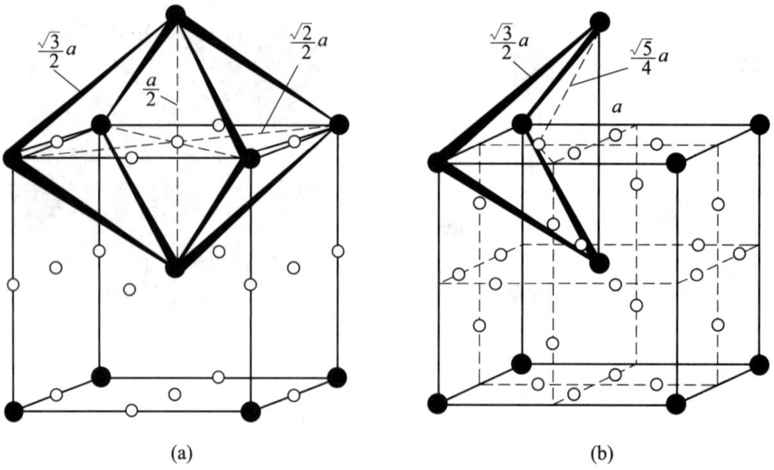

图 5-9 体心立方的八面体间隙（a）和四面体间隙（b）

对于四面体间隙，原子半径不变，计算间隙原子半径可得：

$$r_{\mathrm{m}}=\frac{\sqrt{5}}{4}a-\frac{\sqrt{3}}{4}a=\frac{\sqrt{5}-\sqrt{3}}{4}a \tag{5-18}$$

间隙原子半径与晶格原子半径的比值为：

$$\frac{r_{\mathrm{m}}}{r}=\frac{\frac{\sqrt{5}-\sqrt{3}}{4}a}{\frac{\sqrt{3}}{4}a}\approx 0.291 \tag{5-19}$$

由此可见，对于体心立方晶格，四面体间隙空间比八面体的还大。

5.1.4 面心立方点阵

面心立方（Face Center Cubic，FCC）的特征是晶格中三个轴的常数 a、b、c 大小相等，三个轴相互垂直，每个面的中心处都有一个原子，属于立方晶系，如图 5-10 所示。

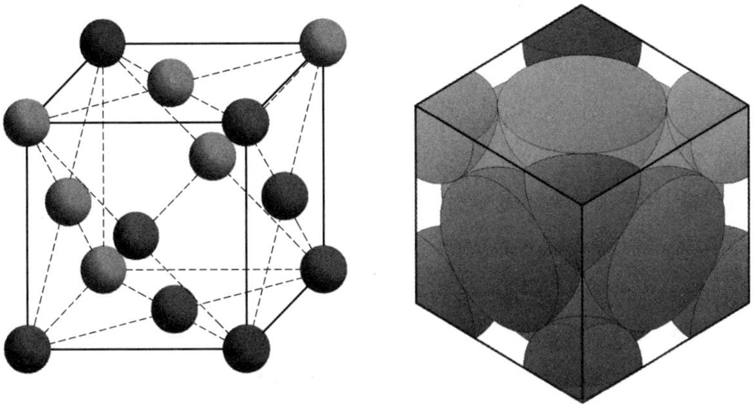

(a)　　(b)

扫码看彩图

图 5-10　面心立方的晶格结构

面心立方晶格也是钢的基本结构，高温下的 γ 相和一些简单碳化物等均是面心立方晶格，一些常用合金的基体相也具有面心立方结构，如铝、铜、金、银、镍等。面心立方晶格的 8 个原子的八分之一分别占据着立方晶格的 8 个顶角，每个面的中心还有半个原子，所以实际上这个晶胞里包含 4 个原子。不难看出，面心立方结构的配位数为 12，即对于某个面心的半原子，其首先与 4 个顶点原子接触，又与其余相邻的 4 个面心原子接触，同样地，另一半也有另外的 4 个面心原子，因此有 12 个最邻近原子。注意到这种结构下，晶胞的面对角线长度恰好等于 4 倍的原子半径，于是，密排度与理论密度计算如下：

设晶胞边长为 a，原子半径为 r，根据几何关系以及勾股定理：

$$a^2 + a^2 = (4r)^2 \tag{5-20}$$

晶胞体积 V 为：

$$V = a^3 = 16\sqrt{2}r^3 \tag{5-21}$$

原子体积为 V_a：

$$V_a = \left(8 \times \frac{1}{8} + 6 \times \frac{1}{2}\right) \times \frac{4}{3}\pi r^3 = \frac{16}{3}\pi r^3 \tag{5-22}$$

密排度为：

$$S = \frac{V_a}{V} = \frac{\sqrt{2}}{6}\pi \approx 0.74 \tag{5-23}$$

对比可见，面心立方结构比体心立方结构的密排度大约 9%。同样地，可以根据原子半径和摩尔质量计算铜的理论密度。铜的 $r=0.128$ nm，$M=63.5$ g/mol，则其理论密度为：

$$\rho = \frac{nM}{VN_A} = \frac{4 \times 63.5}{16\sqrt{2} \times (0.128 \times 10^{-9})^3 \times 6.02 \times 10^{23}} = 8.9\ \text{g/cm}^3 \tag{5-24}$$

式中，V 为铜的面心立方晶胞体积；n 为晶胞内原子数。

对于钢，当加入大量奥氏体形成元素时，如 Ni、Mn 等，其室温下也可以出现面心立方。合金元素的加入对钢中 γ 相晶格结构的影响为[1]：

$$a_{FCC} = 3.5780 + 0.033w_C + 0.00095w_{Mn} - 0.0002w_{Ni} + 0.0006w_{Cr} + 0.0056w_{Al} + 0.0031w_{Mo} + 0.0018w_V \tag{5-25}$$

式中，w_i 为合金元素 i 的质量分数。

整体来看，碳、锰、铬、铝、钼、钒会使铁的面心立方晶格常数变大，镍会使其减小。

面心立方是也钢的基本晶格结构，当钢中存在 C、N、B、H、O 等合金元素时，这些原子存在于晶格间隙中。图 5-11 为面心立方晶格的八面体间隙和四面体间隙，原子数量分别为 $4\left(=1+4\times\frac{1}{12}\right)$ 个和 8（=4×2）个。

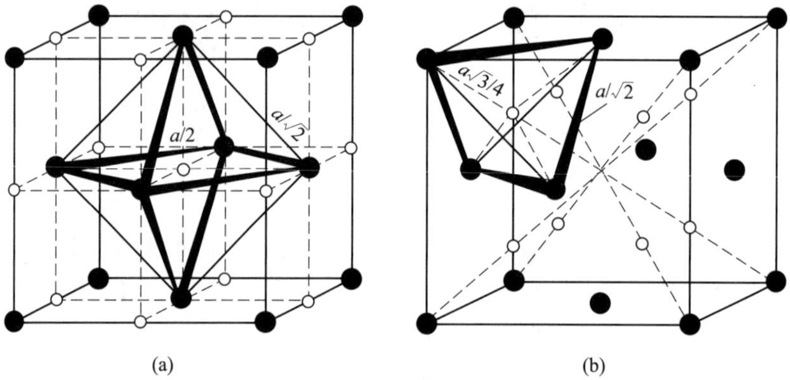

图 5-11 面心立方的八面体间隙（a）和四面体间隙（b）

对于八面体间隙，当晶格参数为 a 时，则原子半径为：

$$r = \frac{\sqrt{2}}{4}a \tag{5-26}$$

八面体间隙不同轴上的距离相同，为正八面体，计算间隙原子半径可得：

$$r_m = \frac{a}{2} - \frac{\sqrt{2}}{4}a = \frac{2-\sqrt{2}}{4}a \tag{5-27}$$

间隙原子半径与晶格原子半径的比值为：

$$\frac{r_m}{r} = \frac{\frac{2-\sqrt{2}}{4}a}{\frac{\sqrt{2}}{4}a} \approx 0.414 \tag{5-28}$$

对于四面体间隙，由于各轴长度相等，为正四面体，计算间隙原子半径：

$$r_m = \frac{\sqrt{3}a}{4} - \frac{\sqrt{2}}{4}a = \frac{\sqrt{3}-\sqrt{2}}{4}a \tag{5-29}$$

间隙原子半径与晶格原子半径的比值为：

$$\frac{r_m}{r} = \frac{\frac{\sqrt{3}-\sqrt{2}}{4}a}{\frac{\sqrt{2}}{4}a} \approx 0.225 \tag{5-30}$$

对于面心立方晶格，八面体间隙比四面体间隙大。

5.1.5 密排六方点阵

密排六方（Hexagonal Close Packed，HCP）的特征是在唯一具有高次轴的 c 轴主轴方向存在六重轴或六重反轴特征对称的晶体结构，基向量特点是两个副轴均与主轴垂直，两个副轴基向量的大小相等，副轴间的夹角为 120°，即其晶胞参数具有 $a=b\neq c$，$\alpha=\beta=90°$，$\gamma=120°$的关系，如图 5-12 所示。

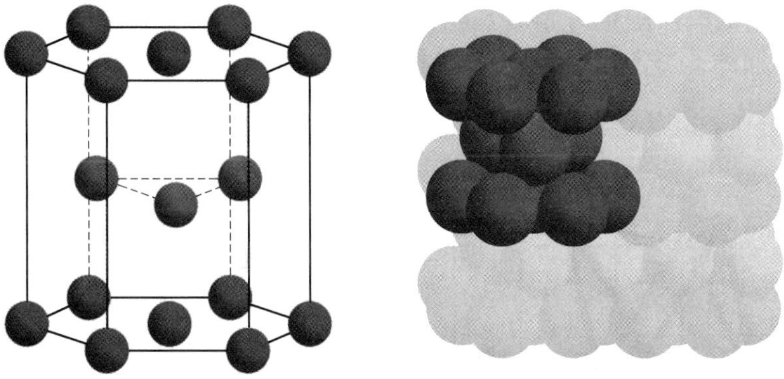

(a) (b)

图 5-12 密排六方的晶格结构

扫码看彩图

密排六方晶格不是钢的基本结构，但在回火过程中析出的过渡相 ε 碳化物（$Fe_{2.4}C$）和某些高合金钢中的 ε 马氏体具有这种结构，常见金属如镁、锌、铍、钴等也是密排六方结构。对于密排六方晶格，12 个原子的六分之一分别占据着晶格 12 个顶角，2 个底面的中心各有半个原子，内部还有 3 个原子，所以实际上这个晶胞里包含 6 个原子。不难看出，密排六方结构的配位数也是 12，以晶胞内的正六边形中心原子为研究对象，它与周围的 6 个原子相切，且分别与上一层以及下一层的 3 个原子相切，所以配位数为 12。这种结构下，晶胞具有两个晶格常数 a 和 c，其中 a 轴的大小等于 2 倍的原子半径，c 轴的高度实际上是晶格中间 5 个原子模型组成的两个正三棱锥的高，而这 5 个原子两两相切，因此棱长为 $2r$，于是，密排度与理论密度计算如下：

设晶胞边长为 a，晶胞高度为 c，原子半径为 r，根据 c 和 a 之间的正三棱锥几何关系：

$$c = 2 \times \frac{\sqrt{6}}{3}a \tag{5-31}$$

晶胞体积 V 为：

$$V = S_{六边形}c = \left(\sqrt{3}a^2 + \frac{\sqrt{3}}{2}a^2\right) \times \frac{2\sqrt{6}}{3}a = 3\sqrt{2}a^3 = 24\sqrt{2}r^3 \tag{5-32}$$

原子体积为 V_a：

$$V_a = \left(3 + 2 \times \frac{1}{2} + 12 \times \frac{1}{6}\right) \times \frac{4}{3}\pi r^3 = 8\pi r^3 \tag{5-33}$$

密排度为：

$$S = \frac{V_a}{V} = \frac{1}{3\sqrt{2}}\pi \approx 0.74 \tag{5-34}$$

对比可见，密排六方结构和面心立方结构具有相同的密排度。根据钴原子半径和摩尔质量计算其理论密度，钴的 $r=0.124$ nm，$M=59$ g/mol，则其理论密度为：

$$\rho = \frac{nM}{VN_A} = \frac{6 \times 59}{24\sqrt{2} \times (0.124 \times 10^{-9})^3 \times 6.02 \times 10^{23}} = 9.0\ \text{g/cm}^3 \tag{5-35}$$

式中，V 为钴的密排六方晶胞体积；n 为晶胞内原子数。

密排六方是钢中一些析出相的基本晶格结构。图 5-13 为密排六方晶格的八面体间隙和四面体间隙，当考虑图 5-13 中的晶格结构时，其原子数量分别为 $6(=3\times2)$ 个和 $12\left(=8+12\times\frac{1}{3}\right)$ 个；当考虑轴向 1/3 结构时，数量则为 2 个和 4 个。

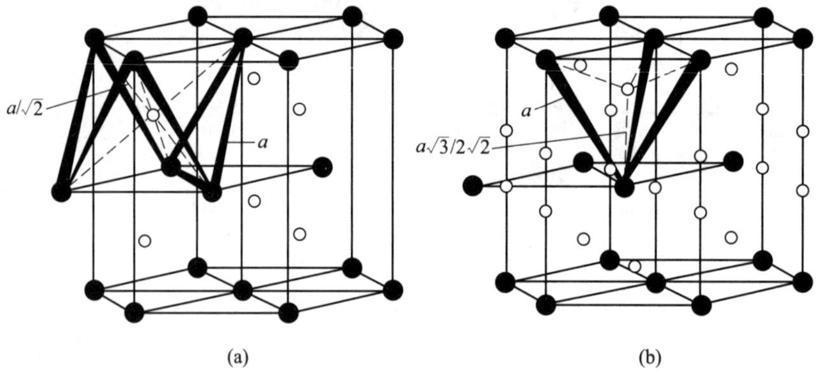

图 5-13 密排六方的八面体间隙（a）和四面体间隙（b）

对于八面体间隙，当晶格参数为 a 时，则原子半径为：

$$r = \frac{1}{2}a \tag{5-36}$$

八面体间隙不同，轴上的距离相同，为正八面体，计算间隙原子半径可得：

$$r_m = \frac{\sqrt{2}a}{2} - \frac{1}{2}a = \frac{\sqrt{2}-1}{2}a \tag{5-37}$$

间隙原子半径与晶格原子半径的比值为：

$$\frac{r_m}{r} = \frac{\frac{\sqrt{2}-1}{2}a}{\frac{1}{2}a} \approx 0.414 \tag{5-38}$$

对于四面体间隙，由于各轴长度相等，为正四面体，计算间隙原子半径：

$$r_m = \frac{\sqrt{3}a}{2\sqrt{2}} - \frac{1}{2}a = \frac{\sqrt{6}-2}{4}a \tag{5-39}$$

间隙原子半径与晶格原子半径的比值为：

$$\frac{r_m}{r}=\frac{\frac{\sqrt{6}-2}{4}a}{\frac{1}{2}a}\approx 0.225 \tag{5-40}$$

对于密排六方晶格，八面体间隙比四面体的大，与面心立方晶格结构特征相同。

5.1.6 体心正方点阵

体心正方（Body Center Tetragonal，BCT）的特征是晶格中三个轴的常数 a、b、c 的 $a=b\neq c$，三个轴相互垂直，晶格空间中心处也有一个原子，属于四方晶系，如图 5-14 所示。体心正方晶格不是钢的基本结构，实际上是 α 相的体心立方在 c 轴上偏聚了溶质，而导致 c 轴增大，是高碳马氏体和高碳贝氏体基体的晶格结构。体心正方的晶格中原子数和配位数与体心立方一致。密排度比体心立方略有降低，但相差不大。

5.1.7 其他点阵结构

钢中的渗碳体是铁与碳以 3：1 组成形成的化合物 Fe_3C，属正交晶系，每个晶胞中含 12 个 Fe 原子和 4 个 C 原子，具有复杂的晶体结构，晶格参数 a、b、c 分别为 0.4515 nm、0.5077 nm 和 0.6726 nm，如图 5-15 所示。

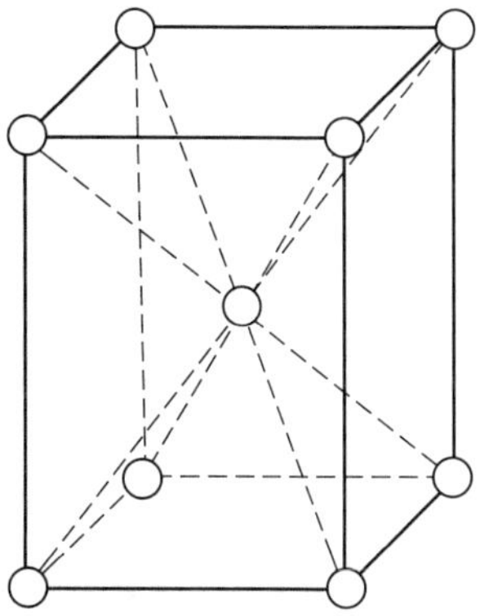

图 5-14 体心正方的晶格结构

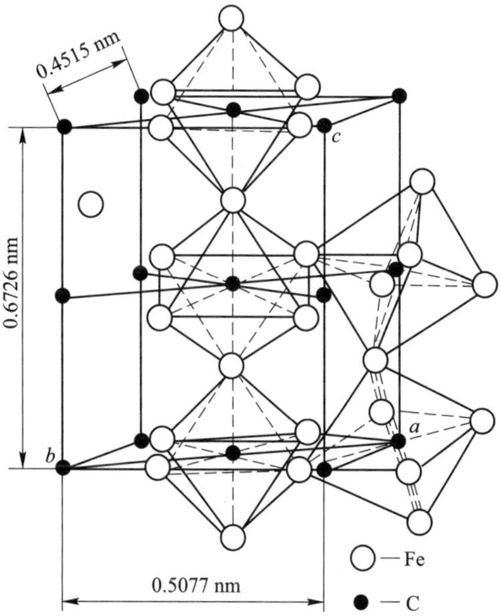

图 5-15 Fe_3C 的晶格结构

对于一些强碳化物形成元素，如 Ti、Nb、V 等，其形成的简单化合物 MC 一般为 NaCl 结构，如图 5-16 所示，即金属原子以面心立方结构的方式排列，较小的 C 或 N 原子占据所有可以利用的八面体间隙，但往往也存在一些空位。对于一些铬、钼、钨等含量较高的合金钢，其中还会出现 M_7C_3 和 $M_{23}C_6$ 的碳化物，其结构分别是复杂六方和复杂立方，$Cr_{23}C_6$ 的晶格结构如图 5-17 所示。当合金含量很高时，还会出现 M_6C 的合金渗碳体，如 Fe_3W_3C，结构为复杂立方。

除此之外，非金属夹杂物也具有独自的晶格结构，如 Al_2O_3 稳定相常为六方晶系，拥有饱和八面体空间点群；MnS、MgO、FeO、CaO 一般为 NaCl 型结构；SiO_2 常为三方晶系；MnO_2 具有多种结构，常见的有三方、四方或正交晶系。一些多元氧化物，其结构也比较复杂，这里不再介绍。

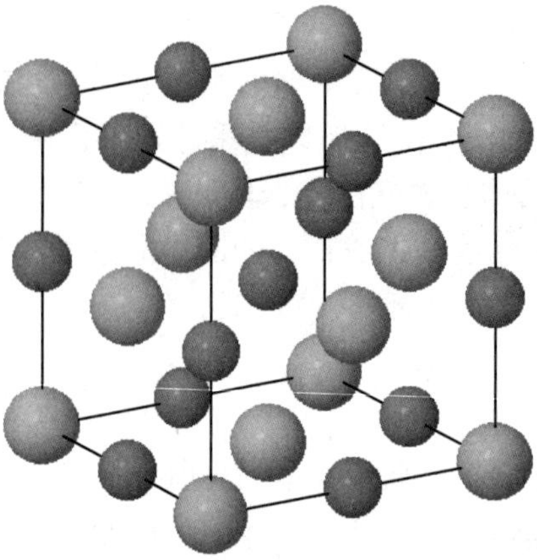

图 5-16 TiC 的晶格结构

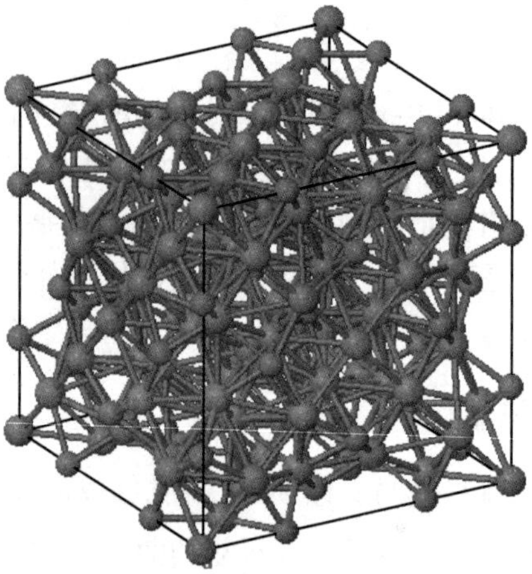

图 5-17 $Cr_{23}C_6$ 的晶格结构

扫码看彩图

5.2 钢的凝固组织形貌

5.2.1 凝固组织及其显现机理

凝固组织包括两个方面：

（1）宏观组织：指用肉眼观察到的连铸坯或钢锭内部的结构情况，通常包括凝固晶粒的形态、大小、取向和分布等情况，是针对宏观状态而言的，是凝固结构、低倍组织和低倍结构评价指标的一部分。

（2）显微组织：是指借助于显微镜观察到的连铸坯或钢锭晶粒内部的结构形态，如枝晶、枝晶臂、二次枝晶等，是针对晶体内部的微观形态而言的，是凝固晶体形成和演变的基本特征。

两者表现形式不同，但其本质上却有着非常密切的联系，即均以凝固过程的晶体为描述对象，只是检测和观察尺度不同。系统地说，凝固组织是凝固晶粒的宏观和微观特征，其是通过枝晶浸蚀反映的。宏观尺度上，将连铸坯或钢锭的低倍试样通过车床、铣床和磨床加工至镜面光洁度，随后浸泡到 70~80 ℃的盐酸水溶液（体积比 1∶1）或特殊浸蚀剂中 10~30 min，即可观察到整个断面的凝固组织结构，其特指枝晶形态、大小、取向和分布等，如图 5-18 所示。就目前的技术来看，大规格试样整体枝晶浸蚀是比较难的，整个观测面均能做到清楚干净是非常有挑战的。

显微尺度上，一般将连铸坯或钢锭某一局部切取下来，之后在金相磨样机上进行打磨和抛光，最后采用 50~70 ℃的饱和苦味酸+缓蚀剂（如海鸥洗发水）进行浸蚀，某些高碳钢可直接采用硝酸酒精腐蚀，随后通过光学显微镜或扫描电子显微镜观察到凝固组织的晶体微观形貌，如图 5-19 所示。

对于合金钢，由于 Cr、Mn、Mo 等合金元素扩散能力有限，铸态基体中其富集特征与枝晶界面基本重合，因此，可以利用这一特性，将小尺寸试样加热到奥氏体化 A_{c3} 以上 50～100 ℃，短时间保温（如 0.5 h）后使碳化物熔解并达到一定程度的均匀化，但不要使合金元素完全均匀化，随后快冷至 A_{r1} 以下 30～50 ℃的某一温度，通过较长时间保温（如 2 h）进行珠光体转变，此时由于枝晶间溶质含量比较高，更有利于珠光体中渗碳体的形成，进而促进碳向枝晶间的扩散，导致枝干上以铁素体为主，枝晶间以珠光体为主，如此在金相显微镜下可以观察到枝晶形貌，如图 5-20 所示。

图 5-18　某 200 mm×200 mm 齿轮钢 20CrMnTiH 连铸坯凝固组织

扫码看彩图

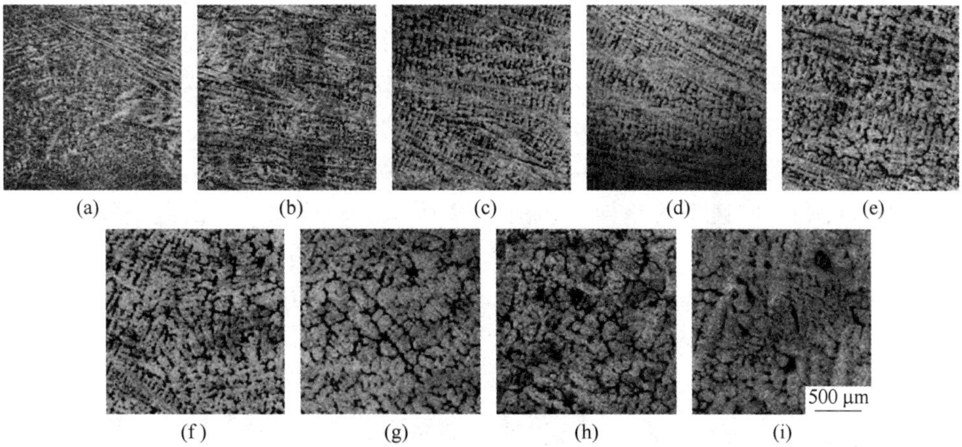

图 5-19　某 ϕ180 mm 石油套管钢 20CrMoVTiB 苦味酸直接浸蚀的枝晶结构
(a)～(i) 为由表面到中心

凝固组织的本质含义为凝固枝晶特征，描述的是凝固过程中晶粒演变和界面推进过程，是凝固过程中传输行为的全面反映。本书第 2 章内容中提到，由于实际工况下多为非平衡条件，凝固过程中会发生溶质再分配和选分结晶，导致开始和最后凝固的基体溶质含量不同，即不可避免地出现枝晶偏析。正是由于这种在显微尺度上的溶质分布不均匀，导致在接触浸蚀剂时会出现电化学反应的差异，因原电池效应引起晶间和晶内的浸蚀效果不同，进而最终出现了颜色上亮暗不同、高度上深浅不一、光洁度上粗糙不平的凝固枝晶形态。

凝固组织的正确评价取决于浸蚀效果的清晰度和可靠性，同时受到钢种和加工浸蚀

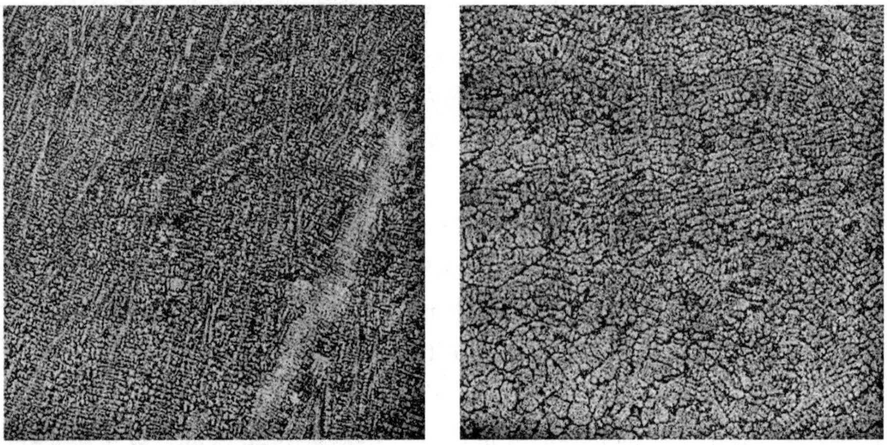

(a) (b)

图 5-20 20CrMnTiH 齿轮钢连铸坯采用热处理法获得的枝晶结构

（a）柱状晶；（b）等轴晶

方法的影响。一般地，现场多以低倍试样进行检测和观察，根据前述宏观尺度凝固组织的电化学浸蚀机理，对于溶质含量较多的高碳钢，其枝晶间碳元素的富集量更大，化学反应速率差异更大，进而枝晶不同位置更容易出现不同的特征。因此，低碳钢的凝固组织比高碳钢更难腐蚀，如图 5-21 所示。对于低碳钢，为了清晰地观察到枝晶结构，可以通过高温、长时间、多次清洗的方式获得更好的效果。当然，加工精度和浸蚀剂本身也很重要。检测面光洁度越高时，其浸蚀结果越清晰，这是因为排除了由粗糙不平而导致的浸蚀剂浓度和反应速率的差异，如图 5-22 所示。一般地，新配制的浸蚀剂比多次使用过的效果要好，高温下的试验结果比低温下要好，这是化学反应中氢离子活度产生的影响。当然，对于某些特殊成分的钢种，调整浸蚀剂浓度和温度可能会有更好的效果，这一参数不是固定的。

(a) (b)

图 5-21 不同钢种的枝晶形貌

（a）汽车板 IF 钢；（b）高锰 TWIP 钢

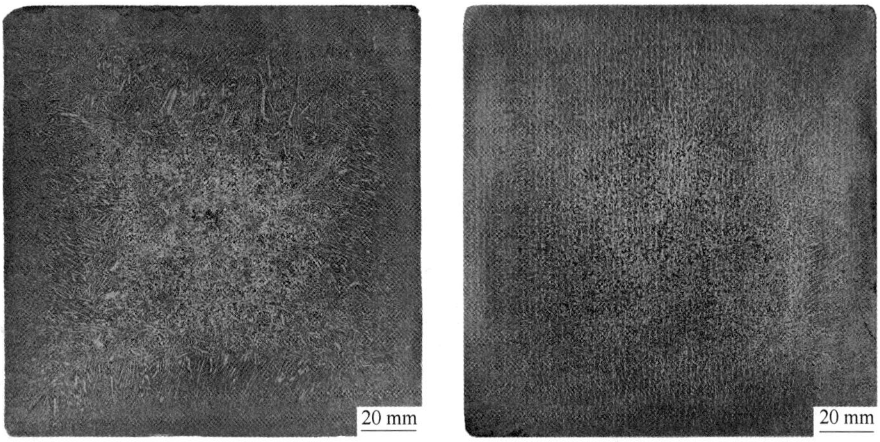

(a) (b)

图 5-22 20Mn2 钢 150 mm 小方坯连铸坯凝固组织

（a）光洁度好；（b）光洁度差

扫码看彩图

5.2.2 凝固组织形态与界面稳定性

根据晶体生长过程固液界面原子的排列特征，对于 Jackson α 因子大于 5 的材料，其原子尺度上为光滑界面，对应于微观尺度上的棱角化形态，即小平面结构；对于 Jackson α 因子小于 2 的材料，其原子尺度上为粗糙界面，对应于微观尺度上的圆润化形态，即非小平面结构。然而，这只是晶体外形的弯曲或平直的抽象描述，不能反映其几何特征。图 5-23 为金属凝固晶体的几种常见结构，包括平面状、胞状、树枝状等，这通常是凝固组织形态的具体含义。换句话说，小平面结构的晶体可以是规则几何体，如六面体、八面体、圆柱状、针状或棒状等，也可能具有胞状或树枝状结构；非小平面的晶体可以是平面状，也可以是胞状或树枝状。

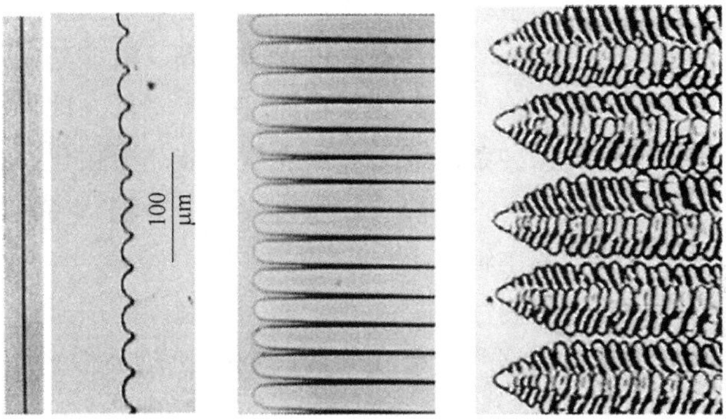

(a) (b) (c)

图 5-23 金属凝固的晶体形貌

（a）平面状；（b）胞状；（c）树枝状

理论上，晶体的小平面或非小平面特征决定了凝固界面的推进速度，进而影响均质性和致密度等，这是材料本身的固有属性；然而，外界工艺条件会影响凝固过程的传输行为，进而引起凝固组织形态的变化，这对微观和宏观性能具有更直接的影响。实际上，当凝固过冷度较大时，不同界面特征的晶体长大速度会趋近一致，这时外因的影响程度会更大。

凝固组织形态本质上取决于界面稳定性，而界面稳定性又主要取决于界面前沿的过冷度，如图 5-24 所示。对于钢、铝、铜、镁等作为结构材料的金属，考虑成分过冷的条件

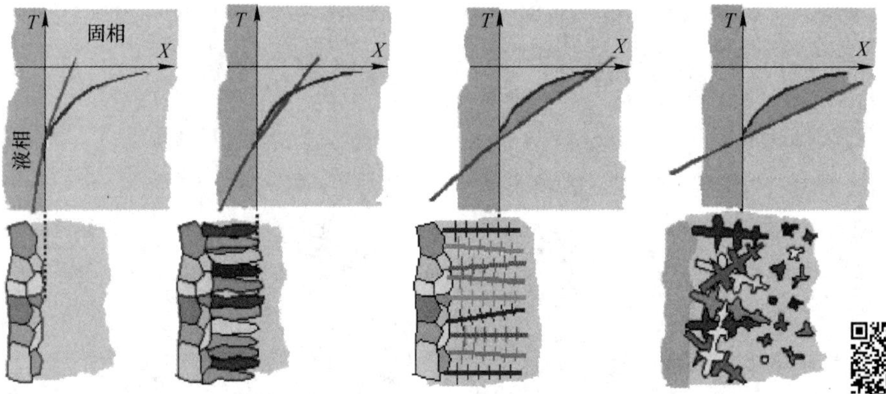

(a) (b) (c) (d)

扫码看彩图

图 5-24 不同过冷度下的晶体形貌特征

下，当界面比较稳定，即不存在过冷时，其凝固组织为平面晶，即整个界面笔直平齐，晶体取向完全一致，固相中晶界非常平直甚至可能不存在晶界；当界面稳定性略有降低时，即出现较小的过冷度时，凝固组织为胞状晶，界面呈现波浪起伏、凹凸不平的特征，晶体取向基本一致，固相内部会出现大致平行的晶界；当界面处稳定性较差，即出现比较大的过冷度时，凝固组织为柱状树枝晶，其主轴为择优生长方向（钢为<100>），同时也会出现二次轴、三次轴等，界面变得参差不齐，液相与枝晶臂接触的地方均是界面，固相中晶体取向大体一致；当界面处稳定性进一步降低，即界面前沿过冷度增大到某一位置可满足晶体形核时，这种条件下一方面柱状树枝晶更粗化，且长出更高次的枝晶臂，另一方面使界面前沿一定距离处出现等轴状树枝晶。等轴状树枝晶在不同方向上生长比较均匀，不存在明显比较长的主轴。

对于这种限制性生长条件而言，与凝固前沿过冷度相关的因素均会影响界面稳定性和凝固组织形貌，这一点与成分过冷判据比较类似，即与成分、温度梯度和凝固速度有关。对于钢而言，k 越小、D_L 越小的合金元素含量越高，界面溶质富集越多，实际液相线斜率越大，越容易形成比较大的过冷度，即合金含量增大会降低界面稳定性，促进胞晶和枝晶形成。因此，高碳钢凝固组织的枝晶化特征比低碳钢显著，低碳钢比纯铁显著；实际温度分布越均匀，界面前沿过冷度也越大，稳定性降低，甚至形成等轴树枝晶。同时，连铸坯或钢锭中心区域热流密度比较小，温度梯度也小，有利于等轴树枝晶形成和长大。当然，等轴树枝晶来源不仅与界面前沿过冷度有关，枝晶沉降也是重要机制。除此之外，液相搅拌也有利于降低界面处的温度梯度，也会促进等轴树枝晶形成。凝固速度越大，界面前沿的溶质扩散边界层厚度越小，溶质浓度和液相线温度斜率越大，过冷度也越大。一般地，凝固速度是温度梯度和冷却速率的函数，冷却速率越大、温度梯度越小，凝固速度越大，也会增大界面前沿过冷度，促进形成等轴树枝晶。

凝固组织形态受到界面稳定性的直接影响，具体与温度梯度、凝固速度和冷却速率有关。实际上凝固组织尺寸也受到外界换热条件的影响，其与晶体形态的规律同时画在图 5-25 中。由图中可见，与界面稳定性相关的过冷度大小与 G/v 有关，表现为图 5-25 中的直线斜率大小。当斜率较大时，界面以平面晶形式推进；当斜率稍减小时，界面以胞状晶形式推进；当斜率继续减小时，界面以柱状树枝晶形式推进；当斜率非常小时，界面前沿会出现等轴树枝晶。图 5-25 中还有两条曲线，为 $G \cdot v$ 的积，实际正是界面处的冷却速度。当温度梯度较大、凝固速度较小或温度梯度较小、凝固速度较大，即冷却速度较小时，凝固组织呈现粗晶结构，体现在晶粒或枝晶臂尺寸比较大；当温度梯度较大、凝固速度也较大，即冷却速度较大时，凝固组织呈现细晶结构，晶粒尺寸小或枝晶间距小。

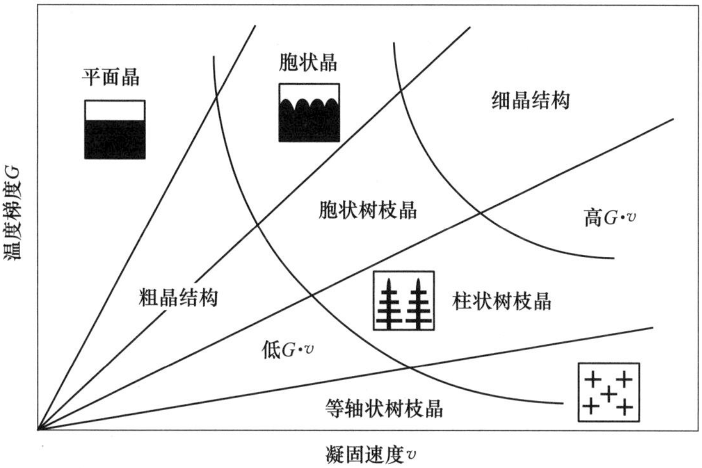

图 5-25　晶体形貌与凝固条件的关系

5.2.3　平面晶和胞状晶

5.2.3.1　平面晶

根据凝固过程界面稳定性与成分过冷理论，只有当凝固前沿无过冷或过冷度极小时才会出现平面晶和胞状晶，即满足以下条件：

$$\frac{G_T}{v} \geqslant \frac{m \cdot C_0}{D_L} \frac{1-k}{k} = \frac{T_L - T_S}{D_L} \tag{5-41}$$

当界面处不存在过冷或过冷度小到无法满足曲率平衡时（图 5-26），正温度梯度下界面就会保持平面状。即使由于某些扰动导致界面某个位置出现由固相向液相的凸起，由于离界面基准平面越远基体温度越高，即过冷度越小甚至不存在过冷度，导致这种凸起生长缓慢，甚至尖端熔化，直至恢复为平面；相反，如果固相出现内凹，由于此时内凹处远离界面基准平面，其实际温度更低，过冷度更大，因此这种内凹会生长迅速，直至成为平面。如此作用下，界面处会一直保持平面状。平面晶一般出现在溶质很少的合金的定向凝固过程中，可以通过控制温度梯度较大而凝固速度较小的冷却条件来实现。

考虑到钢的材料性能及其制备过程与条件，其平面晶不太常见。这里以某镍基合金 Rene 515 定向凝固过程的凝固组织为例[2]，如图 5-27 所示。图中可分为枝晶区（DS）、回流区（Meltback）、平面晶区（PG）和关闭区（PD）。对于平面晶生长区域，其内部晶界几乎不可见或不存在，且溶质分布均匀，无显微偏析，这是与其他形态凝固组织的核心差异。

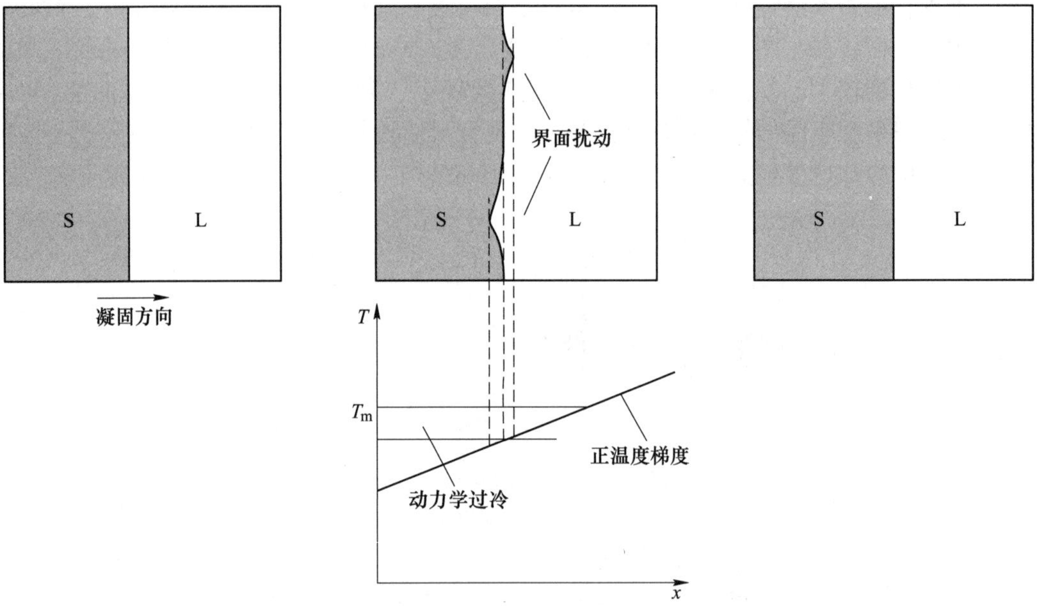

图 5-26 正温度梯度下的平面晶

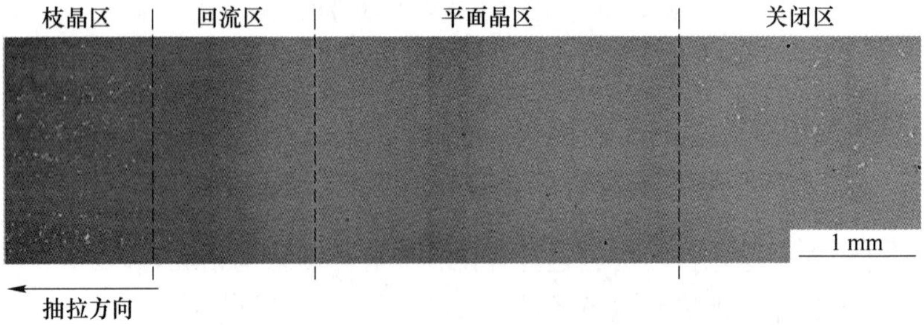

扫码看彩图

图 5-27 定向凝固试样中的平面晶组织

5.2.3.2 胞状晶

胞状晶与平面晶略有类似，其发生在正温度梯度、过冷度较小且界面扰动比较显著的合金的定向凝固过程，如图 5-28 所示。考虑到界面出现周期性扰动时，由固相向液相的凸起会进入过冷区，生长更快，同时把选分结晶排出的溶质推向其他凹陷区域；对应地，固相凹陷区域由于过冷度较小，生长较慢，同时富集了溶质，凝固被进一步推迟。如此使凝固界面失去平面稳定性，出现比较明显的弯曲。当界面尖端和底部距离不大时，呈波浪状；如果距离很大，呈手指状。

实际上，胞状晶形态与界面稳定性有关[3]，当温度梯度减小时，过冷度增大，界面手指状愈发明显，如图 5-29 所示，反之呈波浪状。胞状晶在纵向凝固界面上是凹凸不平的圆润形态，不论是波浪状还是手指状；横向界面上是蜂窝、圆形或其他形状，一般比较规则。

钢是一种铁基合金，除了某些特殊试验条件，大多数凝固状态下不会出现平面晶和胞状晶。根据已有数据，平面晶对应的温度梯度在 $10^5 \sim 10^7$ K/m、凝固速度在 $10^{-7} \sim 10^{-5}$ m/s，对

应的 G/v 在 $10^{12} \sim 10^{14}\ \mathrm{K \cdot s/m^2}$；胞状晶对应的温度梯度在 $10^3 \sim 10^7$ K/m、凝固速度在 $10^{-7} \sim 10^{-4}$ m/s，对应的 G/v 在 $10^9 \sim 10^{12}\ \mathrm{K \cdot s/m^2}$。工业生产过程中钢水凝固时的温度梯度在 $10^3 \sim 10^5$ K/m、凝固速度在 $10^{-4} \sim 10^{-3}$ m/s，对应的 G/v 在 $10^6 \sim 10^8\ \mathrm{K \cdot s/m^2}$，不满足平面晶和胞状晶的条件，因此不会观察到类似的凝固组织形貌。

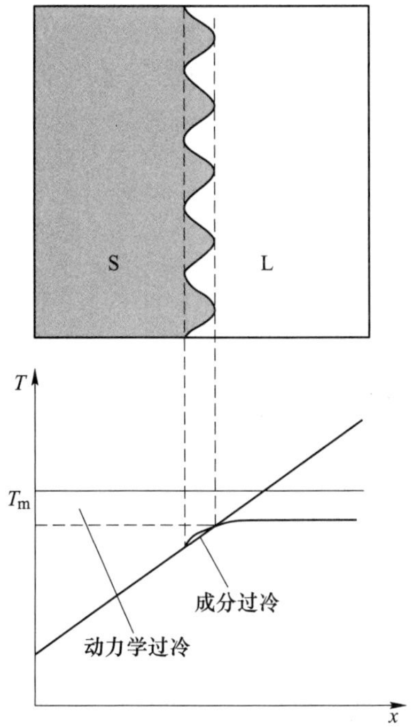

图 5-28　胞状晶界面过冷度

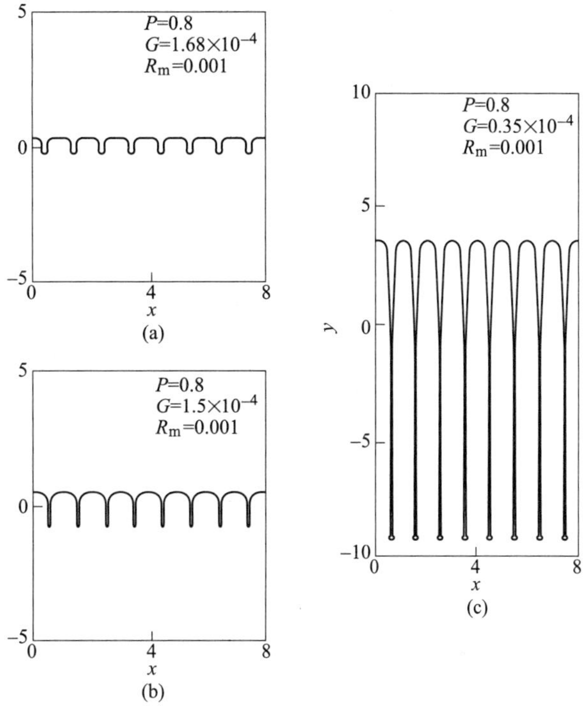

图 5-29　不同温度梯度下的胞状晶结构

5.2.4　柱状树枝晶和等轴状树枝晶

5.2.4.1　柱状树枝晶

固液界面前沿过冷度决定了凝固组织形貌，根据成分过冷理论，只有满足以下条件才可能出现树枝晶：

$$\frac{G_{\mathrm{T}}}{v} < \frac{m \cdot C_0}{D_{\mathrm{L}}} \frac{1-k}{k} = \frac{T_{\mathrm{L}} - T_{\mathrm{S}}}{D_{\mathrm{L}}} \tag{5-42}$$

对于大多数金属，当界面处出现较大过冷度时（图 5-30），界面就会失稳，进而放大扰动，凝固组织呈现树枝状。这种状态下，由于界面扰动形成的某个由固相向液相的凸起，当其尖部进入远离基准平面的液相中时，由于该处的过冷度比界面处更大，其会生长得更快，同时将溶质排出到周围液相中，进而形成了在择优方向具有主轴特征的一次枝晶；当过冷度较大时，会在一次枝晶侧向长出二次枝晶，二次枝晶上长出三次枝晶等；对应地，界面扰动形成的固相内凹处过冷度小，生长比较缓慢，同时受到液相溶质富集的影响，凝固温度降低，甚至可能发生重熔。这种界面热状态可能发生在具有成分过冷的限制性生长过程，即上述界面结构；也可能发生在同时具备热过冷和/或成分过冷的非限制性生长过程，前者为柱状树枝晶，简称为柱状晶；后者为等轴状树枝晶，简称等轴晶。对于钢，不管枝晶是 δ 铁素体相还是 γ 奥氏体相，其择优取向均为<100>。值得说明的是，柱状晶和等轴晶中的“晶”，本质上指的都是凝固过程的枝晶，与材料学中提及的“晶粒”具有完全相同的概念。尽管枝晶尺寸在几百到几千微米，且外形轮廓也不规则，但其内部原子的排列规律是完全相同的，即凝固过程中一个枝晶不同位置的取向是完全相同的。然而，由于凝固之后的冷却过程中发生了固态相变，同一个枝晶内部不同区域的相变类别和进度不同，其原子取向会发生变化，进而室温下的原子排列规律不能反映出高温的过程，因此不能通过测定原子排列规律的方式鉴别凝固过程的枝晶结构，这个方法只适用于凝固之后没有固态相变的金属或合金。

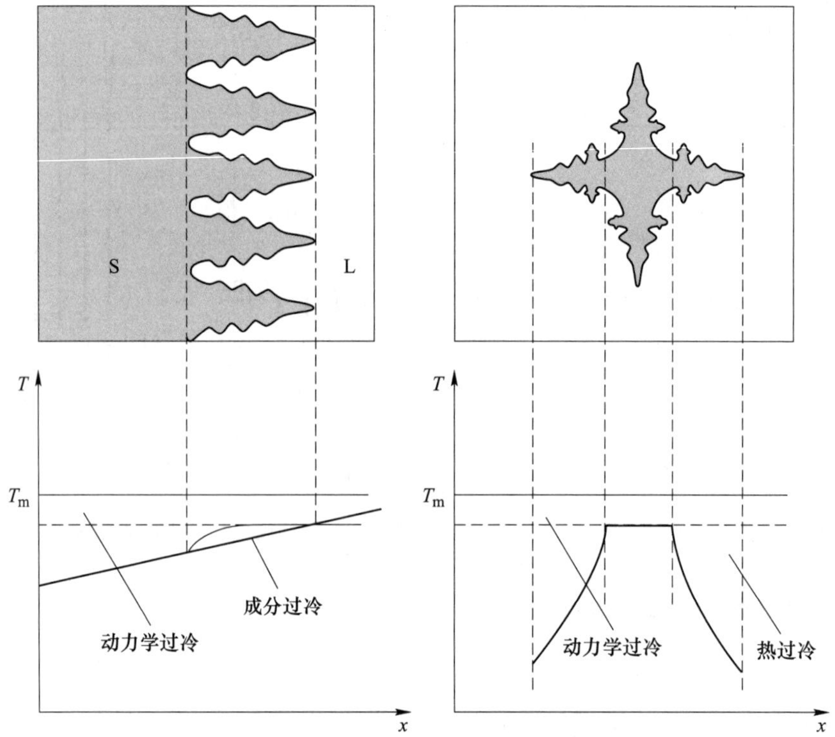

图 5-30　较大过冷度下的枝晶结构

金属凝固过程枝晶形貌与冷却条件也有对应关系，这里以某镍基合金的定向凝固过程为例，揭示不同凝固速率下的界面形态如图 5-31 所示[4]。当凝固速度增大时，根据判定式（5-42），其更容易满足成分过冷条件，因此更容易形成枝晶结构，与图中观察到的结果是一致的。同时注意到，对于同样枝晶结构，当凝固速率增大时，界面稳定性进一步降低，表现为一次枝晶外部萌生的二次枝晶数量更多，这说明 $G \cdot v$ 增大的确有利于凝固组织细化。

柱状晶生长过程中，界面由一端向另一端逐步推进，晶体方向可以控制，晶粒之间的取向也比较接近，且枝晶间距相对比较小，溶质分布更均匀。因此，一些具有对方向性或对均质性要求极高的产品，会采用定向凝固的方法获取柱状晶组织，比如飞机发动机叶片，如图 5-32 所示。20 世纪 40~60 年代开发的非定向结构的锻造或铸造多晶叶片，最高服役温度约为 950 ℃；60~80 年代开发的定向凝固的多晶叶片，主要为取向大体一致的柱状晶，高温性能大大提升，服役温度最高约为 1080 ℃；1990 年左右开发的基于定向凝固技术的单晶叶片，高温性能又进一步突破，服役温度可达 1150 ℃以上。

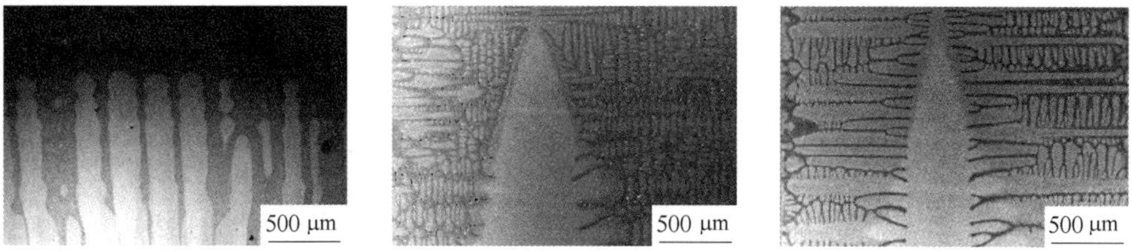

图 5-31　不同凝固速率下的枝晶结构

（a）5 mm/h；（b）50 mm/h；（c）180 mm/h

扫码看彩图

图 5-32　涡轮叶片晶体

（a）多晶体；（b）柱状晶；（c）单晶

5.2.4.2　等轴状树枝晶

等轴晶是凝固过程中从自由晶核长大的树枝晶，一般分布在柱状晶前沿靠近连铸坯或钢锭中心的区域。随着凝固进行，由于坯壳厚度增大，热阻增加，界面处的热流密度逐渐减小，这时液相有比较充分的时间通过自然对流或其他方式使内部温度分布逐渐均匀化，即温度梯度大大减小。根据枝晶形成判据，温度梯度减小会直接促进界面前沿过冷度增加，而最大过冷度位置并不在界面处，而是在与界面前沿一定距离的某个位置。当这个最大过冷度可满足晶核自发或非自发形核，或可以使较小半径的晶核克服曲率张力而长大时，就会观察到该位置出现比较明显的等轴晶。由于此时温度梯度较小，不同方向的热流基本一致，树枝晶不同方向的主轴基本呈匀速生长，因此等轴晶呈现各向同性的特征，如图 5-33 所示。

实际上，柱状晶与等轴晶的基本结构规律完全一致，即由一次枝晶、二次枝晶和多次枝晶构成，枝晶方向是晶体生长的择优取向，枝晶间夹角取决于晶格结构本身。对于常见择优取向为<100>方向的立方晶系金属，如铁、铜、镍等，其相邻枝晶夹角为90°；对于密排六方晶系，如镁、锌，其夹角为60°。柱状晶与等轴晶的形成条件不同，这是导致其形态上具有主要差异的根本原因。柱状晶由于限制性生长，其热流方向与择优取向一致，故具有某一个方向比较长的主轴；而等轴晶为非限制性生长，基本不具备单向长主轴特征。

图 5-33　等轴晶结构

5.2.4.3　连铸坯的凝固组织结构

实际连铸坯或钢锭中，尽管或多或少加入了其他合金元素，但不会改变铁基材料凝固晶体学特性。当考虑到连铸坯或钢锭不同传热状态时，其凝固组织由表及里具有不同的特征，一般分为表面等轴晶区、柱状晶区、混晶区和中心等轴晶区四个部分，如图 5-34所示。

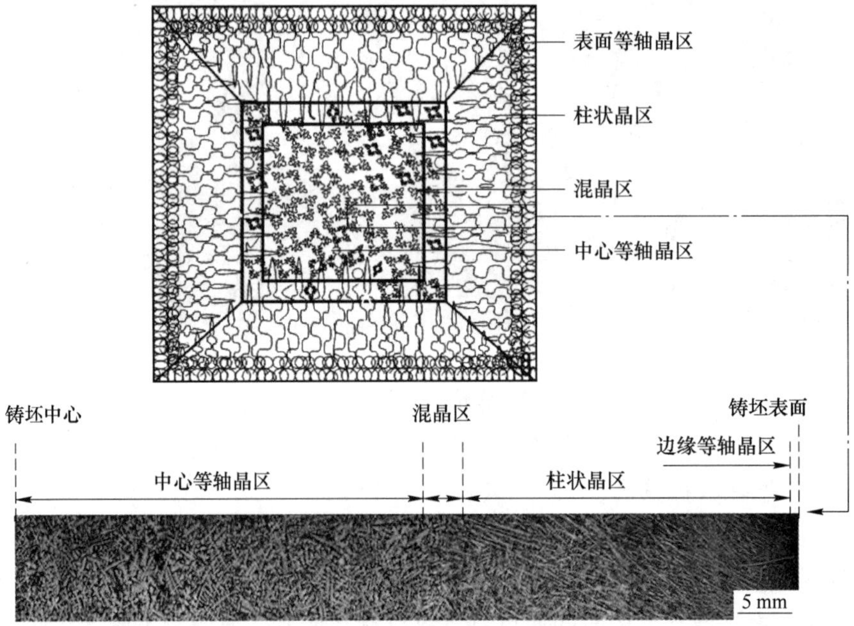

图 5-34　连铸坯的凝固枝晶结构

表面等轴晶区的形成与钢水初凝时的激冷过程有关。钢水浇入到模子或结晶器之后，在接触瞬间的冷却速率非常快（100 ℃/s），热过冷度很大，且与模具器壁接触，会出现大量的初生晶核，其来不及长大就完成了凝固，最终形成了由均匀细小等轴晶组成的致密的激冷层，同时释放凝固潜热。随着冷却进行，初生坯壳逐渐增厚，产生凝固收缩，即坯壳会远离模具器壁；然而，在钢水静压力的作用下，坯壳又会被推向模具器壁，因此，当坯壳较薄时，激冷层一直处于动态平衡状态。当初凝坯壳足够厚时，其可以完全抵抗钢水静压力作用，会在其与模子或结晶器之间形成稳定间隙。实际生产过程中，这一间隙会被液态保护渣填充，也有少量间隙因没有保护渣流入会成为气隙，不管如何，这时坯壳与模具之间的传热速率降低，热过冷度逐渐减小并消失，无法使凝固界面前沿形成大量自由晶核，即达到了初凝激冷作用的最大范围，也就是表面等轴晶区的实际厚度。

当初生坯壳具有一定厚度之后，热流密度下降，但凝固界面前沿温度梯度仍比较大，对应的成分过冷度比较小。尽管不能满足新晶核形成，但可以实现已有晶核的长大。对于钢，不管初生相是 BCC 结构还是 FCC 结构，其晶体的择优生长方向均是<100>晶向，因此，激冷层内侧等轴晶主轴<100>方向与热流密度方向一致的晶体，会优先长大，进而在热流密度方向上形成了一个单向长主轴，即柱状树枝晶区。对于主轴方向与热流方向不一致的晶体，当二者方向差异较大时，长大会受到限制，晶体尺寸变化不明显；当二者方向差异较小时，会向液体内部长大一定距离，但会被主轴基本平行于热流方向的晶体阻挡。正常条件下，晶体主轴的长大方向不会偏折或转向。连铸坯或钢锭柱状晶区内的枝晶主轴基本相互平行。由于柱状晶生长的方向性比较强，且界面比较平齐，溶质再配分导致的浓化钢液一直处于界面前沿被稳定推进，故溶质富集不明显；同时，柱状晶区的冷速也比较大，枝晶间距比较小，局部被截留的溶质也会被较好的均匀化，故显微偏析不严重。

随着柱状晶的发展，坯壳逐步增厚，热流密度进一步降低，由于固相导热能力减小，液相温度趋于均匀化，即凝固界面处的温度梯度减小，对应的成分过冷度增大，由此可能导致液相中出现自由晶核并长大。由于凝固过程传输行为的复杂性、随机性和波动性，柱状晶的凝固界面并非完全平齐，因此会出现柱状晶向等轴晶转变的过渡区，一般称为混晶区。混晶区范围内，柱状晶比例逐渐减小，等轴晶比例逐渐增大。由于等轴晶在凝固界面前沿一定距离上出现，由此会导致界面处富集溶质的浓化钢水无法与中心液相完全混合，即截留至柱状晶和等轴晶的界面处，因此混晶区内会出现比较明显的碳、硫等溶质正偏析，以及一些夹杂物的聚集。

当坯壳厚度进一步增大，凝固界面前沿的温度梯度进一步减小，甚至接近于零时，中心区域液相的成分过冷度达到最大，这一方面促进自由晶形核，另一方面也可以使已存在的自由晶核快速长大。由于此时各向温度比较均匀，枝晶不同方向上的生长速率相当，不会出现某一方向优先发育的长主轴，因此形成了各向均等的枝晶结构，即中心等轴晶区。由于等轴晶区过冷度比柱状晶区大，因此枝晶长大更显著，这一方面体现在一次枝晶臂粗大，即相邻等轴晶之间的距离大；另一方面也体现在二次枝晶粗化，这是中心区域冷速较小、相同取向的二次枝晶逐渐合并的结果。为了区分表面等轴晶区与中心等轴晶区，一般称表层为细小等轴晶，中心区域为粗大等轴晶。除了尺寸差异之外，就晶体学特征而言，二者没有区别。

一般地，钢锭比连铸坯的等轴晶区面积比例更大。对比钢锭与连铸坯的凝固冷却特征可知，钢锭通过铸铁钢锭模进行冷却，由于钢锭模的蓄热作用以及换热作用，钢锭模内壁温度会升高至 600 ℃甚至更高温度，并保持较长时间，且钢锭和钢锭模之间存在保护渣膜或气隙，因此其热流密度较小，冷却速率较小；对应地，连铸坯由于结晶器接触换热（直接或间接）的一次冷却和冷却水喷淋对流换热的二次冷却，以及与空气直接接触的辐射和自然对流作用，其热流密度和冷却速率均较大。因此，连铸坯中的柱状晶更发达，而等轴晶区比例比钢锭小。同时，连铸坯中枝晶结构相对更细化，尺寸也比钢锭的更小。

钢锭和连铸坯中等轴晶的来源仍有一定的争论，主要是不同锭型/坯型、不同断面、不同工艺条件下等轴晶形核机制各有不同。实际生产中，由于钢水的洁净度无法达到理想状态，即液相中或多或少地存在一些固相粒子，如氧化物、硫化物、氮化物、碳化物或者其他类别的第二相，其中一部分粒子不可避免地会成为等轴晶形核的基底。不同的是，某些粒子的形核能力强，对应的过冷度小，等轴晶初生晶核数量多；某些粒子形核能力弱，较大的过冷度下才能使晶核出现，对应的晶核数量较少。无论哪种条件，这都会比均质形核需要的过冷度小，因此，粒子存在就会对等轴晶形成起到一定的推动作用。上述这种与过冷度和粒子有关的热力学形核机制在钢锭和连铸坯中均有一定的影响。除此之外，实际生产中，钢锭和连铸坯中心等轴晶形成还有一些动力学因素。一般地，钢锭中心等轴晶与浇铸初期钢水与模具器壁接触时的爆炸式形核有关，即钢水强制流动时的激冷作用导致内部出现大量晶核，并随着流股转移到钢锭内部，这些晶体一部分回熔到钢水中，一部分保留下来，当过冷度增大到一定程度时会继续长大；此外，凝固过程中钢锭中、上部钢液中的固相晶核会沉积，因此钢锭中下部会形成粗大等轴晶组成的锥形区域，一般呈负偏析；同时，钢锭中、上部柱状晶的一些枝晶臂也会发生脱落和沉积，这些也会成为中心等轴晶的核心。

连铸坯中等轴晶的动力学形成过程和钢锭相似。钢水从浸入式水口进入结晶器时，流股会对坯壳凝固前沿进行冲刷，导致一些枝晶臂熔断并脱落。由于强烈的对流换热作用，结晶器内钢水过热耗散很快。熔断的晶体不会完全熔化，一直在中心液相中存在，并在过冷度增大时长大为等轴晶。因此，水口结构和结晶器电磁搅拌等直接影响结晶器流场的因素，均会影响等轴晶形成。此外，对于弧形连铸，内弧坯壳凝固前沿的枝晶臂由于流动、震颤、搅拌等作用，尤其是考虑枝晶臂根部的溶质显微偏析时，也会熔断并沉积到中心成为等轴晶的核心，这种沉积作用对结晶器和内弧脱落的晶核都有影响，会引起连铸坯内外弧方向等轴晶区域不对中，即外弧侧等轴晶较多，而内弧侧等轴晶较少，左右侧比较对称。由于凝固末端电磁搅拌和轻压下实施位置的中心固相率一般不小于 0.1，此时中心处已经存在固相晶核，即中心未凝固区域已全部进入两相区，柱状晶和等轴晶结构已基本形成，对等轴晶区比例的影响不大。电磁搅拌对中心液相具有一定的均匀化作用，轻压下也会引起扰动，这种条件下，可能会促进新晶核的出现，对细化等轴晶有一定的作用，但效果不一定显著。

对于连铸坯，除了上述水口流股冲刷、结晶器电磁搅拌和二冷区电磁搅拌作用，过热度、二次冷却强度等对等轴晶形成也有直接影响。对比不同过热度下钢水凝固过程中晶体结构演变如图 5-35 所示。对于凝固初期，由于结晶器的激冷作用和二冷喷淋的高效换热效果，坯壳表层会形成非常细小等轴晶和柱状晶组织；由于成分过冷的作用，液相中已存在的一部分固态晶核会保留下来。考虑到钢水过热度对坯壳厚度的影响不显著，达到相同坯壳厚度的时间相差不大；由此可知，钢水浇铸温度较低时，其温度梯度也比较小，界面前沿的过冷度略大且过冷范围也略宽，其自由晶核的数量会比高过热度略多，如图 5-35（a）所示；随着凝固冷却的进行，当坯壳厚度增大到一定程度时，热流密度减小，换热效率降低，中心液相温度均匀化的时间逐渐增加，凝固前沿的温度梯度减小，液相中的成分过冷均会逐渐增大；不同的是，由于凝固末期中心液相流动换热效果微弱，对于过热度较高的情况，其中心处钢水温度仍然较高，对应的温度梯度较大，成分过冷度较小，不利于中心已有晶核长大或新晶核形成，此时柱状晶会继续生长；对于过热度较低的情况，其中心液相温度较低，界面前沿温度梯度更小，更有利于已存在晶核长大和新晶核形成，等轴晶阻碍了柱状晶的发展，即可以发生柱状晶向等轴晶的转变，如图 5-35（b）所示。因此，钢水过热度对连铸坯等轴晶的影响同时体现在对凝固初期脱落、沉积晶核的回熔或长大作用，以及以高熔点固相界面为基底的非均质形核作用。整体来说，降低过热度对提高中心等轴晶区面积有利，但对等轴晶尺寸的影响仍有待深入研究。过热度减小时，一方面可促进新晶核形成，降低等轴晶的平均尺寸；另一方面又导致已有晶核提早生长，最终可能出现一些粗化枝晶。因此，当前的设备和工艺条件下，实际生产过程基于钢水过热度调控等轴晶区面积是比较可行的，但是无法精确调控等轴晶尺寸。

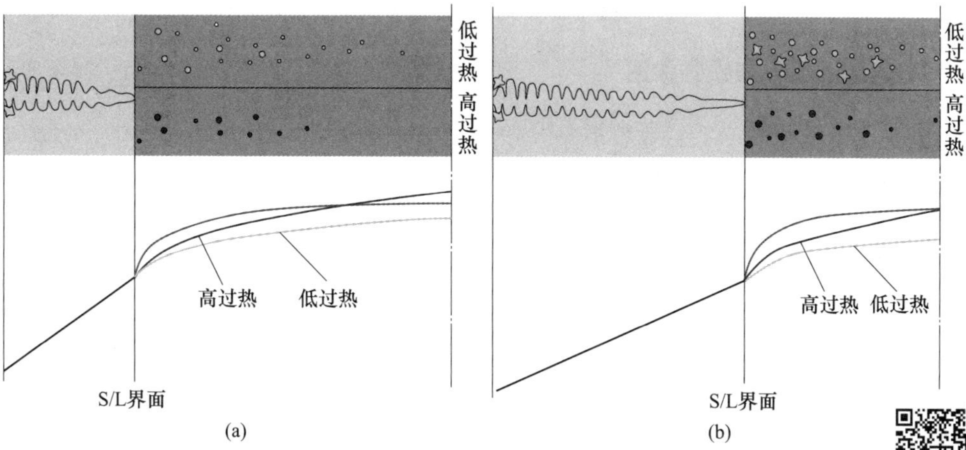

扫码看彩图

图 5-35 不同过热度下的晶体结构演变

（a）凝固前期；（b）凝固后期

不同二次冷却强度对连铸坯等轴晶的影响机制如图 5-36 所示。凝固初期时，由于坯壳较薄，换热效率较高，不同冷却强度对坯壳厚度的影响比较直接。对于达到图中相同的坯壳厚度，弱冷比强冷需要的时间更长，因此弱冷条件下液相温度的均匀化程度更好，温度梯度更小，对应的成分过冷会越大，如图 5-36（a）所示；对应地，在水口或电磁搅拌流股冲刷凝固前沿而形成的自由晶核存在于液相中，由于浇铸温度相同，中心温度相差不大，但弱冷下的温度梯度小，已有晶核可以更多地存留下来；当凝固冷却继续进行时，界面前沿这种温度分布差异会越来越大，即弱冷条件下的成分过冷度会比强冷条件进一步增大，由此会导致已有晶核提前生长，或形成更多的新晶核，即 CET 转变提前，等轴晶区面积比例增大。对应地，冷却与等轴晶尺寸的关系也是非线性规律，这与低过热度的影响机制类似。弱冷条件可促进新晶核形成，晶核数量增多会阻碍彼此的生长，起到细化枝晶的作用；然而，弱冷也会使已有自由晶核提前长大，会出现一些粗大枝晶，二者的综合作用下可能会形成一种双峰晶粒尺寸分布。

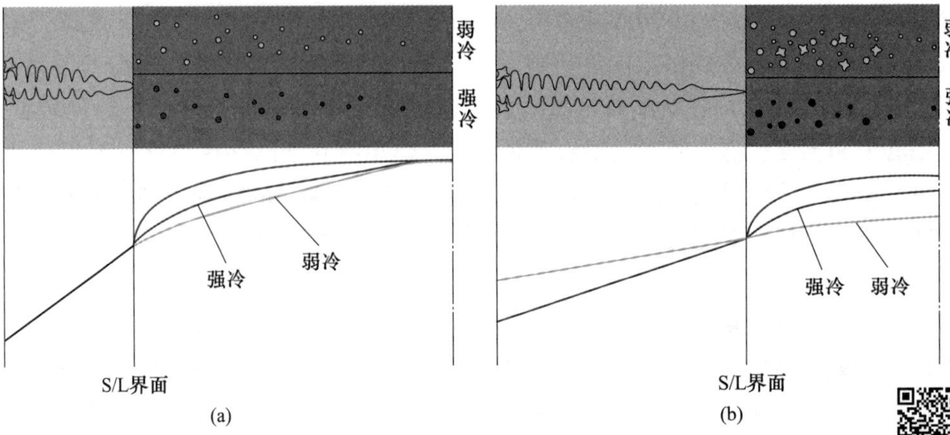

图 5-36 不同冷却强度下的晶体结构演变

（a）凝固前期；（b）凝固后期

扫码看彩图

5.2.5 钢的凝固组织与铁碳相图

钢水在连铸过程中，工艺参数不同会引起凝固组织的差异，主要体现在等轴晶面积和尺寸的变化。实际上，由于钢种成分的差异，其凝固初生相和界面前沿溶质再分配与成分过冷程度不同，也会引起凝固组织的变化。图 5-37 对比了国内几个钢厂连铸条件下过热度为 25～35 ℃时不同碳含量钢种尺寸 150～350 mm 圆坯和方坯等轴晶区面积占比。图中可见，随着碳含量从 0 增加到 0.5%，连铸坯中心等轴晶区面积占比先增大、再减小，即碳含量在 0.2%～0.4%的品种具有较高的等轴晶面积占比；当碳含量高于 0.5%的范围内进一步增大时，等轴晶面积占比随碳含量增加而略有增大。当考虑电磁搅拌时，不同碳含量对应的连铸坯等轴晶面积占比均增大，但基本规律没有变化。

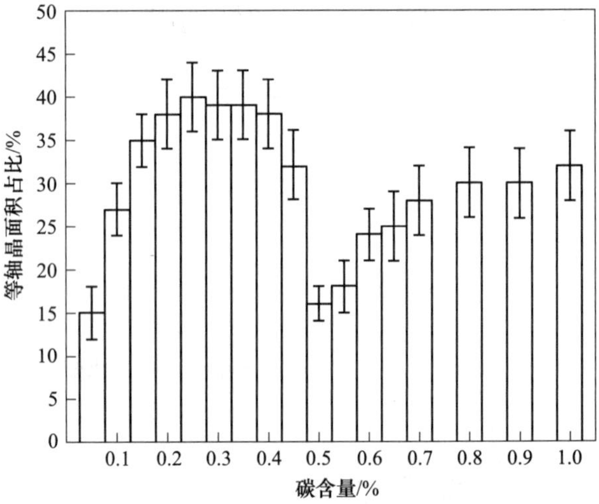

图 5-37 不同碳含量下连铸坯等轴晶面积占比

除此之外，其他一些学者在不同连铸条件的研究中得到了与上述研究相似的结论。现场实际生产中，在比较相近的工况下，对比 LZ50 钢和 42CrMo 圆坯低倍组织如图 5-38 所示。图中可见，LZ50 钢碳含量接近 0.5%，对应的等轴晶面积占比为 20%～25%，而 42CrMo 钢的等轴晶面积占比为 35%～40%。如此说明，钢的凝固组织的确与碳含量有直接关系，这与 Fe-C 相图中不同碳含量的凝固初生相和碳的界面偏析行为有关。

根据 Fe-C 相图，碳含量为 0.5%附近对应于铁素体相和奥氏体相凝固模式的转变点。

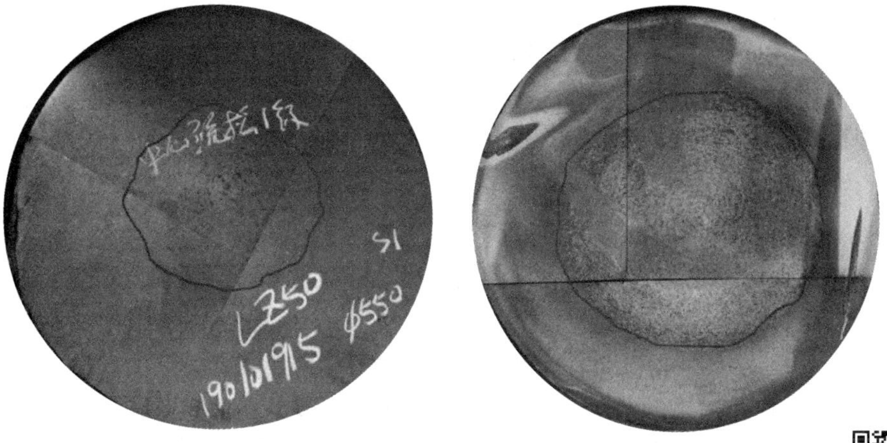

(a)　　　　　　　　　　(b)

图 5-38　某厂两钢种的 ϕ550 mm 圆坯连铸等轴晶低倍组织

（a）LZ50；（b）42CrMo

扫码看彩图

对于铁素体凝固模式，其形核过冷度随碳含量增加而逐渐减小，如图 5-39 所示[5]。当冷却速率为 0.4～0.6 ℃/s 时，超低碳钢和碳含量为 0.1%的低碳钢过冷度在 30 ℃以上，而碳含量在 0.2%～0.6%的过冷度在 10 ℃左右。对于奥氏体凝固模式，碳含量在 0.6%～1.5%的钢种，冷却速率为 0.5～0.6 ℃/s 的凝固过冷度为 30～45 ℃，且随着碳含量增加而略有减小。由此可见，凝固时奥氏体初生相的过冷度整体比铁素体高，这可能与不同晶格结构下晶核形成的能量差异有关。根据凝固形核理论，过冷度越小，其形核越容易，等轴晶形成得越早，其面积比越大。因此，对于碳钢，铁素体凝固模式下碳含量在 0.2%～0.5%的钢种等轴晶面积占比最大。当然，当钢中合金元素含量比较高时，如某些不锈钢、模具钢、高速钢等，其凝固相变过程远远偏离于 Fe-C 相图，连铸凝固组织与碳含量的关系就不能通过 Fe-C 二元平衡相图的规律评价。

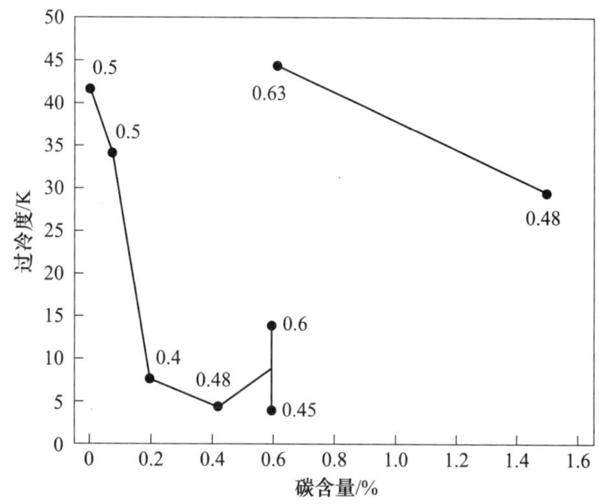

图 5-39　不同碳含量、不同冷速下钢种的凝固过冷度

（图中数字为冷速，单位为 K/s）

实际生产中，对于高端长材品种，一般都配备结晶器电磁搅拌。由于搅拌的强制对流和冲刷作用，一方面促进过热耗散、均匀化钢水温度，另一方面会提高晶核密度，两种机制的共同作用下，可大大提高中心等轴晶面积。对于中低碳钢，由于碳偏析程度更小，成分过冷度也比高碳钢小，这一点在电磁搅拌条件下更显著。因此，结晶器电磁搅拌增大高碳钢连铸坯等轴晶面积占比的效果更加显著。

5.3　钢的凝固组织与奥氏体晶粒

5.3.1　奥氏体晶粒

对于碳钢，当凝固彻底完成之后，进一步冷却会进入奥氏体相区。根据 Fe-C 平衡相图，常见钢种冷却时奥氏体转变完成温度 T_γ 基本在 1300~1500 ℃。由超低碳钢到包晶钢，T_γ 由 1394 ℃升高至 1495 ℃；由包晶钢到高碳钢，T_γ 由 1495 ℃降低至约 1300 ℃。由于奥氏体转变温度较高，其晶粒长大较快，尤其是考虑到连铸凝固过程的块状转变现象时，晶粒粗化会更加明显。当继续冷却时，奥氏体进一步会转变为铁素体、珠光体、贝氏体或马氏体等组织，Fe-C 二元相图中的奥氏体分解温度在 700~900 ℃。超低碳钢到共析钢的奥氏体分解温度为 912~727 ℃，共析钢到高碳钢的奥氏体分解温度为 727~1000 ℃。不同碳含量的钢种，平衡条件下 727 ℃以下不存在奥氏体。

连铸凝固过程中，尽管存在钢种、断面、工艺的差异，但对于常规工况的弧形或直弧形连铸机，结晶器出口的连铸坯表面温度为 950~1150 ℃，二冷区铸坯表面温度多在 900~1050 ℃，矫直时的温度在 850~1000 ℃。对于大多数钢种，连铸过程中固态坯壳长期处于奥氏体温区，其温度从约 1500 ℃降低至 900 ℃过程中，时间从几分钟到几十分钟不等，尤其是高温条件下，奥氏体晶粒长大非常显著。由于热流密度的方向与铸坯表面垂直，连铸坯表层的奥氏体晶粒一般也不是各向长度相当，多呈柱状或条状，其长轴方向与热流方向平行。连铸坯内部，由于热流密度比较小，单向换热特征不显著，奥氏体晶粒形状为各向近似均等的多边形。

国内某厂 42CrMo 合金钢连铸坯低倍酸洗时观察到高温奥氏体晶粒形貌，如图 5-40 所示。由图中可见，奥氏体晶粒形貌和尺寸在整个断面内并不一致，其随位置变化的特征很明显。连铸坯表面晶粒比较细小，这与其冷速较快，温度较低有关；皮下可观察到柱状或条状的奥氏体晶粒，这受到单向强制换热的影响，且高温下时间较长，晶粒比表面粗大；内部和中心处奥氏体晶粒呈多边形，平均尺寸和皮下位置柱状晶粒的短轴长度基本相当，这是冷速较低、各向热流基本一致的结果。

图 5-40　42CrMo 连铸坯奥氏体晶粒形貌

扫码看彩图

理论上，对于碳钢和中、低合金钢，高温下的奥氏体晶粒会在 700 ℃左右完全分解，即室温下整体为铁素体、珠光体、贝氏体、马氏体的单一或混合组织，不会出现奥氏体。因此，低倍组织中不应该出现奥氏体晶粒。然而，不可否认的是，高温时奥氏体状态下，一方面会发生晶粒粗化，另一方面也会促进溶质或杂质元素向晶界的偏聚。这种条件下，由于奥氏体分解时温度较低，已偏聚到晶界的元素难以扩散均匀，当外界浸蚀条件合适时，就会出现高温奥氏体晶粒形态、尺寸和分布特征，这种奥氏体也称为原奥氏体。

一般地，铸态基体的奥氏体晶粒浸蚀还是有一定难度的。大多数的实验室研究中，通常通过切割成若干数量的小尺寸试样手工或自动磨抛，之后采用饱和苦味酸在高温下进行酸蚀，对温度和反应时间比较敏感。当然，试样表面加工的光洁度也非常重要。正因如此，大尺寸连铸坯全断面铸态奥氏体晶粒浸蚀技术还是不成熟的。除此之外，铸态奥氏体晶粒观察还有一些其他方法，主要是一些特殊的浸蚀剂和操作条件参数。一些专门从事连铸坯凝固组织加工与表征设备研发的企业，对奥氏体晶粒浸蚀也有一定的研究，同时申请了一些专利。由于不同钢种奥氏体区温度差异较大，合金元素类别和含量也不一致，导致奥氏体晶粒浸蚀方法也有一定的差别。大量实践表明，铸态奥氏体晶粒浸蚀比枝晶组织浸蚀难度更大一些。

5.3.2 奥氏体晶粒粗化

5.3.2.1 γ晶粒粗化行为与影响

对于大多数钢种，由于凝固冷却过程中不可避免地会进入到高温奥氏体相区，并可能停留较长时间，这必然会导致奥氏体晶粒粗化。某些本质粗晶品种的奥氏体晶粒尺寸可达 1 mm 以上，如图 5-41 所示，大大增加了表面裂纹的风险。

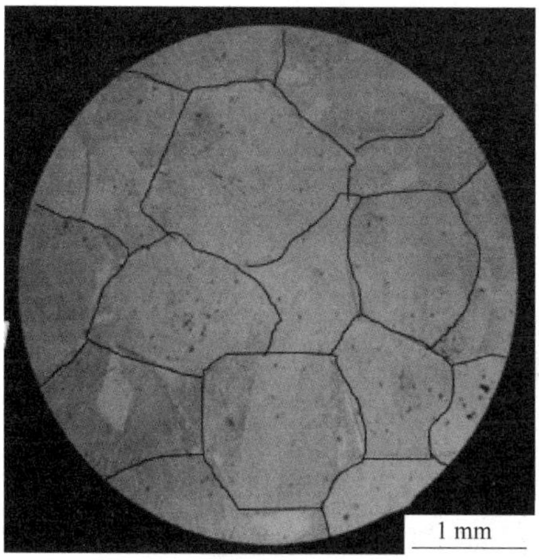

(a)

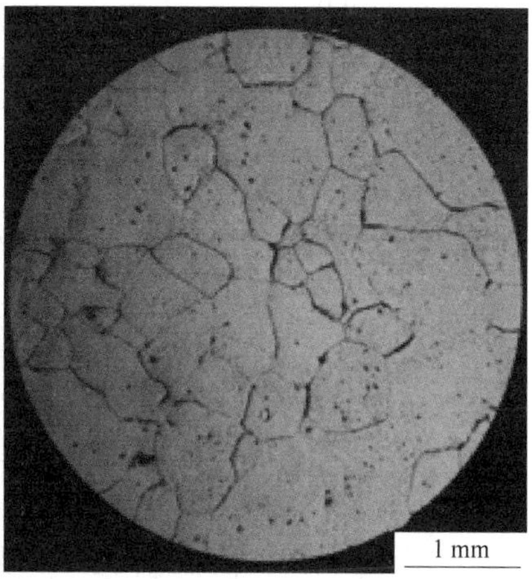

(b)

图 5-41 S400（a）和 J55（b）的奥氏体晶粒尺寸

奥氏体晶粒尺寸对表层基体热塑性的影响非常显著，如图 5-42 所示，根据 Mintz 和 Crowther 的试验研究结果[6]，当 Fe-0.19C-1.5Mn 钢种的奥氏体晶粒尺寸为 70 μm 和 180 μm 时，650~900 ℃的断面收缩率整体高于 40%，最小值约为 60%，理论上因晶粒粗化导致表面裂纹的概率很小；当奥氏体晶粒尺寸增大到 290 μm 时，最小断面收缩率降低至 50%，热塑性整体仍比较可观；当晶粒尺寸达到 350 μm 时，最小断面收缩率约为 35%，以 40%为参考指标对应的热脆性区间为 700~750 ℃。连铸矫直过程中，表面温度一般不会达到这个水平，但角部由于二维传热，可能会进入脆性温区，进而增大了角部横裂纹产生的可能性。奥氏体晶粒长大之后，晶界协调变形能力降低，考虑到振痕、凹陷、析出、铁素体相变等作用，变形会在这些区域集中发生，当超过临界应变之后，就会出现裂纹，并沿着平直的奥氏体晶界向内部扩展，这是粗晶导致表面裂纹的金属学机理。

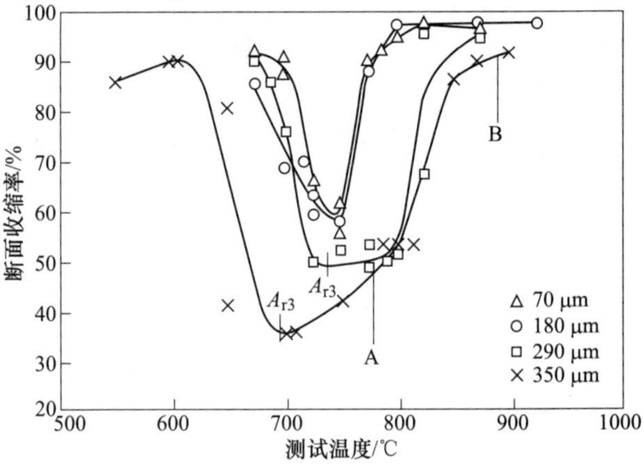

图 5-42 Fe-0.19C-1.5Mn 钢不同晶粒尺寸下的热塑性曲线

5.3.2.2 γ 晶粒粗化机制

关于钢中奥氏体晶粒长大的机理，实际上与热处理过程是一致的。高温条件下，由于原子的扩散能力增大，而晶界是能量较高的区域，长时间保温时系统能量会趋于降低，晶界会自发地迁移，出现大晶粒吃掉小晶粒的现象。从本质上看，这是由铁原子和溶质原子扩散控制的，与温度和时间有关。

图 5-43 中显示了连铸坯表层奥氏体晶粒形貌特征[7]。由图中可见，连铸坯表面振痕处的奥氏体晶粒比正常区域要粗大。矫直过程中，振痕处粗晶结构的基体高温时的变形能力本来就差，加之应变集中的作用，使裂纹大多时候与振痕伴生出现。振痕和凹陷对奥氏体晶粒粗化的影响可以用图 5-44 解释。由图中可见，当连铸坯表面比较平整时，热流密度也比较均匀，基体冷却较快，奥氏体晶粒比较细小；当出现凹陷或者振痕时，由于该位置坯壳和结晶器之间的保护渣或气隙宽度更大，热流密度比正常基体处显著降低，其长期处于高温状态，最终促进了奥氏体晶粒长大。

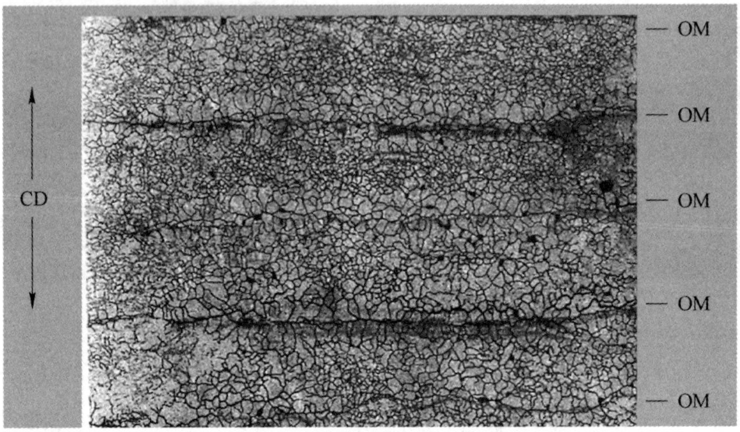

图 5-43 连铸坯表层的奥氏体晶粒形貌

5.3.2.3 γ 晶粒粗化模型描述

为了预测钢在连铸过程中奥氏体晶粒的长大趋势，不同学者根据实验室研究或现场试验结果，提出了一些拟合公式。Miettinen 等[8]比较早地提出了能够反映连铸过程钢的奥氏体完全转变温度 T_γ 和冷却速率 v_c 影响 γ 晶粒尺寸（D_γ）的模型，表达式为：

$$D_{\gamma} = 21T_{\gamma} - 3152\frac{\exp v_{c}}{1 + \exp v_{c}} - 25088 \tag{5-43}$$

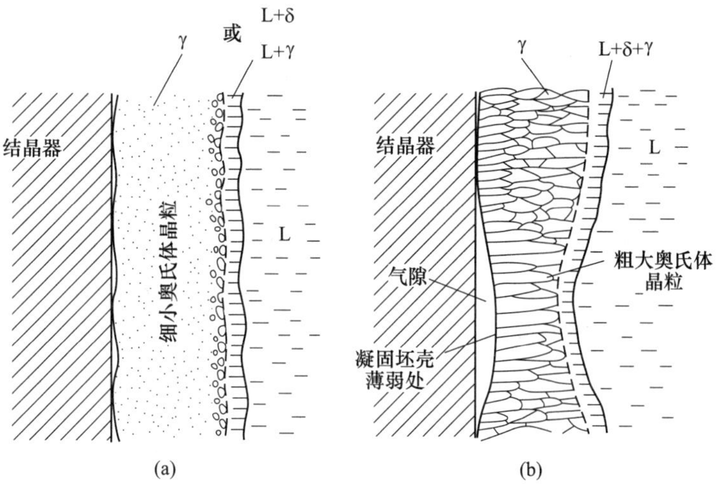

图 5-44 不同条件下连铸坯表面奥氏体晶粒尺寸
（a）平整坯壳，（b）凹陷坯壳

Bernhard 等[9]基于连铸坯或铸锭表层晶粒尺寸，在此模型上进行改进，得到以下公式：

$$D_{\gamma} = 9.1T_{\gamma} - 3152\frac{\exp v_{c}}{1 + \exp v_{c}} - 9044 \tag{5-44}$$

以 v_c = 10 ℃/s 计算时，改进后的模型能够较为准确地反映 C 当量与表层晶粒尺寸间的关系。

根据 Andersen 与 Grong[10]提出的基于扩散机制的晶粒长大动力学模型为：

$$\frac{\mathrm{d}D_{\gamma}}{\mathrm{d}t} = M_0^{*}\exp\left(-\frac{Q_{\mathrm{app}}}{RT}\right)\left(\frac{1}{D_{\gamma}} - \frac{1}{k}q_{\mathrm{p}}\right)^{\left(\frac{1}{n}-1\right)} \tag{5-45}$$

Bermhard 建立了适用于不同钢种 γ 晶粒长大的微分模型[9]：

$$\frac{\mathrm{d}D_{\gamma}}{\mathrm{d}t} = M_0^{*}\exp\left(-\frac{167686 + 40562[\mathrm{C_p}]}{RT}\right)\left(\frac{1}{D_{\gamma}} - \frac{3}{4}q_{\mathrm{p}}\right) \tag{5-46}$$

式中，M_0^* 为与晶界迁移率、晶界能有关的动力学项，0.004 m^2/s；$[C_p]$ 为针对包晶凝固模式的碳当量（质量分数），%；k 为与初始晶粒尺寸有关的参数，可取 4/3；q_p 为与析出状态有关的钉扎力项，m^{-1}；t 为时间，s；n 为时间指数，最大为 0.5。

这一模型考虑了诸多因素，使预测不同碳当量钢种连铸坯表层 γ 晶粒的长大过程成为可能。Li 等[11]考虑了凝固温度附近析出的 TiN 颗粒对晶粒长大的作用，对上式进行修正得到：

$$D_{\gamma} = \left[12585\exp(0.3[\mathrm{C_p}]) - 3152\frac{\exp v_{c}}{1 + \exp v_{c}} - 9044\right](1 - 3458.6P_{\mathrm{Ti}}^{2} + 16.632P_{\mathrm{Ti}}) \tag{5-47}$$

式中，P_{Ti} 为 TiN 的析出量。

连铸过程中，奥氏体晶粒的长大与粗化特征对基体高温变形行为的影响非常关键。现场生产时，不少连铸坯表面横裂纹的形成均有粗大奥氏体晶粒特征，如何控制奥氏体晶粒生长已引起广泛关注。已有公式多为基于原子扩散和晶界迁移机理的连续模型，综合考虑了合金元素及其成分、奥氏体完全转变温度、冷却速率和析出相的影响。研究中发现，合金成分与奥氏体完全转变温度是最显著的两个因素，冷却速率和析出相也有一定的作用。一般地，碳当量在 0.17%附近的包晶钢，其奥氏体完全转变温度最高，某些钢种可接近 1500 ℃，奥氏体长大非常快，几秒钟到几十秒钟即可达到 1300 ℃几分钟到几十分钟的效果。冷却速率实际上影响的是凝固之后铸态奥氏体晶粒在高温下的停留时间。根据扩散机制下的晶界迁移特征，即使某一温度下晶界迁移速率一定，保温初期的奥氏体晶粒尺寸比较小，晶界密度比较大，短时间内即可完成相邻晶粒的吞并，奥氏体晶粒长大速度最快；随着保温时间的延长，晶粒尺寸增大，晶界密度逐渐减小，晶粒长大时晶界迁移的时间增加，长大速度逐渐减小；当保温时间达到一定程度之后，晶粒粗化非常明显，晶界夹角接近平衡值，保温时间进一步增大不会引起晶粒尺寸的显著变化，长大速率逐渐接近于零。因此，连铸或模铸生产条件下，由于冷速调整窗口不大，1300 ℃以上高温条件下短时间内的奥氏体晶粒粗化非常快，主要发生在结晶器中，一般难以控制；二冷区铸坯表面温度一般在 900~1100 ℃，理论上长大速率较小，奥氏体晶粒粗化不会很明显。然而，对于板坯或大方坯，其拉速不高，二冷区停留时间为 15~30 min，甚至更长时间，这样的条件下奥氏体晶粒还会出现一定程度的粗化。根据国内一些学者的热模拟研究，对于某含 Nb 亚包晶高强钢板坯，结晶器出口处的奥氏体晶粒尺寸约为 300 μm，对应温度为 1100 ℃，二冷区结束时约为 600 μm，对应温度为 900 ℃。因此，较低温度下，连铸坯表层奥氏体晶粒长时间保温时还可能继续长大。值得说明的是，不同钢种的碳含量和合金含量不同，奥氏体完全转变温度不同，其基体晶界迁移速度不同，奥氏体晶粒长大趋势也不一致。当然，由于凝固过程中存在溶质显微偏析现象，还可能发生包晶相变收缩变形而引起额外的能量积累，尤其是块状转变的条件下，其奥氏体晶粒粗化与热处理扩散机制也有区别，现有模型中还未能考虑到上述问题。

5.3.2.4　包晶钢 γ 晶粒等温粗化动力学

本书作者团队对 γ 晶粒长大动力学进行了理论模型推导。当只考虑系统界面能降低作为晶粒长大驱动力时，晶界迁移速度为：

$$v = m_I(P_I - P_Z - P_D) \tag{5-48}$$

式中，m_I 为本质晶界迁移率，$m^4/(J \cdot s)$；P_I 为晶界曲率决定的本质驱动力，Pa；P_Z 为析出粒子对晶界的 Zener 钉扎力，Pa；P_D 为溶质原子对晶界的拖曳力，Pa。

其中，P_I 可通过下式计算：

$$P_I = 2\gamma_{gb}\kappa \tag{5-49}$$

式中，γ_{gb} 为 γ 的晶界能，J/m^2；κ 为晶界曲率，m^{-1}。

对于多晶体系，以平均晶粒尺寸代表整体状态时，曲率可表示为平均尺寸（D_m）的函数，即：

$$P_I = c_1 \frac{\gamma_{gb}}{D_m} \tag{5-50}$$

式中，c_1 为常数，一般取 2/3。

P_Z 与析出相状态有关，其描述为：

$$P_Z = c_2\gamma_{gb}\frac{f_p}{r_p} \tag{5-51}$$

式中，c_2 为常数；f_p 为析出相体积分数；r_p 为析出相半径，m。

当存在溶质拖曳作用时，为了简化计算，可采用时间指数 n 反映溶质与杂质元素的影响，此时晶界迁移速率与驱动力的关系可描述为：

$$v = m(P_I - P_Z)^{\left(\frac{1}{n}-1\right)} \tag{5-52}$$

式中，m 为表观晶界迁移率，$m^4/(J \cdot s)$；n 为时间指数，纯金属接近熔点时为理论值 0.5，一般情况下小于 0.5。

当钢中不含 Ti 元素或者含 Ti 析出相非常少时，即可忽略析出相对晶界的钉扎作用。将 $m = m_0\exp\left(-\frac{Q_{app}}{RT}\right)$ 代入可得：

$$\frac{dD_m}{dt} = 2m_0(c_1\gamma_{gb})^{\left(\frac{1}{n}-1\right)}\exp\left(-\frac{Q_{app}}{RT}\right)\left(\frac{1}{D_m}\right)^{\left(\frac{1}{n}-1\right)} \tag{5-53}$$

式中，m_0 为表观晶界迁移率指前常数，$m^4/(J \cdot s)$；Q_{app} 为晶粒长大的表观激活能，J/mol。

碳钢的晶界能可粗略计算为：

$$\gamma_{gb} = 0.8 - 0.35[\%C]^{0.68} \tag{5-54}$$

式中，[%C] 为碳元素的质量百分数。

若设 $2m_0(c_1\gamma_{gb})^{(1/n-1)}$ 为常数 A_1，则可得到：

$$\frac{dD_m}{dt} = A_1\exp\left(-\frac{Q_{app}}{RT}\right)\left(\frac{1}{D_m}\right)^{\left(\frac{1}{n}-1\right)} \tag{5-55}$$

为了验证模型可靠性，对 M1、M2、M3 和 20Cr 四个钢种铸态奥氏体晶粒等温长大动力学进行了试验研究，具体成分如表 5-1 所示，这些钢种的碳当量都在包晶点附近（0.16%~0.21%），初生奥氏体晶粒粗化显著。采用 DSC 测定上述四个钢种的 T_γ 温度分别为 1444 ℃、1469 ℃、1463 ℃ 和 1454 ℃。热处理试验采用马弗炉完成，设置温度为 1300 ℃到 T_γ，M1 和 M2 钢种间隔 50 ℃，M3 和 20Cr 间隔 25 ℃，每个温度下的处理时间分别设定为 10 s、30 s、60 s、120 s、300 s、600 s、900 s。试样于目标温度保温一定时间后迅速置入冷水中淬火。试样观测面经过磨抛处理，使用饱和苦味酸水溶液浸蚀出原始 γ 晶界，并采用金相显微镜采集晶粒照片。晶粒尺寸通过 Nanomeasure 软件进行测量，统计至少 1000 个（晶粒较小时）或 300 个（晶粒较大时）晶粒。

表 5-1 试验钢种的主要成分 (%)

项目	C	Si	Mn	P	S	Cr	Ni	Mo	Nb	V	Ti	Al	Cu	N
M1	0.18	0.25	0.40	0.014	0.005	0.03	0.01	0.01	—	—	0.01	0.034	0.01	0.0036
M2	0.15	0.23	1.50	0.015	0.005	0.03	0.03	0.01	0.002	0.002	0.0009	0.032	0.020	0.0033
M3	0.14	0.23	1.52	0.008	0.002	0.04	0.10	0.01	0.023	0.001	0.012	0.038	0.09	0.0036
20Cr	0.22	0.30	0.90	—	0.014	1.2	0.15	0.01	—	—	0.001	0.035	—	0.0180

M1 和 20Cr 两个钢种在 1350 ℃与 1400 ℃分别保温 60 s、300 s 与 900 s 时的晶粒结构分

别如图 5-45 与图 5-46 所示。可以看到，随着试验温度升高或时间增加，γ 晶粒尺寸逐渐增大。在整个过程中，γ 晶粒一直保持近似多边形特征。对比两图可知，当温度为 1400 ℃时，M1 钢晶粒长大速度远大于 20Cr 钢，表现为相同时间下的晶粒尺寸更大，这可能与后者含有较多的 Cr、N 元素有关。

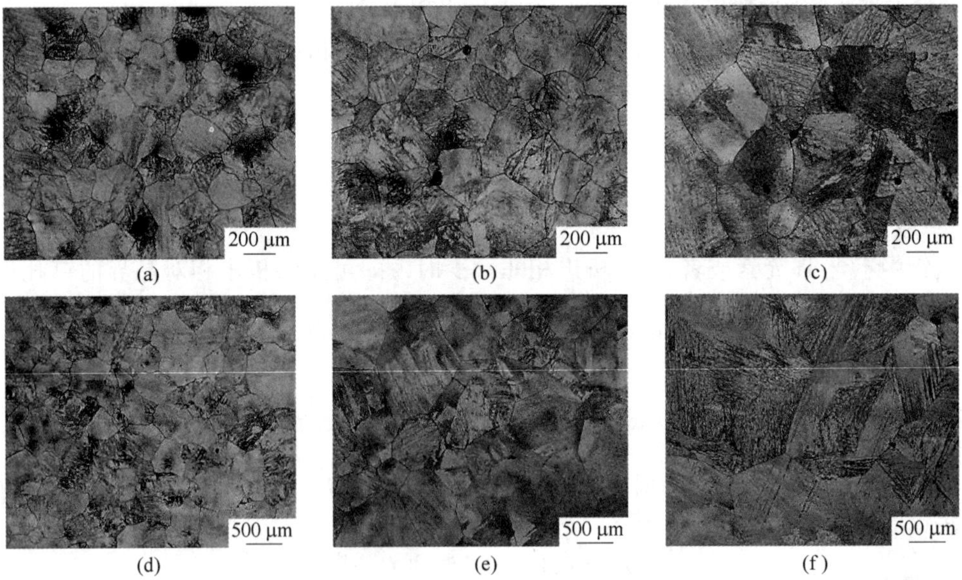

图 5-45　M1 钢在不同温度下保温不同时间时的 γ 晶粒结构

(a) 1350 ℃, 60 s; (b) 1350 ℃, 300 s; (c) 1350 ℃, 900 s; (d) 1400 ℃, 60 s; (e) 1400 ℃, 300 s; (f) 1400 ℃, 900 s

扫码看彩图

图 5-46　20Cr 钢在不同温度下保温不同时间时的 γ 晶粒结构

(a) 1350 ℃, 60 s; (b) 1350 ℃, 300 s; (c) 1350 ℃, 900 s; (d) 1400 ℃, 60 s; (e) 1400 ℃, 300 s; (f) 1400 ℃, 900 s

扫码看彩图

对不同钢种保温后的晶粒尺寸进行统计，平均尺寸变化如图 5-47 所示。可以直观地看到，M1 与 M2 两个钢种在温度较高时晶粒长大速度明显加快，最大尺寸可达到 1 mm 以上；而 M3 与 20Cr 钢在整个试验温度范围内晶粒长大都较慢，二者在 1400 ℃以下时晶粒尺寸变化情况接近，温度更高时则出现了分化。20Cr 钢在 1425 ℃与 1450 ℃保温时出现了异常现象，即相较于较低温度晶粒尺寸反而出现了下降。为了解释这一现象，对 1425 ℃和 1450 ℃两个温度下的试样状态进行检测发现，某些区域已出现熔化特征。因此，推测 20Cr 在高温时出现的异常现象与局部熔化有关。

对晶粒生长速度方程积分可得：

$$D_{\mathrm{m}}^{1/n} - D_0^{1/n} = A_1 \exp\left(-\frac{Q_{\mathrm{app}}}{RT}\right) t \tag{5-56}$$

式中，D_0 为初始晶粒尺寸，m。

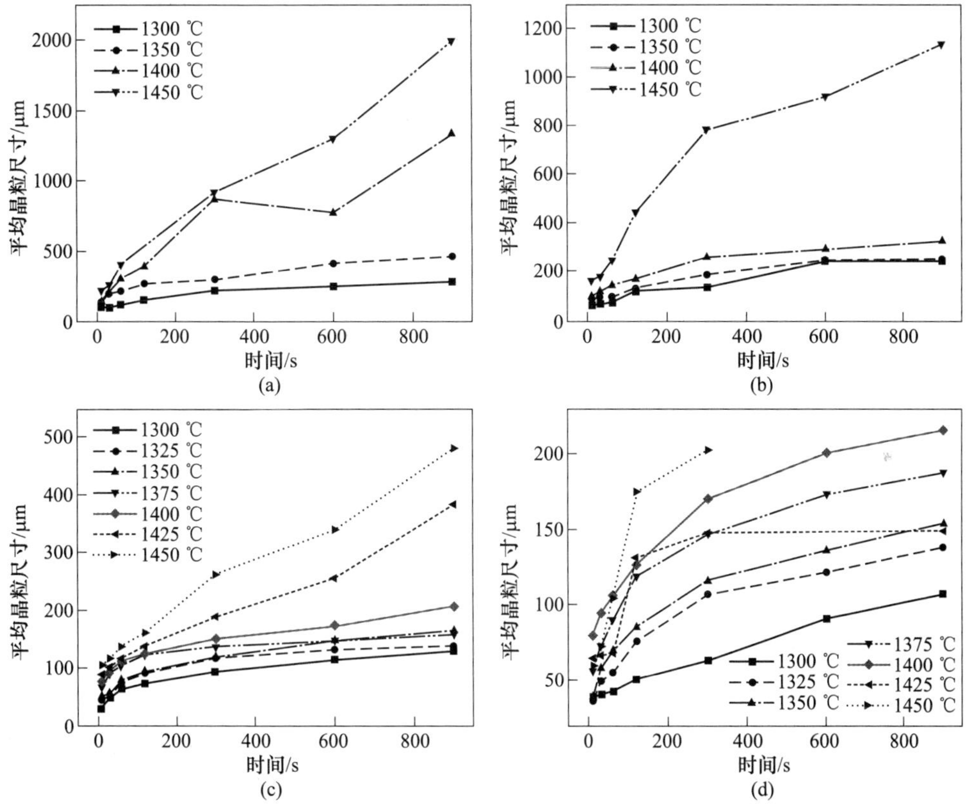

图 5-47 不同钢种等温过程的 γ 晶粒尺寸

(a) M1；(b) M2；(c) M3；(d) 20Cr

多数情况下，初始尺寸对晶粒长大的影响很小。若忽略初始尺寸，并对式（5-56）两侧求对数，得到：

$$\ln D_{\mathrm{m}} = n\ln t - \frac{nQ_{\mathrm{app}}}{RT} + n\ln A_1 \tag{5-57}$$

因此，同一温度下，$\ln D_{\mathrm{m}}$ 对 $\ln t$ 的斜率即为 n 值，截距为 $n\ln A_1-\dfrac{nQ_{\mathrm{app}}}{RT}$ 值；同一时间下，$\ln D_{\mathrm{m}}$ 对 $-\dfrac{1}{RT}$ 的斜率则为 nQ_{app} 值。

由回归分析可以得到试验钢种的相关参数值，结果见表 5-2。其中，20Cr 钢仅对 1400 ℃以下的数据进行回归。可以看到，与晶粒尺寸变化规律一致，M1 与 M2 钢在试验温度范围内存在两个不同的温度区间。其中，温度较高时，时间指数 n 达到理想值 0.5，晶粒长大迅速。而对于 M3 与 20Cr 钢，由于钢中含有较多的 Nb 或 Cr 元素，在试验温度范围内 n 均保持在 0.3 左右，晶粒长大缓慢。将回归参数值代入本书作者团队提出的晶粒长大动力学模型（式（5-55））即可得到四个钢种等温条件下 γ 晶粒长大的数学描述，其中 M1 与 20Cr 钢的模型计算结果与试验数据间的对比如图 5-48 所示。可以看到，除 20Cr 在 1425 ℃以上不符外，此模型能够很好描述等温条件下的 γ 晶粒长大。

表 5-2 四个钢种 γ 晶粒等温长大动力学模型参数

项目	T/℃	n	n_{ave}	Q_{app}	$\ln A_1$
M1	1300	0.27	0.265	827547	25.34
	1350	0.26			
	1400	0.50	0.500	301142	2.34
	1450	0.50			
M2	1300	0.36	0.313	344233	−7.50
	1350	0.29			
	1400	0.29			
	1450	0.5	0.500		3.86
M3	1300	0.33	0.262	545901	2.76
	1325	0.29			
	1350	0.28			
	1375	0.19			
	1400	0.22			
	1425	0.32	0.335	545901	9.71
	1450	0.35			
20Cr	1300	0.23	0.272	669165	10.57
	1325	0.31			
	1350	0.30			
	1375	0.28			
	1400	0.24			

5.3.2.5 包晶钢 γ 晶粒不同冷却速度下的粗化模型与机制

根据时间指数范围可知，只有高温（$(T_{\gamma}-50)\sim T_{\gamma}$）下才可能 $n=0.5$，此时是理想晶体的长大行为。根据前述公式，可进一步写为：

$$\frac{\mathrm{d}D_{\mathrm{m}}}{\mathrm{d}t}=2m_{\mathrm{I}}\left(\frac{c_1\gamma_{\mathrm{gb}}}{D_{\mathrm{m}}}\right) \tag{5-58}$$

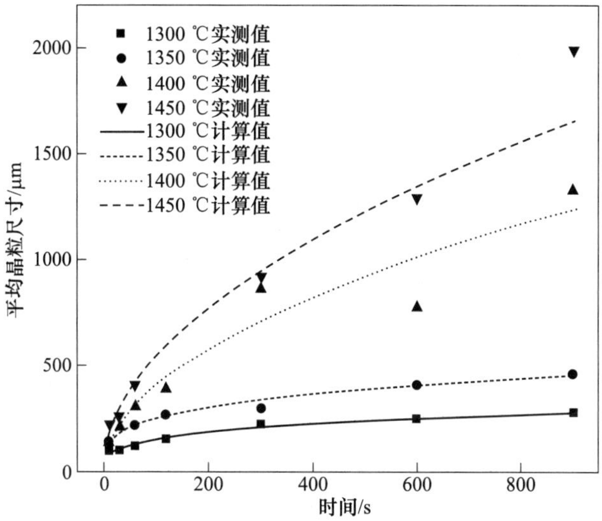

(a)

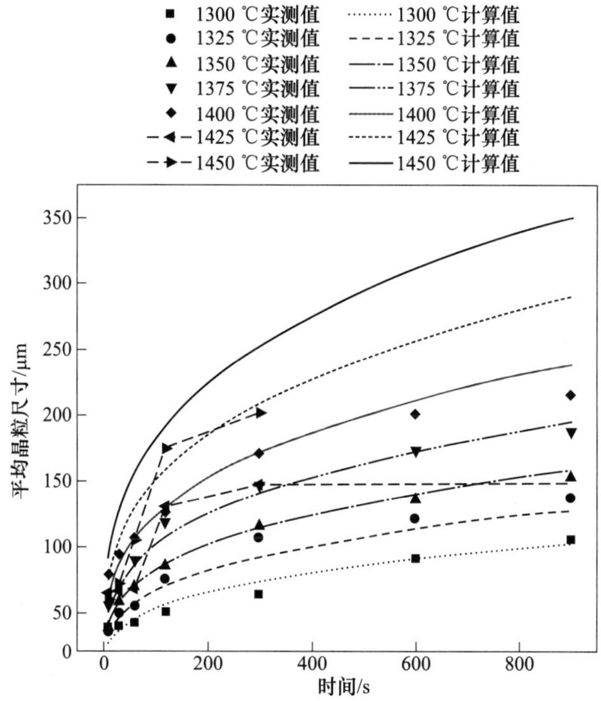

(b)

图 5-48 模型与实测结果对比

(a) M1；(b) 20Cr

其中的本质晶界迁移率 m_{I} 可按 Turnbull 提出的系数估算[12]：

$$m_{\mathrm{I}}=\beta\frac{\delta_{\mathrm{gb}}D_{\mathrm{gb}}V_{\mathrm{m}}}{\boldsymbol{b}^2RT} \tag{5-59}$$

式中，δ_{gb} 为晶界宽度，取 1×10^{-9} m；D_{gb} 为 Fe 原子的晶界自扩散系数，m^2/s；V_m 为 Fe 原子摩尔体积，m^3；$\boldsymbol{b}$ 是 Burger 矢量，取 2.5×10^{-10} m；β 为反映合金中溶质或杂质元素影响的系数，取值在 0~1.0 之间。

对于由低温铁素体发展而来的 γ 晶粒，理想晶粒长大需要的温度在钢种间存在差异。例如，M1 钢的该温度在 1350~1400 ℃，M2 钢约为 1450 ℃；而 M3 与 20Cr 钢，该温度则高于 1450 ℃。若初生 γ 晶粒遵循相同的行为，那么对一些钢种而言，整个晶粒粗化都将在缓慢的速度下进行，最终无法形成粗大晶粒。因此，初生 γ 晶粒的长大行为与由低温铁素体加热相变得到的 γ 晶粒不同。

连铸坯或铸锭表层形成的粗大 γ 晶粒说明，实际凝固时晶粒的长大速度应当高于 M1 与 M2 钢实测的最大速度。在溶质拖曳理论中，当晶界移动较快或拖曳强度较小时，溶质原子在晶界的吸附将无法持续，使得拖曳作用微弱，二者接近线性关系，即接近理想晶粒长大。考虑到凝固完成后钢中置换元素的分布几乎不发生变化，初生 γ 晶粒长大时的溶质状态应当与等温试验中相似。尽管在等温条件下钢种间发生理想晶粒长大的温度存在差异，但在足够大的长大速度下，初生 γ 晶粒应当以理想晶粒长大的形式发生粗化。同时，对大多数钢种而言，在 T_γ 附近时几乎不存在纳米级的析出颗粒。因此，可以用式（5-58）和式（5-59）描述高温时初生 γ 晶粒的长大。

随着温度降低与晶粒尺寸的增大，晶粒长大速度逐渐减小，到一定程度后溶质拖曳作用将变得显著。此外，钢中析出颗粒也开始出现。二者作用使得晶粒长大速度下降，时间指数 n 与迁移率 m 降低。根据等温晶粒长大试验结果，其温度在不同钢种间也存在差异。低于此温度后，晶粒长大应在上面公式的基础上考虑钉扎作用，其中 n 小于 0.5。

A 缓慢冷却凝固初生 γ 晶粒粗化模型与机制

由于缓慢冷却过程中，晶粒长大主要在高温进行，在分析时不考虑动力学条件的改变。Maehara 等[13] 以 0.28 ℃/s 的缓慢冷却条件对初生 γ 晶粒长大进行研究，发现晶粒尺寸在降温过程中连续变化；Ohno 等[14] 也得到了相似的试验结果。根据文献中的冷却速率，图 5-49 为由式（5-55）计算得到的 γ 晶粒尺寸变化。其中，初始晶粒尺寸为 100 μm[9]，T_γ 根据试验数据设置为 1450 ℃。计算结果表明，当 β 分别为 0.6 与 0.25 时，模型与试验数据吻合较好。此外，M1 与 M2 钢在理想晶粒长大发生时，β 分别为 0.23 与 0.1。这说明，缓慢冷却凝固时初生 γ 晶粒的长大行为可由理想晶粒长大模型描述，即由扩散控制的晶界迁移。

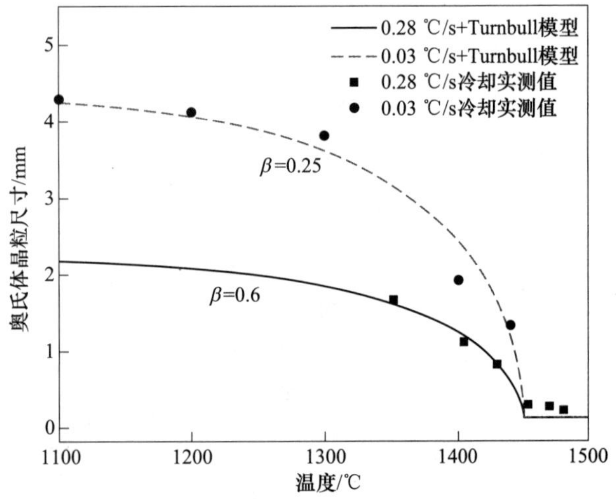

图 5-49 缓慢冷却凝固条件下初生 γ 晶粒的预测值与实测结果

B　快速冷却凝固初生 γ 晶粒粗化模型与机制

冷却速率较大时，式（5-55）所示模型计算结果与实际不符。在 5 ℃/s 及 10 ℃/s 冷却速率下，式（5-55）计算得到的 γ 晶粒尺寸变化如图 5-50 所示。其中，初始晶粒尺寸设置为 100 μm[9]，T_γ 设置为 1460 ℃。计算表明，即使在最大迁移率（β = 1.0）情况下，以 5 ℃/s 冷却时最终得到的晶粒尺寸也仅为 700 μm，与连铸坯表层的实际晶粒尺寸相距甚远。采用 Bernhard 的模型计算时，也得到了相似的结果。考虑到结晶器内连铸坯表层冷速不低于 5 ℃/s，若要以此模型得到粗大的 γ 晶粒，就需要在出结晶器后发生晶粒的继续长大，这也是 Bernhard 模型认为在出结晶器后 γ 晶粒可显著粗化的原因。然而，该模型以 n=0.5 描述整个温度范围，这将高估温度较低时的晶粒粗化程度。前文已经讨论，在远离 T_γ 后，除析出颗粒的钉扎以外，溶质元素的拖曳作用也会对晶粒长大产生影响。随着时间指数 n 的降低，在较低温度下 γ 晶粒的粗化会受到较大的限制。因此，实际过程中 γ 晶粒的粗化应当在较高温度下完成，其长大速度应高于式（5-55）的计算结果。

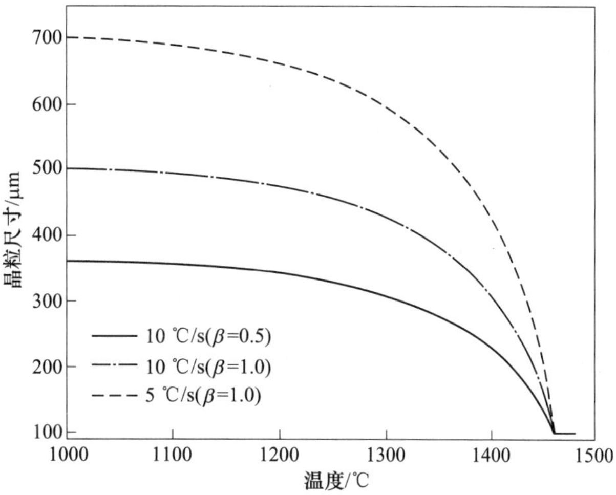

图 5-50　快速冷却凝固条件下初生 γ 晶粒尺寸的预测结果

在式（5-55）基础上，若将晶界移动速度增大不同倍数，以 5 ℃/s 或 10 ℃/s 冷却至 1000 ℃时的晶粒尺寸计算结果如图 5-51 所示。其中，初始晶粒尺寸、T_γ 设置与图 5-50 一致，基础晶界迁移率中 β 取 0.5。可见，在两种冷速下，晶界移动速度增大 4 倍或 8 倍以上时，才能在快速冷却时得到尺寸在 1 mm 以上的晶粒。

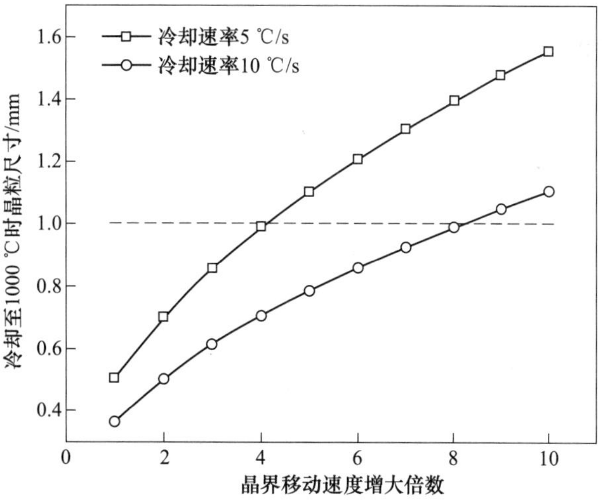

图 5-51　不同晶界移动速度下的奥氏体晶粒尺寸

对初始晶界曲率和非均匀分布与快冷条件下 γ 晶粒粗化的关系进行理论与模型分析发现，二者均不能完好地解释连铸坯表层粗大奥氏体晶粒的形成过程。因此，常规扩散机制下发生包晶相变进而形成的初生 γ 晶粒，难以通过晶界迁移达到实际的粗化效果。近年来，包晶相变的块状转变机制逐步引起学者的关注，不少研究中认为这种模式下基体中会出现额外的能量积累，进而为之后的晶粒粗化提供驱动力。

根据X射线衍射透射研究结果[15]，块状转变形成的应变在γ晶粒充分粗化后得到显著释放，说明其为基体中存在的弹性应变。应变诱导晶界迁移由Beck和Sperry[16]首次发现于高纯Al中，随后在多种材料、多种晶粒尺度下得到了试验证实[17-18]。Paggi等[18]通过背散射电子衍射对AISI304L不锈钢在静态及动态再结晶过程中的晶粒长大与应变分布进行了研究，发现单纯以界面能减少驱动晶粒长大时，晶粒长大速度将远小于试验结果。此外，应变分布表明，晶界经过的区域留下了较低的位错密度[18]。也就是说，应变诱导晶界迁移消耗了应变能，使晶粒内部取向差减小[19-21]。然而，块状转变诱发奥氏体晶粒粗化的模型目前还在开发之中，尚未形成统一共识。

5.3.3 奥氏体晶粒与Fe-C相图

5.3.3.1 γ晶粒尺寸与T_γ温度

对于碳钢，其连铸坯表层奥氏体晶粒尺寸与碳含量的关系直接影响着不同品种表面横裂纹的防控策略。不难理解，根据Fe-C相图，奥氏体完全转变温度T_γ具有特定的规律，即从超低碳钢到包晶钢，T_γ逐渐升高；由包晶钢到高碳钢，T_γ逐渐降低。因此，不论以何种长大机制，不同碳钢的奥氏体晶粒尺寸也会出现对应的特征，如图5-52所示[22]。

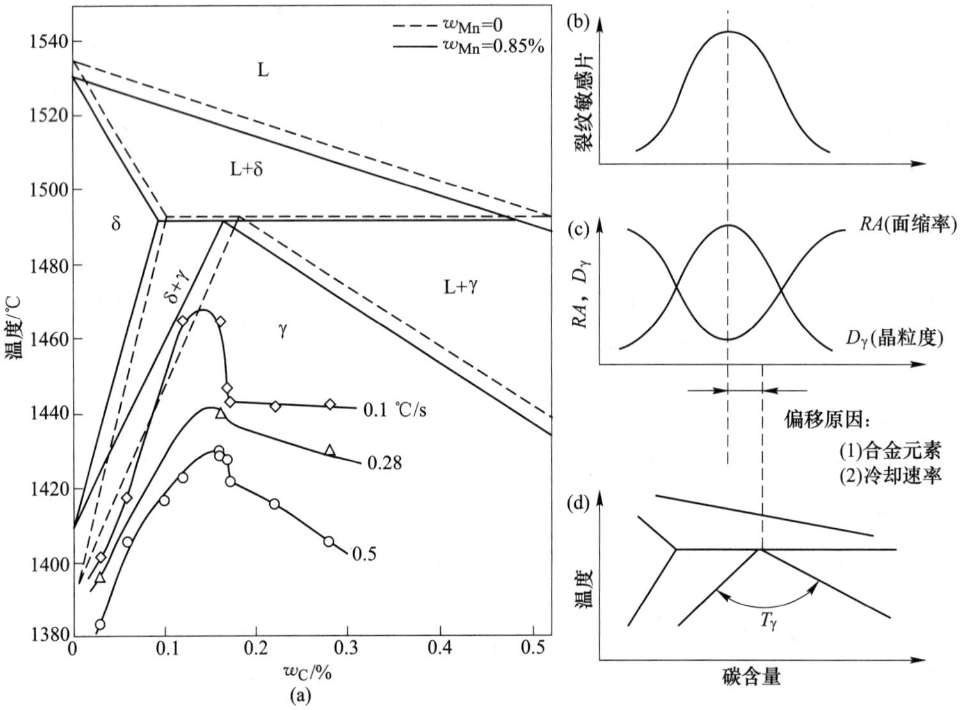

图5-52 奥氏体晶粒尺寸与Fe-C相图

（a）不同冷速下的T_γ；（b）不同碳含量的裂纹敏感性；（c）不同碳含量的γ晶粒尺寸与断面收缩率；（d）γ晶粒尺寸与Fe-C相图位置对应关系及其偏差

同时，不同冷却速率下，奥氏体完全转变温度T_γ会有不同程度的降低，如图5-52。

对于亚包晶钢，冷速为 0.1 ℃/s 时的实测 T_γ 与平衡温度接近；当冷速增加到 0.28 ℃/s 时，不同碳含量钢种的实测 T_γ 温度比平衡温度约低 20 ℃；当冷速增加到 0.5 ℃/s 时，实测 T_γ 比平衡温度约低 40 ℃。对于过包晶钢，T_γ 温度就是固相线温度 T_S，不同冷速下的 T_γ 温度与平衡温度相差均较大。非平衡条件下，由于溶质偏析作用，凝固过程中实测的 T_S 温度会远低于平衡温度，这是比较常见的。不管如何，包晶点附近位置均为 T_γ 温度的最高点。对于不同碳含量的钢种，由于包晶点附近钢种的 T_γ 温度最高，由粗大奥氏体引起的连铸坯表面裂纹的敏感性也最强，见图 5-52（b）；根据理论和试验研究结果，包晶点附近成分的奥氏体晶粒长大速度最大，相同条件下对应的晶粒尺寸也最大，分布规律见图 5-52（c）；一般地，断面收缩率随奥氏体晶粒尺寸增大而减小，即包晶点附近钢种的热塑性最差。实际生产中，由于冷却速率和合金成分的影响，奥氏体晶粒尺寸最大、断面收缩率最小和裂纹敏感性最强的位置与 Fe-C 相图中平衡条件下的包晶点会有一定差异，如图 5-52（d）所示。

5.3.3.2 γ 晶粒形貌演变与 Fe-C 相图

A 不同碳含量钢种的 γ 晶粒形貌

日本学者 Ohno[23-24] 采用定向凝固试验观察了不同碳含量钢种凝固冷却过程中的奥氏体晶粒形貌，如图 5-53 所示，简化规律如图 5-54 所示，两图中底部为铜板冷却位置。图中可见，对于碳含量为 0.05% 的低碳钢，其表层奥氏体晶粒比较细小均匀，基本为等轴状，随着距表面深度增大，奥氏体晶粒尺寸略有增加；碳含量为 0.10% 的亚包晶钢，表层奥氏体晶粒比较粗大，但粗晶层深度比较小，随之转变为柱状奥氏体晶粒，尺寸比表层粗晶要小得多；碳含量为 0.135% 的亚包晶钢，其表层粗大奥氏体晶粒更为明显，且粗晶层深度比碳含量为 0.10% 的钢种大，之后转变为尺寸比较细小的柱状奥氏体；碳含量为 0.15% 的亚包晶钢奥氏体晶粒形貌和分布特征与碳含量 0.135% 的基本接近，只是粗晶层

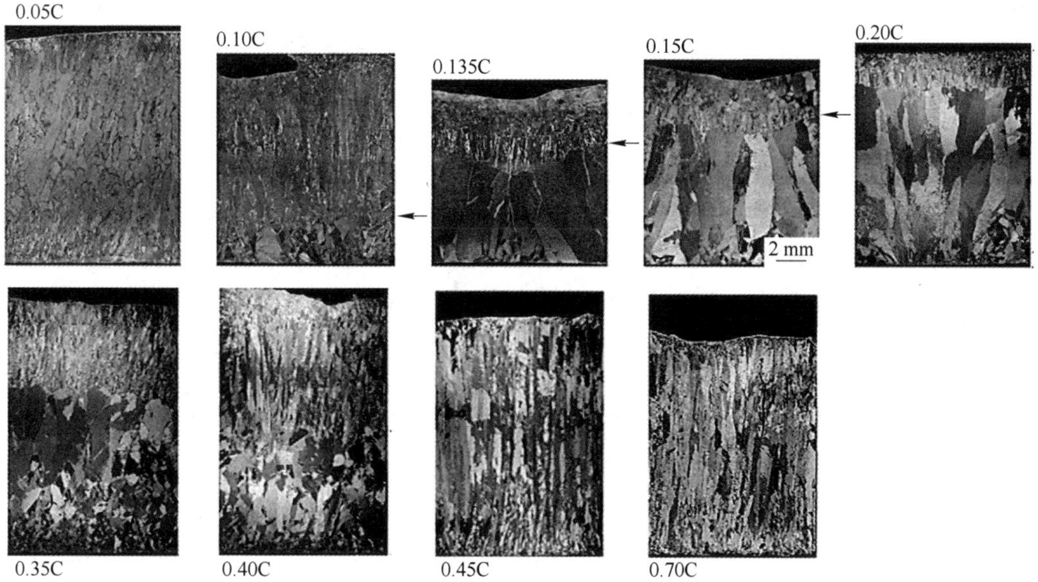

图 5-53 不同碳含量钢种试样表层奥氏体晶粒形貌（图中箭头是 T_γ 位置）

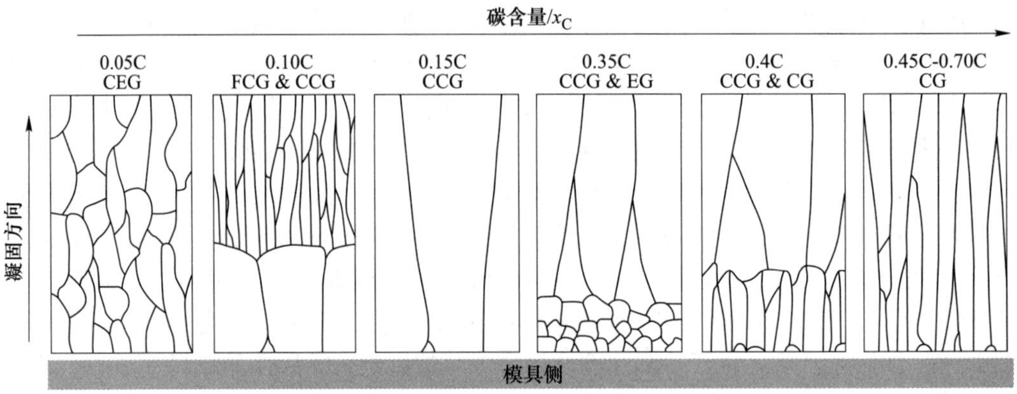

图 5-54 不同碳含量钢种表层奥氏体晶粒形貌

更深一点；碳含量为 0.20%的过包晶钢，其奥氏体晶粒整体比较粗大，粗晶层深度比碳含量为 0.15%的亚包晶钢更大；碳含量为 0.35%的过包晶钢，其表面奥氏体晶粒为等轴状，之后是粗大柱状晶粒；碳含量为 0.40%的过包晶钢，其表面为柱状奥氏体晶粒，但并未显著粗化，一定深度之后转变为粗大柱状奥氏体；碳含量为 0.45%和 0.70%的过包晶钢，二者奥氏体晶粒尺寸和分布规律基本一致，其表面和内部奥氏体晶粒均为柱状，但未见粗化特征。

根据上述两图结果，碳钢连铸坯表层奥氏体晶粒分布与碳含量或 Fe-C 相图有着密切关系。对于亚包晶钢，其表层奥氏体晶粒比较粗大，且碳含量越接近包晶点，粗晶层深度越大。冷却条件一定时，包晶点钢种比较早地完成奥氏体转变，其奥氏体长大过程的温度更高、时间更长，因此粗化最明显。

碳含量为 0.35%和 0.40%的过包晶钢，由于试验条件的非平衡特征，其实际凝固路径为高碳模式，即初生相为 γ，如图 5-55[25] 所示。为了进一步证实，Ohno 通过 EBSD 技术也分析了表层细小柱状奥氏体与内部粗大柱状奥氏体晶体学取向与凝固枝晶择优生长方向的差异，如图 5-56[25]。对于表层区域，由于冷却速度较大，枝晶尖端生长很快，其奥氏体与枝晶取向相同，而对于内部区域，冷却速度小，枝晶生长慢，奥氏体晶粒与枝晶取向不一致。由此说明，表层凝固初生相为 γ，一定深度之后凝固初生相转变为 δ。由于 γ 模式的凝固，其枝晶间存在残余液相，在一定程度上阻碍了奥氏体晶粒粗化，因此，表层奥氏体呈柱状细小晶粒特征，而内部是由 δ 转变而来，为粗大晶粒特征。

表 5-3 中总结了不同碳含量试样表层 γ 晶粒的形貌特征和长大机制[24]。对比发现，碳含量由亚包晶到包晶点，奥氏体晶粒的粗化程度愈发显著，其粗化机制为非连续生长；对于碳含量在 0.20%~0.38%的过包晶钢，其表面奥氏体晶粒为等轴状，粗化不明显，粗化机制为连续生长；对于碳含量在 0.38%~0.50%的过包晶钢，其表面实际凝固模式为 γ 初生相，奥氏体晶粒呈现未粗化的柱状；对于碳含量高于 0.51%的高碳钢，其表面奥氏体晶粒与前述 γ 初生相模式一致，为未粗化的柱状结构。整体来看，亚包晶钢和包晶钢奥氏体晶粒粗化是最显著的，其表观机制似乎也有一些分歧。

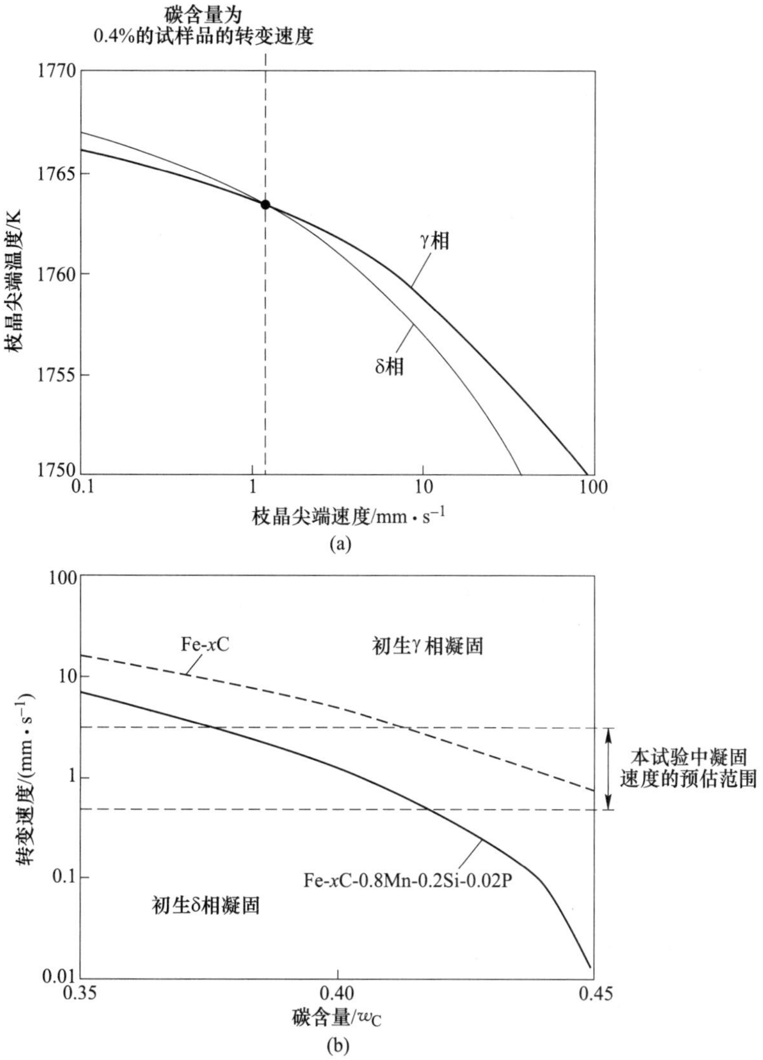

图 5-55 不同工艺参数下凝固初生相转变

（a）不同生长速率下的初生相转变；（b）不同碳含量下初生相转变的临界生长速率

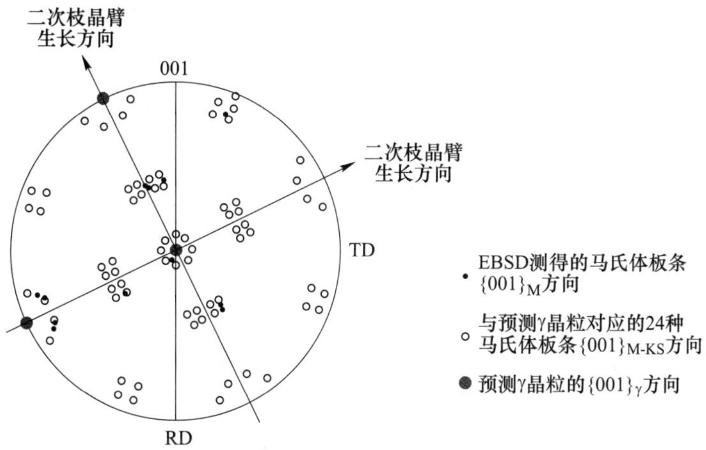

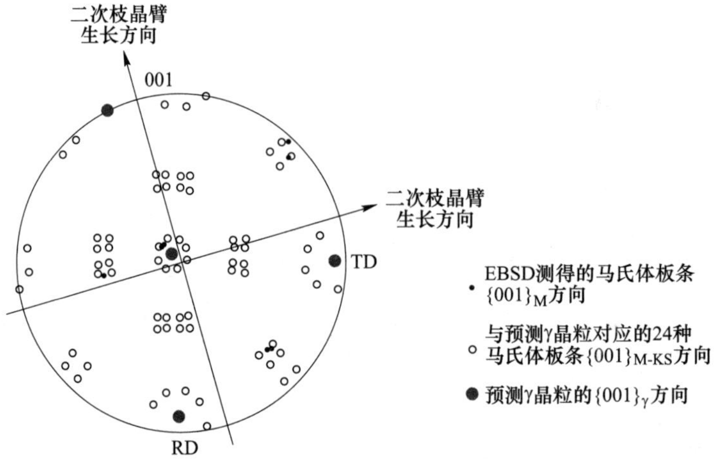

图 5-56　碳含量为 0.4%试样表层和内部奥氏体晶粒与枝晶取向关系

表 5-3　不同碳含量钢种试样表面奥氏体晶粒形貌

碳含量	凝固模式	表层 γ 特征	γ 特征机制
<0.1	δ	粗大等轴状（0.3~0.8 mm）	—
0.1~0.2	包晶凝固	粗大柱状（约 1 mm）	不连续长大
0.2~0.38		粗大柱状（约 1 mm） 和等轴状（<1 mm）	粗大柱状：不连续长大 等轴状：连续长大
0.38~0.51		柱状（<0.5 mm）	γ 凝固模式
>0.51	γ		

注：奥氏体晶粒尺寸为短轴直径。

Ohno 基于相场模拟结果提出的非连续性生长机制的判定条件是[26]：

$$\nu_{\mathrm{T}} < \nu_{\gamma} = \alpha_{\mathrm{g}} m_0 \gamma_{\mathrm{gb}} \exp\left(-\frac{Q_{\mathrm{app}}}{R(T_{\gamma} - G_{\mathrm{T}}\xi_{\mathrm{g}}D_0)}\right)\frac{1}{\xi_{\mathrm{g}}D_0} \tag{5-60}$$

式中，ν_{T} 为 T_{γ} 的移动速度，m/s；ν_{γ} 为 γ 晶界的移动速度，m/s；α_{g} 为反应晶粒长大驱动力与尺寸之间关系的常数，二维和三维系统中分别取 1 和 2；m_0 为晶界迁移率，$\mathrm{m^4/(J \cdot s)}$；γ_{gb} 为晶界能，$\mathrm{J/m^2}$；Q_{app} 为晶界扩散激活能，J；R 为气体常数；T_{γ} 为奥氏化完全转变温度，K；G_{T} 为温度梯度，K/m；ξ_{g} 为常数，二维和三维系统中分别取 1 和 0.78；D_0 为 γ 晶粒初始尺寸，m。

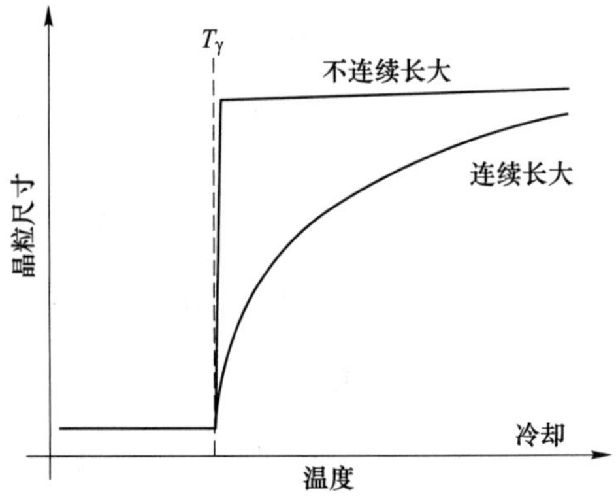

图 5-57　包晶凝固钢种奥氏体晶粒长大机制

图 5-57 为包晶凝固模式钢种奥氏体晶粒长大的连续和非连续机制，图中可见，对于连续长大，其晶粒尺寸随温度降低而连续增大，为连续可导的曲线；对于非连续长大，当温度低于 T_{γ} 时，由于初生相 δ 或残存液相 L 消失，

二者对奥氏体晶界的钉扎作用解除，奥氏体晶粒迅速长大，呈现台阶特征。根据上述判据公式可知，晶界移动速率 ν_γ 越大，就越容易获得粗大 γ 晶粒。5.3.2 节中提出的晶粒粗化机制是基于能量驱动的，当块状转变引起的能量积累越多时，晶界迁移的驱动力越大，晶界移动速度越快，晶粒越粗化。因此，二者从特征和规律上是一致的。

B　包晶凝固模式钢种 γ 晶粒与 δ→γ 块状转变

对于包晶凝固（亚包晶钢和一些碳含量较低的过包晶钢）模式下奥氏体晶粒粗化特征明显的钢种，一些学者提出了其他机制，认为凝固冷却过程 δ→γ 包晶相变会影响奥氏体晶粒粗化。

图 5-58 为激光共聚焦扫描显微镜下某碳含量为 0.14%的亚包晶钢以 10 ℃/min 冷却时的相变过程[27]。当温度降低至 1488 ℃，初始时刻液相中形成了 δ 相的枝晶，如图 5-58（a）所示；随后 1/30 s 发生了 L+δ→γ 的包晶反应，出现了 γ 相，如图 5-58（b）所示；当时间为 2/30 s 时，δ 被消耗完毕，之后的反应为 L→γ，如图 5-58（c）。由于是非平衡条件，其凝固路径与平衡条件下不相符。值得注意的是，δ→γ 包晶相变在 1/30 s 内约 100 μm 范围全部完成，考虑到碳原子的扩散能力，这么短的时间是不太可能的。因此，提出了一种新的相变机制——块状转变（Massive transformation）。

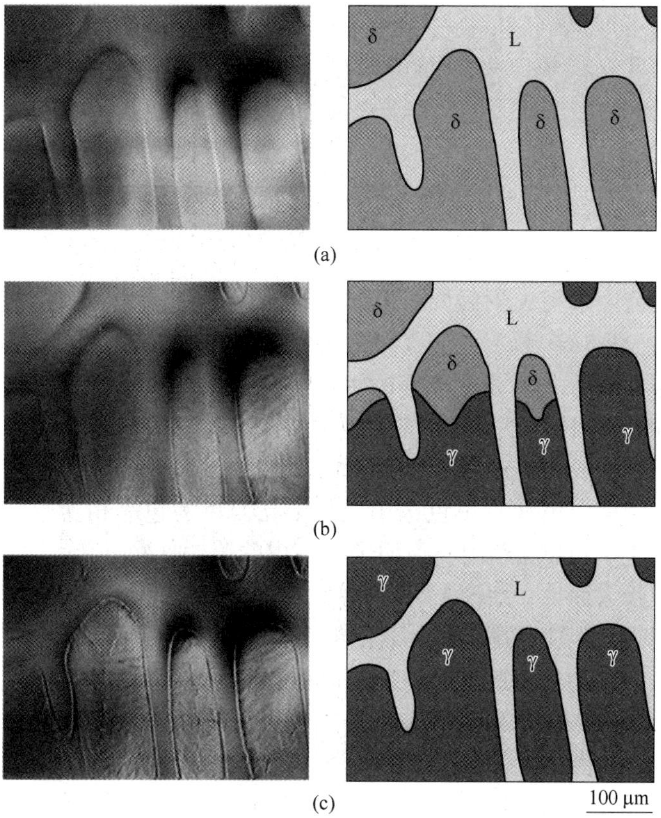

扫码看彩图

图 5-58　Fe-0.14C 钢以 10 ℃/min 冷却至 1488 ℃时的相变过程
（a）0 s；（b）1/30 s；（c）2/30 s

韩国学者也观察到了块状转变模式的包晶相变，如图 5-59[28]。图中可见，初始时刻液相 L 中出现了 δ 相，不同取向的 δ 相之间还会出现晶界；0.07 s 时开始发生包晶反应 L+δ→γ 和包晶相变 δ→γ，此时可以观察到 γ 相已达到 200 μm 以上的范围；0.10 s 时，视场中 δ 相已完全转变为 γ 相，其范围进一步扩大到 300 μm 以上。与之前的研究类似，约几百微米范围基体的 δ→γ 包晶相变在 0.10 s 内完成，以完全扩散机制无法解释，进而确定是块状转变特征。

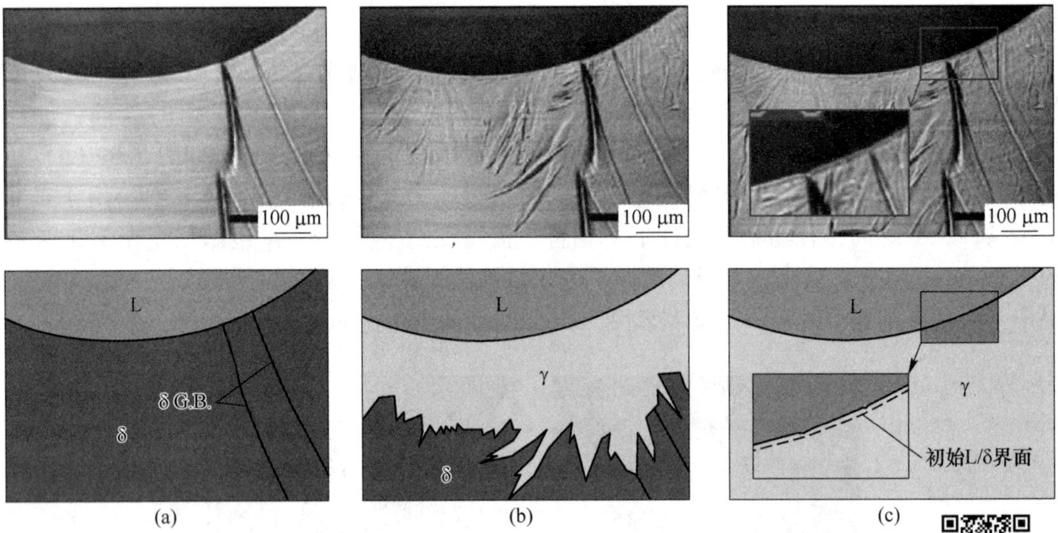

图 5-59 Fe-0.1C-0.48Mn-0.01Si 钢以 5 ℃/min 冷却至 1402 ℃时的相变过程
(a) 0 s；(b) 0.07 s；(c) 0.10 s

扫码看彩图

最近的一些研究中采用 X 射线同步辐射技术观察包晶凝固模式钢种的块状转变过程，如图 5-60 所示[29]。图 5-60（a）为 0.17 ℃/s 冷速下发生的扩散性转变方式，整个过程与平衡凝固模式比较接近，先后发生 L→δ、L+δ→γ、L→γ 的三种相变；图 5-60（b）为 0.83 ℃/s 冷速下的块状转变方式，由于冷速较快，以 δ 形式完全凝固，之后才发生 δ→γ 包晶相变，视场内约 2 mm×2 mm 范围内的固态相变在 1 s 内完成。对于块状转变模式，其 γ 基体中会出现一些亮白色和暗黑色区域，其中亮白色为包晶相变收缩引起的界面不平整，暗黑色区域发生了布拉格衍射，说明了 γ 相内的较大收缩应变。

就奥氏体晶粒长大而言，理论上与凝固过程的包晶转变无关。然而，对于块状转变模式，由于相变时间很短，应变率很高，其内部会出现应变集中，这是一种能量积累，会成为奥氏体晶粒长大的驱动力。此外，一些学者研究发现，δ/γ、δ/δ 和 γ/γ 的有效界面能分别为 0.56 J/m^2、0.44 J/m^2 和 0.37 J/m^2。对比可见，γ 相在 δ 相形核克服的能量大约为 γ 相的 1.5 倍，即以块状转变模式进行 δ→γ 相变时，γ 相更容易在已有 γ 晶粒上形核，具有与母晶粒相近的晶体取向，形成一种链式反应，如图 5-61 所示[30]。

因此，从热力学方面分析，包晶相变初始 γ 晶粒的形核需要较大的过冷度，当实际的 T_γ 温度低于 T_0 温度（相图上 δ 相和 γ 相自由能相等的温度）时，就会发生块状转变，形成大量细小的、取向相近的 γ 晶粒，同时导致基体中产生相变导致的额外能量积累，这进

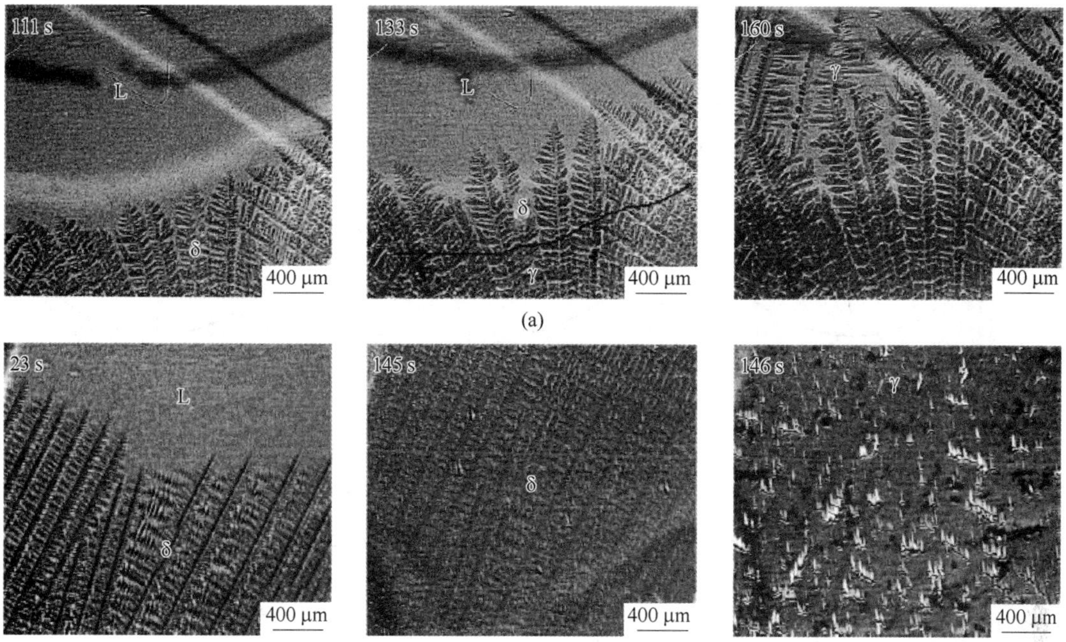

图 5-60　Fe-0.45C 钢 0.17 ℃/s 和 0.83 ℃/s 冷速下分别发生的扩散性转变和块状转变

扫码看彩图

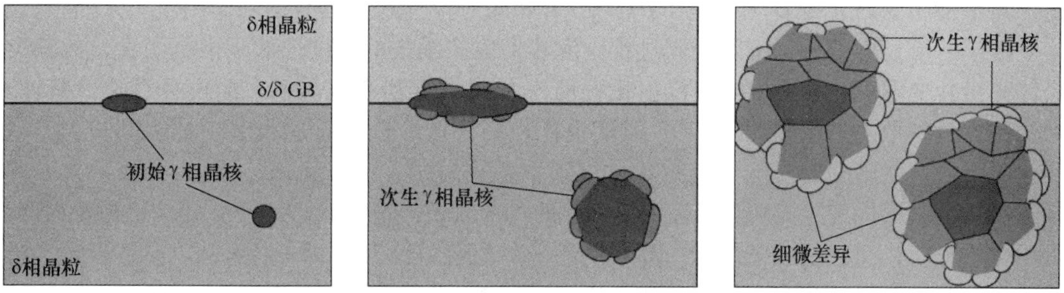

图 5-61　包晶相变过程中 γ 相长大过程

(a) $t=t_0$；(b) $t=t_0+\Delta t_1$；(c) $t=t_0+\Delta t_1+\Delta t_2$

一步促进了奥氏体晶粒的粗化，这一过程被试验所证实，如图 5-62 所示[31]。对于 Fe-0.18C-0.6Mn-0.3Si 钢种，采用 SPring-8 同步辐射光源 BL20XU 光束的 4D-CT 设备观察了块状转变前后奥氏体晶粒取向。δ→γ 块状转变之前，δ 相的取向比较集中，如图 5-62（a）所示；块状转变完成之后的 4 s 内，γ 晶粒数量较多且取向比较分散，如图 5-62（b）所示；转变完成之后的 316～320 s 内，晶粒数量减少且取向更集中，如图 5-62（c）所示。这一结果说明块状转变时会形成大量细小的 γ 晶粒，随后会快速粗化，并释放基体中应变积累的能量。

整体来说，根据现有理论和实验结果，碳钢连铸坯/铸锭表层奥氏体晶粒尺寸、形貌和粗化机制具有如下规律：低碳钢液相到奥氏体相的平衡相变路径为 L→L+δ→δ→δ+γ→

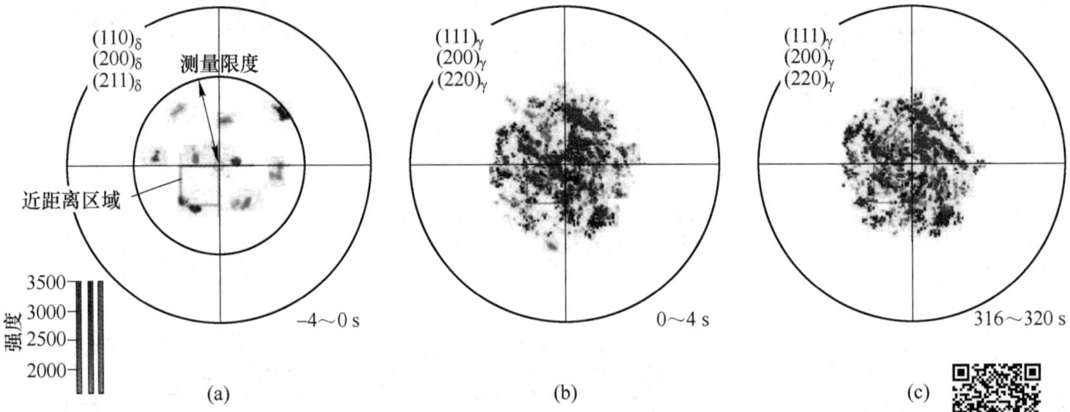

图 5-62　Fe-0.18C-0.6Mn-0.3Si 块状转变前后的晶粒取向

（a）块状转变之前的 δ 相；（b）相变之后 0~4 s 的 γ 相；（c）相变之后 316~320 s 的 γ 相　扫码看彩图

γ，其表层奥氏体晶粒比较小，主要因为其 T_γ 温度相对比较低，γ 晶粒长大与包晶相变关系不大；对于亚包晶钢，其平衡相变路径为 L→L+δ→δ+γ→γ，δ 相对 γ 晶粒长大具有抑制作用。当冷速较小时，δ→γ 以扩散模式进行，考虑到 T_γ 温度比较高，同时因为相变收缩导致的凹陷等原因使其在高温状态保持时间较长，奥氏体晶粒会长大粗化；当冷速较大时，包晶相变以块状转变方式完成，高应变率下相变收缩积累的能量会通过晶粒长大释放，促进了 γ 晶粒粗化；对于包晶点钢种，其平衡相变路径为 L→L+δ→γ，其 T_γ 温度最高，不管是扩散机制还是块状转变机制，都容易形成最粗大的奥氏体晶粒；对于过包晶钢，其平衡相变路径为 L→L+δ→L+γ→γ，L 相对 γ 晶粒长大具有抑制作用。

由于溶质显微偏析，实际凝固过程中液相 L 完全消失的温度远低于平衡温度，故其奥氏体完全转变温度比较低，γ 晶粒粗化程度不及包晶钢和亚包晶钢，但也会有长大特征。对于碳含量较低的过包晶钢，其 T_γ 温度也比较高，低冷速时通过典型扩散机制长大，高冷速时受到块状转变的影响也会粗化；当碳含量较高时，考虑到 Si、Mn 等合金元素和冷却的影响，其凝固初生相可能转变为 γ，此时的 γ 晶粒与包晶相变无关，且 T_γ 温度更低，其粗化不显著，呈柱状或条块状；高碳钢的平衡相变路径为 L→L+γ→γ，T_γ 温度最低，奥氏体晶粒与枝晶尺寸相当，呈柱状或条块状，基本无粗化特征。

5.3.4　凝固组织与奥氏体晶粒

5.3.4.1　枝晶与奥氏体晶粒

对于常见的碳钢，其在凝固过程会出现 δ 相或 γ 相的枝晶结构，这种晶体界面弯曲圆润，属于凝固组织范畴；凝固之后的基体会转变为奥氏体相，界面比较平齐笔直，晶粒呈多边形状。对于不同钢种，凝固组织和奥氏体晶粒有着不同的关系。本节分别介绍单相和多相凝固模式中二者的关联。

对于单相凝固模式的钢种，尤其是凝固之后到室温下可以保持单一晶体结构的情况，其枝晶和奥氏体晶粒的关系是最简单的，如一些高铬铁素体不锈钢、高锰或高镍的奥氏体不锈钢，以及一些高锰奥氏体无磷钢等。对于以 γ 模式凝固的高碳钢，其枝晶与奥氏体晶粒也与之前的钢种有类似的关系，不同的是，高碳钢进一步冷却时奥氏体会分解，而其他一些钢种不存在固态相变。对于高碳高锰奥氏体钢，由于碳、锰都是奥氏体形成元素，其

凝固模式为 γ 形式，冷却至室温时一直保持奥氏体。基于金相显微镜的枝晶观察和 EBSD 的晶粒取向测定，就可以确定凝固前后二者的晶体学关系。

A 单相凝固模式钢种

图 5-63 为金相显微镜下高锰奥氏体钢凝固组织与 γ 晶粒的对应关系。由图中可见，单相奥氏体钢的低倍结构上显示了比较清晰的 γ 晶粒特征，而局部放大之后可以看到晶体内部的枝晶凝固组织。根据不同取向晶粒对浸蚀剂的反应程度的差异，观察到不同 γ 晶粒内部是相互独立的枝晶结构，即 γ 晶粒与枝晶呈现一一对应的关系。由于高锰奥氏体钢凝固初生相是 γ，之后到室温一直没有相变，故枝晶界面与 γ 晶粒界面理论是重合的。

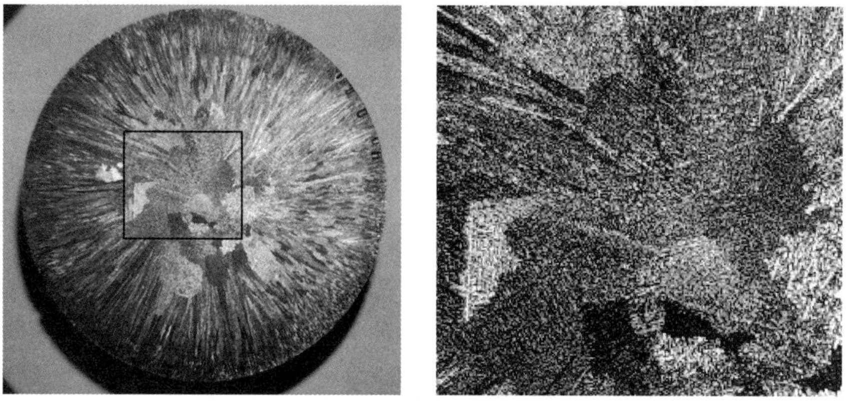

(a) (b)

图 5-63 高锰奥氏体钢宏观（a）和局部（b）的凝固组织与 γ 晶粒

扫码看彩图

为了进一步验证这一结论，采用 EBSD 对 γ 晶粒取向和枝晶取向进行了对比，如图 5-64 所示。图中可见，对于金相显微镜下某枝晶 1，其二次枝晶与 Y 轴呈约 5.1°的夹角；对于某枝晶 2，其二次枝晶与 X 轴呈约 56.9°的夹角。在 EBSD 同一视场中，可以在对应位置分别看到两个 γ 晶粒，分别标记为晶粒 1 和晶粒 2。通过取向分析可知，晶粒 1 和晶粒 2 的边界轮廓非常清晰，与前述 γ 晶粒界面基本对应。基于相比例检测结果可知，视场内不同晶粒均为 FCC 结构。

对晶粒 1 和晶粒 2 进行取向测定，如图 5-65。观察发现，晶粒 1 的 {100} 晶面法向与坐标轴夹角约为 5.1°，晶粒 2 的 {100} 晶面法向与坐标轴的夹角为 56.9°，分别与枝晶 1 和枝晶 2 二次枝晶和坐标轴夹角一致，说明高锰奥氏体钢中枝晶和 γ 晶粒的晶体学取向关系是$\langle 100\rangle_{\text{枝晶}} \perp \{100\}_{\text{晶粒}}$，即$\langle 100\rangle_{\text{枝晶}} // \langle 100\rangle_{\text{晶粒}}$且 $\{100\}_{\text{枝晶}} // \{100\}_{\text{晶粒}}$，由此可见，其枝晶和奥氏体晶粒具有本质上的一一对应的关系。

B 多相凝固模式钢种

对于凝固过程或者凝固之后存在相变的钢种，其 γ 晶粒与 δ 枝晶的关系是非常复杂的，常见碳钢和非单相合金钢均属于此类。根据凝固理论，枝晶是液固转变过程中晶体特有的形貌结构，这与原子在液相中较强的扩散能力、固液界面能、凝固潜热、溶质偏析、毛细作用和外部传热条件等均有关。γ 晶粒的形成和演变多遵循固态相变规律，主要是一种基体能量驱动的扩散机制，因固相晶体的界面能平衡作用，其外形以多边形特征较为常见。本质上，二者之间有一定的相变影响关系，比如枝晶间溶质富集的区域由于过饱和，

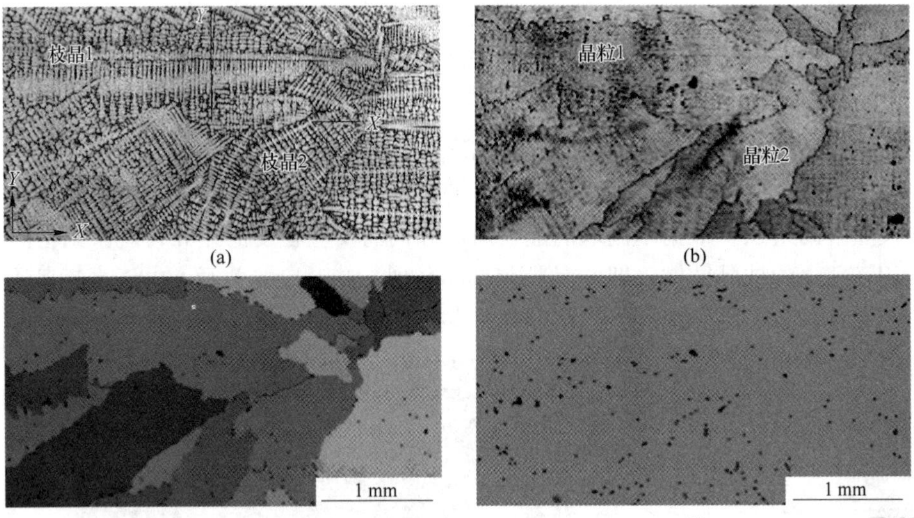

图 5-64 高锰钢枝晶与 γ 晶粒的边界对应关系

扫码看彩图

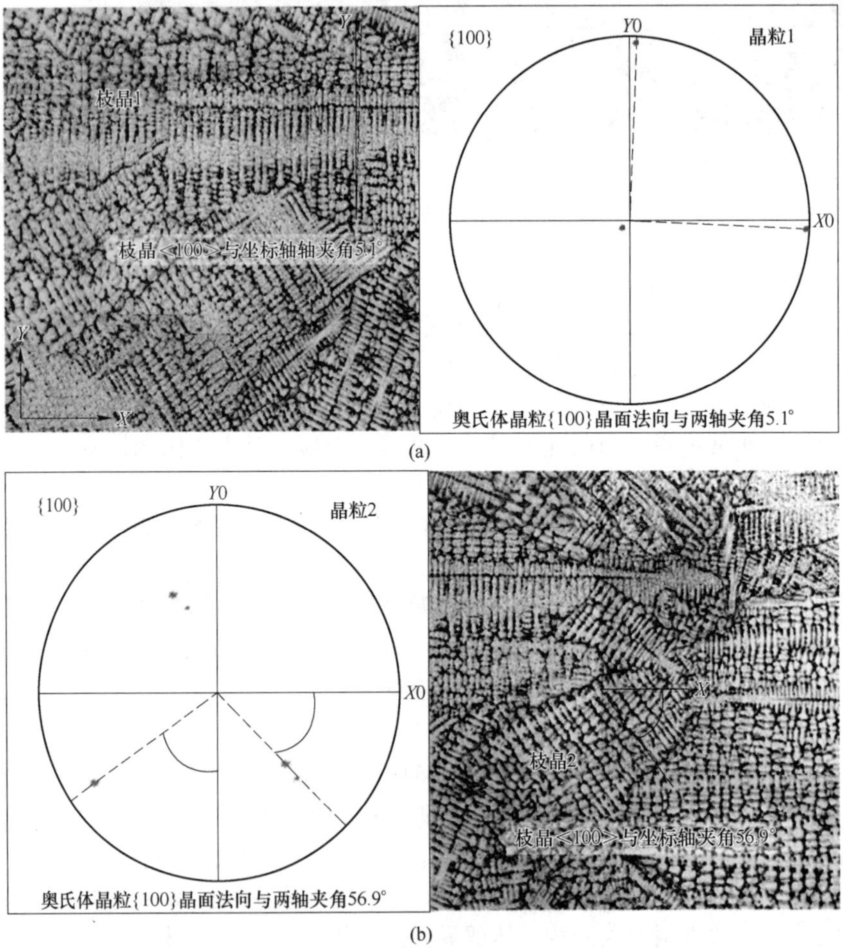

图 5-65 高锰钢枝晶与奥氏体晶粒的取向对应关系

扫码看彩图

冷却时会成为 γ 晶粒形核的初始位置，枝干上由于溶质少，铁素体更稳定，会最后转变，因此多为晶界处。然而，由于实际相变过程的偶然性和随机性，这种对应规律并不是一成不变的。对于多相凝固模式或凝固之后存在相变的钢种，实际基体中的 δ 枝晶界面和 γ 晶粒基本上不具备固定的对应关系。

以 Fe-C 相图中的低碳钢（碳含量小于 0.09%）为例，其凝固冷却路径为 L→L+δ→δ→δ+γ→γ→γ+α→α+P。图 5-66 描述了不同阶段的相变过程，箭头由左到右是温度降低的方向，中间是纵剖面的枝晶和晶粒形貌，底部是 4 个典型温度下横剖面的相变特征。图中可见，对于 T_L 和 T_S 的凝固区间中，对应纵剖面上只有枝晶组织，该范围内 L+δ 的某一温度下横剖面中为液相中出现的若干 δ 枝晶；进一步冷却时，L 相完全消失，进入 δ 单相区，此时液相中生成的 δ 枝晶与固相 δ 晶粒是完全对应的；达到 δ→γ 的开始转变温度时，一般在枝晶间溶质富集的位置出现 γ 晶粒，并随着温度降低而更多地形核或已有 γ 晶核逐渐长大；δ+γ 两相区间内某一温度下的横剖面特征为与 δ 枝晶一一对应的 δ 相基体的三叉晶界处出现一些 γ 晶粒；当温度继续降低时，γ 晶粒逐渐长大和粗化，温度低于 A_4 时会形成单一的 γ 相，此时横剖面为粗大的奥氏体晶粒，不存在 δ 相，但通过枝晶浸蚀方法仍可以观察到凝固过程中的 δ 树枝晶形貌，其与此时的 γ 晶粒基本没有对应关系；温度进一步降低至 A_3 时，γ 相中会出现 α 晶粒形核并逐渐长大，一般 α 晶粒也会在 γ 晶界萌生；温度低于 A_1 时，剩余 γ 相会分解为珠光体 P，室温下为铁素体+少量珠光体；α+P 相区中某一温度对应的横剖面为多边形铁素体基体上分布的一些珠光体团，这属于金相组织范畴。同时，通过奥氏体晶粒浸蚀可以观察到 γ 粗大晶粒，通过枝晶浸蚀可以观察到 δ 树枝晶。此时，α+P 金相组织和原奥氏体晶粒以及 δ 枝晶也没有确切的对应关系。

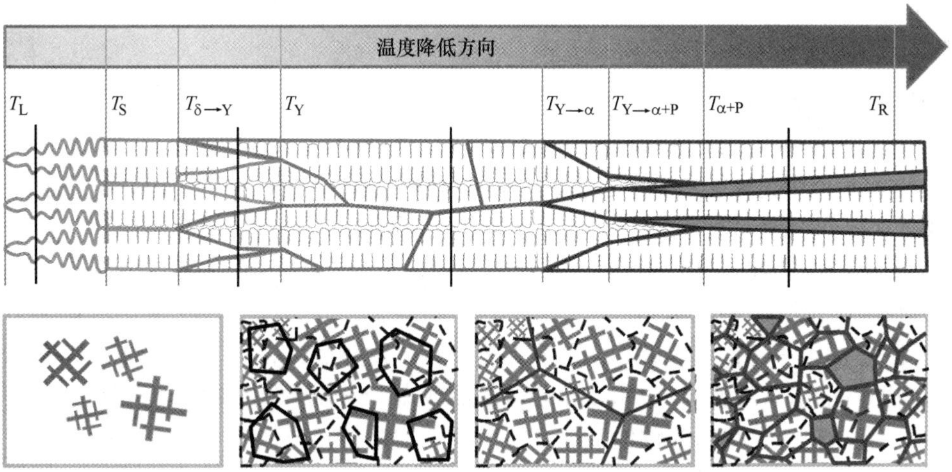

图 5-66 低碳钢凝固过程的凝固组织与金相组织

扫码看彩图

对比上述两种凝固冷却模式钢种的枝晶与 γ 晶粒关系可知，单相凝固模式条件下，枝晶与随后的同相晶粒具有一一对应的关系，如果不存在固态相变，这种关系一直保留到室温；多相凝固模式条件下，对于液固转变过程无其他相变的低碳钢（L→L+δ→δ）和高碳钢（L→L+γ→γ），其凝固刚刚结束时枝晶与同相晶粒也具有一一对应关系，而随后发生的 L+δ→γ、δ→γ、γ→α+P 等相变会破坏这种对应关系，最终无法获得枝晶与 γ 晶粒的准确可靠描述。必须指出的是，对于包晶凝固模式钢种（亚包晶钢、包晶钢和过包晶钢），其液固转变的末期就发生了包晶反应和包晶相变，初生 δ 相枝晶与凝固完成时的 γ 晶粒的对应关系更难以量化描述。

5.3.4.2　奥氏体晶粒形貌转变

连铸坯的凝固组织会发生柱状晶向等轴晶的转变（CET），已成为判定连铸坯质量的关键参数。对于奥氏体晶粒，实际上也有柱状向等轴状的转变，只是目前尚未深入挖掘这种形貌变化与缺陷问题的关系，以及如何控制这种形貌转变也尚属未知。尽管如此，γ 晶粒的 CET 转变条件仍可以通过理论和模型准确描述。

基于本书作者团队建立的多相场模型[20]，可以分析不同热状态下的 γ 晶粒形成和演变特征。与表面奥氏体晶粒长大机制不同的是，连铸坯内部 T_γ 处的冷却速率比较小，且在高温区停留时间比较长，因此主要是以扩散模式为主的 γ 晶界迁移行为。相场模型的输入条件为：采用 Bernhard 提出模型的晶界迁移率，基于 20Cr 实际连铸过程的热状态参数，晶界能设定为 0.68 J/m^2，T_γ 设定为 1460 ℃；计算域面积为 6 mm×12 mm，节点数为 1000×2000，初始晶粒平均尺寸为 100 μm。

图 5-67 为三维系统中不同 γ 晶粒形貌的相场模拟结果，其中柱状 γ 晶粒的长轴与短轴之比大于 3，反之则定义为等轴状 γ 晶粒。图中可见，对于某一固定的冷却速率（0.04～200 ℃/s 范围内），当温度梯度由 1×10^2 ℃/m 增大到 1×10^6 ℃/m 时，其 γ 晶粒由等轴状变为柱状；当温度梯度由 1×10^6 ℃/m 增大到 1×10^7 ℃/m 时，γ 晶粒由柱状变为等轴状。考虑到连铸过程的温度梯度整体在 5×10^2～5×10^4 ℃/m、冷却速率均在 0.01～50 ℃/s、凝固速率在 1×10^{-4}～1×10^{-3} m/s，连铸坯表层 γ 晶粒基本靠近二者过渡区的柱状一侧，而内部和心部靠近等轴状一侧。因此，大多数条件下均可在表层观察到柱状 γ 晶粒，少数条件也可以出现等轴状 γ 晶粒。随着距表面距离增大，温度梯度显著减小，γ 晶粒由柱状向等轴状转变，这个特征与连铸坯或铸锭 γ 晶粒形貌特征是一致的。

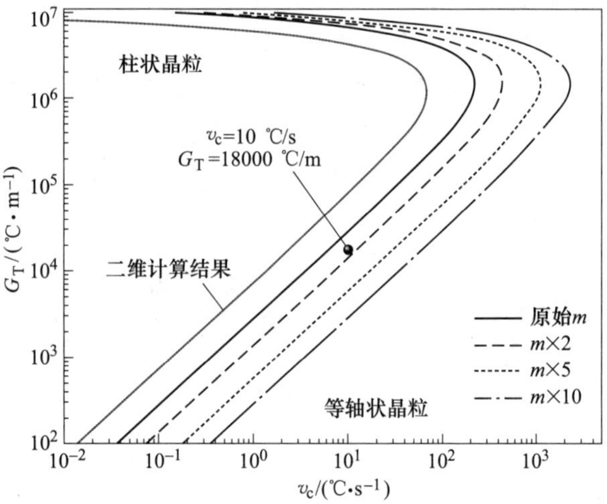

图 5-67　三维系统中不同热状态下 20Cr 的 γ 晶粒形貌

以 Bernard 模型中典型的晶界迁移率为参考（原始 m），当连铸坯某处的温度梯度约为 18000 ℃/m，冷速约为 10 ℃/s 时，其应为等轴状晶粒；当某种条件下促进晶界原子扩散时，如块状转变积累的能量，或其他外场作用，当热状态不变时，其又可能呈现柱状晶粒，如 m×2 或 m×5 时。因此，γ 晶粒形貌既和外界条件有关，又受到基体自扩散能力的影响。

5.4　钢的凝固组织与金相组织

5.4.1　金相组织

金相组织是指金属或合金内部的物相结构、形态、尺寸与分布特征，需要在显微镜下观察到。与凝固组织的低倍检测相比，这是一种高倍组织。不管钢的成分如何，其金相组织均具有一定的共性特征。如低碳钢平衡条件下室温的金相组织为铁素体+珠光体，而亚共析高碳钢室温下的金相组织也是铁素体+珠光体，一些中碳钢和常见中、低合金钢，室温下的金相组织同样是铁素体+珠光体。由此可见，虽然钢种的化学成分不同，但金相组织的类别是一致的。不同的是，根据杠杆定律，高碳钢与低碳钢金相组织中铁素体和珠光体的比例不同，高碳钢中的珠光体含量较多，而低碳钢中铁素体含量较多；加入合金元素之后，会改变 Fe-C 相图中珠光体形成的共析点成分和转变温度，相同碳含量下珠光体比例也会有变化，同时珠光体片层间距会随之改变。

即使同一成分的钢种，当冷却条件不同时，其金相组织也会发生变化，这会同时体现在相的类别和含量上，而这种变化无法通过平衡相图解释，但在实际生产中却尤为常见。平衡条件下，通常考虑的是溶质的充分扩散，对于大多数元素，这需要无限长的时间，即冷却速度无限小的情况下，与实际生产过程并不相符。因此，平衡相图能够在一定程度上指导生产过程，尤其在分析碳钢和低合金钢缓慢冷却条件（退火和正火）下的相变规律和金相组成方面，有比较好的可靠性；对于中、高合金钢快速冷却条件（淬火）下的相变特征，其预测结果与实际相差较大。非平衡条件下，由于溶质扩散被限制，一方面会改变平衡条件下的两相比例，如中碳钢冷速增大时，碳从铁素体中扩散出去的能力减小，金相组织中珠光体比例会增加而铁素体比例会减小，基体的强度和硬度提高，塑性降低；另一方面，一些平衡条件下析出的碳化物类别和含量也会改变，对应地，基体相中溶质的固溶量或过饱和度也会提高，进而出现了一些新的金相组织，如低碳合金钢快冷时可形成贝氏体或马氏体，使基体的强度和硬度显著提高，塑性和韧性略有下降。

就金属学内涵而言，金相组织既可能是单相，也可能是多相或复相。如某些超低碳钢，其室温下基体中为单一铁素体相，也会称为铁素体组织；对于中高碳的共析钢，其室温下的基体是铁素体与渗碳体构成的珠光体，这种两相结构也会称之为珠光体组织。本书第一章中介绍过，平衡条件下，碳钢中常见的金相组织为铁素体组织、铁素体+珠光体组织、珠光体组织、珠光体+渗碳体组织；非平衡条件下，除了上述组织外，还可能出现贝氏体组织、马氏体组织、奥氏体组织及其与平衡条件金相组织混合形成的复相或多相组织。

钢的性能是用户关注的核心指标，决定了钢材在某些载荷下能否胜任。对于冶金和材料学者而言，钢的性能更直接地取决于金相组织，而不是成分。因此，为了制备满足某一性能的钢种，可以采用不同成分和不同工艺的组合，考虑材料和工艺成本等多重因素，最终会形成成分-工艺-组织-性能的最佳匹配关系。材料设计中，金相组织起到了成分与性能之间的连接作用，因此，深入解析钢中常见金相组织类别、结构和形成与演变规律是非常必要的，尤其是金相组织缺陷与凝固组织的关联，对认识和控制热加工与热处理问题具有重要价值。

5.4.2 奥氏体分解相变

根据铁碳平衡相图，低于 A_1 温度时奥氏体向珠光体转变。实际上，除了珠光体之外，钢中还有不少非平衡条件下形成的其他组织，其未出现在铁碳平衡相图上，但对钢凝固、热加工和服役过程的影响很大。由于非平衡条件下冷却速率的限制，溶质元素的扩散条件不充分，其形成的组织也不相同，主要体现在不同相的类别、比例、形貌、尺寸和分布特征的差异。非平衡条件本质上并不改变相属性，如不同冷却条件下的铁素体的晶格均为体心立方，尽管固溶元素含量有区别，但材料学的相属性并未改变。非平衡条件下钢的组织类型和特征可以通过过冷奥氏体等温转变和连续转变描述。

5.4.2.1 等温转变规律

冷却过程中，当奥氏体冷却至临界温度以下，处于热力学不稳定状态时，即称为过冷奥氏体。等温转变是将过冷奥氏体以较大冷速冷却至某一温度之后保温一段时间进而完成相变。显然，这种方式偏离于平衡态，就会出现非平衡态的组织类型和转变特征，共析钢等温转变曲线如图 5-68 所示。等温转变得到的曲线为 TTT 曲线（Time Temperature Transformation），也叫 C 曲线。

从图中可以看出，等温转变曲线由主要两条 C 形曲线、三条横线构成。两条曲线从左到右分别是转变开始曲线和转变终了曲线，三条横线从上到下依次是 A_1 线、M_s 线和 M_f 线，即奥氏体转变平衡温度、马氏体转变开始温度和马氏体转变结束温度。由于马氏体实际上不是等温转变形成的，故 M_s 和 M_f 不属于等温转变的特征点。

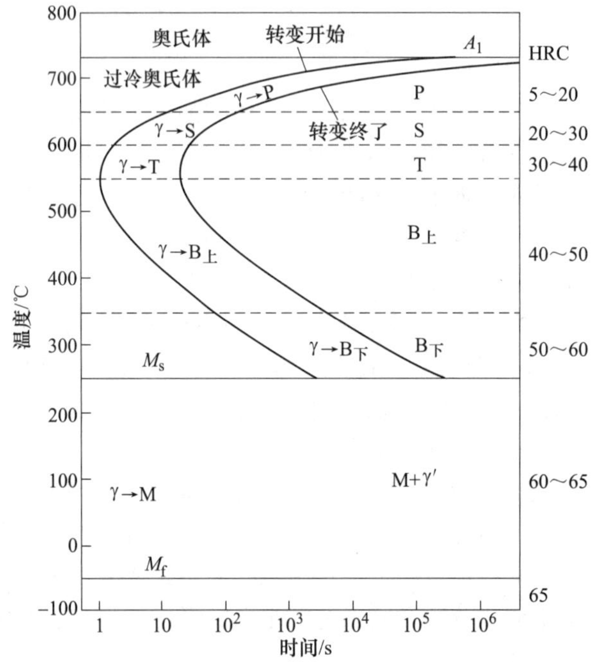

图 5-68 共析钢等温转变曲线

C 曲线中转变开始线与纵轴之间的距离是孕育期，标志着不同过冷度下过冷奥氏体的稳定性。对于共析钢，以 550 ℃左右的孕育期最短，过冷奥氏体的稳定性最差，称为 C 曲线“鼻尖”。从 A_1 到鼻尖温度之间，等温转变的产物为片层状铁素体和渗碳体的机械混合物，统称为珠光体 P。该范围内等温转变温度越低，珠光体片层间距越小，故又细分为 A_1~650 ℃的珠光体 P，硬度在 HRC 5~20；650~600 ℃的索氏体 S，硬度在 HRC 20~30；600~550 ℃的屈氏体（也叫托氏体）T，硬度在 HRC 30~40。从鼻尖温度至 M_s 温度之间，等温转变的产物为贝氏体 B，是过饱和碳的铁素体和碳化物的机械混合物。根据组织形态、尺寸和碳化物类别与位置等，又细分为 550~350 ℃的上贝氏体 $B_{上}$，硬度在 HRC 40~50；350 ℃~M_s 的 $B_{下}$，硬度在 HRC 50~60。其中，$B_{上}$ 为羽毛状，$B_{下}$ 为黑色针状。过冷奥氏体快冷至 M_s 点以下，会发生马氏体转变，形成单相马氏体 M（一定的残余），硬度在 HRC 60~65。由于马氏体转变大多是一种变温转变，即转变程度与温度有关。从晶格结构来看，马氏体本质上是一种过饱和碳的 α 固溶体。

对于亚共析钢和过共析钢，会在 C 曲线最左侧多出一个先共析铁素体或渗碳体的转变区，其主要存在于 A_1 与鼻尖温度之间的高温区域。此外，其他合金元素的加入也会改变 C 曲线的特征。除 Co 之外的所有合金元素均会使 C 曲线右移，即增大过冷奥氏体的稳定性。其中，非碳化物形成元素或弱碳化物形成元素不改变 C 曲线形状（即只有一个鼻尖），只改变 C 曲线位置，如 Si、Ni、Cu 和 Mn 等；中强或强碳化物形成元素会使珠光体转变和贝氏体转变分离，出现两个鼻尖。如果 C 曲线形状或位置改变，相同冷却条件下产物就会出现不同，如铁素体形态、碳化物结构和二者比例等，进而影响基体的性能。

5.4.2.2 连续冷却转变规律

通常，以连续冷却工艺进行工件组织调控的方式更常见。过冷奥氏体的连续冷却转变与等温转变的规律既有相似，又有不同。钢的连续冷却转变曲线又称作 CCT 曲线（Continuous Cooling Transformation）。以共析钢为例，其连续冷却转变和等温转变曲线如图 5-69 所示。对比可见，CCT 曲线在 TTT 曲线的右下方，这说明连续冷却时过冷奥氏体转变的过冷度更大一些，孕育期要长一些。对于不发生珠光体或贝氏体转变的临界冷速，CCT 曲线比 TTT 曲线高 1.5 倍左右。因此，以 TTT 曲线指导实际连续冷却转变过程，会有一定的误差。

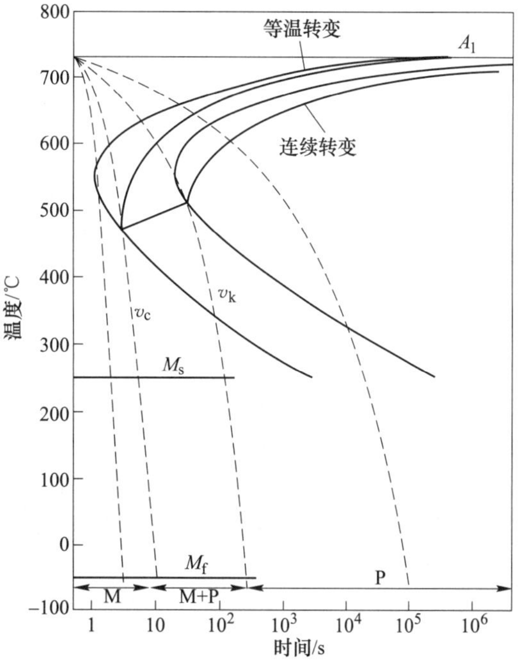

图 5-69 共析钢连续冷却转变曲线与等温转变曲线

从图中可以看出，共析钢的 CCT 曲线是由半个 C 曲线构成，即只有高温珠光体转变区的开始曲线和完成曲线，中间是由中断线连接。当冷却速度小于下临界冷速 v_k 时，冷速曲线同时与 CCT 曲线的开始线和完成线相交，其室温组织为完全的珠光体；当冷却速度在下临界冷速 v_k 和上临界冷速 v_c 之间时，冷却曲线同时与 CCT 曲线的开始线和中断线相交，其一部分过冷奥氏体先转变为部分珠光体，剩余的过冷奥氏体会发生马氏体转变，最终室温组织为珠光体+马氏体+少量残余奥氏体；当冷却速度大于上临界冷速 v_c 时，冷却曲线不与 CCT 曲线的开始线、中断线和完成线相交，其室温组织为马氏体+少量残余奥氏体。

过共析钢的CCT 曲线与共析钢基本类似，只有高温珠光体转变区，同时可能出现一个先共析渗碳体的区域。亚共析钢不但会出现先共析铁素体相区，还会出现贝氏体转变相区。因此，亚共析钢连续冷却转变时的基体组织可能是铁素体+珠光体、珠光体、铁素体+珠光体+贝氏体+残余奥氏体、珠光体+贝氏体+残余奥氏体、铁素体+珠光体+贝氏体+马氏体+残余奥氏体、珠光体+贝氏体+马氏体+残余奥氏体、贝氏体+马氏体+残余奥氏体、马氏体+残余奥氏体、马氏体等。尤其是对于加入合金元素使珠光体转变和贝氏体转变分离之后，更容易形成多相复合组织。

5.4.3 三种常见的冷却组织

钢的不同组织具有不同的转变温度和机制，因此不同相也具有不同的比例、形态、尺寸和分布等。对于钢在热处理过程中过冷奥氏体转变时最常见的三种典型组织——珠光体 P、贝氏体 B 和马氏体 M，其在连铸坯/铸锭凝固冷却基体中也会遇到，同时也会影响钢的变形和裂纹等缺陷，因此有必要建立正确的理解和认识，尤其是考虑凝固非均质性时的相变和析出过程，对控制和解决连铸质量问题非常重要。

5.4.3.1 珠光体组织

共析钢的过冷奥氏体冷却至 A_1 温度至鼻尖之间范围等温处理，将发生共析转变，形成珠光体组织。共析转变是奥氏体同时分解为铁素体和渗碳体，其依靠碳原子和铁原子的扩散完成碳的重新分布和铁的点阵重构，珠光体转变是典型的扩散性相变，是过冷奥氏体的高温转变。

珠光体是铁素体和渗碳体组成的两相混合物。根据铁素体基体上分布的渗碳体的形状，可以分为片状珠光体和粒状珠光体。正常条件下，均匀奥氏体化之后冷却均会形成片状珠光体，如图 5-70 所示。片状珠光体的粗细可以用片层间距衡量。一般地，随着转变温度降低，过冷度增大，一方面形核能力增强，另一方面原子扩散能力减弱，故片层间距减小。因此，对于不同转变温度的珠光体，根据转变温度可以判定片层间距大小顺序为：

(a) (b) (c)

图 5-70 金相显微镜下的基体组织
(a) 珠光体；(b) 索氏体；(c) 屈氏体

扫码看彩图

珠光体 P>索氏体 S>屈氏体 T。A_1~650 ℃形成的珠光体片层较粗，片层间距平均大于 300 μm；在 650~600 ℃形成的索氏体片层较细，片层间距平均为 100~300 μm；在 600~550 ℃形成的屈氏体片层最细，片层间距平均小于 100 μm。实际上，三者并无本质差别，只有片层间距大小之分，统称为珠光体组织。随着珠光体片层间距减小，基体的强度、硬度提高，塑性也变好。当片层变薄时，相界面增多，外力作用下抵抗变形的能力增加，故强度增加；同时，由于渗碳体片层变细，协调变形能力提升，不易脆断，钢的塑性随之增大。

粒状珠光体是铁素体基体上分布着颗粒状渗碳体的组织，如图 5-71。退火状态下，相同碳含量的钢材，粒状珠光体比片状珠光体具有更少的相界面，因此其硬度、强度较低，塑性较高，切削加工和淬火工艺性能比较好。粒状珠光体一般是不均匀奥氏体化之后高温等温或高温区缓慢冷却获得，也可以通过马氏体淬火和高温回火获得。

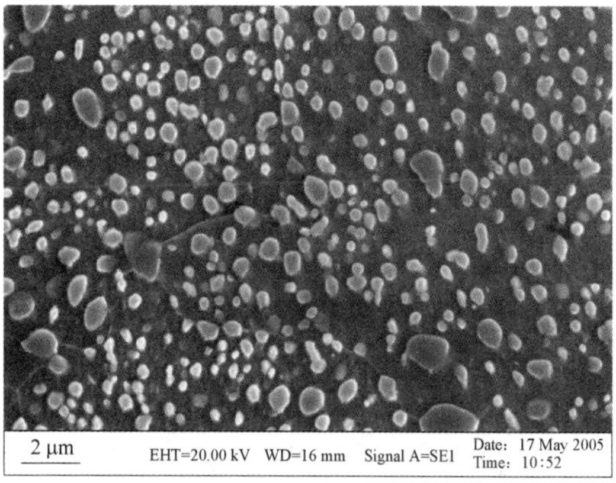

图 5-71　粒状珠光体

对于大多数碳钢和中低合金钢，其铸态下基体的金相组织以铁素体+珠光体或渗碳体+珠光体为主。由于连铸坯/铸锭表面冷却速率比较大，奥氏体分解时的最高冷速可能达到 1~5 ℃/s，故表层珠光体比例更高且片层更细，甚至可以得到完全珠光体的伪共析组织；连铸坯/铸锭内部冷速比较小，约为 0.01~1 ℃/s，为先共析相（铁素体或渗碳体）+珠光体的混合组织。整体而言，珠光体组织的热脆性不强，但会在粗大奥氏体晶界析出薄膜状先共析相状态下出现较大的裂纹敏感性，生产时需避免该温度下对基体产生的变形。

5.4.3.2　马氏体组织

过冷奥氏体以高于临界冷速的条件下冷却，不发生珠光体或贝氏体转变，直接冷却至 M_s 点以下，将发生马氏体转变，也称为低温转变。马氏体转变是在 M_s 点以下进行的，铁原子和碳原子都不能进行扩散，而是依靠切变完成的。由此可知，奥氏体转变为马氏体过程中无成分的变化，只是点阵重构。

马氏体转变时，由于不存在原子扩散，奥氏体中的碳会全部保留在马氏体点阵中，所以曾将马氏体视为碳在 α-Fe 中的过饱和固溶体。马氏体点阵中，碳原子择优分布在沿 c 轴的八面体间隙中，使 α-Fe 点阵发生了畸变，c 轴伸长，a 轴缩短，而变成了体心正方点阵，c/a 称为马氏体的正方度。随着钢中碳含量的增加，马氏体点阵常数的 c 增大、a 减小，正方度 c/a 增大。对于碳含量大于 0.2%的钢种，其马氏体都具有一定的正方度，点阵为体心正方；对于碳含量小于 0.2%的马氏体，$c/a=1$，失去正方度，点阵为体心立方。这是由于淬火之后室温停留时会产生时效作用，碳原子优先在位错附近偏聚，而不是八面体间隙，从而形成体心立方点阵。严格意义来讲，马氏体是一种单相组织。

碳钢中的马氏体根据其组织形态主要分为两种，一种是片状马氏体，是高碳钢淬火之后的形态，也叫高碳马氏体；另一种是板条状马氏体，是低碳钢淬火之后的形态，故也叫低碳马氏体。

片状马氏体常出现在高碳钢（碳含量高于0.6%）、Fe-Ni（30%以上）合金、碳含量较高的Fe-Ni-C合金及一些有色金属和合金中。一般情况下，只有大于1.0%的高碳钢中，片状马氏体才会单独存在，典型的组织如图5-72所示。片状马氏体的立体形态呈双凸透镜状，截面上看成针状或竹叶状，故也称针状马氏体或竹叶状马氏体。高倍下，片状马氏体的内部结构如图5-73所示，中间有一条直线，称为中脊。先形成的马氏体片可以贯穿整个奥氏体晶粒，随后形成的马氏体片不能贯穿先形成的马氏体片，因此形成的马氏体片越来越细。本质上，马氏体片的大小取决于奥氏体晶粒的大小。相邻马氏体片之间成一定角度，最后残留下来的未转变的过冷奥氏体，称为残余奥氏体，处于不同马氏体片之间。透射电子显微镜结果表明，片状马氏体内部存在大量微细孪晶，主要分布于中脊附近的中央地带，边缘地区存在高密度位错。由于片状马氏体具有孪晶结构，因此也叫孪晶马氏体。

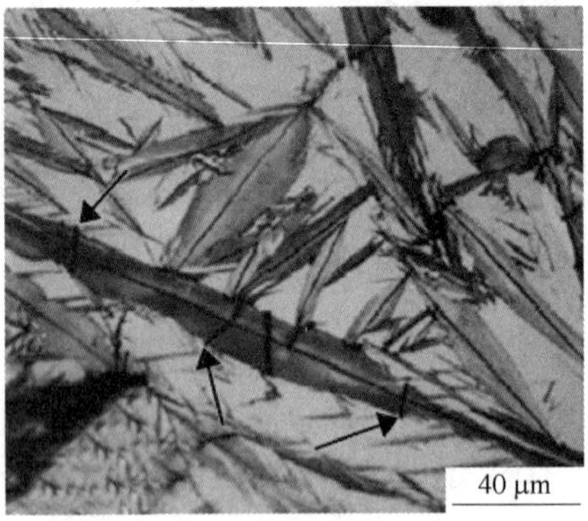

图5-72　片状马氏体

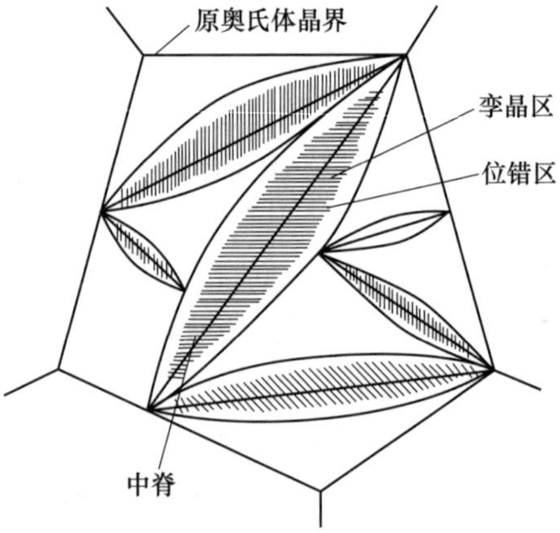

图5-73　片状马氏体的内部结构

板条马氏体多出现在低、中碳钢（碳含量不超过0.6%）、Fe-Ni（5%~25%）合金、Fe-Mn（2%以上）合金中。通常，碳含量小于0.2%的钢中，板条马氏体可以单独存在，典型特征和内部结构如图5-74和图5-75所示。图中可见，板条状马氏体是以尺寸大致相同的板条为单元，许多平行排列、取向略有差异的板条组成马氏体束，一些接近平行的板条束组合成马氏体块。一般地，一个奥氏体晶粒内可以看到不同取向的马氏体块。马氏体板条的立体形状为椭圆断面的柱状晶体，常见宽度为100~200 μm。透射电子显微镜观察发现，板条马氏体内部结构为大量位错，故板条马氏体也称位错马氏体。

高强度和高硬度是马氏体的主要特征。马氏体的硬度主要取决于碳含量，而合金元素的影响较小。随着碳含量增加，马氏体的硬度显著增大，但当碳含量高于0.6%时，硬度增幅趋于平缓。马氏体的高强度和高硬度是因为：

（1）过饱和碳引起的晶格畸变，形成以碳原子为中心的应力场，这种应力场与位错相互作用，产生了固溶强化，这是最主要的因素。

（2）板条马氏体内的高密度位错，片状马氏体内的精细孪晶，产生了亚结构强化（位错强化和细晶强化）。

（3）马氏体形成过程中的自回火现象，使碳原子沿晶体缺陷偏聚或碳化物弥散析出，产生时效强化。

图 5-74　板条马氏体

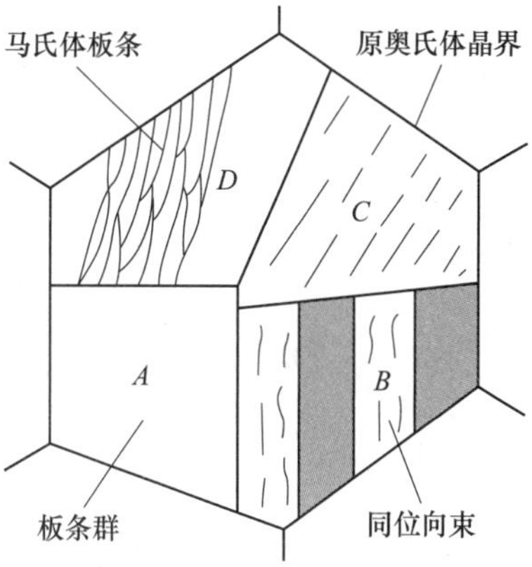

图 5-75　板条马氏体内部结构

板条马氏体具有良好的塑性和韧性，而片状马氏体的塑性和韧性较差。这是由于板条马氏体内部存在位错胞，为位错活动提供了余地，基体同时具有良好的强度和塑性；片状马氏体内存在微细孪晶，大大减小了有效滑移系，脆性增大。此外，片状马氏体在长大过程中，由于彼此之间存在一定的交角，相互碰撞时产生了微裂纹，也增大了脆性。

冷却过程中，马氏体转变不能完成彻底，尤其是只冷却到室温时，一般都会有一定量残余奥氏体存在；即使冷却到 M_f 点，也会残留极少量的奥氏体。这是因为马氏体转变过程中，已形成的马氏体片会导致未转变的奥氏体中形成大量位错，增加了切变阻力；同时，马氏体转变是一种膨胀性相变，已转变区域会阻碍未转变区域的膨胀，这都是马氏体转变不彻底的原因。一般地，钢中马氏体转变是在 $M_s \sim M_f$ 进行的，其转变量与温度直接相关，冷却温度越接近 M_f，其马氏体量越大。因此，常见钢种的马氏体转变是一种变温转变，M_s 和 M_f 温度与钢的化学成分有关。实际上，某些高合金钢中也有马氏体等温转变，这类合金的 M_s 点一般均在零度以下。

对于碳钢和中低合金钢，由于浇铸过程中的冷速较小，连铸坯/铸锭中一般不会形成马氏体。但对于某些高合金钢和含有显著提高奥氏体稳定性元素的钢种，其铸态基体的表层组织中可能会出现马氏体。马氏体转变具有一定的内应力，塑性不及珠光体，铸态基体中出现马氏体时裂纹倾向增大，生产中一般采用缓冷或退火的方式减少低温相变裂纹。

5.4.3.3　贝氏体组织

将过冷奥氏体冷却至 $B_s \sim M_s$ 等温处理，将发生贝氏体转变，也称中温转变，得到的组织是贝氏体，是介于马氏体和珠光体之间的一种组织。贝氏体转变时铁原子不扩散，其依靠切变完成奥氏体向铁素体的点阵重构，并通过碳原子的扩散进行碳化物的沉淀析出。由于贝氏体转变温度较低，碳原子的扩散也不充分，基体中的碳具有一定的过饱和度。因此，贝氏体是一种由过饱和碳的铁素体和碳化物组成的双相组织。

根据贝氏体转变温度和组织形貌特征，分为上贝氏体和下贝氏体两类。对于高碳钢（碳含量大于 0.6%），在 $B_s \sim 350$ ℃等温会形成上贝氏体，在 350 ℃ $\sim M_s$ 会形成下贝氏体。对于碳含量低于 0.6%的钢种，二者的分界温度会略高于 350 ℃。上贝氏体的典型形貌特征是羽毛状结构，即从奥氏体晶界开始，向晶内伸展成束的、大致平行的铁素体板条，金相显微镜下条间渗碳体不易辨认，如图 5-76 所示。透射电镜下，可以清晰看到取向相近的铁素体束及其间的渗碳体，如图 5-77 所示。由于上贝氏体转变温度仍比较高，其碳原子仍具有一定的扩散能力，故可以形成比较稳定的渗碳体，且分布于铁素体晶片之间。

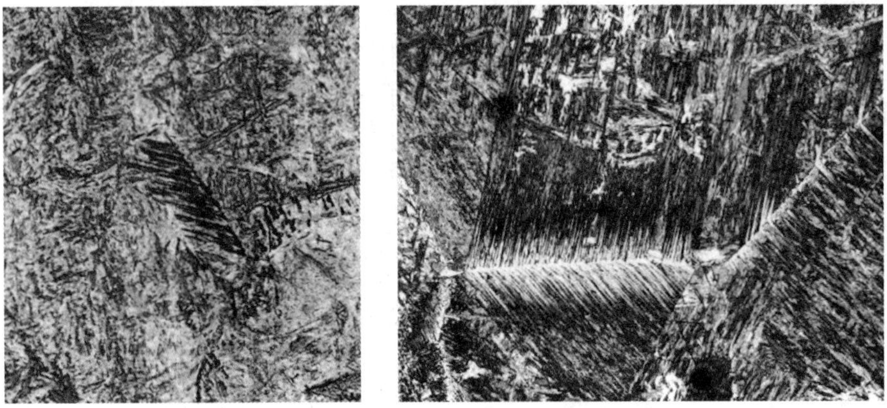

羽毛状贝氏体500×　　　　羽毛状贝氏体500×

图 5-76　金相显微镜下的上贝氏体

扫码看彩图

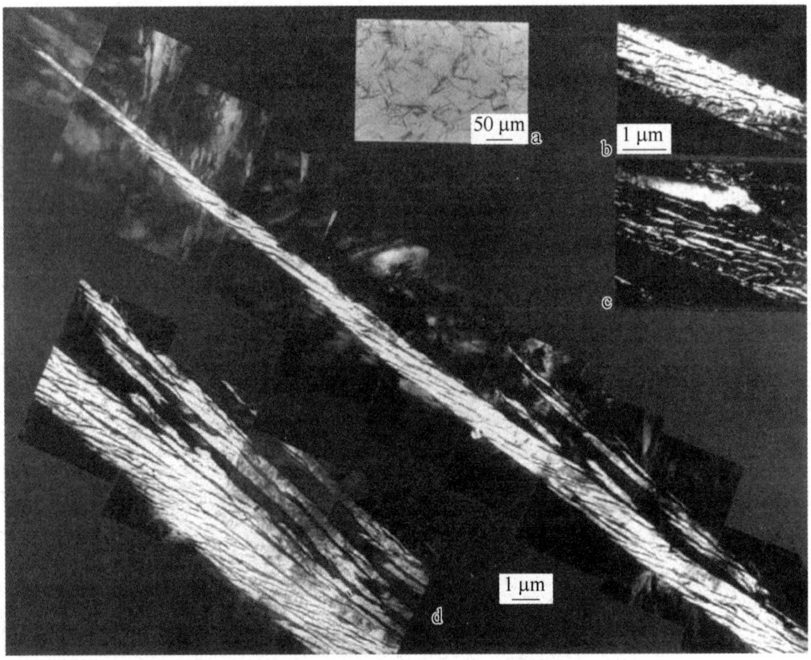

图 5-77　透镜下的上贝氏体内部结构

下贝氏体在金相显微镜下为黑色针状的铁素体，不同晶体之间有一定交角，类似片状马氏体的特征，如图 5-78 所示。电镜下观察到，下贝氏体的铁素体晶体内部成行的分布着细片状或颗粒状的 ε 碳化物（$Fe_{2.4}C$），其排列方向与铁素体长轴成 55°~60°交角，如图 5-79 所示。由于下贝氏体的转变温度较低，碳原子不能实现大范围扩散，故碳化物主要形成于铁素体内部，其颗粒也比上贝氏体小。下贝氏体的针状铁素体具有显著的过饱和碳的特征，因此基体具有一定的强化效应。

图 5-78 金相显微镜下的下贝氏体

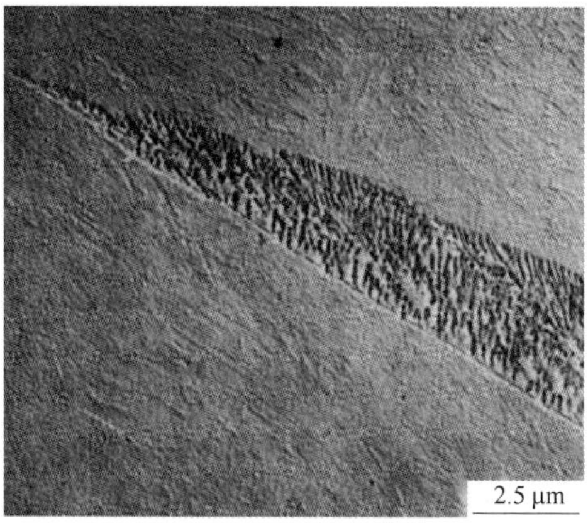

图 5-79 电镜下的下贝氏体内部结构

上贝氏体的形成温度较高，其板条束中的铁素体和渗碳体分布具有明显的方向性，且铁素体和渗碳体的尺寸均比较大，因此强度较低。这种组织对裂纹扩展的抗力很小，板条界面可作为裂纹扩展的通道，其塑性、韧性较差。下贝氏体的形成温度低，贝氏体中铁素体片较细，且是位错亚结构，碳化物更细小弥散。与上贝氏体相比，不但强度高，而且韧性好。

钢的连铸坯中可能会出现贝氏体组织，尤其是含有 Mo、Cr 的合金钢，其冷却过程中基体可能发生贝氏体转变。贝氏体转变也会形成一定的内应力，但由于转变温度比马氏体高，故可以得到一定程度的释放。值得注意的是，由于钢的铸态基体中溶质分布不均匀，故某些区域可能形成上贝氏体的脆性组织，进而造成缓冷过程堆垛、吊运时开裂。

5.4.4 三种常见的回火组织

一般地，淬火冷却得到的马氏体组织的零件具有较大的内应力，尽管强度很高，但塑性和韧性不足，直接使用的不太多。为了利用淬火相变强化机制，同时使材料兼具良好的强韧性，一般需要进行回火处理。淬火钢回火时，随着温度升高，马氏体会逐渐分解转变，进而形成不同的回火组织。回火过程中会出现三种典型的回火组织——回火马氏体、回火索氏体、回火屈氏体，对钢的性能也有直接影响。正确认识和区分钢的回火组织是制定合理冷却制度的基础，对浇铸和热处理工艺都非常重要。

5.4.4.1 回火马氏体组织

100 ℃以下回火时，碳原子虽然不能进行长距离扩散而析出碳化物，但会发生短距离的偏聚效应。马氏体中的碳含量不同，可发生两种不同的偏聚过程。一种是碳原子偏聚到高密度位错线上，形成柯氏气团，这主要发生于碳含量不超过 0.2%的低碳钢中。由于碳原子和位错之间弹性应力场的交互作用，使碳原子被弹性地吸引到位错线上，故也称为弹性偏聚。弹性偏聚条件下，碳原子可以全部分布在缺陷附近，不会引起晶格变形，仍然呈体心立方结构。当马氏体碳含量高于 0.2%时，这种弹性偏聚会达到饱和状态，进而达到化学偏聚，这是碳原子的另一种偏聚方式。此时，碳原子主要分布在晶格 c 轴的八面体间隙，使正方度 c/a 增大，这种偏聚为后续 ε 碳化物析出做准备。

100~200 ℃回火时，淬火马氏体就会发生分解。随着回火温度升高，过饱和的 α 固溶体中碳浓度逐渐降低，即正方度 c/a 减小。对于高碳马氏体，100~150 ℃回火时会发生二相式分解，即由于温度较低，碳原子仍不能进行长距离扩散，析出的 ε碳化物只降低了附近基体的碳含量，从而在高碳基体中形成了局部的低碳区。150 ℃以上回火时为连续式分解，即碳原子具备了长距离扩散的条件，随着 ε 碳化物析出，基体的碳浓度均匀降低。到 350 ℃左右时，晶格正方度 c/a 趋近于 1。值得注意的是，对于碳含量小于 0.2%的低碳马氏体，淬火时一般会发生自回火，碳原子在位错附近偏聚，100~200 ℃回火时不会析出 ε 碳化物。

由于淬火时基体中总会出现少量残余奥氏体，尤其是高碳钢和合金钢中更为显著。在 200~300 ℃回火时，残余奥氏体会分解为过饱和碳的 α 固溶体和薄片状 ε 碳化物，一般认为是下贝氏体或回火马氏体。回火马氏体金相显微镜下呈黑色片状组织，比淬火马氏体易受腐蚀，如图 5-80 所示。回火马氏体本质上是片状的含有过饱和碳的 α 铁素体+薄片状 ε 碳化物，二者基本保持共格关系，这与下贝氏体的相组成是基本一致的。回火马氏体是一种低温回火组织，比淬火马氏体的强度高，塑性和韧性好，这与内应力消除、基体中碳过饱和度降低和弥散碳化物析出有关。回火马氏体一般作为高强度高硬度耐磨零件的服役组织，如轴承、齿轮（外缘）、模具/刀具等。

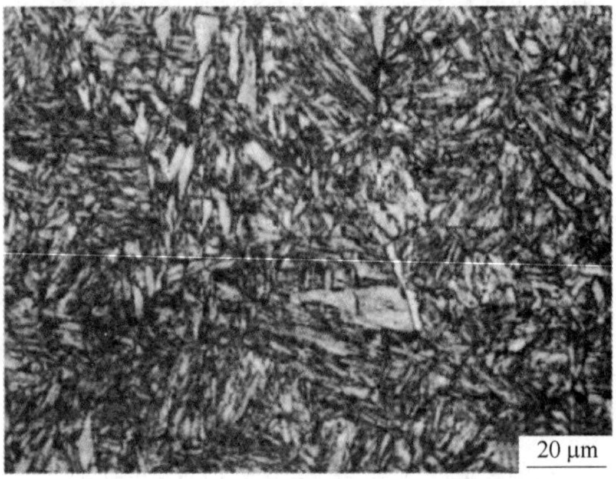

图 5-80 回火马氏体组织

5.4.4.2 回火屈氏体组织

随着回火温度升高至 250~400 ℃，马氏体中的过饱和碳几乎全部脱溶，析出比 ε 碳化物更稳定的结构。一种是 χ 碳化物，其分子式为 Fe_5C_2，另一种是 θ 碳化物，也就是渗碳体 Fe_3C。高碳钢在 250 ℃以上回火时，ε 碳化物重新溶入 α 相，并沿着 $\{112\}_M$面析出 χ 碳化物。因为 χ 碳化物的惯习面 $\{112\}_M$与 ε 碳化物的惯习面 $\{100\}_M$不同，只能重新形核和长大。回火温度进一步升高时，χ 碳化物会转变为 θ 碳化物，即 $\{112\}_M$上析出的 χ 碳化物直接进行点阵重构，形成 $\{112\}_M$上的 θ 碳化物，这是一种原位转变，不需要重新形核。碳含量低于 0.2%的低碳板条马氏体低温回火时不会析出 ε碳化物，200 ℃以上会直接形成 θ 碳化物。

当回火温度高于 400 ℃时，渗碳体会明显聚集长大并球化，其机理是通过小颗粒溶解、大颗粒生长的方式实现的。400 ℃以上回火时，开始发生回复，基体位错密度逐渐减小。一般地，把 350~500 ℃回火得到的组织称为回火屈氏体，其本质上是板条或片状的 α 铁素体+细粒状的渗碳体，如图 5-81 所示。金相显微镜下难以分辨出两相组织，电镜下可以清晰观察到。回火屈氏体的强度和硬度比淬火马氏体和回火马氏体有所降低，但塑性和韧性大大提升。回火屈氏体可以作为一些高强度耐冲击零件的服役组织，如曲轴、连杆、弹簧等。

5.4.4.3 回火索氏体组织

回火温度达到500~650 ℃时，开始发生再结晶，由等轴状的α铁素体替代了板条和针状铁素体，同时碳化物进一步长大。因此，回火索氏体的相组成为铁素体基体+颗粒状碳化物，是一种高温回火组织，如图5-82所示。淬火+高温回火进而获得回火索氏体的热处理方式一般称为调质。回火索氏体的强度和硬度比回火屈氏体进一步减小，塑性和韧性改善，具有良好的综合力学性能。回火索氏体一般作为中低碳钢或低合金钢结构件的服役组织，如法兰、管道、螺栓、销钉等。

图5-81 回火屈氏体

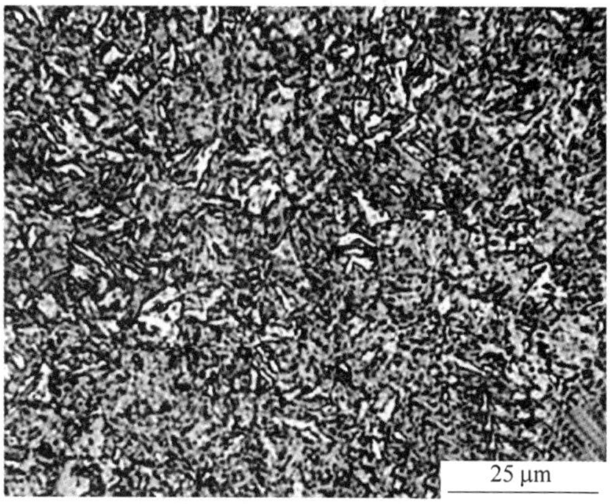

图5-82 回火索氏体

5.4.5 凝固组织与金相组织

凝固组织一般是指具有枝晶结构的低倍组织特征，描述的是凝固过程晶体的形貌、尺寸和分布规律。金相组织通常指金属或合金基体物相结构、形态、尺寸和分布特征，实际上多指与材料性能直接相关的服役时的显微组织状态，有时候也用于描述材料制备中间流程的相组分演变规律。不管如何，从凝固过程到最终产品，中间经历了多道次的热加工和热处理工序。因此，凝固组织和金相组织之间有一定的“距离”，二者本不应该有显著的联系。

然而，考虑到非平衡条件下的实际生产路线，凝固过程中形成的溶质显微偏析在后续加热、变形和热处理环节不能充分扩散，进而出现了沿着加工方向的金相组织条带，即常见的带状组织缺陷。传统概念认为，带状组织是钢在塑性加工过程溶质显微偏析区域被变形挤压，形成的与加工方向平行的显微组织交替分布的条带结构，如图5-83所示。带状组织是一种常见的金相组织缺陷，一般采用国家标准GB/T 34474.1—2017《钢中带状组织的评定 第

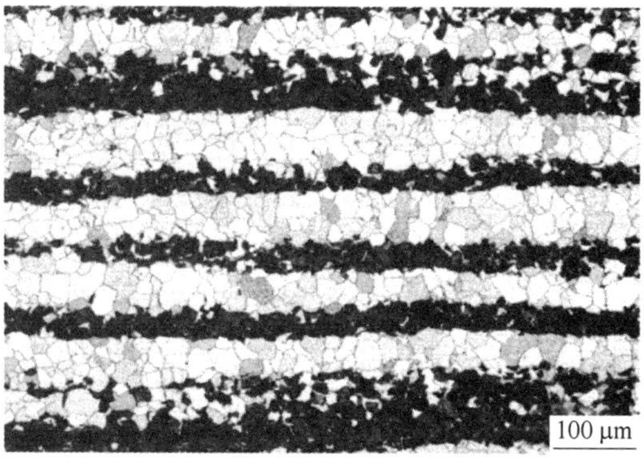

图5-83 铁素体-珠光体带状组织

1 部分：标准评级图法》进行评定，对不同碳含量钢种有不同的标准。大量试验研究表明，大多合金钢产品，如螺纹钢、齿轮钢、冷镦钢、调质钢、弹簧钢、硬线钢和轴承钢，以及一些高强韧中厚板产品等，即使压缩比达到 20 以上，也仍然出现带状组织问题。根据带状组织的形成过程和溶质富集程度，分为一次带状组织和二次带状组织。一次带状组织是由枝晶偏析/半宏观偏析遗传到产品中引起的原始带状缺陷，多出现在合金钢；二次带状组织是在固态相变中因溶质的不均匀分布而引起的条带组织缺陷，碳钢和合金钢均有出现。

关于钢中带状组织的形成机制和演变规律，奥地利学者做了比较有代表性的实验研究[32]，如图 5-84 所示。某低碳合金钢凝固之后的铸态组织中，即压缩比为 0 时，枝晶干上的溶质较少，枝晶间存在比较明显的 Si、Mn、P、Cr 的溶质富集；当压缩比增加到 23%时，枝晶结构仍比较明显，枝晶干和枝晶间的溶质分布差异仍非常直观；压缩比增大到 46%时，可以观察到枝晶沿轧制方向的变形，溶质富集出现了一定程度的蔓延；压缩比增大到 69%时，枝晶结构已比较模糊，基体沿轧制方向的变形更显著，溶质也开始出现条带特征；当压缩比增加到 91%时，基体中的枝晶结构已观察不到，溶质呈条带分布的特征已非常明显。因此，凝固枝晶组织会形成溶质显微偏析，热加工之后遗传到产品中形成条带分布，冷却过程中会出现带状组织。实际上，除了显微偏析之外，半宏观偏析和宏观偏析会导致形成更加严重的一次带状组织，这在后续热处理中更难以彻底消除。

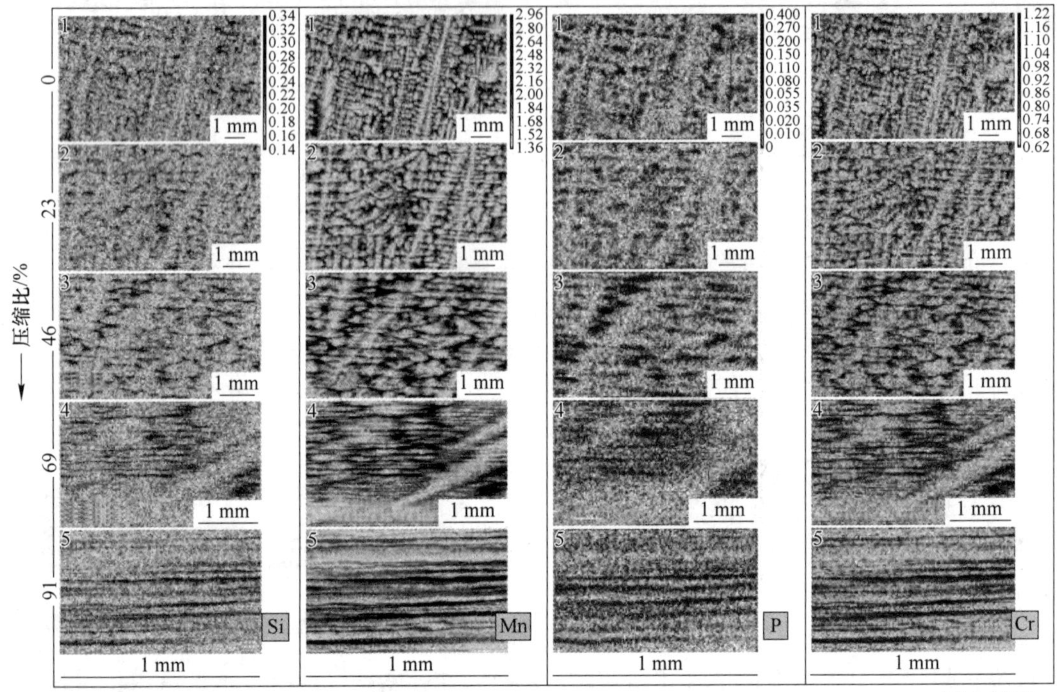

图 5-84　不同压缩比下溶质显微偏析分布规律

扫码看彩图

当热加工基体中形成溶质条带之后，在随后的冷却相变过程中，γ 相中存在枝晶间区域（Interdendritic Region，IR）的高溶质条带和枝晶干区域（Dendritic Region，DR）的低溶质条带，根据溶质元素对相变温度 A_3 的影响，IR 区域的 γ→α 过程滞后于 DR 区域，如图 5-85 所示。因此，DR 区域发生 γ 分解反应时会将溶质排斥到未反应的IR区域，使IR区域溶质含量进一步提高，其γ→α转变被推迟和抑制。当温度继续降低时，富含溶质的IR区域会发生γ→P的共析反应，进而形成了珠光体和铁素体条带。因此，与凝固组织相关的枝晶间偏析遗传到轧材中形成溶质条带，冷却过程中由于相变先后顺序不同，最终会出现带状组织缺陷。当含有一些强碳化物形成元素时，还可能形成铁素体+贝氏体或铁素体+马氏体带状组织，甚至一些中高碳合金钢中会出现碳化物带状组织。

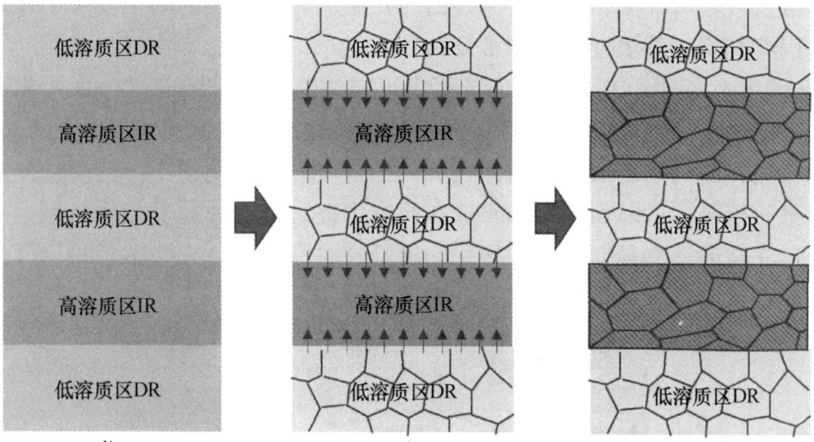

图 5-85　冷却相变过程溶质条带引起带状组织机制

当然，根据连续冷却转变规律，冷却速度对钢的金相组织也有直接影响，进而形成不同程度的带状组织缺陷。对于上述低碳合金钢，如图5-86所示，当冷却速率较小时，先共析铁素体具有较长的扩散时间，其含量比较高，同时把较多的溶质扩散到未转变的γ相，最终形成比较明显的铁素体和珠光体条带。当冷却速率较大时，由于温降很快、时间很短，溶质原子扩散能力有限，先共析铁素体量减少，会形成比较多的珠光体，抑制了带状组织形成。因此，凝固组织与金相组织的关系，除了与溶质偏析及其遗传能力有关外，热处理过程的冷却速率也有一定的影响。

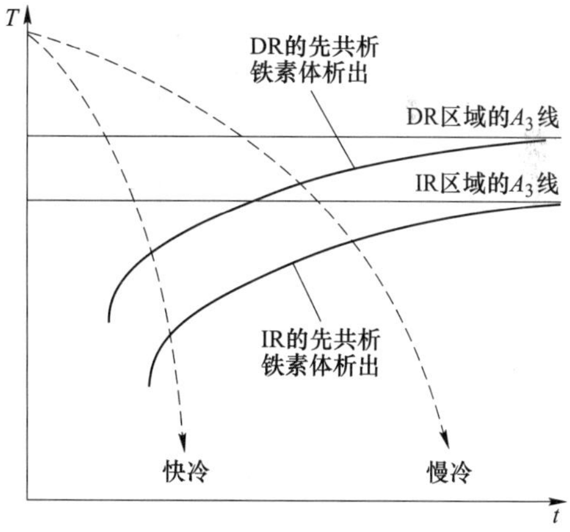

图 5-86　溶质富集对γ→α相变温度的影响

5.5　钢的凝固组织调控

5.5.1　枝晶臂粗化与枝晶粗大

钢的凝固组织直接影响基体的均质性和致密度，粗大的枝晶结构往往是产品组织和性能恶化的起源。对于凝固组织的粗晶特征，一般分为枝晶臂粗化和枝晶粗大两方面。枝晶臂粗化一般指二次枝晶臂间距增大，与枝晶局部熔化或合并有关，简称为枝晶粗化。枝晶粗化是由系统界面能驱动的自发过程。从热力学角度分析，枝晶粗化减小了固—液接触面积，从而降低体系总的界面能。枝晶固—液界面曲率不同而产生的 Gibbs-Thomson 效应，会导致界面处平衡成分的分布差异，进而在液相中产生浓度梯度和溶质扩散，这使高曲率区域熔化而低曲率区域凝固，驱动了枝晶的粗化过程[33]。从动力学角度讲，凝固过程的枝晶粗化由溶质传输所控制，而固—液界面的几何形状又直接影响了枝晶粗化过程中浓度场的变化，因此其粗化的演变过程非常复杂。

20 世纪 60 年代以来，不少研究人员提出了描述连续冷却或在固—液两相区等温过程的枝晶粗化理论模型，这些模型都基于两个基本特征：一是固—液界面的 Gibbs-Thomson 关系，即固—液界面的平衡成分与曲率相关；二是枝晶的粗化速率由溶质从低曲率到高曲率部位的扩散所控制。1991 年，Flemings 在研究中提出了五种枝晶粗化机制。在实际凝固过程中，小尺寸枝晶臂的径向和轴向熔化一般是同时发生的，一些学者将这两种机制合并成一种，因此可以归纳为如图 5-87 所示的四种方式。

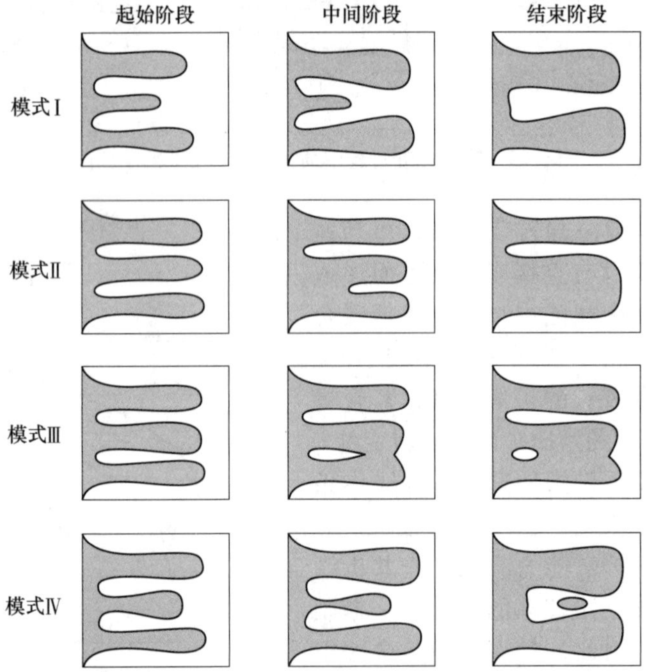

图 5-87 枝晶粗化的四种机制

模式Ⅰ为小尺寸枝晶臂的径向和轴向熔化，同时相邻大尺寸枝晶臂生长和粗化，这种情况是由于大尺寸枝晶臂优先生长时将溶质排斥到小尺寸枝晶臂附近，造成了局部熔点降低而熔化；模式Ⅱ是相邻枝晶臂在尖端发生熔化，而在枝晶臂根部的凹槽处发生凝固，这种对应于溶质在枝晶臂尖端的富集比较显著而根部冷却更快的情况；模式Ⅲ为枝晶臂尖端合并，根部最后凝固成为整体或仍保留枝晶界面，对应于某些枝晶尖端径向生长比较快的情况，如负温度梯度或一些 $k>1$ 溶质的合金等；模式Ⅳ为小尺寸枝晶臂在根部发生颈缩和熔断，情况与模式Ⅰ有所类似，只是这种条件下小尺寸枝晶臂熔化不完全。一些学者对不同合金凝固过程的枝晶粗化行为进行了模型和试验研究，认为小尺寸枝晶熔化模型（模式Ⅰ）只适用于粗化早期的竞争生长，而在粗化后期主要是枝晶臂根部凹槽处凝固（模式Ⅱ）起作用。

实际上，凝固过程中因合金成分不同导致溶质再分配行为有明显差异，而不同时刻、不同位置的热状态和枝晶生长状态也不一致，因此不同机制发生的可能性不容易区分。对于大多的工业生产条件，其实际冷却速率不会太大，枝晶臂粗化会发生于所有金属和合金的凝固过程，钢的连铸和模铸也不例外。枝晶臂粗化之后，凝固组织的均匀性变差，溶质显微偏析和疏松等缺陷倾向增大，不利于产品组织和性能的稳定控制。

枝晶粗大是金属和合金凝固组织的另一种常见缺陷，主要表现为枝晶整体尺寸过大。对于柱状晶，通常为一次枝晶间距较大或主轴长度较大；对于等轴晶，一般指枝晶平均直径较大。柱状晶的枝晶粗大多与凝固条件有关，当激冷层晶核密度较低时，择优生长方向的晶粒数量较少，柱状晶一次枝晶间距就会更大；此外，随着距连铸坯或钢锭表面深度增加，冷却速率减小，一些取向和热流方向有偏差的枝晶生长会被阻挡，取向与热流方向平行的枝晶会充分发展，一次枝晶间距会进一步增大。柱状晶主轴长度与温度梯度有关，这取决于冷却强度和钢水过热度。当冷却较强时，界面处温度梯度较大，液相中过冷度较小，不利于等轴晶形核或已有游离晶核长大，柱状晶更发达；钢水过热度较大时，液相中温度梯度也较大，也会促进柱状晶生长，抑制等轴晶形成。

等轴晶粗大一般是单位体积内的晶体数量较少、尺寸较大。模铸钢锭中心区域的等轴晶一般比较粗大，这与对应条件下等轴晶的形核与长大有关。对于大钢锭，其中心等轴晶一般来源于浇铸初始时刻的大爆炸形核和凝固过程中上部枝晶熔断形成的结晶雨，如此条件下，非自发形成的晶核可以在较小的过冷度下快速长大，最终形成了尺寸较大的等轴晶。对于连铸，小断面连铸坯中心区域的热状态受过热度和冷却的影响较大，由于冷速相对较高，其等轴晶尺寸一般比较小，且分布频率比较集中；大断面连铸坯中心等轴晶形核和长大条件比较复杂，同时受到结晶器内强制冷却和流动冲刷界面、二冷区弧形位置晶核沉积以及基于第二相基底的非均质形核等因素的影响，结晶器和二冷区形成的游离晶体外层熔化，中心液相中最后出现一些细小弥散的晶核；由于中心区域冷速较低，已有晶核会优先长大，最后形成粗大等轴晶结构，如图 5-88 所示。因此，连铸过程等轴晶粗化更多地取决于液相中初始晶核的数量，冷却的影响比较间接。

枝晶粗大一方面引起凝固组织均匀性下降，影响热加工过程中基体变形的协调性和连续性；另一方面也会导致合金钢品种铸态、轧态和热处理态的溶质偏析乃至产品的带状组织缺陷，对最终力学性能、冲击性能、疲劳性能和耐腐蚀性能等均有不利影响。因此，对于高端钢材品种，枝晶臂粗化和枝晶粗大在实际生产中都应该严格控制。

5.5.2 凝固组织与均质性

对于高碳和高合金钢产品，通过连铸坯制备零部件时，其可以实现的最大压缩比一般比钢锭要小，因此，对连铸坯凝固组织和溶质分布均匀性的要求比钢锭更高。一般地，凝固组织对连铸坯中心偏析和溶质含量极差均有直接影响，进而影响产品的服役性能和使用寿命。

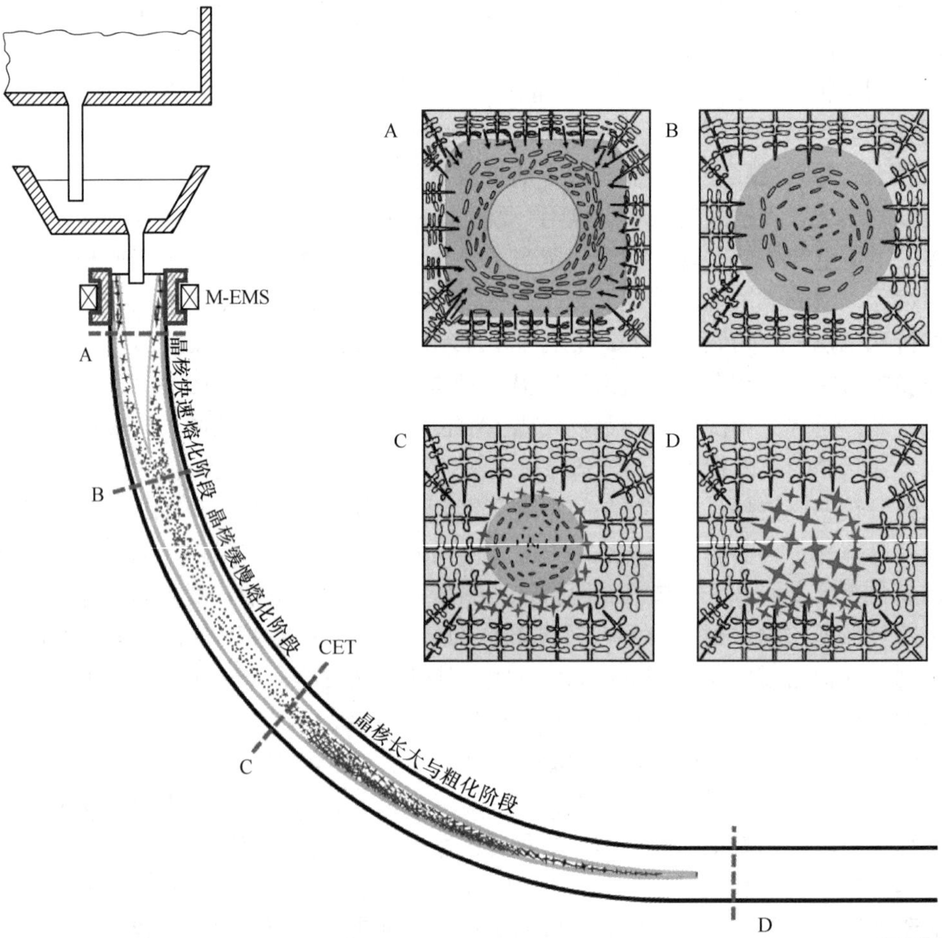

图 5-88 等轴晶形成与粗化示意图

扫码看彩图

早期研究中，为了改善高碳和高合金钢产品的性能，人们更多地关注于连铸坯的中心偏析，即碳、硫、磷等元素在中心处的溶质富集。根据本书第 4 章内容中的阐述，连铸坯中心偏析与溶质再分配、凝固收缩负压和鼓肚抽吸，以及小钢锭结构引起的局部溶质截留有关。当凝固组织的柱状晶比较发达时，因选分结晶导致的溶质富集会被集中到最后凝固的区域，因此会加剧中心偏析和中心缩孔的程度；当连铸坯中心等轴晶面积较大时，柱状晶前沿富集的溶质会被分散到等轴晶间隙，弱化了中心处的溶质富集。此外，一些早期形核的等轴晶来源于浇铸初始时刻的大爆炸过程或枝晶被冲刷和熔断，由于选分结晶，其溶质含量比较少，也起到了一定的溶质均匀化作用。大量生产试验数据证实，凝固组织的等轴晶面积比与中心偏析存在负相关性，如图 5-89 所示。根据国内某厂对高碳钢小方坯连铸中心偏析与等轴晶率的关系进行了统计分析，当等轴晶率不超过 25%时，中心偏析比在 1.25～1.75 波动，平均水平在 1.40 左右；当等轴晶率达到 40%以上时，中心偏析比基本在 1.05～1.20。随着等轴晶率增大，中心偏析比逐渐减小，这已经得到国内外诸多研究的证实。

近年来，随着高端钢材产品对热处理性能、冷加工性能、冲击性能、耐腐蚀性能和疲

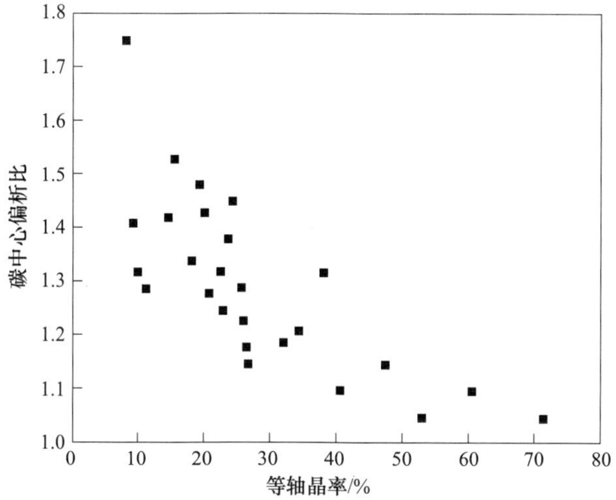

图 5-89 高碳钢小方坯中心偏析和等轴晶率的关系

劳性能等指标要求的全面提高，只从中心偏析角度控制溶质分布均匀性已经比较局限了。用户使用中发现，对于齿轮、曲轴、弹簧、轴承等承受交变载荷的零件，其抗疲劳和抗冲击能力往往决定了使用寿命，而这与基体成分极差的大小密切相关。当零件内部溶质含量相差较大时，会出现一次带状组织引起的硬质相界面和异常组织或析出物，引起性能各向差异，导致过早报废。对国内某厂齿轮钢 200 mm×200 mm 连铸坯进行不同区域的成分检测，发现等轴晶区成分波动范围远大于柱状晶区域，如图 5-90 所示。等轴晶区对应于中心点 O、1/8R 和 1/4R 范围，碳含量极差可达 0.04%；柱状晶区对应于其他位置，碳极差为 0.01%。不仅如此，这种溶质分布规律会一直遗传到棒材和齿轮中，如图 5-91 所示。ϕ50 mm 棒材的等轴晶区域为中心点 O 和 1/3R 范围，碳极差为 0.01%；柱状晶区域碳极差约为 0.005%。

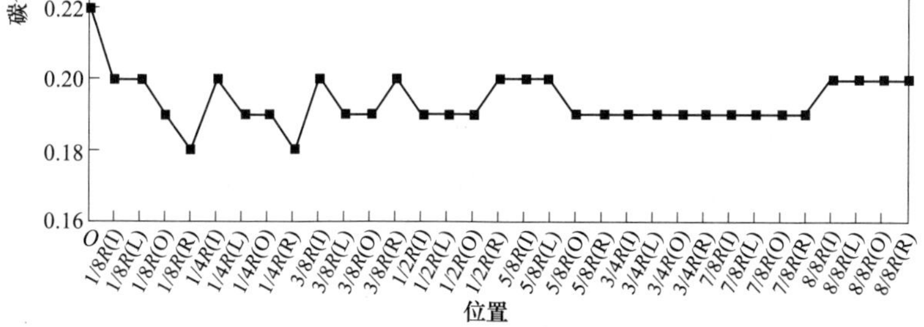

图 5-90 某齿轮钢 200 mm×200 mm 连铸坯不同位置的碳含量

O—中心；R—半径；(I)—内弧方向；(L)—左侧方向；(R)—右侧方向；(O)—外弧方向

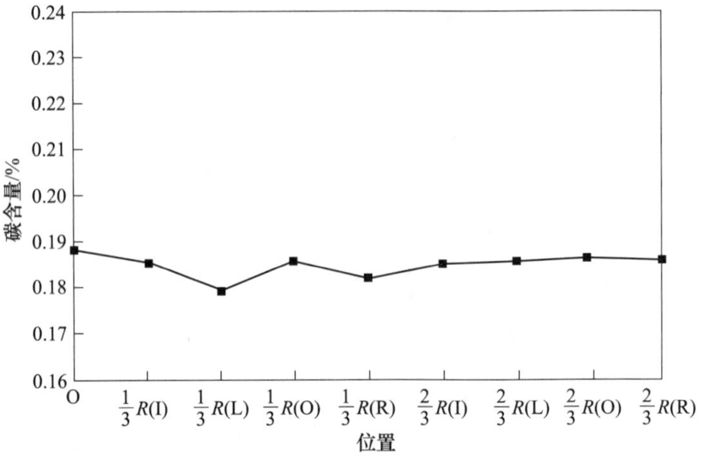

图 5-91　ϕ50 mm 棒材中不同位置的碳含量

对连铸坯不同区域凝固组织进行浸蚀和观察，如图 5-92 所示。尽管在连铸坯中心可以看到明显的等轴晶结构，但其分散溶质的作用似乎并未达到理想的效果。分析发现，等轴晶区存在粗大和细小枝晶，一些粗大枝晶间隙出现比较明显的溶质富集，即疏松型点状偏析，尺寸在几十微米到几百微米不等；同时，粗晶封闭区域内还会观察到极细小枝晶，即斑块型点状偏析，尺寸从几百微米到几毫米的水平。这种大范围的溶质富集会引起钻屑取样测定的化学成分的波动，而且会遗传到轧材中，是溶质极差控制的难点。

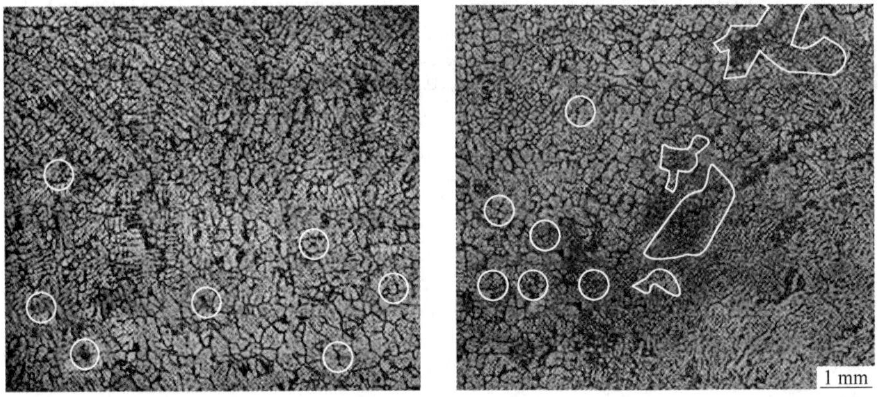

图 5-92　连铸坯不同区域的枝晶组织

扫码看彩图

对连铸坯不同类型的点状偏析进行 EPMA 扫描，结果如图 5-93 和图 5-94 所示。粗大等轴晶之间的疏松型和斑块型点状偏析内部均存在明显的 C、Cr、Mn 溶质富集，对比而言，由于后者比前者尺寸更大，溶质富集程度也更高。一般地，等轴晶越粗化，其间隙就越大，凝固末期抽吸而入的浓化钢水越多，随后凝固时的选分结晶使内部溶质偏析程度进一步增大。因此，减小钢锭或连铸坯等轴晶尺寸是提高铸态基体溶质均匀性的关键。

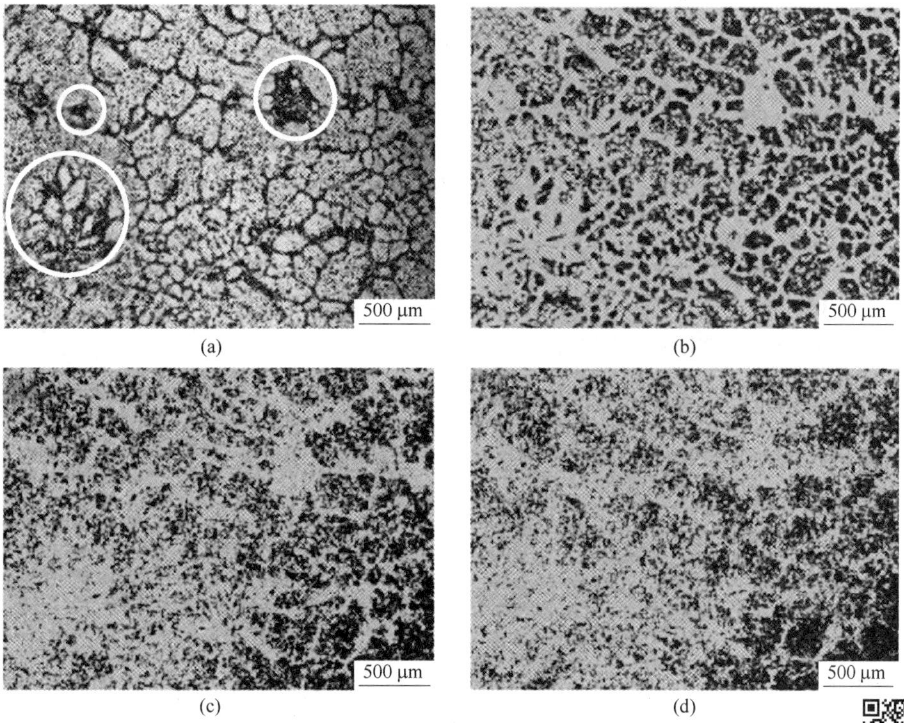

图 5-93 粗大等轴晶之间的疏松型点状偏析

扫码看彩图

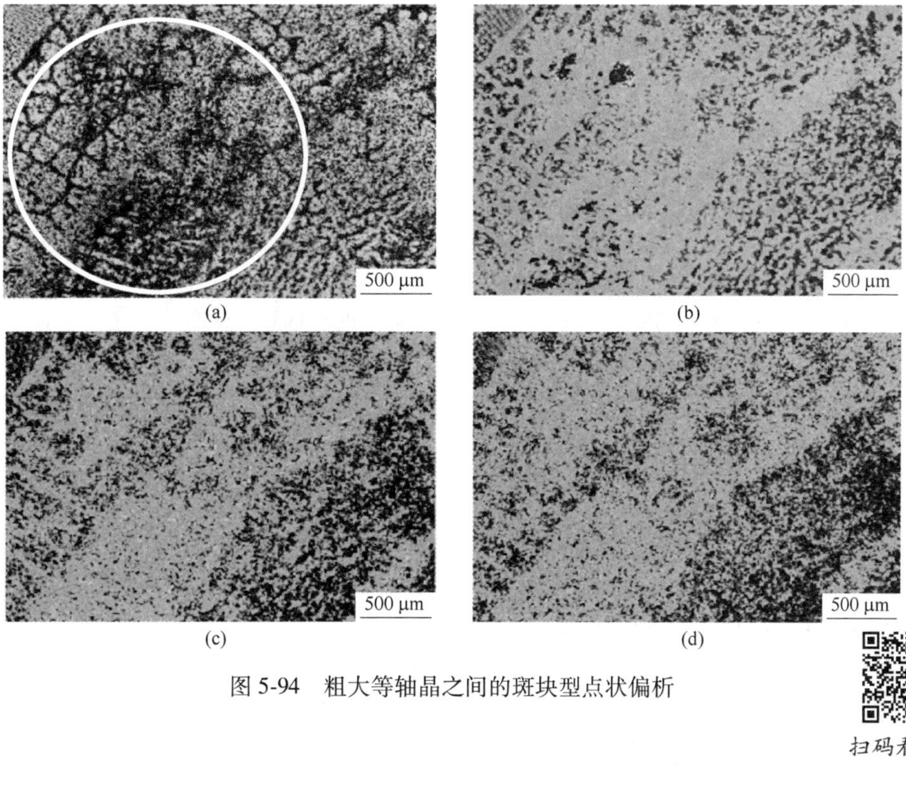

图 5-94 粗大等轴晶之间的斑块型点状偏析

扫码看彩图

扩展阅读 凝固组织细化

钢的变质处理基础研究与应用案例

扫码看资源

思 考 题

1. 钢中常见物相的晶格结构有哪几种?
2. 钢的凝固组织概念是什么，其浸蚀方法是什么?
3. 钢的凝固组织与界面稳定性的关系如何?
4. 平面晶和胞状晶的形成条件是什么?
5. 柱状晶和等轴晶的形成条件是什么?
6. 钢的凝固组织随碳含量的变化规律如何?
7. 钢的奥氏体晶粒随碳含量的变化规律如何?
8. 钢的奥氏体晶粒与凝固组织的对应关系如何?
9. 钢的奥氏体晶粒粗化机制是什么?
10. 钢中的金相组织的概念是什么?
11. 钢中奥氏体分解等温转变和连续转变有何异同?
12. 钢中珠光体、马氏体和贝氏体组织形成条件和组织形态有何区别?
13. 钢中回火马氏体、回火屈氏体和回火索氏体的异同?
14. 钢中凝固组织和金相组织的关系如何?
15. 凝固枝晶粗化的机制有哪几种?
16. 凝固组织对均质性的影响如何?
17. 钢的凝固组织细化方式有哪几种?

参 考 文 献

[1] Babu S S, Specht E D, David S A, et al. In-situ observations of lattice parameter fluctuations in austenite and transformation to bainite [J]. Metallurgical and Materials Transactions A, 2005, 36: 3281-3289.

[2] Matsunaga S, Huang D, Inman S B, et al. Planar front growth of single crystal Ni-based superalloy rené N515 [J]. JOM, 2020, 72: 1794-1802.

[3] Ungar L H, Brown R A. Cellular interface morphologies in directional solidification. Ⅳ. The formation of deep cells [J]. Physical Review B, 1985, 31 (9): 5931-5940.

[4] Wagner A, Shollock B A, McLean M. Grain structure development in directional solidification of nickel-base superalloys [J]. Materials Science and Engineering: A, 2004, 374 (1/2): 270-279.

[5] 岡本平, 村上健児. 等軸晶の生成について [J]. 日本金属学会会報, 1986, 25 (1): 42-50.

[6] Crowther D N, Mintz B. Influence of grain size on hot ductility of plain C-Mn steels [J]. Materials science and technology, 1986, 2 (9): 951-955.

[7] Szekeres E S. A review of strand casting factors affecting transverse cracking [C] //Proceedings of 6th International Conference on Clean Steel, 2002: 324-338.

[8] Miettinen J, Louhenkilpi S, Holappa L. Coupled simulation of heat transfer and phase transformation in continuous casting of steel [J]. ISIJ International, 1996, 36 (Suppl): S183-S186.

[9] Bernhard C, Reiter J, Presslinger H. A model for predicting the austenite grain size at the surface of continuously-cast slabs [J]. Metallurgical and Materials Transactions B, 2008, 39 (6): 885-895.

[10] Andersen I, Grong Ø. Analytical modelling of grain growth in metals and alloys in the presence of growing and dissolving precipitates—Ⅰ. normal grain growth [J]. Acta Metallurgica et Materialia, 1995, 43 (7): 2673-2688.
[11] Li Y, Wen G, Luo L, et al. Study of austenite grain size of microalloyed steel by simulating initial solidification during continuous casting [J]. Ironmaking & Steelmaking, 2015, 42 (1): 41-48.
[12] Hutchinson C R, Zurob H S, Sinclair C W, et al. The comparative effectiveness of Nb solute and NbC precipitates at impeding grain-boundary motion in Nb steels [J]. Scripta Materialia, 2008, 59 (6): 635-637.
[13] Maehara Y, Yasumoto K, Sugitani Y, et al. Effect of carbon on hot ductility of as-cast low alloy steels [J]. Tetsu-to-Hagané, 1985, 71 (11): 1534-1541.
[14] Ohno M, Yamaguchi T, Matsuura K, et al. Suppression of coarse columnar grain formation in as-cast austenite structure of a hyperperitectic carbon steel by Nb addition [J]. ISIJ International, 2011, 51 (11): 1831-1837.
[15] Yasuda H, Nagira T, Yoshiya M, et al. Massive transformation from δ phase to γ phase in Fe-C alloys and strain induced in solidifying shell [C] //IOP Conference Series: Materials Science and Engineering. IOP Publishing, 2012, 33 (1): 012036.
[16] Beck P A, Sperry P R. Strain induced grain boundary migration in high purity aluminum [J]. Journal of Applied Physics, 1950, 21 (2): 150-152.
[17] Rupert T J, Gianola D S, Gan Y, et al. Experimental observations of stress-driven grain boundary migration [J]. Science, 2009, 326 (5960): 1686-1690.
[18] Paggi A, Angella G, Donnini R. Strain induced grain boundary migration effects on grain growth of an austenitic stainless steel during static and metadynamic recrystallization [J]. Materials Characterization, 2015, 107: 174-181.
[19] Schönfelder B, Wolf D, Phillpot S R, et al. Molecular-dynamics method for the simulation of grain-boundary migration [J]. Interface Science, 1997, 5 (4): 245-262.
[20] 刘华松．包晶钢连铸坯表面裂纹与组织控制研究 [D]．北京：北京科技大学，2021.
[21] Weisgerber B, Harste K, Bleck W. Phenomenological description of the surface morphology and crack formation of continuously cast peritectic steel slabs [J]. Steel Research International, 2004, 75 (10): 686-692.
[22] Maehara Y , Yasumoto K , Tomono H , et al. Surface cracking mechanism of continuously cast low carbon low alloy steel slabs [J]. Metal Science Journal, 2013, 6 (9): 793-806.
[23] Tsuchiya S, Ohno M, Matsuura K, et al. Formation mechanism of coarse columnar γ grains in as-cast hyperperitectic carbon steels [J]. Acta Materialia, 2011, 59 (9): 3334-3342.
[24] Ohno M, Tsuchiya S, Matsuura K. Microstructural features and formation processes of as-cast austenite grain structures in hypoperitectic carbon steels [J]. ISIJ International, 2015, 55 (11): 2374-2382.
[25] Tsuchiya S, Ohno M, Matsuura K. Transition of solidification mode and the as-cast γ grain structure in hyperperitectic carbon steels [J]. Acta materialia, 2012, 60 (6/7): 2927-2938.
[26] Ohno M, Tsuchiya S, Matsuura K. Formation conditions of coarse columnar austenite grain structure in peritectic carbon steels by the discontinuous grain growth mechanism [J]. Acta Materialia, 2011, 59 (14): 5700-5709.
[27] Shibata H, Arai Y, Suzuki M, et al. Kinetics of peritectic reaction and transformation in Fe-C alloys [J]. Metallurgical and Materials Transactions B, 2000, 31: 981-991.
[28] Moon S, Dippenaar R, Kim S. The peritectic phase transition of steel during the initial stages of

solidification in the mold [C] //AISTech Conference. 2015.

[29] Yasuda H, Nagira T, Yoshiya M, et al. Massive transformation from δ phase to γ phase in Fe-C alloys and strain induced in solidifying shell [C] //IOP Conference Series: Materials Science and Engineering. IOP Publishing, 2012, 33 (1): 012036.

[30] Yoshiya M, Watanabe M, Nakajima K, et al. Concurrent γ-phase nucleation as a possible mechanism of δ-γ massive-like phase transformation in carbon steel: Numerical analysis based on effective interface energy [J]. Materials Transactions, 2015, 56 (9): 1467-1474.

[31] Yasuda H, Suga T, Ichida K, et al. In situ observation of austenite coarsening induced by massive-like transformation during solidification in Fe-C alloys [C] //IOP Conference Series: Materials Science and Engineering. IOP Publishing, 2020, 861 (1): 012051.

[32] Preßlinger H, Mayr M, Tragl E, et al. Assessment of the primary structure of slabs and the influence on hot-and cold-rolled strip structure [J]. Steel Research International, 2006, 77 (2): 107-115.

[33] 朱鸣芳, 邢丽科, 方辉, 等. 合金凝固枝晶粗化的研究进展 [J]. 金属学报, 2018, 54 (5): 789-800.

6 钢的凝固传输过程与模型

本章提要：

对钢而言，凝固过程除发生液态转变为固态的相变之外，还要释放一定的潜热，同时还伴有流动和溶质扩散。金属凝固过程像一个“黑匣子”，人们难以观察到内部的实际情况，而传输学为这一过程的可视化提供了可行手段。20 世纪中后期，凝固传输理论及其数学模型方面取得了飞速进展，国外学者如 Flemings、Kruz、Voller、Beckermann、Rappaz、Stefanescu 等取得了令人瞩目的成果，国内学者周尧和、柳百成、金俊泽、李殿中、吴孟怀、沈厚发等在金属凝固传输模拟领域也填补了业内空白，某些工作领先于国际水平，为我国交通、能源、水利、航空航天、军工国防领域高端零部件制备提供了理论支撑。

凝固过程的传输行为比常规单相体系复杂得多，因而其数学描述需要考虑这些多相交互作用；此外，一些高端钢材制备时，其凝固相变还受到电、磁、超声、震荡等外场的作用，涉及多元多场多维度耦合；考虑到形核、长大到枝晶和坯壳的演变，这种传输行为发生在纳观、微观、介观、宏观的多个尺度上。本章介绍了热量、动量和质量传输特征与数学描述，重点阐述了凝固过程传输行为的个异性处理和“三传”之间的相互影响，最后建立了多元多场多维体系下的连铸宏观传输模型，强化学以致用。

6.1 钢的凝固本质

对于金属和合金，凝固本身是一个相变过程，即由液态转变为固态。聚焦于钢的冶金生产过程，其凝固时的冷却速率一般在 0.01～10000 ℃/s 的范围，因此，钢的凝固主要是一个结晶过程。无论是宏观尺度上的物相演变，还是介观尺度上的枝晶长大，甚至是微观和纳观尺度上的原子运动和界面推进，本质上都是一个传输过程，如图 6-1 所示。

宏观尺度上，凝固过程是一种潜热释放的液固相变，同时伴随着流动和溶质扩散，即热量传输、动量传输和质量传输。热量传输是凝固最基本的特征，没有潜热释放即无法实现钢的液态到固态的转变。热量释放的快慢与换热方式有关。液相内部存在导热和对流传热，固相基体不能流动，只存在导热，固相与外界环境之间的换热可能是导热、对流和辐射中的一种或多种。凝固潜热是在相变过程中的释放的，即发生在固液两相区范围内。动量传输受到热量传输的影响，当液体中存在温度梯度时，由于较低温度条件下的液相原子间距更小、密度较大，而较高温度的液相密度较小，重力作用下二者之间会出现相对运动，靠近固液界面的较低温度的液相会下沉，而处于中心处较高温度的液相会上浮，这就形成了单相对流运动；当考虑凝固过程中的晶体形核与长大时，由于固相密度较大而液相密度较小，界面前沿晶体密度较高的糊状基体会下沉，而中心处晶体密度较低的液相会上浮，形成了两相对流运动。溶质扩散伴随着热量和动量传输而发生，温度降低时，对于 $k<1$ 的溶质，其界面前沿会发生富集，当浓化钢水的密度高于钢水正常密度时，该处钢水会下沉，相反会上浮；对于 $k>1$ 的溶质，规律与之类似。另外，当凝固过程中界面处溶质富集之后生成一些非平衡相时，如一些夹杂物或者气泡，由于这些物质的密度远小于钢液，会有一定的上浮倾向，带动钢液出现一个向上的运动方向。

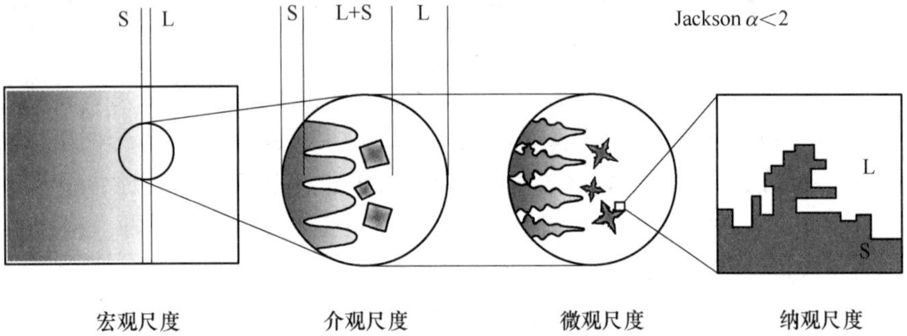

扫码看彩图

图 6-1 不同尺度的凝固过程特征

介观尺度上，与枝晶长大、枝晶臂熔断脱落和沉积有关的柱状晶和等轴晶形貌演变也是一种传输行为。当钢水注入模具或结晶器时，激冷作用下会形成比较大的热过冷度，连铸坯或钢锭表面会出现细小等轴晶构成的激冷层，这主要是热量传输的影响；当激冷层形成之后，由于凝固潜热释放和收缩作用，热流密度逐渐降低，热过冷作用逐渐减小，成分过冷作用凸显。此时，由于传热、流动和溶质再分配的作用，凝固界面前沿会出现一定的成分过冷度，择优取向平行于热流的方向的枝晶会快速生长，形成了具有单向长主轴特征的柱状晶；当坯壳厚度增加到一定程度时，其本身热阻也逐渐增大，热流密度进一步减小，温度梯度也逐渐减小，连铸坯或钢锭中心区域会受到各向均匀的冷却能力。热量、动量和质量传输的综合作用下，界面前沿的成分过冷度逐渐增大，一方面可以促进非均质形核，另一方面可以促使已有游离晶核长大，进而出现了各向同性的等轴晶。对于成分过冷引起的枝晶形貌演变，传热和溶质扩散具有直接的影响，实际上，流动也有明显的作用。一般地，枝晶迎着来流方向会生长更快。液相流动会降低凝固界面前沿的溶质富集，导致液相线温度升高，过冷度增大，进而出现迎流生长现象。

微观和纳观尺度上，考虑的是枝晶界面形态特征与原子堆砌行为，这本质上也是由热量传输和质量传输决定的。对于钢，由于凝固潜热较大，相变熵与气体常数的比值小于 2，即根据 Jackson α 常数判定其原子尺度的固液界面为非小平面结构（粗糙界面），这种情况下界面上的固相原子分数约为 50%，即存在许多可以容纳液相原子堆砌的台阶，界面处的原子扩散并不是限制性环节，而对应的热量传输和质量传输条件起到了关键作用。外界换热条件下，当界面前沿温度低于液相线时，会存在一定的驱动力，液相原子具有向界面附着的趋势；当过冷度达到一定程度可以克服界面能时，液相原子就可以稳定堆砌在界面上，凝固界面在微观和纳观尺度上向液相推进。原子尺度上固液界面的粗糙结构，可以实现晶体快速长大，微观和介观上的晶体形态主要由不同取向的界面能决定，最终出现与择优取向有关的枝晶结构特征。一般地，流动对原子尺度界面行为影响不大，主要是考虑边界层效应时，界面前沿附近原子运动速度不会太大。不过，流动可以影响传热和传质，进而间接影响界面推进过程。

6.1.1 热量传输

金属和合金凝固过程的热量传输和常见无相变过程的热量传输既有共性，又有区别。图 6-2 为连铸坯和钢锭初始凝固过程的传热结构特征。

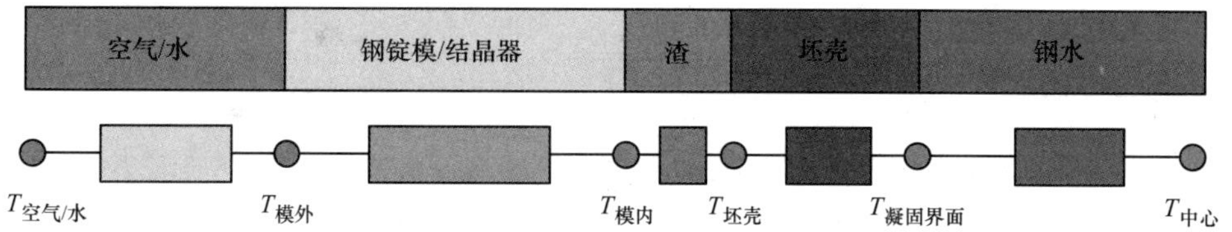

图 6-2 连铸坯和钢锭初始凝固传热结构

扫码看彩图

（1）从方向上看，热量从高温向低温方向传递，即由连铸坯或钢锭的中心向表面释放，依次经过钢液-坯壳-渣-钢锭模/结晶器-空气/冷却水等多层结构，连铸坯切割或钢锭脱模之后的传热过程比较简单，直接是坯壳-空气模式。不管如何，钢水的过热、潜热和显热最终均释放到外界环境中。

（2）从状态上看，稳态下钢水内部放出的热量和外部带走的热量相等，热流恒定，不同位置的温度也不会发生变化，工艺稳定时距弯月面某一位置处的连铸坯传热可以看作是稳态；非稳态下，外部带走的能量与内部释放的能量不相等，热流由大变小的界面处温度会随时间而升高，热流由小到大的界面温度会随时间而降低，钢锭凝固冷却过程即属于这一特征，钢锭模内壁温度会出现先升高后降低的现象。

（3）从类别上看，导热、对流和辐射传热在连铸坯/钢锭凝固过程中均有所涉及。导热在凝固的液相和固相中均会发生，当坯壳厚度比较大时，其自身的导热能力会成为换热的限制性环节；对流发生在凝固界面前沿的液相换热过程，也发生在坯壳表面与大气的热交换上；辐射不会发生在连铸坯或钢锭的内部，只会发生在外表面与大气接触的条件下。

从热量传输的角度讲，与热处理过程相比，凝固过程的最典型问题在于凝固潜热的合理释放。虽然固态相变也有潜热，但与凝固潜热相差好几个数量级，一般不作考虑。常见钢种的凝固潜热可达 270000 J/kg。考虑到某中碳钢以 1500 ℃浇铸，凝固冷却过程，其钢锭脱模或连铸坯下线时的表面温度约为 700~800 ℃，中心温度约为固相线 1400 ℃，平均温度为 1100 ℃。假设高温时的比热约为 700 J/(kg·℃)，则这一过程中的显热释放约为 280000 J/kg。对比可见，几度或几十度凝固区间内释放的凝固潜热与高温 400 ℃范围内的显热基本相当，即连铸或模铸过程中通过控制传热带走的热量潜热约占 50%。对于不同的钢种，因潜热的变化不大，但凝固区间变化很大，因此，其潜热的集中或分散释放程度对凝固质量具有直接影响。实际生产过程中，不同品种的冷却制度某种意义上与凝固潜热的释放规律直接相关。

除了潜热释放外，凝固时还要考虑相变进程。与固态相变不同的是，由于液固两相物性差异极大，其相变进程对热、流、力、磁、电等多场性质具有更强的敏感性。因此，精准确定不同时刻的凝固界面位置和固液相比例对高效、稳定调控凝固质量非常关键。对于电磁搅拌和轻压下等工艺，中心固相率或固相分率是连铸过程中尤为重要的凝固进程指标，这也是凝固传热中必须要考虑的。值得指出的是，工程上的凝固进程是从晶核形成到液相完全转变为固相，即实际潜热的释放过程，而实际凝固都是需要一定过冷度的，现有宏观尺度凝固传热的研究大多忽略了过冷度。理论上，钢凝固过程中的非均质形核过冷度可以达到 3~50 ℃，而晶体长大的过冷度也需要 0.001~10 ℃，即实际凝固温度比考虑偏析的非平衡温度还要低一些，可能引起凝固进程结果上一定范围的误差，这一点值得重视。

6.1.2 动量传输

凝固过程的流体行为和纯液相的流动具有相似的规律。浇铸初期，通过水口或浇道进入到模具中的钢液，其初始速度很快，可以达到紊流的程度。因此，这时结晶器中或钢锭模内钢水的强制流动是非常强烈的，这也强化了初始时刻钢水温度分布的均匀性。当连铸坯远离于结晶器或钢锭充型结束之后，强制对流的效应逐渐减弱。由于凝固过程是在一定时间内完成的，未凝区域的液相会存在自然对流作用，除了降温影响黏度之外，与钢包内钢水流动不会有太大的区别。不同的是，当考虑到晶核和晶体运动时，其不是单相均匀的流体，而是一种由液相和固相晶体构成的糊状结构，在重力作用下二者可能还会分离或者进一步混合。理论上，这种糊状流体的流动行为不能直接采用欧拉方程或纳维-斯托克斯方程描述，需要考虑晶体游离和沉降导致的多相流效应，以及流体与晶核之间的其他传输行为，这比纯液相流动要复杂得多。

除了强制对流和自然对流之外，凝固过程中还有其他因素引起的流动，对凝固质量控制也是非常重要的。大多金属和合金凝固过程中通常都会发生体积收缩，对于钢而言，凝固收缩量约为 3%~5%，这种收缩会产生一定的负压抽吸力，宏观上使钢水出现向凝固界面的运动趋势，微观上将糊状区浓化钢液泵入枝晶间刚刚出现的真空区域。凝固收缩引起的流动效应是非常微弱的，是一种典型的渗流，但这对凝固偏析、疏松和缩孔的影响尤为关键。当凝固中心区域泵入足量的富含溶质的钢液时，即会产生中心偏析或枝晶间半宏观偏析，乃至析出夹杂或气泡等；当泵入的钢液不足量时，就会产生疏松或缩孔。某些条件下，凝固负压与重力的双重作用下，糊状结构会发生坍塌，错位界面出现的间隙会泵入浓化钢液，这种缺陷在连铸坯或钢锭中称为 V 型偏析。根本上说，中心质量基本都和凝固收缩有关。除此之外，凝固过程中由于轻质夹杂物或气泡的聚集会出现界面前沿的通道流动，带动浓化钢液出现上浮运动，这在大尺寸钢锭中比较明显和关键，是 A 型偏析的主要机制，连铸坯中比较少见。

除了凝固本身产生的流动之外，一些外场作用也会导致附加的流动。连铸坯和大钢锭凝固过程中，为了均匀化温度和成分，加强枝晶熔断，某些条件下会采用电磁搅拌技术。尽管不同位置的电磁搅拌起到的冶金作用不同，但这种电磁力会使钢水产生可控的流动。一般地，距中心越远的位置搅拌力越大，因此凝固前沿处会产生比较显著的流动效果，这也是一种液相和固相混合的多相流。除此之外，一些板坯连铸还会安装电磁制动或电磁加速，对水口出口的流股起到流动控制作用，减少结晶器液面波动，提高表面质量。对于中心质量要求高的方坯或板坯品种，一般会在凝固末端进行轻压下。轻压下是通过机械辊对坯壳进行强制变形，以补偿凝固收缩产生的负压抽吸浓化钢液形成的中心偏析或未抽吸完全形成的中心缩孔。理论上，轻压下可以抑制凝固收缩引起的渗流，但当压下量不当时也可能产生沿着拉坯方向或逆着拉坯方向的流动。

不可否认的是，连铸坯或钢锭中宏观尺度上比较严重的缺陷，如裂纹、偏析、缩孔和夹杂物等，都或多或少的与凝固过程中钢水的流动有关，准确认识和描述钢水流动行为对控制凝固质量至关重要。

6.1.3 质量传输

凝固过程的质量传输与热处理具有一定的共通之处，但也有明显的不同。热处理过程中，尽管也会发生固态相变，进而导致溶质在不同相之间发生扩散和配分，但其影响范围仅限于微观水平，不会造成大尺度上溶质含量的变化。凝固过程的质量传输存在固相传输、液相传输和固液界面的溶质再分配。

凝固过程溶质的固相传输是一个典型的热扩散过程，与热处理时的溶质扩散行为基本一致。不同的是，凝固过程中的固相传输溶质梯度更大、温度更高。由于溶质在固、液相中的溶解度不同，先凝固区域的溶质含量较低而后凝固区域的溶质含量较高，这种溶质梯度是选分结晶的结果，对于一些易偏析元素，枝晶间和枝干上的溶质浓度差是非常大的。同时，凝固之后基体的温度很高，一般在1350~1500 ℃，具有良好的动力学条件，其扩散系数是热处理时的数倍乃至数十倍，有利于改善固相中的溶质偏析。

凝固过程溶质的液相传输一般不发生于热处理过程，是凝固过程质量传输的特有行为。液相中的溶质也存在一定的梯度，比如选分结晶之后，固相会将溶解度之外的溶质排出到界面前沿，出现一个显微尺度的溶质边界层。由于钢水温度很高且原子间距比较大，溶质在液相中的扩散能力远远高于固相；同时，由于液相中存在自然对流，也会加速溶质的均匀化。一般地，液相中的动量传输会影响质量传输，即流动减小溶质梯度的效果会比扩散强得多。

凝固过程中固液界面的溶质再分配本质上与固态相变溶质的界面行为非常类似。不同的是，凝固过程中固相排出到界面前沿的溶质在液相中会比较充分地均匀化，只有边界层内液相才具有比较大的浓度梯度。钢的浇铸凝固过程中，由于冷速不大，基本可以保证界面处的浓度平衡，即该位置液相和固相中的溶质浓度之比基本满足相图上的关系，发生的是近平衡条件的溶质再分配作用。从枝晶尺度考虑，由于凝固完成需要一定的时间，这会导致界面前沿液相边界层中的溶质浓度不断增大，进而枝干处为负偏析而枝晶间为正偏析，枝晶不同位置的平均成分即为钢液中溶质的实际含量。

6.2 钢在凝固过程中的热量传输

6.2.1 热量传输基本概念

6.2.1.1 温度场

在某一瞬间，空间所有各点的温度分布称为温度场。一般地，温度场是时间和空间的函数。直角坐标系中，可以表示为：

$$T = f(x, y, z, t) \tag{6-1}$$

式中，T 为温度，K 或℃；x、y、z 为空间坐标，m；t 为时间，s。

在热量传输过程，一般把研究对象看成是连续介质，即温度场是连续的，上式为连续函数。因此，温度场的全微分形式为：

$$dT = \frac{\partial T}{\partial t}dt + \frac{\partial T}{\partial x}dx + \frac{\partial T}{\partial y}dy + \frac{\partial T}{\partial z}dz \tag{6-2}$$

如果温度场是随时间变化的，则右侧第一项系数不为零：

$$\frac{\partial T}{\partial t} \neq 0 \tag{6-3}$$

这种称为非稳态温度场。非稳态温度场中的热量传输称为非稳态传热。如大钢锭和铸件的凝固、铜和铝等器件的热处理均属于非稳态传热。

反之，当温度场不随时间变化时：

$$\frac{\partial T}{\partial t} = 0 \tag{6-4}$$

则称为稳态温度场，此时的热量传输为稳态传热。工艺稳定时，连铸坯不同位置处的温度不随时间改变，是一种典型的稳态传热。

根据温度场与空间坐标的关系，其又有三维、二维和一维之分。实际生产中的传热过程多为三维对象，如果其中的一个或两个方向上温度随空间位置不变或变化很小，即可以简化为二维或者一维。

如 $\frac{\partial T}{\partial z} = 0$ 时的二维温度场：

$$T = f(x, y, t) \tag{6-5}$$

当 $\frac{\partial T}{\partial z} = 0$ 和 $\frac{\partial T}{\partial y} = 0$ 同时成立时的一维温度场：

$$T = f(x, t) \tag{6-6}$$

6.2.1.2 等温面和等温线

温度场可以用函数表示，也可以用几何形式表示，即采用等温面或等温线表示。同一瞬间，温度场中所有温度相同的点连接构成的面称为等温面。不同等温面与任一平面相交，则在此平面上构成一簇曲线，称为等温线。

温度场中，同一时刻任何一点不可能具有一个以上的不同温度，因此，代表不同温度的等温面或等温线绝对不会相交。在连续温度场中，等温面或等温线也是连续的，它们或者是完全封闭的曲面或曲线，或者终止于物体边界上。

因为温度梯度（某一空间方向上的温度差）是热量传输的驱动力，而在等温面或等温线上各点的温度是相同的，因此同一等温面或等温线上不会发生热量传输，热量只能在穿过等温面的方向由高温向低温传递。

6.2.1.3 温度梯度

图 6-3 为某温度场中的三个等温面，温度分别为 $T-\Delta T$、T、$T+\Delta T$。由图可知，从等温面的某点 P 出发，沿着不同方向到达另一个等温面时，单位长度上的温度变化并不同。

因为 P 点到另一个等温面的距离以法线方向最短，该方向温度变化最显著。两等温面之间的温度差 ΔT 与 P 点法线方向的距离 Δl 比值的极限称为 P 点的温度梯度，记作 grad$T$

$$\mathrm{grad}T = \lim_{\Delta l \to 0} \frac{\Delta T}{\Delta l} = \frac{\mathrm{d}T}{\mathrm{d}l} \tag{6-7}$$

温度梯度是一个向量，通常把温度升高的方向作为正方向。直角坐标系下温度梯度可表示为：

$$\mathrm{grad}T = \boldsymbol{i}\frac{\partial T}{\partial x} + \boldsymbol{j}\frac{\partial T}{\partial y} + \boldsymbol{k}\frac{\partial T}{\partial z} \tag{6-8}$$

式中，$\boldsymbol{i}$、$\boldsymbol{j}$、$\boldsymbol{k}$ 为三个坐标轴的单位向量。

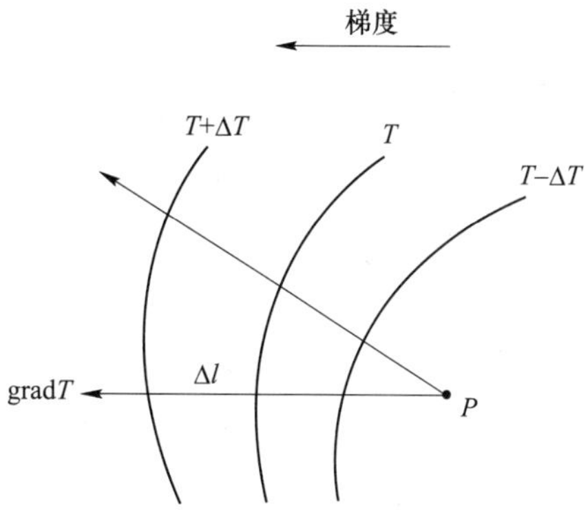

图 6-3　等温线上的温度梯度

6.2.1.4　热流量和热通量

热流量表示热量传输速率的物理量，是单位时间内通过某一给定面积 A 所传递的热量，用 Q 表示，单位为 W。

热通量是单位时间内通过单位面积的热量，也称热流密度，用 q 表示，单位是 W/m^2。热流量和热通量的关系是：

$$Q = q \cdot A \tag{6-9}$$

即二者之间可以通过换热面积换算。

6.2.1.5　热量传输的三种形式

A　导热

导热又称为热传导，是指物体内部不同温度的各部分之间或不同温度的物体相接触时发生的热量传递。从微观角度看，导热是依靠物体中的分子、原子或自由电子等粒子的热运动而进行的能量传递过程。因此，导热的一个显著特点是物体不同部分之间不发生相对位移。导热是最常见的热量传输现象，凝固、热处理等过程均包含导热问题。导热的热流密度可通过傅里叶定律（Fourier's first law）描述，一维形式为：

$$q = -\lambda \frac{\mathrm{d}T}{\mathrm{d}x} \tag{6-10}$$

式中，λ 为导热系数，W/(m · K)。

B　对流

对流指流体不同部分之间发生相对位移而引起的热量传输现象。实际工程系统中，人们关注的不只是流体内部进行的这种对流现象，而更多的是流体流过与其温度不同的物体表面时所发生的热量传输过程。当流体流过某一热表面（表面温度高于流体）时，热量先通过导热方式从表面传递到邻近的流体，然后流体流动时把受热部分的流体与其他流体混合，最终把热量传递给低温流体。因此，对流换热一方面是依靠流体分子的热运动产生的导热，另一方面是由于流体流动产生的对流。由此可知，影响对流换热的因素有流体的流动状态、流速、密度、黏度、比热和导热系数等。根据流体流动驱动力的不同，一般分为强制对流和自然对流。强制对流是外力作用引起的流动，如水泵、风机等，一些其他压力作用下形成的剧烈流动也是强制对流，如钢水从水口/模底砖出口进入结晶器/钢锭模的流动。对流换热的热流密度是：

$$q = h(T_w - T_f) \tag{6-11}$$

式中，h 为换热系数，$W/(m^2 \cdot K)$；T_w 为壁面温度，K；T_f 为流体温度，K。

C 辐射

辐射是物体基于本身温度状态通过发射辐射能进行换热的过程。热辐射本质上依靠电磁波（或光子）进行热量传递。实际上，一切物体都在不断地向外发射辐射能。物体的温度越高，辐射的能力就越强。根据 Stefan-Boltzmann 公式，不考虑角系数时两个物体之间辐射换热的热流密度可表示为：

$$q = \sigma\varepsilon(T_1^4 - T_2^4) \tag{6-12}$$

式中，σ 为斯蒂芬-玻耳兹曼常数，5.67×10^{-8} W/($m^2 \cdot K^4$)；ε 为辐射系数，取值 0~1 之间；T_1 和 T_2 分别为两个物体的表面温度，K。

6.2.2 傅里叶传热定律

6.2.2.1 傅里叶传热定律基本概念

本质上，几乎所有的热量传输都会包含导热过程。1822 年，法国科学家傅里叶（J. B. Fourier）在试验过程中发现了导热条件下的热量传输规律，单位时间内通过单位面积的热量与导热系数和温度梯度成正比，称为傅里叶传热定律（傅里叶第一定律），表达式为：

$$q = -\lambda \mathrm{grad}T = -\lambda \frac{\mathrm{d}T}{\mathrm{d}l} \tag{6-13}$$

式中的负号表示导热方向与温度梯度的方向相反，即热量是从温度高向温度低的方向传递。

热流密度是一个向量。温度场中通过某点的热流密度和该点的温度梯度相重合，但方向相反。直角坐标系中，热流密度可以用 x、y、z 上的分量表示：

$$q = \boldsymbol{i}q_x + \boldsymbol{j}q_y + \boldsymbol{k}q_z \tag{6-14}$$

其中：

$$q_x = -\lambda \frac{\partial T}{\partial x} \tag{6-15}$$

$$q_y = -\lambda \frac{\partial T}{\partial y} \tag{6-16}$$

$$q_z = -\lambda \frac{\partial T}{\partial z} \tag{6-17}$$

傅里叶传热定律描述了热流密度随温度梯度变化的关系，因此要确定某一物体在特定换热条件下热流密度的大小，就必须知道温度梯度，即知道物体内部的温度场，这需要通过试验、理论计算或数值模拟获得。

6.2.2.2 导热系数

傅里叶传热定律中的导热系数是物体的固有性质，其反映了材料本身的导热能力。导热系数越大，热量从物体一侧传递到另一侧的时间越短，反之亦然。导热系数除了与材料类别有关外，还和物质的结构、密度、成分、温度以及湿度等情况均有关。由于影响导热系数的因素很多，因此，不同物质的导热系数一般都由试验测定。在影响导热系数的诸多因素中，温度的影响尤为显著。一些常见物质导热系数与温度的关系见图 6-4。

根据图中数据，不同材料的导热系数均随温度变化而有一定程度的区别。整体而言，气体的导热系数最小，数值在0.001~0.1 W/(m·K)，一般用作制备绝热材料；一些氧化物的导热系数也比较小，基本在0.1~10 W/(m·K)，一般用于制备耐火材料；金属和合金的导热系数比较高，基本在10~500 W/(m·K)，可用于制作热导体材料。

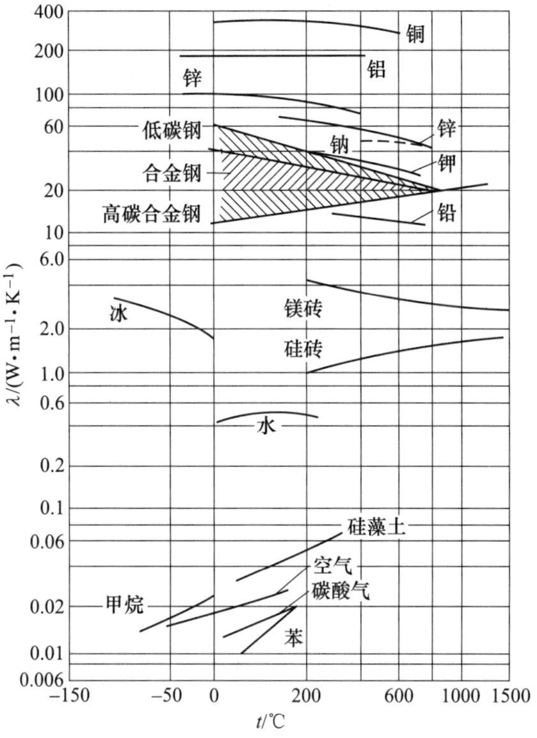

图 6-4 不同物质的导热系数

气体导热是通过分子不规则热运动和相互碰撞实现的。根据气体分子运动理论，理想气体的导热系数为：

$$\lambda = \frac{1}{3} C_V \rho l \sqrt{\frac{3RT}{M}} \tag{6-18}$$

式中，C_V 为气体的定容比热容，J/(kg·K)；ρ 为气体的密度，kg/m^3；l 为分子运动的平均自由程，m；R 为气体常数，8.314 J/(mol·K)；M 为气体摩尔质量，kg/mol；T 为绝对温度，K。

根据上式，气体分子量越小、温度越高，导热系数越大。文献中的实测结果表明，同一温度下，氢气具有最大的导热系数，约为空气的7倍。

液体的导热系数理论上与分子/原子热运动（晶格振动）和自由电子迁移等均有关，但实际的传热机制更为复杂。实际工程中，液体的导热和对流换热难以完全区分，其内部温度均匀化更多地依赖于流动。固体的导热能力主要取决于晶格振动和自由电子运动。与气体、液体和非金属相比，金属和合金中大量的自由电子是导热性能优良的重要原因。现有数据表明，固体的导热能力与导电能力呈正相关性，即导电能力越强，导热能力也越大，这也说明了自由电子对固体导热的贡献。

6.2.3　热量传输微分方程

传热过程中，物体内部的温度场对于分析和评价热量传输至关重要。傅里叶传热定律可以计算某一空间尺寸物体外部的热流密度，但仍不能获得物体内部的温度场。根据热力学定律，采用微元法即可获得热量传输微分方程，可以描述物体内部任意位置的传热规律。

对于图 6-5 中所示的微元体，假设：

（1）所研究的物体是各向同性的连续介质；

（2）热导率、比热容和密度均为已知；

（3）物体内具有强度为 q_v 的内热源，且内热源均匀分布；q_v 表示单位体积的导热体在单位时间内放出的热量，单位为 W/m^3。

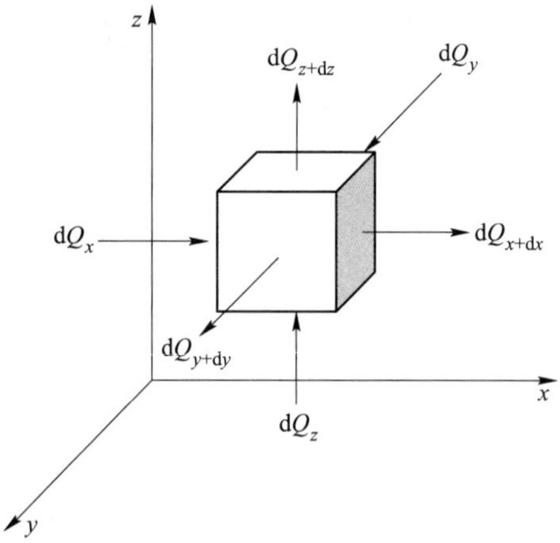

图 6-5　微元体的热量传输示意图

根据热力学第一定律：

$$Q = \Delta U + W \tag{6-19}$$

式中，Q 为物体的热量，J；ΔU 为内能的变化，J；W 为外界做功，J。

当前条件下，$W=0$。

$$Q = \Delta U \tag{6-20}$$

假定某一时间 dt 内，根据能量守恒：

传入与传出净热量 + 内热源发热量 = 热力学能的增加

6.2.3.1　传入与传出微元体的净热量

dt 时间内，沿 x 轴方向、经 x 表面传入的热量 dQ_x 为导热和流入热量之和：

$$dQ_x = (q_x + \rho C v_x T_x) \cdot dydz \cdot dt \tag{6-21}$$

式中，q_x 为 x 方向热流密度，W/m^2；ρ 为密度，kg/m^3；C 为比热容，J/(kg · K)；v_x 为 x 方向流体进入该微元体对应面上的速度，m/s；T_x 为 x 方向流体进入该微元体对应面上的温度，K。

dt 时间内，沿 x 轴方向、经 x+dx 表面传出的热量 dQ_{x+dx} 为：

$$dQ_{x+dx} = (q_{x+dx} + \rho C v_{x+dx} T_{x+dx}) \cdot dydz \cdot dt \tag{6-22}$$

式中，v_{x+dx} 为 x 方向流体离开该微元体对应面上的速度，m/s；T_{x+dx} 为流体离开该微元体对应面上的温度，K。

该处的热流密度为：

$$q_{x+dx} = q_x + \frac{\partial q_x}{\partial x}dx \tag{6-23}$$

该处的速度为：

$$v_{x+dx} = v_x + \frac{\partial v_x}{\partial x}dx \tag{6-24}$$

该处的温度为：

$$T_{x+dx} = T_x + \frac{\partial T_x}{\partial x}dx \tag{6-25}$$

dt 时间内，沿 x 轴方向导入与导出微元体净热量：

$$dQ_x - dQ_{x+dx} = \left(-\frac{\partial q_x}{\partial x} - \rho C v_x \frac{\partial T_x}{\partial x} - \rho C T_x \frac{\partial v_x}{\partial x}\right) \cdot dxdydz \cdot dt \tag{6-26}$$

当不考虑速度在 x 方向的变化时：

$$dQ_x - dQ_{x+dx} = \left(-\frac{\partial q_x}{\partial x} - \rho C v_x \frac{\partial T_x}{\partial x}\right) \cdot dxdydz \cdot dt \tag{6-27}$$

同理，dt 时间内，沿 y、z 轴方向导入与导出微元体净热量：

$$dQ_y - dQ_{y+dy} = \left(-\frac{\partial q_y}{\partial y} - \rho C v_y \frac{\partial T_y}{\partial y}\right) \cdot dxdydz \cdot dt \tag{6-28}$$

$$dQ_z - dQ_{z+dz} = \left(-\frac{\partial q_z}{\partial z} - \rho C v_z \frac{\partial T_z}{\partial z}\right) \cdot dxdydz \cdot dt \tag{6-29}$$

式中，v_y 为 y 方向流体进入该微元体对应面上的速度，m/s；T_y 为 y 方向流体进入该微元体对应面上的温度，K；v_z 为 z 方向流体进入该微元体对应面上的速度，m/s；T_z 为 z 方向流体进入该微元体对应面上的温度，K。

由于微元体很小，设不同方向上流体进入面上的温度相等，即：

$$T_x = T_y = T_z = T \tag{6-30}$$

因此，导入与导出净热量为：

$$① = (dQ_x - dQ_{x+dx}) + (dQ_y - dQ_{y+dy}) + (dQ_z - dQ_{z+dz}) \tag{6-31}$$

$$① = -\left(\frac{\partial q_x}{\partial x} + \frac{\partial q_y}{\partial y} + \frac{\partial q_z}{\partial z} + \rho C v_x \frac{\partial T}{\partial x} + \rho C v_y \frac{\partial T}{\partial y} + \rho C v_z \frac{\partial T}{\partial z}\right) dxdydzdt \tag{6-32}$$

根据傅里叶传热定律：

$$q_x = -\lambda \frac{\partial T}{\partial x} \tag{6-33}$$

$$q_y = -\lambda \frac{\partial T}{\partial y} \tag{6-34}$$

$$q_z = -\lambda \frac{\partial T}{\partial z} \tag{6-35}$$

可得：

$$① = \left[\frac{\partial}{\partial x}\left(\lambda \frac{\partial T}{\partial x}\right) + \frac{\partial}{\partial y}\left(\lambda \frac{\partial T}{\partial y}\right) + \frac{\partial}{\partial z}\left(\lambda \frac{\partial T}{\partial z}\right) - \rho C\left(v_x \frac{\partial T}{\partial x} + v_y \frac{\partial T}{\partial y} + v_z \frac{\partial T}{\partial z}\right)\right] dxdydzdt \tag{6-36}$$

6.2.3.2 微元体内热源放出的热量

dt 时间内微元体中内热源的发热量：

$$② = q_v \cdot dxdydz \cdot dt \tag{6-37}$$

6.2.3.3 微元体内热力学能量的增量

根据焦耳定律，dt 时间内微元体中热力学能的增量：

$$③ = \rho C \frac{\partial T}{\partial t} \cdot dxdydz \cdot dt \tag{6-38}$$

其中温度变化的计算为：

$$mC\mathrm{d}T = \rho \mathrm{d}x\mathrm{d}y\mathrm{d}zC\frac{\partial T}{\partial t}\mathrm{d}t \tag{6-39}$$

式中，m 为微元体质量，kg。

由①+②=③，可得：

$$\rho C\left(\frac{\partial T}{\partial t} + v_x\frac{\partial T}{\partial x} + v_y\frac{\partial T}{\partial y} + v_z\frac{\partial T}{\partial z}\right) = \frac{\partial}{\partial x}\left(\lambda\frac{\partial T}{\partial x}\right) + \frac{\partial}{\partial y}\left(\lambda\frac{\partial T}{\partial y}\right) + \frac{\partial}{\partial z}\left(\lambda\frac{\partial T}{\partial z}\right) + q_v \tag{6-40}$$

这就是传热微分方程，用于描述体系内部不同位置处温度随时间和空间的变化规律。当研究对象为固体时，以导热为主，速度项为零；当研究对象为液体或气体时，除了导热还会有流动传热的作用，速度项务必要考虑。

传热微分方程是体系内部不同位置处热量传输的相互影响关系，不能单独求解，需要初始条件和边界条件。初始条件为某一初始时刻的温度场，可能是等温分布或非等温分布，取决于研究体系的实际情况。传热边界条件分为三类：

（1）第一类边界条件。第一类边界条件直接给定了某边界的温度，如：

$$T_{x=0,y,z} = T_B \tag{6-41}$$

其表示 $x=0$ 边界上，任意一点的温度均为 T_B。

（2）第二类边界条件。第二类边界条件直接给定了某边界上的热流密度，即：

$$q_{x=0,y,z} = -\lambda\frac{\partial T_{x=0,y,z}}{\partial x} = q_B \tag{6-42}$$

其表示在 $x=0$ 边界上，任意一点的法向热流密度为 q_B。

（3）第三类边界条件。第三类边界条件直接给定了对流换热时的流体温度 T_f 与换热系数 h，其本质上也是一种函数热流，即：

$$q_{x=0,y,z} = -\lambda\frac{\partial T_{x=0,y,z}}{\partial x} = h(T_{x=0,y,z} - T_f) \tag{6-43}$$

其表示 $x=0$ 边界上，任意一点的法向热流密度与其自身温度和流体温度及换热系数的关系。

6.2.4 钢的凝固过程热量传输描述

本章 6.2.3 节的传热微分方程可以描述热量传输过程中材料内部温度的变化特征，但不能考虑钢在凝固过程中的潜热释放，因此需要进一步修正。常用方法有热源法、等效比热法和热焓法[1-2]。

6.2.4.1 热源法

理论上，凝固潜热释放类似于内热源，但其放热过程是在凝固区间的特定温度范围内，需要将其转化为与对应温度有关的函数。假设固相率 f_S 与温度 T 是线性关系，则有：

$$f_S = \begin{cases} 1, & T < T_S \\ \dfrac{T_L - T}{T_L - T_S}, & T_S \leqslant T \leqslant T_L \\ 0, & T > T \end{cases} \tag{6-44}$$

因此，潜热释放为：

$$Q_L = \begin{cases} 0, & T < T_S \\ L_m \cdot f_S, & T_S \leqslant T \leqslant T_L \\ 0, & T > T_L \end{cases} \tag{6-45}$$

式中，T_L 为液相线温度，K；T_S 为固相线温度，K；L_m 为凝固潜热，J/kg。

以热源处理凝固潜热时，单位时间内单位体积释放的热量为：

$$q_v = \rho \frac{\partial Q_L}{\partial t} = \rho L_m \frac{\partial f_s}{\partial t} \tag{6-46}$$

由此可得凝固过程中的导热微分方程：

$$\rho C \frac{\partial T}{\partial t} = \frac{\partial}{\partial x}\left(\lambda \frac{\partial T}{\partial x}\right) + \frac{\partial}{\partial y}\left(\lambda \frac{\partial T}{\partial y}\right) + \frac{\partial}{\partial z}\left(\lambda \frac{\partial T}{\partial z}\right) + \rho L_m \frac{\partial f_S}{\partial t} \tag{6-47}$$

将固相率与温度的线性关系代入，可得：

$$\rho C \frac{\partial T}{\partial t} = \frac{\partial}{\partial x}\left(\lambda \frac{\partial T}{\partial x}\right) + \frac{\partial}{\partial y}\left(\lambda \frac{\partial T}{\partial y}\right) + \frac{\partial}{\partial z}\left(\lambda \frac{\partial T}{\partial z}\right) - \frac{\rho L_m}{T_L - T_S} \frac{\partial T}{\partial t} \tag{6-48}$$

6.2.4.2 等效比热法

实际凝固传热求解过程中，潜热一般通过等效比热或热焓法处理。比热广义上是单位质量物体降低单位温度时所释放的热量。因此，单位质量金属在凝固温度范围内降低单位温度所释放的热量可以理解成等效比热。不同的是，凝固区间内的等效比热包括两部分，即物体实际的比热容（C）和潜热（L_m）引起的比热增加，该等效比热可记为 C_P。假设潜热是在凝固区间均匀释放，则等效比热 C_P 可表示为：

$$C_P = C + \frac{L_m}{T_L - T_S} \tag{6-49}$$

当比热随温度变化不大时，凝固过程导热微分方程为：

$$\rho C_P \frac{\partial T}{\partial t} = \frac{\partial}{\partial x}\left(\lambda \frac{\partial T}{\partial x}\right) + \frac{\partial}{\partial y}\left(\lambda \frac{\partial T}{\partial y}\right) + \frac{\partial}{\partial z}\left(\lambda \frac{\partial T}{\partial z}\right) \tag{6-50}$$

完整表达式为：

$$\rho\left(C + \frac{L_m}{T_L - T_S}\right) \frac{\partial T}{\partial t} = \frac{\partial}{\partial x}\left(\lambda \frac{\partial T}{\partial x}\right) + \frac{\partial}{\partial y}\left(\lambda \frac{\partial T}{\partial y}\right) + \frac{\partial}{\partial z}\left(\lambda \frac{\partial T}{\partial z}\right) \tag{6-51}$$

与式（6-48）相比，二者实际上是完全一致的。

6.2.4.3 热焓法

热焓法是将比热和温度的变化统一起来。考虑凝固过程时，金属的焓可以表示为：

$$H = H_0 + \int_{T_0}^{T} C\mathrm{d}T + (1 - f_S) L_m \tag{6-52}$$

式中，H_0 为 T_0 时的焓，J/kg。

对上式对温度进行求导：

$$\frac{\partial H}{\partial T} = C - L_m \frac{\partial f_S}{\partial T} \tag{6-53}$$

实际上，这是考虑了非均匀释放条件下的等效比热。将固相率与温度的线性关系代入，可得：

$$\frac{\partial H}{\partial T} = C + \frac{L_m}{T_L - T_S} \tag{6-54}$$

热焓对时间求导可得：

$$\frac{\partial H}{\partial t} = \frac{\partial H}{\partial T} \cdot \frac{\partial T}{\partial t} = \left(C + \frac{L_m}{T_L - T_S}\right) \frac{\partial T}{\partial t} \tag{6-55}$$

由此导热微分方程可进一步表示为：

$$\rho \frac{\partial H}{\partial t} = \frac{\partial}{\partial x}\left(\lambda \frac{\partial T}{\partial x}\right) + \frac{\partial}{\partial y}\left(\lambda \frac{\partial T}{\partial y}\right) + \frac{\partial}{\partial z}\left(\lambda \frac{\partial T}{\partial z}\right) \tag{6-56}$$

对比式（6-48）和式（6-51）、式（6-56）可以发现，三种方法本质上是相同的，因此实际结果基本无差别。

6.3　钢在凝固过程中的质量传输

6.3.1　质量传输基本概念

质量传输简称传质，是指物质从系统的某一个部分迁移到另一个部分，发生在不同物质或同一物质的不同浓度之间，是浓度场的时间和空间变化。浓度梯度或浓度差（化学势差）是核心驱动力，这种条件下，物质从浓度高的区域向浓度低的区域运动。大量研究发现，传质过程往往发生在冶金的关键性和限制性环节，决定了化学反应动力学的速率和效率。

6.3.1.1　浓度场和浓度梯度

与热量传输类似，质量传输也有对应的描述，最基本的是浓度场，是时间和空间的函数：

$$C = f(x, y, z, t) \tag{6-57}$$

式中，C 为浓度，摩尔浓度单位是 mol/m^3，质量浓度单位是 kg/m^3，质量分数或摩尔分数的单位是%；x、y、z 为空间坐标，m；t 为时间，s。

当浓度场不随时间变化时，称为稳态浓度场，这种情况下空间上没有物质的积蓄；反之，称为非稳态浓度场，可能存在物质总量的增加或减少。

除了根据时间变化规律区分外，还可以根据空间特征划分为一维、二维和三维浓度场。

浓度梯度是指传质方向上单位距离的浓度变化，可以表达为：

$$\mathrm{grad}C = \lim_{\Delta l \to 0} \frac{\Delta C}{\Delta l} = \frac{\mathrm{d}C}{\mathrm{d}l} \tag{6-58}$$

浓度梯度是有方向的，一般把浓度升高的方向定为正，降低的方向定为反。

6.3.1.2　分子扩散传质

质量传输的两种常见形式，分子扩散传质和对流扩散传质。分子扩散传质是依靠分子运动完成的质量传输，发生在流体（气体或液体）介质中或固体介质中。在一定温度下，分子（或原子、离子）具有一定的运动能量，使它处于不停顿的和无规律的布朗运动状态。这时，不同分子之间互相碰撞，不仅发生能量的交换，同时也发生位置的交换。由于分子运动的无规律性，平衡状态下他们各个方向的迁移概率基本相同。如果混合物中某一组分的浓度在不同位置处是均匀一致的，该组分的分子向某一方向迁移一定的数量，则必然有相同数量该组分的分子沿着相反的方向迁移，其结果是整个系统内部不存在宏观的质量传输现象。如果混合物中某一组分的浓度不均匀，即存在浓度差时，浓度高的区域的分子运动破坏了随机状态而出现定向运动，导致高浓度区域向低浓度区域迁移的分子比低浓度向高浓度迁移的数量多，这促使不同区域的分子浓度达到一致，从而完成了宏观的质量传输。

分子扩散传质采用菲克定律（Fick's first law）描述：

$$J_{Ay} = -D_{AB}\frac{dC_A}{dy} \tag{6-59}$$

式中，J_{Ay} 为组分 A 在 y 方向上扩散的质量通量，mol/(m^2·s)；D_{AB} 为组分 A 在 A、B 混合物中的扩散系数，m^2/s；C_A 为组分 A 的浓度，mol/m^3；y 为扩散距离，m。

不难发现，分子扩散传质与传热是密切相关的，因为温度会影响分子运动的能力。通常条件下，分子扩散传质是很慢的，传输的总量也是很少的。

6.3.1.3　对流扩散传质

对流扩散传质发生在运动着的流体与固体表面之间，或互不相溶的两种或多种运动着的流体之间。冶金过程中，对流传质远比分子扩散传质重要，且具有更广泛的意义。如凝固过程界面上发生溶质再分配之后，边界层内浓化钢水与其余区域钢水的均匀化作用，以及宏观偏析的形成，均会同时涉及对流扩散传质和分子扩散传质。当流体中存在浓度差时，质量传输会包括以下几个过程：

（1）随流体流动而进行的流向上的传质；

（2）当流体以层流方式流动时，由分子扩散进行的非流向上的传质；

（3）当流体以湍流方式流动时，由微团脉动所进行的非流向上的传质。

根据试验研究，对流扩散传质的质量通量为：

$$N_A = k(C_f - C_w) \tag{6-60}$$

式中，N_A 为组分 A 在传质方向上的对流质量通量，mol/(m^2·s)；C_f 为流体的浓度，mol/m^3；C_w 为另一个流体或固体表面的浓度，mol/m^3；k 为对流传质系数，m/s。

由于对流传质通量更多地受到流动的影响，即使是自然对流作用，也一般会比分子扩散传质效率更高。

6.3.1.4　质量传输的浓度单位

浓度差是质量传输的驱动力，不同条件下浓度有不同的表示方法，常用的单位有四种：

（1）质量浓度：即单位体积内某组分的质量含量，单位为 kg/m^3，以符号 ρ 表示。ρ_A 表示 A 组分在单位体积内的质量。

（2）摩尔浓度：即单位体积内某组分的摩尔含量，单位为 mol/m^3，以符号 C 表示。C_A 表示组分 A 在单位体积内的摩尔量。

（3）质量分数：混合物内某组分所占的质量分数，单位为%，以 w 表示。w_A 表示组分 A 在混合物中的质量分数。

(4) 摩尔分数：混合物内某组分所占的摩尔分数，单位为%，以 x 表示，x_A 表示混合物中组分 A 的摩尔分数。

以两组分 A、B 的混合物为例，它们之间的关系为：

$$\rho = \rho_A + \rho_B \tag{6-61}$$

$$C = C_A + C_B \tag{6-62}$$

$$w_A = \frac{\rho_A}{\rho} \text{ 或 } w_B = \frac{\rho_B}{\rho}\text{，且 } w_A + w_B = 1 \tag{6-63}$$

$$x_A = \frac{C_A}{C} \text{ 或 } x_B = \frac{C_B}{C}\text{，且 } x_A + x_B = 1 \tag{6-64}$$

$$w_A = \frac{x_A M_A}{x_A M_A + x_B M_B} \tag{6-65}$$

$$x_A = \frac{w_A/M_A}{w_A/M_A + w_B/M_B} \tag{6-66}$$

式中，M_i 为组分 i 的摩尔质量，kg/mol。

6.3.1.5 传质通量

传质通量表示单位时间内、单位面积上传递物质的总量。

对于扩散传质，以质量浓度表示的传质通量为：

$$j_A = - D_A \frac{\partial \rho_A}{\partial n} \tag{6-67}$$

单位为 $kg/(m^2 \cdot s)$。

或以摩尔浓度表示为：

$$J_A = - D_A \frac{\partial C_A}{\partial n} \tag{6-68}$$

单位为 $mol/(m^2 \cdot s)$。

对于对流传质，以质量浓度表示的传质通量为：

$$n_A = \rho_A v_A \tag{6-69}$$

单位为 $kg/(m^2 \cdot s)$。式中，v_A 表示组分 A 的绝对速度，m/s。

或以摩尔浓度表示为：

$$N_A = C_A v_A \tag{6-70}$$

单位为 $mol/(m^2 \cdot s)$。

扩散传质过程中，必然会引起一定的组分流动，即宏观上的相对速度。以 v_i 表示组分 i 的绝对速度，v 表示混合物的平均速度，对于质量浓度，对 A、B 二组分混合物有如下公式：

$$v = v_A w_A + v_B w_B = \frac{1}{\rho}(\rho_A v_A + \rho_B v_B) \tag{6-71}$$

或者采用摩尔浓度 v_m 表示为：

$$v_m = v_A x_A + v_B x_B = \frac{1}{C}(C_A v_A + C_B v_B) \tag{6-72}$$

相对于混合物的平均速度，某一组元 i 的相对扩散速度 v_i^* 为：

$$v_A^* = v_A - v \tag{6-73}$$

$$v_B^* = v_B - v \tag{6-74}$$

采用摩尔浓度时：

$$v_A^{**} = v_A - v_m \tag{6-75}$$

$$v_B^{**} = v_B - v_m \tag{6-76}$$

只有当相对扩散速度不为零时，才能出现混合物不同组分的对流传质。该条件下组分A的质量传质通量为：

$$n_A^* = \rho_A v_A^* = \rho_A(v_A - v) \tag{6-77}$$

摩尔传质通量为：

$$N_A^* = C_A v_A^{**} = C_A(v_A - v_m) \tag{6-78}$$

此时的扩散传质通量没有变化，二者相等时为：

$$n_A^* = j_A \text{ 或 } N_A^* = J_A \tag{6-79}$$

即：

$$\rho_A(v_A - v) = j_A \tag{6-80}$$

$$C_A(v_A - v_m) = J_A \tag{6-81}$$

整理式（6-80）和式（6-81），可得到同时考虑对流和扩散条件下的实际传质通量，如图6-6所示：

$$n_A = \rho_A v_A = \rho_A v + j_A \tag{6-82}$$

$$N_A = C_A v_A = C_A v + J_A \tag{6-83}$$

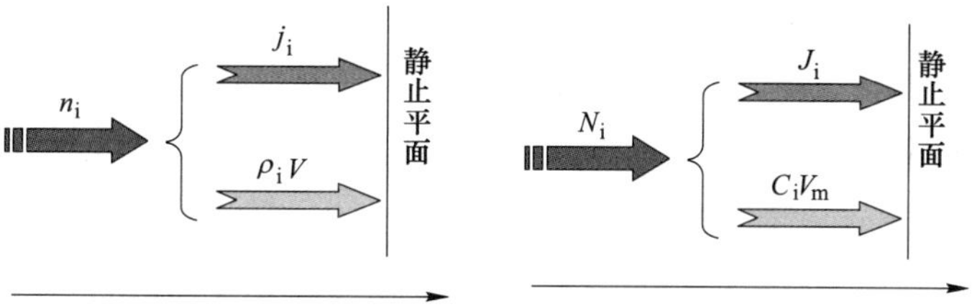

图6-6　同时考虑对流和扩散的实际传质通量

6.3.2　菲克第一定律

传质过程中最基本的现象是扩散。从微观上看，扩散是物质内部由于热运动而引起的原子或分子的迁移过程；从宏观上看，扩散是物质中的组分从高浓度区流向低浓度区的浓度均匀化过程。1854年，德国物理学家阿道夫·菲克（Adolph Fick）根据大量试验结果，利用热流类比总结出扩散定律，对扩散过程质量通量进行了定量描述，即菲克第一定律，其表达式为：

$$J_A = -D_A \frac{\partial C_A}{\partial n} \tag{6-84}$$

式中，J_A 为质量通量，kg/(m^2·s)；D_A 为组分A的扩散系数，m^2/s；$\frac{\partial C_A}{\partial n}$ 为浓度梯度，kg/m^4；负号表示传质方向与浓度梯度方向相反。

菲克第一定律是描述表观现象的宏观经验公式，表明了无流动状态下某物质或某组元的扩散通量与浓度梯度成正比。菲克第一定律未能反映扩散传质过程的微观特征，不同物质扩散机理的差别体现在扩散系数上。菲克第一定律适用于密度均匀的固体、液体及气体混合物中的扩散过程，其仅用来描述由浓度引起的分子扩散，不能考虑宏观流动传质。工程上还有其他物理条件引起扩散传质，如温度梯度使多组分体系产生质量传递，为热扩散；用离心机对液体混合物的组元进行分离，为压力扩散；还有依靠重力作用下的沉淀分离等。这些虽然都是传质现象，但不适用菲克定律。

菲克第一定律中的重要参数——扩散系数，其表征物质的扩散能力，是物质在某一体系中的固有性质。扩散系数是浓度梯度为 1 时，单位时间内通过单位面积的物质的量。一般地，气体的扩散系数较大，约为 $5\times10^{-6}\sim1\times10^{-5}$ m^2/s；液体扩散系数比气体小得多，约为 $1\times10^{-10}\sim1\times10^{-9}$ m^2/s；固体扩散系数最小，其约为 $5\times10^{-14}\sim1\times10^{-10}$ m^2/s。一般地，气体的扩散系数取决于扩散物质和扩散介质的温度和压力，与浓度关系较小。液体的扩散系数不仅与物质的种类和温度有关，还与液体浓度有关，只有稀溶液的扩散系数才能视为常数。液体分子之间的作用力比气体大，且不能充分扩散，因此扩散系数比气体小几个数量级；但液体结构比固体松散，其基团间隙为扩散提供了良好通道，因此扩散系数比固体大几个数量级。固体的扩散系数与物质结构、种类、温度、压力和浓度均有关。固体结构致密，其中的空位和间隙较少，扩散能力最弱。固体中的扩散形式分为自扩散和互扩散。自扩散是指在没有化学成分梯度的均质合金或纯金属中，虽然没有浓度差，但由于原子本身的热运动，通过空位、间隙或环圈扩散的机理，由点阵一处移动到另一处，这种不依赖于浓度梯度，不符合菲克第一定律。互扩散是在多组分体系中，不同组分相互影响下浓度梯度驱动的扩散。显然，自扩散对互扩散会有一定的影响。

6.3.3 质量传输微分方程

与热量传输类似，菲克第一定律描述了某个浓度梯度范围内起止位置的浓度分布规律，不能反映整个体系内部的浓度变化。根据质量守恒原则，菲克推导出了第二定律（Fick's second law），即扩散微分方程。

以某一微元体为研究对象，如图 6-7 所示，考虑分子扩散传质和对流扩散传质时，基于质量守恒可得：

传入的某组元的质量-传出的某组元的质量
=某组元质量的增加

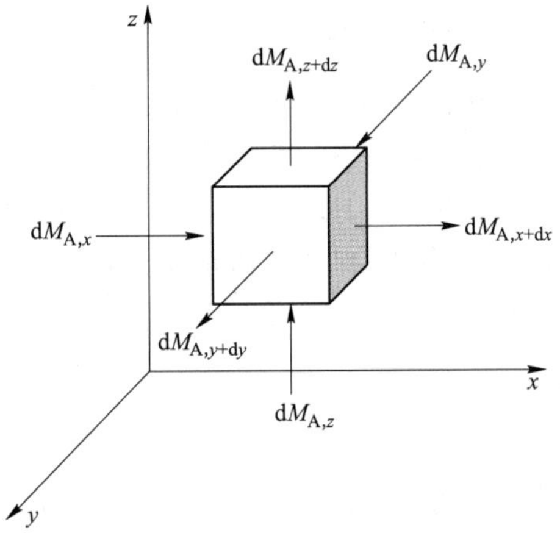

图 6-7 微元体质量传输示意图

6.3.3.1 传入的某组元 A 的质量

传入的某组元 A 的质量，需要同时考虑两种传质方式代入的质量通量。对于 x 方向，$\mathrm{d}t$ 时间内进入微元体的总量为：

$$\mathrm{d}M_{A,x}=n_{A,x}\cdot \mathrm{d}y\mathrm{d}z\cdot \mathrm{d}t \qquad (6\text{-}85)$$

式中，$M_{A,x}$ 为 x 方向流入面的质量，kg；$n_{A,x}$ 为 x 方向流入面的质量通量，$kg/(m^2\cdot s)$。

考虑扩散和对流时，根据式（6-82）可得：

$$n_{A,x}=\rho_A v_{A,x}=\rho_A v_x+j_{A,x} \tag{6-86}$$

代入整理：

$$\mathrm{d}M_{A,x}=n_{A,x}\cdot\mathrm{d}y\mathrm{d}z\cdot\mathrm{d}t=(\rho_A v_x+j_{A,x})\cdot\mathrm{d}y\mathrm{d}z\cdot\mathrm{d}t \tag{6-87}$$

同理，y、z 方向传入的组元 A 增量为：

$$\mathrm{d}M_{A,y}=n_{A,y}\cdot\mathrm{d}x\mathrm{d}z\cdot\mathrm{d}t=(\rho_A v_y+j_{A,y})\cdot\mathrm{d}x\mathrm{d}z\cdot\mathrm{d}t \tag{6-88}$$

$$\mathrm{d}M_{A,z}=n_{A,z}\cdot\mathrm{d}x\mathrm{d}y\cdot\mathrm{d}t=(\rho_A v_z+j_{A,z})\cdot\mathrm{d}x\mathrm{d}y\cdot\mathrm{d}t \tag{6-89}$$

6.3.3.2 传出的某组元 A 的质量

传出的某组元 A 的质量，与当地的质量通量有关：

$$n_{A,x+\mathrm{d}x}=\rho_A v_x+j_{A,x}+\frac{\partial(\rho_A v_x+j_{A,x})}{\partial x}\mathrm{d}x \tag{6-90}$$

式中，$n_{A,x+\mathrm{d}x}$ 为 x 方向流出面的质量通量，kg/(m^2·s)。

则，dt 时间内传出的总量为：

$$\mathrm{d}M_{A,x+\mathrm{d}x}=n_{A,x+\mathrm{d}x}\cdot\mathrm{d}y\mathrm{d}z\cdot\mathrm{d}t=\left[\rho_A v_x+j_{A,x}+\frac{\partial(\rho_A v_x+j_{A,x})}{\partial x}\mathrm{d}x\right]\cdot\mathrm{d}y\mathrm{d}z\cdot\mathrm{d}t \tag{6-91}$$

式中，$M_{A,x+\mathrm{d}x}$ 为 x 方向流出面的质量，kg。

同理，y、z 方向传出的总量为：

$$\mathrm{d}M_{A,y+\mathrm{d}y}=n_{A,y+\mathrm{d}y}\cdot\mathrm{d}x\mathrm{d}z\cdot\mathrm{d}t=\left[\rho_A v_y+j_{A,y}+\frac{\partial(\rho_A v_y+j_{A,y})}{\partial y}\mathrm{d}y\right]\cdot\mathrm{d}x\mathrm{d}z\cdot\mathrm{d}t \tag{6-92}$$

$$\mathrm{d}M_{A,z+\mathrm{d}z}=n_{A,z+\mathrm{d}z}\cdot\mathrm{d}x\mathrm{d}y\cdot\mathrm{d}t=\left[\rho_A v_z+j_{A,z}+\frac{\partial(\rho_A v_z+j_{A,z})}{\partial z}\mathrm{d}z\right]\cdot\mathrm{d}x\mathrm{d}y\cdot\mathrm{d}t \tag{6-93}$$

式中，$M_{A,y+\mathrm{d}y}$ 为 y 方向流出面的质量，kg；$M_{A,z+\mathrm{d}z}$ 为 z 方向流出面的质量，kg。

6.3.3.3 某组元 A 的增加量

dt 时间内，体系中组分 A 的增加量：

$$\mathrm{d}N_A=\frac{\partial\rho_A}{\partial t}\cdot\mathrm{d}x\mathrm{d}y\mathrm{d}z\cdot\mathrm{d}t \tag{6-94}$$

式中，N_A 为微元体的重量，kg。

根据质量守恒，将上式代入并整理可得：

$$\frac{\partial(\rho_A v_x+j_{A,x})}{\partial x}+\frac{\partial(\rho_A v_y+j_{A,y})}{\partial y}+\frac{\partial(\rho_A v_z+j_{A,z})}{\partial z}=-\frac{\partial\rho_A}{\partial t} \tag{6-95}$$

对于扩散传质，根据菲克第一定律：

$$j_{A,x}=-D_A\frac{\partial\rho_A}{\partial x} \tag{6-96}$$

$$j_{A,y}=-D_A\frac{\partial\rho_A}{\partial y} \tag{6-97}$$

$$j_{A,z}=-D_A\frac{\partial\rho_A}{\partial z} \tag{6-98}$$

由此可得：

$$\frac{\partial\rho_A}{\partial t}+\frac{\partial(\rho_A v_x)}{\partial x}+\frac{\partial(\rho_A v_y)}{\partial y}+\frac{\partial(\rho_A v_z)}{\partial z}=D_A\left(\frac{\partial^2\rho_A}{\partial x^2}+\frac{\partial^2\rho_A}{\partial y^2}+\frac{\partial^2\rho_A}{\partial z^2}\right) \tag{6-99}$$

采用摩尔平均速度和摩尔浓度表示：

$$\frac{\partial C_A}{\partial t}+\frac{\partial(C_A v_{mx})}{\partial x}+\frac{\partial(C_A v_{my})}{\partial y}+\frac{\partial(C_A v_{mz})}{\partial z}=D_A\left(\frac{\partial^2 C_A}{\partial x^2}+\frac{\partial^2 C_A}{\partial y^2}+\frac{\partial^2 C_A}{\partial z^2}\right) \tag{6-100}$$

这就是三维浓度场的质量传输的微分方程，其中同时考虑了流动和扩散的传质作用。

当不考虑流动时，如固体中的质量传输过程：

$$\frac{\partial \rho_A}{\partial t}=D_A\left(\frac{\partial^2 \rho_A}{\partial x^2}+\frac{\partial^2 \rho_A}{\partial y^2}+\frac{\partial^2 \rho_A}{\partial z^2}\right) \tag{6-101}$$

采用摩尔浓度表示为：

$$\frac{\partial C_A}{\partial t}=D_A\left(\frac{\partial^2 C_A}{\partial x^2}+\frac{\partial^2 C_A}{\partial y^2}+\frac{\partial^2 C_A}{\partial z^2}\right) \tag{6-102}$$

这就是经典的扩散微分方程，描述不考虑流动条件下的分子扩散传质。

与传热类似，稳态下体系浓度不随时间变化，可得：

$$\frac{\partial^2 \rho_A}{\partial x^2}+\frac{\partial^2 \rho_A}{\partial y^2}+\frac{\partial^2 \rho_A}{\partial z^2}=0 \tag{6-103}$$

采用摩尔浓度表示为：

$$\frac{\partial^2 C_A}{\partial x^2}+\frac{\partial^2 C_A}{\partial y^2}+\frac{\partial^2 C_A}{\partial z^2}=0 \tag{6-104}$$

与导热微分方程求解类似，扩散微分方程也需要初始条件和边界条件。初始条件一般是体系的浓度分布和温度分布（影响随温度变化的扩散系数）。边界条件分为三类：

（1）已知表面浓度。表面浓度可以是质量浓度或摩尔浓度。对于气体而言，还可以用分压表示，其可以随时间变化，或者恒定，对应于传热第一类边界条件。

（2）已知质量通量。表面质量通量给定，可以随时间而变化，或者不变，甚至可以为零，对应于传热第二类边界条件。

（3）已知外界流体的组分浓度和传质系数。流体与表面有相互作用时，采用对流传质方式，给定流体某组分浓度和二者之间的对流传质系数，对应于传热的第三类边界条件。

6.3.4 钢的凝固过程质量传输描述

钢在凝固过程中的质量传输与常见热处理过程基本类似。不同的是，凝固过程中的相变是液固转变，高温下液相溶质扩散中存在对流传质过程；同时，凝固界面上存在液、固相之间的溶质再分配，导致液相中的溶质不断富集，最终的溶质分布与凝固顺序或试样位置有关。考虑这些现象时，不能通过 6.3.3 节中的扩散微分方程描述凝固过程中的质量传输行为，需要对相间传质进行定量化描述[3]。

对于某一凝固体系，其两相分数之和为 1，即：

$$f_S+f_L=1 \tag{6-105}$$

式中，f_S 为固相分数；f_L 为液相分数。

采用工程上常用的质量分数单位，以符号 $C_{m,L}$ 和 $C_{m,S}$ 分别表示某溶质 m 在液相和固相中的平均浓度，$C_{m,L}^*$ 和 $C_{m,S}^*$ 分别表示界面浓度，根据质量守恒可得：

$$f_L \rho_L \frac{\partial C_{m,L}}{\partial t} + f_L \rho_L \left[\frac{\partial (C_{m,L} v_x)}{\partial x} + \frac{\partial (C_{m,L} v_y)}{\partial y} + \frac{\partial (C_{m,L} v_z)}{\partial z} \right]$$

$$= f_L \rho_L D_{m,L} \left(\frac{\partial^2 C_{m,L}}{\partial x^2} + \frac{\partial^2 C_{m,L}}{\partial y^2} + \frac{\partial^2 C_{m,L}}{\partial z^2} \right) - C^*_{m,S} \frac{\partial}{\partial t} f_S \rho_S -$$

$$\frac{S \rho_S D_{m,S}}{\delta_S} (C^*_{m,S} - C_{m,S}) \tag{6-106}$$

对于固相中的溶质 m，其不用考虑流动问题：

$$f_S \rho_S \frac{\partial C_{m,S}}{\partial t}$$

$$= f_S \rho_S D_{m,S} \left(\frac{\partial^2 C_{m,S}}{\partial x^2} + \frac{\partial^2 C_{m,S}}{\partial y^2} + \frac{\partial^2 C_{m,S}}{\partial z^2} \right) + C^*_{m,S} \frac{\partial}{\partial t} f_S \rho_S -$$

$$\frac{S \rho_S D_{m,S}}{\delta_S} (C^*_{m,S} - C_{m,S}) \tag{6-107}$$

式中，ρ_L 和 ρ_S 分别为液相和固相的密度，kg/m^3；v_x、v_y、v_z 分别为 x、y、z 方向的速度，m/s；$D_{m,L}$ 和 $D_{m,S}$ 分别为溶质 m 在液相和固相中的扩散系数，m^2/s；S 为枝晶形貌参数，是单位体积内枝晶的面积，m；δ_S 为界面溶质扩散长度，m；固相的 $\delta_S = d_S/10$，液相的 $\delta_L = d_S/2$，其中 d_S 为枝晶尺寸，m。

根据两相之间的质量守恒：

$$\frac{\partial}{\partial t} f_L \rho_L + f_L \rho_L \left(\frac{\partial v_x}{\partial x} + \frac{\partial v_y}{\partial y} + \frac{\partial v_z}{\partial z} \right) = \frac{\partial}{\partial t} f_S \rho_S \tag{6-108}$$

界面溶质再分配引起的浓度变化及其平衡关系：

$$C^*_{m,S} = k C^*_{m,L} \tag{6-109}$$

$$\frac{S \rho_S D_S}{\delta_S} (C^*_{m,S} - C_{m,S}) + \frac{S \rho_L D_L}{\delta_L} (C^*_{m,L} - C_{m,L}) = (C^*_{m,L} - C^*_{m,S}) \frac{\partial}{\partial t} f_S \rho_S \tag{6-110}$$

将上述系列方程与凝固过程的传热、流动相耦合，就可以得到凝固过程中体系内不同时刻、不同位置的溶质分布。对于两相区，需要采用混合定律计算对应的溶质浓度。

以上只是采用两相法处理凝固过程中的质量传输过程。实际上，由于凝固过程中会形成柱状晶和等轴晶的不同组织，柱状晶不会随着流体流动，而等轴晶可以随着液相自由运动，这会进一步影响质量传输。因此，比较先进的凝固过程质量传输求解已经开始采用三相、四相、五相甚至更多的相描述，同时考虑枝晶形貌、分布和尺寸以及运动行为的影响，这样的结果与实际更相符。

6.4 钢在凝固过程中的动量传输

6.4.1 动量传输的基本概念

6.4.1.1 流体与流动性

流体是易于流动的物体，工程上把只能抵抗压力而在一定的切应力作用下会产生连续变形（即流动）的物质统称为流体。从物相特征上看，流体通常只包括两种，气体和液体。与固体相比，流体不能传递拉力，但可承受压力，传递压力和切力，并在压力和切力作用下流动，这种流动可一直持续下去直到撤去压力或切力为止。

6.4.1.2　流体的压缩性

除了流动性之外，流体还具备可压缩性和黏性。当作用在流体上的压强增加时，流体的体积将减少，这被称为流体的压缩性。液体的压缩性不显著。如水在 0~20 ℃、1~500 个大气压范围内，每增加 1 个大气压，水的体积只改变 1/20000 左右，所以工程上一般将液体视为不可压缩流体。气体与液体有很大的差别，当压力或温度变化时，其体积和密度都相应的发生变化。

根据理想气体状态方程：

$$pV = \frac{m}{M}RT \tag{6-111}$$

式中，p 为压强，Pa；V 为体积，m^3；m 为气体质量，kg；M 为气体摩尔质量，kg/mol；R 为气体常数，8.314 J/(mol·K)；T 为绝对温度，K。

一定温度下，对于 1 mol 气体，由于其密度与体积成反比，由此可得：

$$\rho = \frac{p}{RT} \tag{6-112}$$

由此可见，气体的密度与压力和温度都有关，因此存在以下三种形式的变化规律：

（1）等温压缩。当温度一定时，即当压强由 p_1 增大到 p_2 发生等温压缩时：

$$\rho_1 = \frac{p_1}{RT} \tag{6-113}$$

$$\rho_2 = \frac{p_2}{RT} \tag{6-114}$$

由于温度相等，可得：

$$\rho_2 = \frac{p_2}{p_1}\rho_1 \tag{6-115}$$

即等温压缩时，气体的密度会增大。

（2）恒压膨胀。当压强一定而温度升高时，会发生恒压膨胀：

$$\rho_1 = \frac{p}{RT_1} \tag{6-116}$$

$$\rho_2 = \frac{p}{RT_2} \tag{6-117}$$

由于压力相等：

$$\rho_2 = \frac{T_1}{T_2}\rho_1 \text{ 或 } V_2 = \frac{T_2}{T_1}V_1 \tag{6-118}$$

将体积变化推广到标态：

$$V_T = \frac{273 + T}{273}V_0 \tag{6-119}$$

简化可得：

$$V_{\mathrm{T}} = V_0(1 + \beta T) \tag{6-120}$$

式中，V_{T} 为 T 温度下的体积，m^3；V_0 为标态下的体积，m^3；β 为气体膨胀系数，其定义为：

$$\beta = \frac{1}{273} \tag{6-121}$$

将体积转变为密度时：

$$\rho_{\mathrm{T}} = \frac{1}{1 + \beta T}\rho_0 \tag{6-122}$$

式中，ρ_{T} 为 T 温度下的密度；ρ_0 为标态的密度。

（3）绝热压缩。对于封闭系统，绝热条件下对气体压缩时，会导致温度升高。此时，系统的压力关系为：

$$PV^k = \mathrm{const} \tag{6-123}$$

式中，k 为绝热系数，定义为：

$$k = \frac{C_P}{C_V} \tag{6-124}$$

式中，C_P 为定压比热容，J/(kg · K)；C_V 为定容比热容，J/(kg · K)。

一般地，单原子气体的 k 值约为 1.66，双原子气体约为 1.41，其与气体类别、压力和温度有关。

因此可得：

$$P_2 = \left(\frac{V_1}{V_2}\right)^k P_1 \tag{6-125}$$

根据气体密度与体积的关系：

$$\rho_2 = \left(\frac{P_2}{P_1}\right)^{1/k} \rho_1 \tag{6-126}$$

即压缩前后气体密度还与绝热系数 k 有关。

6.4.1.3 流体的黏性

黏性是流体运动时表现出的抵抗剪切变形的能力，即本身阻碍流动或变形的能力。流体的黏性用黏度衡量，黏性产生的物理原因为流体的内聚力和分子的动量交换，这与以下两个因素有关：

（1）分子间吸引力：分子间相互拖动（或称为内聚力）；

（2）分子不规则运动：分子迁移（引起分子动量交换）。

对于气体，由于分子活动空间大，主要是不规则运动引起分子团之间的相互掺混；对于液体，由于结构比较致密，分子间吸引力起主要作用，阻碍分子离开瞬时形成的平衡位置。

当流体的黏性很小时，或运动的相对速度不大时，所产生的黏性力与其他类型的力相比可忽略不计，这种情况下可以把流体看作无黏性的，称为理想流体。实际工程中，理想流体并不存在，但是这种假设模型却有重大理论和实用价值。流体的黏性对流动具有直接影响，是动量传输过程必须要考虑的。

6.4.1.4 流场、速度梯度和黏性动量通量

（1）流场。与热量和质量传输类似，动量传输也有对应的描述，最基本的是欧拉法描

述的速度场，也是时间和空间的函数。与温度和浓度不同的是，速度是矢量：

$$\boldsymbol{v}_x = f(x,y,z,t) \tag{6-127}$$

$$\boldsymbol{v}_y = f(x,y,z,t) \tag{6-128}$$

$$\boldsymbol{v}_z = f(x,y,z,t) \tag{6-129}$$

式中，$\boldsymbol{v}$ 为速度，m/s；x、y、z 为空间坐标，m；t 为时间，s。

当速度场不随时间变化时，称为稳态汽场，这种情况下空间上没有动量或能量的积蓄；反之，称为非稳态汽场，可能存在动量的增加或减少。除了根据时间变化规律区分外，还可以根据空间特征划分为一维、二维和三维汽场。

(2) 速度梯度。速度梯度是沿某一方向单位距离上的速度变化：

$$\mathrm{grad}v_x = \lim_{\Delta l \to 0} \frac{\Delta v_x}{\Delta l} = \frac{\mathrm{d}v_x}{\mathrm{d}l} \tag{6-130}$$

速度梯度是有方向的，一般把速度增大的方向定为正，降低的方向定为反。

(3) 黏性动量通量和对流动量通量。黏性动量通量表示黏性流体单位时间内、单位面积上传递的动量。

对于黏性动量通量，可以表示为：

$$\tau = -\mu \frac{\mathrm{d}v_x}{\mathrm{d}y} \tag{6-131}$$

单位为 $\mathrm{N/m^2}$，公式中的负号表示动量通量的方向与速度梯度的方向相反。

对流动量通量表示流体基于对流作用在单位时间内、单位面积上传递的动量，可以描述为：

$$\zeta = \rho v_i v_j \tag{6-132}$$

式中，ρv_i 为 i 方向上单位体积流体的动量，可以看作是动量浓度，$\mathrm{kg/(m^2 \cdot s)}$；$v_j$ 为动量传递方向的流体速度，m/s；其中 i 与 j 可以一致，也可以不一致。

6.4.2 牛顿黏性定律

1686 年，英国科学家牛顿分析了流体运动过程中的受力特征。对于如图 6-8 所示的黏性流体结构，当顶部平板以 v_0 速度沿 x 轴匀速运动时，紧靠近平板的液体与平板以相同的速度运动，而远离平板的液体速度逐渐减小，最后直至为零，这种速度特征本质上与液体的黏度有关。对于流体中两层相邻微元，二者之间存在相对速度的差异，因此必然有力的作用。理论和试验数据表明，对于某一指定面积 A 的单元，这种力的大小与速度梯度和黏度成正比：

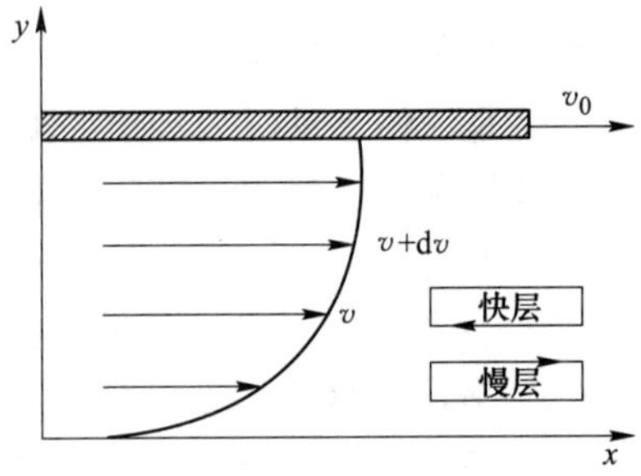

图 6-8 黏性流体结构

$$F = \mu \frac{\mathrm{d}v_x}{\mathrm{d}y} A \tag{6-133}$$

式中，μ 为黏度，Pa·s；v_x 为 x 方向速度，m/s；A 为面积，$\mathrm{m^2}$。

由此，牛顿提出了内摩擦定律，也称为黏性定律，描述单位面积上流体的内摩擦力或黏性剪切力的作用：

$$\tau = \mu \frac{\mathrm{d}v_x}{\mathrm{d}y} \tag{6-134}$$

式中，τ 为黏性剪切应力，Pa；

上式中，μ 实际为动力黏度，又称为绝对黏度或动力黏度系数，其值为速度梯度为 1 时流体的黏性剪切应力，单位为 Pa · s 或 N · s/m²。工程上还有一种单位为 Poise(P)，1 P=0.1 Pa · s。

显然，相同条件下，流体的黏度系数越大，所产生的黏性剪切力就越大，流体的阻力就越大。为了克服这种内摩擦力造成能量损失而维持流体流动，就必须提供一定的外部能量。当流体处于静止状态，不同位置之间没有相对运动，流体的黏性就表现不出来了。

工程上常常会用到黏度与流体密度的比值，称为运动黏度或运动黏度系数，以 ν 表示：

$$\nu = \frac{\mu}{\rho} \tag{6-135}$$

式中，ν 为运动黏度，m^2/s。

黏度的大小与流体的类别、温度、压力和物相状态有关。一般地，液体的黏度大于气体的黏度。一些常见气体的黏度通常在 5~30 μPa · s，常见液体室温下的黏度可达 100~1000000 μPa · s。同一类液体的密度越大，黏度也越大。压强对流体黏度的直接影响较小，压力特别高时黏度会随着压力增大而增大。温度对流体黏度的影响显著，如图 6-9 所示。气体的黏度随温度升高而增大，这与两方面有关。一方面，温度升高时，气体分子间

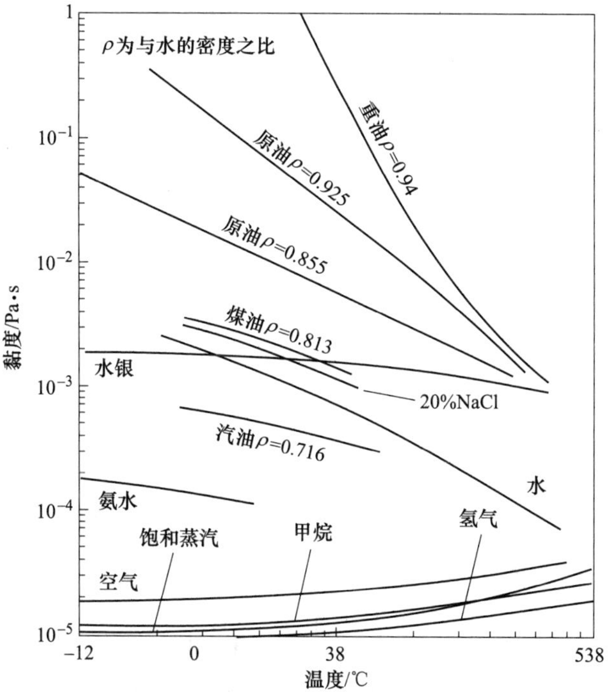

图 6-9　不同物质的黏度

距增大，内聚力减小。另一方面，气体温度升高时，分子运动会加快，动量交换频繁，最终导致黏度增加。液体的黏度随温度升高而减小。液体的内聚力是产生黏度的主要因素，当温度升高，分子间距离增大，吸引力减小，因而使剪切变形速度所产生的切应力减小，所以黏度减小。

实际上，许多流体也不能用牛顿黏性定律描述流动过程。我们把满足牛顿黏性定律的称为牛顿流体，比如所有气体、水和油等；不满足牛顿黏性定律的流体称为非牛顿流体，如乳液、砂浆、石灰和其他一些高分子溶液等。

6.4.3 动量传输微分方程

6.4.3.1 连续性方程

不管是流体和非流体，实际研究中，质量守恒定律都是务必要遵循的。对于任何的宏观物体或微观单元，质量既不能创生，也不能消失。流体的连续性方程就是质量守恒定律的一种数学表达。取研究对象空间中任一点作为一个微元体，如图 6-10 所示，dx、dy、dz 分别为沿着 x、y、z 轴的三个边长。通过微元体的速度分量分别设定为 v_x、v_y、v_z， 密度为 ρ，流体流过微元体时，根据质量守恒定律，其可以得到如下公式：

流入的质量-流出的质量=累计的质量

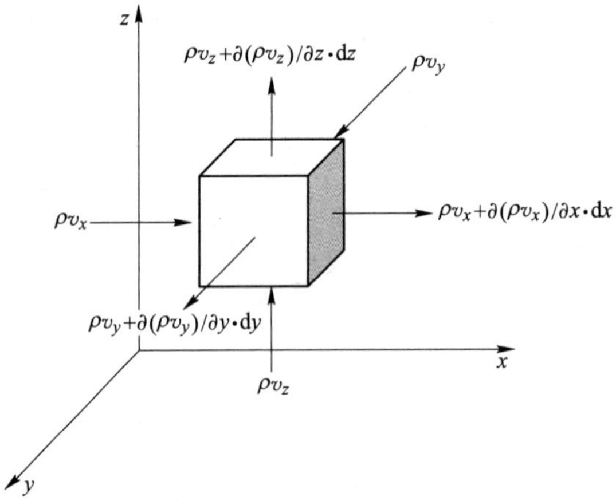

图 6-10 流体微元体的质量守恒

时间 dt 内，沿 x 轴流入的质量为：

$$Q_{1,x}=\rho v_x \mathrm{d}y\mathrm{d}z\mathrm{d}t \tag{6-136}$$

同时，沿 x 轴流出的质量为：

$$Q_{2,x}=\left[\rho v_x+\frac{\partial(\rho v_x)}{\partial x}\mathrm{d}x\right]\mathrm{d}y\mathrm{d}z\mathrm{d}t \tag{6-137}$$

则，dt 时间内 x 轴的质量增量为：

$$Q_{0,x} = Q_{1,x} - Q_{2,x} = -\frac{\partial(\rho v_x)}{\partial x}\mathrm{d}x\mathrm{d}y\mathrm{d}z\mathrm{d}t \tag{6-138}$$

同理，y 轴方向的质量增量为：

$$Q_{0,y} = -\frac{\partial(\rho v_y)}{\partial y}\mathrm{d}x\mathrm{d}y\mathrm{d}z\mathrm{d}t \tag{6-139}$$

z 轴方向的质量增量为：

$$Q_{0,z} = -\frac{\partial(\rho v_z)}{\partial z}\mathrm{d}x\mathrm{d}y\mathrm{d}z\mathrm{d}t \tag{6-140}$$

因此，$\mathrm{d}t$ 时间内微元体总的质量增量为：

$$Q_0 = Q_{0,x} + Q_{0,y} + Q_{0,z} = -\left[\frac{\partial(\rho v_x)}{\partial x} + \frac{\partial(\rho v_y)}{\partial y} + \frac{\partial(\rho v_z)}{\partial z}\right]\mathrm{d}x\mathrm{d}y\mathrm{d}z\mathrm{d}t \tag{6-141}$$

微元体初始时刻的质量为：

$$Q_{1,\mathrm{m}} = \rho\mathrm{d}x\mathrm{d}y\mathrm{d}z \tag{6-142}$$

由于流体代入质量使微元体内密度增大，其质量为：

$$Q_{2,\mathrm{m}} = \left(\rho + \frac{\partial\rho}{\partial t}\mathrm{d}t\right)\mathrm{d}x\mathrm{d}y\mathrm{d}z \tag{6-143}$$

则实际密度变化导致的质量累计为：

$$Q_{\mathrm{m}} = Q_{2,\mathrm{m}} - Q_{1,\mathrm{m}} = \frac{\partial\rho}{\partial t}\mathrm{d}x\mathrm{d}y\mathrm{d}z\mathrm{d}t \tag{6-144}$$

根据质量守恒定律：

$$Q_0 = Q_{\mathrm{m}} \tag{6-145}$$

则可得：

$$\frac{\partial\rho}{\partial t} + \frac{\partial(\rho v_x)}{\partial x} + \frac{\partial(\rho v_y)}{\partial y} + \frac{\partial(\rho v_z)}{\partial z} = 0 \tag{6-146}$$

这就是流体流动时的连续性方程。

将密度与速度乘积项展开，则：

$$\frac{\partial\rho}{\partial t} + v_x\frac{\partial\rho}{\partial x} + \rho\frac{\partial v_x}{\partial x} + v_y\frac{\partial\rho}{\partial y} + \rho\frac{\partial v_y}{\partial y} + v_z\frac{\partial\rho}{\partial z} + \rho\frac{\partial v_z}{\partial z} = 0 \tag{6-147}$$

整理得：

$$\frac{\partial\rho}{\partial t} + v_x\frac{\partial\rho}{\partial x} + v_y\frac{\partial\rho}{\partial y} + v_z\frac{\partial\rho}{\partial z} + \rho\frac{\partial v_x}{\partial x} + \rho\frac{\partial v_y}{\partial y} + \rho\frac{\partial v_z}{\partial z} = 0 \tag{6-148}$$

根据数学的全导数关系，可得：

$$\frac{\mathrm{D}\rho}{\mathrm{D}t} + \rho\left(\frac{\partial v_x}{\partial x} + \frac{\partial v_y}{\partial y} + \frac{\partial v_z}{\partial z}\right) = 0 \tag{6-149}$$

其中，

$$\frac{\mathrm{D}\rho}{\mathrm{D}t} = \frac{\partial\rho}{\partial t} + \frac{\partial\rho}{\partial x}\cdot\frac{\partial x}{\partial t} + \frac{\partial\rho}{\partial y}\cdot\frac{\partial y}{\partial t} + \frac{\partial\rho}{\partial z}\cdot\frac{\partial z}{\partial t} = \frac{\partial\rho}{\partial t} + v_x\frac{\partial\rho}{\partial x} + v_y\frac{\partial\rho}{\partial y} + v_z\frac{\partial\rho}{\partial z} \tag{6-150}$$

对于稳定流动，密度不随时间变化，即：

$$\frac{\partial \rho}{\partial t} = 0 \tag{6-151}$$

则：

$$\frac{\partial(\rho v_x)}{\partial x} + \frac{\partial(\rho v_y)}{\partial y} + \frac{\partial(\rho v_z)}{\partial z} = 0 \tag{6-152}$$

对于不可压缩流体，ρ 为常数，则：

$$\frac{\partial v_x}{\partial x} + \frac{\partial v_y}{\partial y} + \frac{\partial v_z}{\partial z} = 0 \tag{6-153}$$

为了简化，一些资料里常采用哈密顿算子表示，其中

$$\nabla \cdot v = \left(\frac{\partial}{\partial x}\boldsymbol{i} + \frac{\partial}{\partial y}\boldsymbol{j} + \frac{\partial}{\partial z}\boldsymbol{k}\right)(v_x\boldsymbol{i} + v_y\boldsymbol{j} + v_z\boldsymbol{k}) = \frac{\partial v_x}{\partial x} + \frac{\partial v_y}{\partial y} + \frac{\partial v_z}{\partial z} \tag{6-154}$$

则连续性方程可写为：

$$\frac{\partial \rho}{\partial t} + \nabla \cdot (\rho v) = 0 \tag{6-155}$$

或：

$$\frac{\mathrm{D}\rho}{\mathrm{D}t} + \rho \nabla \cdot (v) = 0 \tag{6-156}$$

场论中把哈密顿算子与矢量的点乘称为散度，用 **div** 表示，则上述两式可表示为：

$$\frac{\partial \rho}{\partial t} + \mathbf{div}(\rho v) = 0 \tag{6-157}$$

$$\frac{\mathrm{D}\rho}{\mathrm{D}t} + \rho \mathbf{div}(v) = 0 \tag{6-158}$$

连续性方程是根据质量守恒定律推导的，其适用于所有情况。因此，流体求解过程中都会使参数满足连续性方程。

6.4.3.2 欧拉方程

欧拉方程是理想流体的运动方程，是 1755 年瑞士数学家欧拉（Eular）首先提出的。理想流体指的是黏度为零的流体，即流动过程中不用考虑内摩擦导致的能量衰减。对于一些黏度比较低的流体，有时候可以看作是理想流体，如此可以用欧拉方程描述其流动行为。

理想流体的运动方程是根据动量守恒定律导出的。对于某微元体，如图 6-11 所示，流动过程中满足以下力学平衡：

表面力 + 质量力 = 惯性力

设微元体的 x 轴方向左侧的压力为 p，则左侧表面力为：

$$F_{\mathrm{S,L}x} = p\mathrm{d}y\mathrm{d}z \tag{6-159}$$

右侧的表面力为：

$$F_{\mathrm{S,R}x} = \left(p + \frac{\partial p}{\partial x}\mathrm{d}x\right)\mathrm{d}y\mathrm{d}z \tag{6-160}$$

x 方向的表面力的合力为：

$$F_{\mathrm{S},x} = F_{\mathrm{S,L}x} - F_{\mathrm{S,R}x} = -\frac{\partial p}{\partial x}\mathrm{d}x\mathrm{d}y\mathrm{d}z \tag{6-161}$$

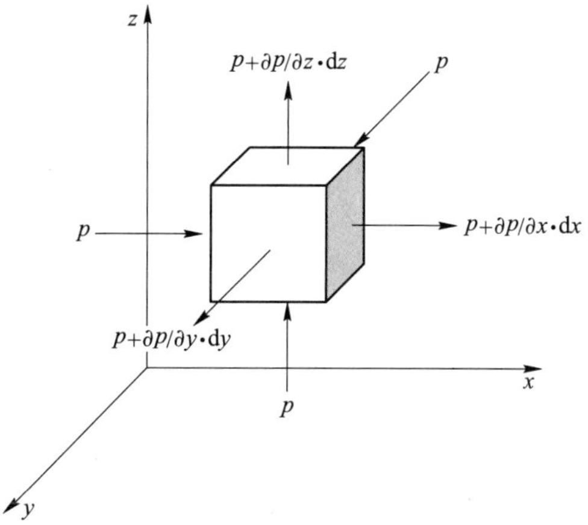

图 6-11 理想流体微元体的受力结构示意图

对应地，y 方向表面力的合力为：

$$F_{S,y}=-\frac{\partial p}{\partial y}\mathrm{d}x\mathrm{d}y\mathrm{d}z \tag{6-162}$$

z 方向表面力的合力为：

$$F_{S,z}=-\frac{\partial p}{\partial z}\mathrm{d}x\mathrm{d}y\mathrm{d}z \tag{6-163}$$

设微元体在 x、y、z 方向的单位质量力分别为 X、Y、Z，则总的质量力为：

$$F_x=\rho X\mathrm{d}x\mathrm{d}y\mathrm{d}z \tag{6-164}$$

$$F_y=\rho Y\mathrm{d}x\mathrm{d}y\mathrm{d}z \tag{6-165}$$

$$F_z=\rho Z\mathrm{d}x\mathrm{d}y\mathrm{d}z \tag{6-166}$$

对于惯性力，根据牛顿第二定律：

$$F_A=\rho\mathrm{d}x\mathrm{d}y\mathrm{d}z\frac{\mathrm{D}v}{\mathrm{D}t} \tag{6-167}$$

则惯性力在 x、y、z 方向的分量为：

$$F_{A,x}=\rho\mathrm{d}x\mathrm{d}y\mathrm{d}z\frac{\mathrm{D}v_x}{\mathrm{D}t} \tag{6-168}$$

$$F_{A,y}=\rho\mathrm{d}x\mathrm{d}y\mathrm{d}z\frac{\mathrm{D}v_y}{\mathrm{D}t} \tag{6-169}$$

$$F_{A,z}=\rho\mathrm{d}x\mathrm{d}y\mathrm{d}z\frac{\mathrm{D}v_z}{\mathrm{D}t} \tag{6-170}$$

根据力学平衡规律，对于 x 轴方向上：

$$-\frac{\partial p}{\partial x}\mathrm{d}x\mathrm{d}y\mathrm{d}z+\rho X\mathrm{d}x\mathrm{d}y\mathrm{d}z=\rho\mathrm{d}x\mathrm{d}y\mathrm{d}z\frac{\mathrm{D}v_x}{\mathrm{D}t} \tag{6-171}$$

简化可得：

$$X - \frac{1}{\rho}\frac{\partial p}{\partial x} = \frac{\mathrm{D}v_x}{\mathrm{D}t} \tag{6-172}$$

对于 y 和 z 方向可得：

$$Y - \frac{1}{\rho}\frac{\partial p}{\partial y} = \frac{\mathrm{D}v_y}{\mathrm{D}t} \tag{6-173}$$

$$Z - \frac{1}{\rho}\frac{\partial p}{\partial z} = \frac{\mathrm{D}v_z}{\mathrm{D}t} \tag{6-174}$$

写成矢量形式：

$$F - \frac{1}{\rho}\nabla p = \frac{\mathrm{D}v}{\mathrm{D}t} \tag{6-175}$$

注意，右侧为全导数形式，还可以写为分项形式：

$$X - \frac{1}{\rho}\frac{\partial p}{\partial x} = \frac{\partial v_x}{\partial t} + v_x\frac{\partial v_x}{\partial x} + v_y\frac{\partial v_x}{\partial y} + v_z\frac{\partial v_x}{\partial z} \tag{6-176}$$

$$Y - \frac{1}{\rho}\frac{\partial p}{\partial y} = \frac{\partial v_y}{\partial t} + v_x\frac{\partial v_y}{\partial x} + v_y\frac{\partial v_y}{\partial y} + v_z\frac{\partial v_y}{\partial z} \tag{6-177}$$

$$Z - \frac{1}{\rho}\frac{\partial p}{\partial z} = \frac{\partial v_z}{\partial t} + v_x\frac{\partial v_z}{\partial x} + v_y\frac{\partial v_z}{\partial y} + v_z\frac{\partial v_z}{\partial z} \tag{6-178}$$

对应的矢量形式为：

$$F - \frac{1}{\rho}\nabla p = \frac{\partial v}{\partial t} + (v \cdot \nabla)v \tag{6-179}$$

其中左侧第一项是质量力，左侧第二项是表面力，右侧第一项是局部惯性力，右侧第二项是对流惯性力。欧拉方程求解理想流体的流动问题，需要进行积分运算。对于稳定流动状态的不可压缩流体，根据 x 方向方程：

$$X - \frac{1}{\rho}\frac{\partial p}{\partial x} = \frac{\partial v_x}{\partial t} + v_x\frac{\partial v_x}{\partial x} + v_y\frac{\partial v_x}{\partial y} + v_z\frac{\partial v_x}{\partial z} \tag{6-180}$$

由于稳定流动，随时间变化项为零：

$$\frac{\partial v_x}{\partial t} = 0 \tag{6-181}$$

可得：

$$X - \frac{1}{\rho}\frac{\partial p}{\partial x} = v_x\frac{\partial v_x}{\partial x} + v_y\frac{\partial v_x}{\partial y} + v_z\frac{\partial v_x}{\partial z} \tag{6-182}$$

将两侧乘以 $\mathrm{d}x$：

$$X\mathrm{d}x - \frac{1}{\rho}\frac{\partial p}{\partial x}\mathrm{d}x = v_x\frac{\partial v_x}{\partial x}\mathrm{d}x + v_y\frac{\partial v_x}{\partial y}\mathrm{d}x + v_z\frac{\partial v_x}{\partial z}\mathrm{d}x \tag{6-183}$$

根据流线方向速度的微分关系：

$$\frac{\mathrm{d}v_x}{v_x} = \frac{\mathrm{d}v_y}{v_y} = \frac{\mathrm{d}v_z}{v_z} \tag{6-184}$$

代入上式可得：

$$
\begin{aligned}
X\mathrm{d}x - \frac{1}{\rho}\frac{\partial p}{\partial x}\mathrm{d}x &= v_x \frac{\partial v_x}{\partial x}\mathrm{d}x + v_y \frac{\partial v_x}{\partial y}\mathrm{d}x + v_z \frac{\partial v_x}{\partial z}\mathrm{d}x \\
&= v_x \frac{\partial v_x}{\partial x}\mathrm{d}x + v_x \frac{\partial v_x}{\partial y}\mathrm{d}y + v_x \frac{\partial v_x}{\partial z}\mathrm{d}z \\
&= v_x\left(\frac{\partial v_x}{\partial x}\mathrm{d}x + \frac{\partial v_x}{\partial y}\mathrm{d}y + \frac{\partial v_x}{\partial z}\mathrm{d}z\right) \\
&= v_x \mathrm{d}v_x \\
&= \mathrm{d}\left(\frac{v_x^2}{2}\right)
\end{aligned}
\tag{6-185}
$$

类似可得：

$$Y\mathrm{d}y - \frac{1}{\rho}\frac{\partial p}{\partial y}\mathrm{d}y = \mathrm{d}\left(\frac{v_y^2}{2}\right) \tag{6-186}$$

$$Z\mathrm{d}z - \frac{1}{\rho}\frac{\partial p}{\partial z}\mathrm{d}z = \mathrm{d}\left(\frac{v_z^2}{2}\right) \tag{6-187}$$

将上式相加可得：

$$X\mathrm{d}x + Y\mathrm{d}y + Z\mathrm{d}z - \frac{1}{\rho}\frac{\partial p}{\partial x}\mathrm{d}x - \frac{1}{\rho}\frac{\partial p}{\partial y}\mathrm{d}y - \frac{1}{\rho}\frac{\partial p}{\partial z}\mathrm{d}z = \mathrm{d}\left(\frac{v_x^2}{2}\right) + \mathrm{d}\left(\frac{v_y^2}{2}\right) + \mathrm{d}\left(\frac{v_z^2}{2}\right) \tag{6-188}$$

由于速度是矢量：

$$\mathrm{d}\left(\frac{v_x^2}{2}\right) + \mathrm{d}\left(\frac{v_y^2}{2}\right) + \mathrm{d}\left(\frac{v_z^2}{2}\right) = \mathrm{d}\left(\frac{v^2}{2}\right) \tag{6-189}$$

稳定流动时：

$$\mathrm{d}p = \frac{\partial p}{\partial x}\mathrm{d}x + \frac{\partial p}{\partial y}\mathrm{d}y + \frac{\partial p}{\partial z}\mathrm{d}z \tag{6-190}$$

当质量力只有重力时：

$$X = 0 \tag{6-191}$$

$$Y = 0 \tag{6-192}$$

$$Z = -g \tag{6-193}$$

对于不可压缩流体：

$$\rho = \mathrm{const} \tag{6-194}$$

则最终可得：

$$-g\mathrm{d}z - \frac{\mathrm{d}p}{\rho} = \mathrm{d}\left(\frac{v^2}{2}\right) \tag{6-195}$$

积分可得：

$$\int_{z_1}^{z_2}(-g)\,\mathrm{d}z - \int_{p_1}^{p_2}\frac{\mathrm{d}p}{\rho} = \int_{v_1}^{v_2}\mathrm{d}\left(\frac{v^2}{2}\right) \tag{6-196}$$

计算结果为：

$$gz_1 + \frac{p_1}{\rho} + \frac{v_1^2}{2} = gz_2 + \frac{p_2}{\rho} + \frac{v_2^2}{2} \tag{6-197}$$

或

$$gz + \frac{p}{\rho} + \frac{v^2}{2} = \text{const} \tag{6-198}$$

这就是伯努利方程，由瑞士科学家伯努利（Bernoulli）在1738年提出。实际上，伯努利方程早于欧拉方程，因此其实际推导方法并不基于欧拉方程。这里的推导表明，欧拉方程描述不可压缩流体的稳定流动行为时与伯努利方程的结果是一致的。伯努利方程表达式第一项为势能，第二项为压力能，第三项为动能，表明理想流体同一迹线上的能量守恒。

6.4.3.3 纳维-斯托克斯方程

实际流体并不是无黏度的，因此，欧拉方程对于大多数实际流体并不适用。因此，一些学者开始对黏性流体的流动行为进行研究。纳维-斯托克斯方程（Navier-Stokes equations）是描述黏性不可压缩流体动量守恒关系的运动方程，简称N-S方程。黏性流体的运动方程首先由法国科学家纳维（Navier）在1827年提出，只考虑了不可压缩流体的流动。法国数学家泊松（Poisson）在1831年提出可压缩流体的运动方程。法国力学家圣维南（Saint-Venant）与英国物理学家斯托克斯（Stokes）在1845年独立提出黏性系数为一常数的形式，都称为Navier-Stokes方程。三维空间中N-S方程组光滑解的存在性问题被美国克雷数学研究所设定为七个千禧年大奖难题之一。

纳维-斯托克斯方程也是根据力学平衡关系建立起来的，对于某一个方向上的受力，如 x 轴，可得到与欧拉方程一致的文字方程：

表面力①＋质量力②＝惯性力③

广义上，表面力可以通过剪切应力更全面的表示出来，如图6-12所示。

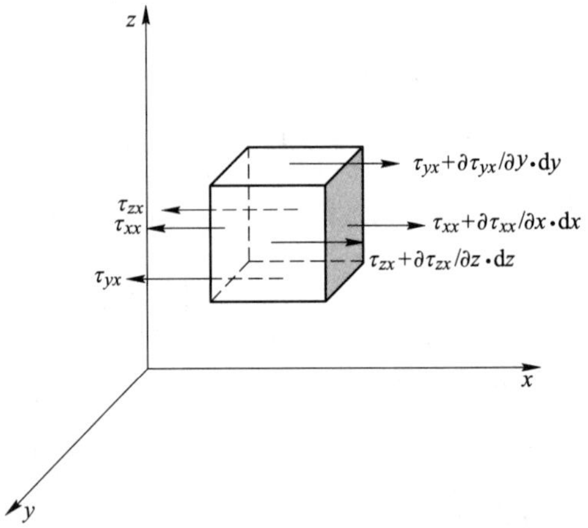

图6-12 实际流体微元体的受力结构示意图

在 x 方向上，微元体的6个面存在上述3种表面力，因此，文字方程左侧第一项为：

$$\begin{aligned}① = &\left[\left(\tau_{xx} + \frac{\partial \tau_{xx}}{\partial x}dx\right)dydz - \tau_{xx}dydz\right] + \\ &\left[\left(\tau_{yx} + \frac{\partial \tau_{yx}}{\partial y}dy\right)dxdz - \tau_{yx}dxdz\right] + \\ &\left[\left(\tau_{zx} + \frac{\partial \tau_{zx}}{\partial z}dz\right)dxdy - \tau_{zx}dxdy\right]\end{aligned} \tag{6-199}$$

整理可得：

$$① = \left(\frac{\partial \tau_{xx}}{\partial x} + \frac{\partial \tau_{yx}}{\partial y} + \frac{\partial \tau_{zx}}{\partial z}\right)dxdydz \tag{6-200}$$

对于质量力，设微元体在 x、y、z 方向的单位质量力分别 X、Y、Z，则总的质量力为：

$$② = \rho X dxdydz \tag{6-201}$$

对于惯性力，根据牛顿第二定律：

$$F_A = \rho \mathrm{d}x\mathrm{d}y\mathrm{d}z \frac{\mathrm{D}v}{\mathrm{D}t} \tag{6-202}$$

则惯性力在 x 方向的分量为：

$$③ = \rho \mathrm{d}x\mathrm{d}y\mathrm{d}z \frac{\mathrm{D}v_x}{\mathrm{D}t} \tag{6-203}$$

代入文字公式可得：

$$\rho \frac{\mathrm{D}v_x}{\mathrm{D}t} = \rho X + \left(\frac{\partial \tau_{xx}}{\partial x} + \frac{\partial \tau_{yx}}{\partial y} + \frac{\partial \tau_{zx}}{\partial z}\right) \tag{6-204}$$

同理，y 和 z 方向的公式为：

$$\rho \frac{\mathrm{D}v_y}{\mathrm{D}t} = \rho Y + \left(\frac{\partial \tau_{xy}}{\partial x} + \frac{\partial \tau_{yy}}{\partial y} + \frac{\partial \tau_{zy}}{\partial z}\right) \tag{6-205}$$

$$\rho \frac{\mathrm{D}v_z}{\mathrm{D}t} = \rho Z + \left(\frac{\partial \tau_{xz}}{\partial x} + \frac{\partial \tau_{yz}}{\partial y} + \frac{\partial \tau_{zz}}{\partial z}\right) \tag{6-206}$$

对于微元体表面的切应力，有：

$$\tau_{xy} = \tau_{yx} \tag{6-207}$$

$$\tau_{yz} = \tau_{zy} \tag{6-208}$$

$$\tau_{xz} = \tau_{zx} \tag{6-209}$$

尽管如此，将 X、Y、Z、x、y、z 和 t 视为已知量，上述方程组中仍有 10 个变量，分别是：

$$\rho, v_x, v_y, v_z, \tau_{xx}, \tau_{yy}, \tau_{zz}, \tau_{xy}(\tau_{yx}), \tau_{yz}(\tau_{zy}), \tau_{xz}(\tau_{zx})$$

除上述 3 个方程之外，流体还满足连续性方程，即 4 个方程。变量数比方程数多，无法求解。因此，需要建立力与速度之间的关系。

根据牛顿黏性定律：

$$\tau = \mu \frac{\mathrm{d}v_x}{\mathrm{d}y} \tag{6-210}$$

则：

$$\tau_{xy} = \tau_{yx} = \mu\left(\frac{\partial v_x}{\partial y} + \frac{\partial v_y}{\partial x}\right) \tag{6-211}$$

$$\tau_{yz} = \tau_{zy} = \mu\left(\frac{\partial v_z}{\partial y} + \frac{\partial v_y}{\partial z}\right) \tag{6-212}$$

$$\tau_{xz} = \tau_{zx} = \mu\left(\frac{\partial v_z}{\partial x} + \frac{\partial v_x}{\partial z}\right) \tag{6-213}$$

对于法向应力（证明略）：

$$\tau_{xx} = -p + 2\mu \frac{\partial v_x}{\partial x} - \frac{2}{3}\mu \nabla \cdot v = -p + 2\mu \frac{\partial v_x}{\partial x} - \frac{2\mu}{3}\left(\frac{\partial v_x}{\partial x} + \frac{\partial v_y}{\partial y} + \frac{\partial v_z}{\partial z}\right) \tag{6-214}$$

$$\tau_{yy} = -p + 2\mu \frac{\partial v_y}{\partial y} - \frac{2}{3}\mu \nabla \cdot v = -p + 2\mu \frac{\partial v_y}{\partial y} - \frac{2\mu}{3}\left(\frac{\partial v_x}{\partial x} + \frac{\partial v_y}{\partial y} + \frac{\partial v_z}{\partial z}\right) \tag{6-215}$$

$$\tau_{zz} = -p + 2\mu \frac{\partial v_z}{\partial z} - \frac{2}{3}\mu \nabla \cdot v = -p + 2\mu \frac{\partial v_z}{\partial z} - \frac{2\mu}{3}\left(\frac{\partial v_x}{\partial x} + \frac{\partial v_y}{\partial y} + \frac{\partial v_z}{\partial z}\right) \tag{6-216}$$

将上述各项代入力学平衡方程中，可得：

$$\rho \frac{\mathrm{D}v_x}{\mathrm{D}t} = \rho X - \frac{\partial p}{\partial x} + \mu\left(\frac{\partial^2 v_x}{\partial x^2} + \frac{\partial^2 v_x}{\partial y^2} + \frac{\partial^2 v_x}{\partial z^2}\right) + \frac{\mu}{3}\frac{\partial}{\partial x}\left(\frac{\partial v_x}{\partial x} + \frac{\partial v_y}{\partial y} + \frac{\partial v_z}{\partial z}\right) \tag{6-217}$$

$$\rho \frac{\mathrm{D}v_y}{\mathrm{D}t} = \rho Y - \frac{\partial p}{\partial y} + \mu\left(\frac{\partial^2 v_y}{\partial x^2} + \frac{\partial^2 v_y}{\partial y^2} + \frac{\partial^2 v_y}{\partial z^2}\right) + \frac{\mu}{3}\frac{\partial}{\partial y}\left(\frac{\partial v_x}{\partial x} + \frac{\partial v_y}{\partial y} + \frac{\partial v_z}{\partial z}\right) \tag{6-218}$$

$$\rho \frac{\mathrm{D}v_z}{\mathrm{D}t} = \rho Z - \frac{\partial p}{\partial z} + \mu\left(\frac{\partial^2 v_z}{\partial x^2} + \frac{\partial^2 v_z}{\partial y^2} + \frac{\partial^2 v_z}{\partial z^2}\right) + \frac{\mu}{3}\frac{\partial}{\partial z}\left(\frac{\partial v_x}{\partial x} + \frac{\partial v_y}{\partial y} + \frac{\partial v_z}{\partial z}\right) \tag{6-219}$$

这就是纳维-斯托克斯方程，可以描述牛顿流体的稳态或非稳态、可压缩或不可压缩流体、理想或实际流体的流动。

将上述三组方程写成矢量形式为：

$$\rho \frac{\mathrm{D}v}{\mathrm{D}t} = \rho F - \nabla p + \mu \nabla^2 v + \frac{1}{3}\mu \nabla(\nabla \cdot v) \tag{6-220}$$

这种形式下，方程组一共是 5 个未知数，v_x，v_y，v_z，ρ，p； 三组方程加上连续性方程和状态方程 $f(\rho, p) = 0$ 一共是 5 个，原则上可解。但由于纳维-斯托克斯方程是非线性二阶偏微分方程，目前还无法求其通解。

纳维-斯托克斯方程推导过程中假定剪切应力和法向应力与变形速率为线性关系，这种假定带有一定任意性。因此，不能肯定纳维-斯托克斯方程是流体运动的真实描述，目前也没有求出纳维-斯托克斯方程的通解，但已知一些个别解均与试验结果吻合，一些数值方法得到的流动特征也与实际比较接近。

纳维-斯托克斯方程原则上适用于层流（雷诺数 $Re<2300$）和湍流（雷诺数 $Re>2300$），但实际上只能直接用于层流，因为湍流太复杂，目前还难以精准描述和求解。

为了采用纳维-斯托克斯方程计算一些比较简单条件下的流场，其在一定条件下可以得到简化。对于不可压缩流体：

$$\nabla \cdot v = 0 \tag{6-221}$$

方程变为：

$$\rho \frac{\mathrm{D}v_x}{\mathrm{D}t} = \rho X - \frac{\partial p}{\partial x} + \mu\left(\frac{\partial^2 v_x}{\partial x^2} + \frac{\partial^2 v_x}{\partial y^2} + \frac{\partial^2 v_x}{\partial z^2}\right) \tag{6-222}$$

$$\rho \frac{\mathrm{D}v_y}{\mathrm{D}t} = \rho Y - \frac{\partial p}{\partial y} + \mu\left(\frac{\partial^2 v_y}{\partial x^2} + \frac{\partial^2 v_y}{\partial y^2} + \frac{\partial^2 v_y}{\partial z^2}\right) \tag{6-223}$$

$$\rho \frac{\mathrm{D}v_z}{\mathrm{D}t} = \rho Z - \frac{\partial p}{\partial z} + \mu\left(\frac{\partial^2 v_z}{\partial x^2} + \frac{\partial^2 v_z}{\partial y^2} + \frac{\partial^2 v_z}{\partial z^2}\right) \tag{6-224}$$

对于方程左侧的数学全导数，可以展开：

$$\rho\left(\frac{\partial v_x}{\partial t} + v_x\frac{\partial v_x}{\partial x} + v_y\frac{\partial v_x}{\partial y} + v_z\frac{\partial v_x}{\partial z}\right) = \rho X - \frac{\partial p}{\partial x} + \mu\left(\frac{\partial^2 v_x}{\partial x^2} + \frac{\partial^2 v_x}{\partial y^2} + \frac{\partial^2 v_x}{\partial z^2}\right) \tag{6-225}$$

$$\rho\left(\frac{\partial v_y}{\partial t} + v_x\frac{\partial v_y}{\partial x} + v_y\frac{\partial v_y}{\partial y} + v_z\frac{\partial v_y}{\partial z}\right) = \rho Y - \frac{\partial p}{\partial y} + \mu\left(\frac{\partial^2 v_y}{\partial x^2} + \frac{\partial^2 v_y}{\partial y^2} + \frac{\partial^2 v_y}{\partial z^2}\right) \tag{6-226}$$

$$\rho\left(\frac{\partial v_z}{\partial t} + v_x\frac{\partial v_z}{\partial x} + v_y\frac{\partial v_z}{\partial y} + v_z\frac{\partial v_z}{\partial z}\right) = \rho Z - \frac{\partial p}{\partial z} + \mu\left(\frac{\partial^2 v_z}{\partial x^2} + \frac{\partial^2 v_z}{\partial y^2} + \frac{\partial^2 v_z}{\partial z^2}\right) \tag{6-227}$$

可以简化写成：

$$\rho\left(\frac{\partial v_i}{\partial t}+v_j\frac{\partial v_i}{\partial x_j}\right)=\rho F-\frac{\partial p}{\partial x_i}+\mu\frac{\partial^2 v_i}{\partial x_j^2} \tag{6-228}$$

矢量形式为：

$$\rho\frac{\mathrm{D}v}{\mathrm{D}t}=\rho F-\nabla p+\mu\nabla^2 v \tag{6-229}$$

上述方程左侧为惯性力，右侧第一项为质量力，第二项为压力，第三项为黏性力。当密度为常数或变化不大时：

$$\frac{\mathrm{D}v}{\mathrm{D}t}=F-\frac{1}{\rho}\nabla p+\nu\nabla^2 v \tag{6-230}$$

纳维-斯托克斯方程求解也需要一定的初始条件和边界条件。初始条件是指某一初始时刻的速度、压力和密度：

$$v_x(x,y,z;t_0)=v_{x0}(x,y,z) \tag{6-231}$$

$$v_y(x,y,z;t_0)=v_{y0}(x,y,z) \tag{6-232}$$

$$v_z(x,y,z;t_0)=v_{z0}(x,y,z) \tag{6-233}$$

$$p(x,y,z;t_0)=p_0(x,y,z) \tag{6-234}$$

$$\rho(x,y,z;t_0)=\rho_0(x,y,z) \tag{6-235}$$

边界条件为某些特定界面上的状态描述。

（1）对于静止固面：

$$v=0 \tag{6-236}$$

即流体与固体界面接触处的速度为零。

（2）对于运动固面：

$$v_{\mathrm{f}}=v_{\mathrm{s}} \tag{6-237}$$

流体界面速度 v_{f} 与固体界面速度相等。

（3）自由表面：

$$\begin{aligned}\tau_{ii}&=-p_0\\ \tau_{ij}&=0\end{aligned} \tag{6-238}$$

式中，i、j 为 x、y、z。即某一自由表面上的法向应力为反向的 p_0，剪切应力为零。

6.4.4 层流与湍流

根据流动状态特征，其可以分为层流和湍流（紊流）两种。层流是一种层状流动，流体质点作有条不紊的运动，彼此不相混掺。流体在管内低速流动时呈现为层流，其质点沿着与管轴平行的方向作平滑直线运动。流体的流速在管中心处最大，其近壁处最小。管内流体的平均流速与最大流速之比等于 0.5，如图 6-13（a）所示。层流状态时流体中只存在黏滞切应力 τ_1，完全符合牛顿内摩擦定律。湍流时流体运动呈随机性流动，即速度、压强等均随时间、空间作不规则的脉动，如图 6-13（b）所示。湍流可采用时间平均法描述，将任一物理量的瞬时值分解为时均值与脉动值表示。湍流中除黏滞切应力 τ_1 外，还有湍流附加切应力 τ_{t}。由纳维-斯托克斯方程导出湍流时平均运动的雷诺方程，就会增加一个湍流附加应力，又称雷诺应力。层流和湍流可通过雷诺数和其他准数区分。

雷诺数表达式为：

$$Re = \frac{\rho v L}{\mu} \tag{6-239}$$

式中，ρ 为流体密度，kg/m³；v 为流动速度，m/s；L 为特征长度，m；μ 为黏度系数，Pa · s。

对于光滑管道的内部流动：

当 $Re \geqslant 2300$ 时为湍流，L 取为 d，为管道直径。

对于外部流动：

沿着表面时，$Re \geqslant 500000$ 为湍流；沿着障碍物时，$Re \geqslant 20000$ 为湍流。

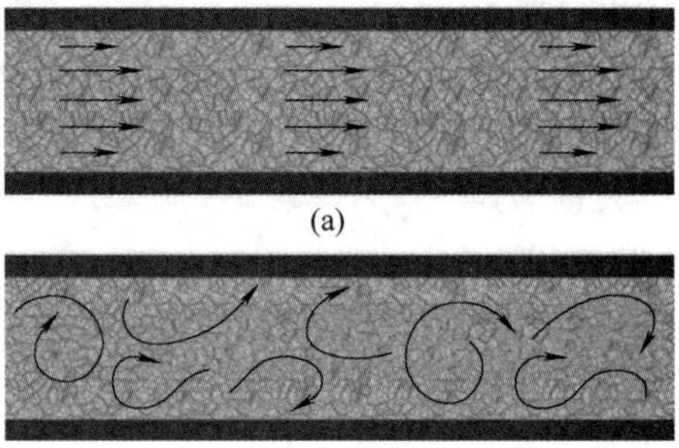

图 6-13 流体特征
（a）层流；（b）湍流

对于自然对流：

当 $Ra/Pr \geqslant 10^9$ 时为湍流，其中 Ra 为瑞利数，Pr 为普朗特数。

理论上，湍流仍可直接采用纳维斯托克斯方程描述这种流动行为，但直接数值求解（Direct Numerical Simulation，DNS）难度非常大。为此，可以采用两种办法对湍流进行数值求解，即对纳维-斯托克斯方程进行雷诺平均（Reynolds Average Navier-Stokes，RANS）和大涡数值处理（Large Eddy Simulation，LES）。然而，这两种方法都会增加新的未知量，因此需要相应增加控制方程的数量，以保证未知数的数量与方程数量相同，达到封闭方程组的目的。雷诺平均的纳维-斯托克斯方程是流场平均变量的控制方程，其相关的求解理论被称为湍流模式理论。

6.4.4.1 雷诺平均处理

湍流模式理论假定湍流中的流场变量由一个时均量和一个脉动量组成：

$$\varphi = \langle \varphi \rangle + \varphi' \tag{6-240}$$

式中，φ 为任意变量，$\langle \varphi \rangle$ 表示时均量，φ' 表示脉动量。时均值的计算方法为：

$$\langle \varphi \rangle = \frac{1}{\Delta T} \int_t^{t+\Delta t} \varphi \mathrm{d}t \tag{6-241}$$

以此观点处理纳维-斯托克斯方程可以得出雷诺平均纳维-斯托斯克斯方程（简称 RNS 方程）。在引入 Boussinesq 假设，即认为湍流雷诺应力与应变成正比之后，湍流计算就归结为对雷诺应力与应变之间的比例系数（即湍流黏性系数）的计算。根据计算中使用的变量数目和方程数目的不同，湍流模式理论中所包含的湍流模型又被分为二方程模型、一方程模型和零方程模型（代数模型）等。一些商业模拟软件中常使用的多种 k-ε 模型、Spalart-Allmaras 模型、k-w 模型及雷诺应力模型 RSM 等都属于湍流模式理论。

对于不可压缩流体，经典纳维-斯托克斯方程如下：

$$\rho\left(\frac{\partial v_i}{\partial t} + v_j \frac{\partial v_i}{\partial x_j}\right) = \rho F - \frac{\partial p}{\partial x_i} + \mu \frac{\partial^2 v_i}{\partial x_j^2} \tag{6-242}$$

雷诺平均处理的 RANS 方程为：

$$\rho\left(\frac{\partial \langle v_i \rangle}{\partial t} + \langle v_j \rangle \frac{\partial \langle v_i \rangle}{\partial x_j}\right) = \rho \langle F \rangle - \frac{\partial \langle p \rangle}{\partial x_i} + \mu \frac{\partial^2 \langle v_i \rangle}{\partial x_j^2} - \rho \frac{\partial \langle v_i' v_j' \rangle}{\partial x_i} \tag{6-243}$$

公式中出现了未知的湍动能传输通量 $-\rho\langle v_i' v_j' \rangle$，一般称之为湍流应力或雷诺应力：

$$\tau_{ij} = -\langle \rho v'_i v'_j \rangle \tag{6-244}$$

如此需要额外的两个方程封闭方程组才能求解。目前，采用微分方程形式的湍流描述分为雷诺应力形式和涡黏形式两种。

雷诺应力形式是数值求解雷诺应力传输方程，分别对不同的传输项建立封闭方程，典型的如雷诺应力方程模型（Reynolds Stress Models，RSM）和代数应力方程模型（Algebraic Stress Models，ASM）。RSM 也称为二阶矩封闭模式，是从 Reynolds 应力满足的方程出发，将方程右端的项用平均流动的物理量和湍流的特征尺度表示出来。通常，典型的平均流动的变量是平均速度和平均温度的空间导数。RSM 模式理论由于保留了 Reynolds 应力所满足的方程，可以较好地反映 Reynolds 应力随空间和时间的变化规律，因而可以较好地反映实际湍流的运动特征。因此，RSM 是一种较高级的模式，但是，由于保留了 Reynolds 应力的方程，加上平均运动的方程整个方程组总计 15 个方程，是一个庞大的方程组，计算量很大，极大地限制了 RSM 模式在工程问题中的应用。

涡黏形式是将雷诺应力表示为类似牛顿流体的黏性力的形式，基于 Boussineq 的分子黏性理论提出的，具体为：

$$\tau_{ij} = -\langle \rho v'_i v'_j \rangle = 2\rho \nu_T \langle S_{ij} \rangle - \frac{2}{3}\langle \rho k \rangle \delta_{ij} \tag{6-245}$$

$$\langle S_{ij} \rangle = \frac{1}{2}\left(\frac{\partial \langle v_i \rangle}{\partial x_j} + \frac{\partial \langle v_j \rangle}{\partial x_i}\right) \tag{6-246}$$

$$k = \frac{1}{2} v'_k v'_k = \frac{1}{2}(\langle v_x'^2 \rangle + \langle v_y'^2 \rangle + \langle v_z'^2 \rangle) \tag{6-247}$$

式中，ν_T 为湍流涡黏系数，实际上是湍流下的运动黏度系数；$\langle S_{ij} \rangle$ 为平均运动的变形速率（也称为应变率张量）；k 为湍动能；δ_{ij} 为 Kronecker 符号（当 $i=j$ 时，$\delta=1$；当 $i \neq j$ 时，$\delta=0$）。由此可见，ν_T 是基于涡黏模型描述湍流的关键，确定涡黏系数的方法就是实际求解的核心，常见形式为零方程模型（代数模型）、一方程模型和二方程模型。

A 零方程模型

零方程模型中，又分为混合长度模型和 B-L 模型。混合长度是分子运动的自由程，在经过混合长度的横向距离上，脉动速度正比于混合长度 l 及流向平均速度梯度，可表示为：

$$v' \propto l \frac{\partial v}{\partial y} \tag{6-248}$$

黏性系数正比于脉动速度和混合长度之积，涡黏系数有如下规律：

$$\nu_T \propto v' l \propto l^2 \frac{\partial v}{\partial y} \tag{6-249}$$

可得：

$$\nu_T = l^2 \frac{\partial v}{\partial y} \tag{6-250}$$

湍流传输过程中，涡黏系数和热扩散系数之比为普朗特数 Pr_T：

$$Pr_T = \frac{\nu_T}{\alpha} \tag{6-251}$$

当给定混合长度表达式后，混合长度模型得以封闭。

在边界层的近壁区，混合长度和离壁面的距离成正比：

$$l = \kappa y \tag{6-252}$$

式中，κ 为卡门常数，靠近壁面处 κ 可取值 0.4。

1963 年，Smagorinsky 建议涡黏系数公式为[4]：

$$\nu_{\mathrm{T}} = l^2 S = l^2 (2\bar{S}_{ij}\bar{S}_{ij})^{1/2} \tag{6-253}$$

式中，S 为变形速率的模数；$\bar{S}_{ij}$ 为平均流动的变形速率，与 Boussineq 假设中的 $\langle S_{ij} \rangle$ 一致。

Smagorinsky 模型是根据各向同性湍流的能量传输得到的公式，实际应用中发现，Smagorinsky 模型的致命缺陷是耗散过大。目前比较广泛使用的是 Baldwin-Lomax(B-L) 模型。B-L 湍流模型是一个双层流动模型，内层的湍流强度由普朗特混合长度决定，外层的湍流强度由平均流动长度决定。B-L 湍流模型比较好地解决了混合长度模型中的耗散问题，主要适用于小曲率的湍流边界层内的流动，具有一定的工程价值。在实际计算中存在的主要不足是，对于强逆压梯度的非平衡湍流边界层、分离区附近以及分离区内部的流动、激波/附面层相互干扰流动和超声速及高超声速激波附近存在剧烈涡量变化的流动等，其计算精度明显无法满足工程需要。

代数模式的最大优点是计算量少，只要附加黏性模块，就可以利用通常的 Navier-Stokes 数值计算程序，所以它是最受工程师欢迎的方法。代数模式没有普适性，不过它比较容易针对特定的流动状态做各种修正。代数模式的最大缺点是它的局限性，代数表达式中雷诺应力或标量通量与当地的平均变形率和平均标量梯度有关。代数模式完全忽略湍流统计量之间关系的历史效应，而历史效应很难做局部的修正。

B 一方程模型

一方程模型中，Spalart-Allmaras 模型是最广泛应用的一个代表，最早被用于有壁面限制情况的流动计算中，特别在存在逆压梯度的流动区域内，对边界层的计算效果较好，因此经常被用于流动分离区附近的计算，后来在涡轮机械的计算中也得到广泛应用。早期的 Spalart-Allmaras 模型是用于低雷诺数流计算的，特别是在需要准确计算边界层黏性影响的问题中效果较好。一些商业软件中对 Spalart-Allmaras 模型进行了改进，主要是可以在网格精度不高时使用壁面函数。在湍流对流场影响不大，同时网格较粗糙时，可以选用这个模型。Spalart-Allmaras 模型是比较理论化的湍流模型，工程应用多集中在某些与壁面相关的流体领域。如同其他一方程模型一样，Spalart-Allmaras 模型的稳定性也比较差，在计算中耗时较长。

Spalart-Allmaras 模型的涡黏参数 ν_{T} 采用 $\tilde{\nu}$ 修正：

$$\tau_{ij} = -\langle \rho v_i' v_j' \rangle = 2\rho \nu_{\mathrm{T}} S_{ij} = \rho \tilde{\nu} f_{\mathrm{v1}} \left(\frac{\partial v_i}{\partial x_j} + \frac{\partial v_j}{\partial x_i} \right) \tag{6-254}$$

其中：

$$\nu_{\mathrm{T}} = \tilde{\nu} f_{\mathrm{v1}} \tag{6-255}$$

式中，f_{v1} 为构造函数，表示黏性阻尼效应：

$$f_{\mathrm{v1}} = \frac{\chi^3}{\chi^3 + C_{\mathrm{v1}}^3} \tag{6-256}$$

$$\chi = \frac{\tilde{\nu}}{\nu} \tag{6-257}$$

式中，C_{v1} 为常数。

关于 $\tilde{\nu}$ 的传输方程如下：

$$\rho\left(\frac{\partial\tilde{\nu}}{\partial t} + v_i \frac{\partial\tilde{\nu}}{\partial x_i}\right) = \frac{1}{\sigma_v}\frac{\partial}{\partial x_j}\left[(\mu + \rho\tilde{\nu})\frac{\partial\tilde{\nu}}{\partial x_j} + C_{b2}\rho\left(\frac{\partial\tilde{\nu}}{\partial x_j}\right)^2\right]$$

$$+ C_{b1}\rho\tilde{\nu}\tilde{\Omega} - C_{w1}\rho\left(\frac{\tilde{\nu}}{\kappa y}\right)^2 f_w \tag{6-258}$$

上式中左侧项为累计项和对流项，右侧第一项为湍流扩散项，第二项为生成项，第三项为耗散项。式中 C_{b1}、C_{b2} 和 C_{w1} 为常数，其他一些参数如下：

$$\tilde{\Omega} = S + \frac{\tilde{\nu}}{\kappa^2 d^2} f_{v2} \tag{6-259}$$

式中，κ 为常数；d 为到壁面的距离，m；S 为剪切变形速率有关的参数，与 Smagorinsky 模型的概念和计算方法相同；f_{v2}也是一个构造函数，具体为：

$$f_{v2} = 1 - \frac{\chi}{1 + \chi f_{v1}} \tag{6-260}$$

f_w 是修正函数，表达式为：

$$f_w = g\left(\frac{1 + C_{w3}^6}{g^6 + C_{w3}^6}\right)^{1/6} \tag{6-261}$$

$$g = r + C_{w2}(r^6 - r) \tag{6-262}$$

$$r \equiv \frac{\tilde{\nu}}{\tilde{\Omega}\kappa^2 d^2} \tag{6-263}$$

式中，C_{w2} 和 C_{w3} 为常数。

上述公式中的一些常数取值如下：

$$C_{b1} = 0.1355 \tag{6-264}$$

$$C_{b2} = 0.622 \tag{6-265}$$

$$\sigma_{\tilde{v}} = \frac{2}{3} \tag{6-266}$$

$$C_{v1} = 7.1 \tag{6-267}$$

$$C_{w1} = \frac{C_{b1}}{\kappa^2} + \frac{1 + C_{b2}}{\sigma_{\tilde{v}}} \tag{6-268}$$

$$C_{w2} = 0.3 \tag{6-269}$$

$$C_{w2} = 2.0 \tag{6-270}$$

$$\kappa = 0.4187 \tag{6-271}$$

C　二方程模型

二方程模型常见的有标准 k-ε 模型、RNG k-ε 模型、Realizable k-ε 模型和低雷诺数 k-ε 模型，以及其他类型的模型，如 k-w、k-τ、k-l 模型等。对于金属或合金的浇铸与凝固过程，其中以标准 k-ε 模型和低雷诺数 k-ε 模型比较常用。对于凝固前沿位置随冷却而不断变化、固液界面位置不能提前预置的情况，中高雷诺数的标准 k-ε 模型的壁面函数处理不及低雷诺数 k-ε 模型。

k-ε 模型实际包括湍动能 k 和湍动能耗散率 ε 两个变量。湍动能方程计算表达式为：

$$k = \frac{1}{2}(\langle v_x'^2 \rangle + \langle v_y'^2 \rangle + \langle v_z'^2 \rangle) \tag{6-272}$$

湍动能耗散率计算表达式为：

$$\varepsilon = \nu\left(\frac{\partial v_i'}{\partial x_k}\right)\left(\frac{\partial v_i'}{\partial x_k}\right) \tag{6-273}$$

对于标准 k-ε 模型，湍动能和湍动能耗散率方程分别为：

$$\rho\left(\frac{\partial k}{\partial t} + \frac{\partial(v_i k)}{\partial x_i}\right) = \frac{\partial}{\partial x_i}\left[\left(\mu_L + \frac{\mu_T}{\sigma_k}\right)\frac{\partial k}{\partial x_i}\right] + \mu_T\left(\frac{\partial v_i}{\partial x_j} + \frac{\partial v_j}{\partial x_i}\right)\frac{\partial v_i}{\partial x_j} - \rho\varepsilon \tag{6-274}$$

$$\rho\left(\frac{\partial \varepsilon}{\partial t} + \frac{\partial(v_i \varepsilon)}{\partial x_i}\right) = \frac{\partial}{\partial x_i}\left[\left(\mu_L + \frac{\mu_T}{\sigma_\varepsilon}\right)\frac{\partial \varepsilon}{\partial x_i}\right] + C_1\rho\frac{\varepsilon}{k}\left[\mu_T\left(\frac{\partial v_i}{\partial x_j} + \frac{\partial v_j}{\partial x_i}\right)\frac{\partial v_i}{\partial x_j}\right] - C_2\rho\frac{\varepsilon^2}{k} \tag{6-275}$$

涡黏系数为：

$$\nu_T = C_\mu\frac{k^2}{\varepsilon} \tag{6-276}$$

上述方程组中的常数为：

$$C_1 = 1.44 \tag{6-277}$$

$$C_2 = 1.92 \tag{6-278}$$

$$C_\mu = 0.09 \tag{6-279}$$

$$\sigma_k = 1.0 \tag{6-280}$$

$$\sigma_\varepsilon = 1.3 \tag{6-281}$$

对于低雷诺数 k-ε 模型，湍动能表达式为：

$$\rho\left(\frac{\partial k}{\partial t} + \frac{\partial(v_i k)}{\partial x_i}\right) = \frac{\partial}{\partial x_i}\left[\left(\mu_L + \frac{\mu_T}{\sigma_k}\right)\frac{\partial k}{\partial x_i}\right] + \mu_T\left(\frac{\partial v_i}{\partial x_j} + \frac{\partial v_j}{\partial x_i}\right)\frac{\partial v_i}{\partial x_j} - \rho\varepsilon + \rho D + S_k \tag{6-282}$$

湍动能耗散率方程为：

$$\rho\left(\frac{\partial \varepsilon}{\partial t} + \frac{\partial(v_i \varepsilon)}{\partial x_i}\right) = \frac{\partial}{\partial x_i}\left[\left(\mu_L + \frac{\mu_T}{\sigma_\varepsilon}\right)\frac{\partial \varepsilon}{\partial x_i}\right] + C_1 f_1\rho\frac{\varepsilon}{k}\left[\mu_T\left(\frac{\partial v_i}{\partial x_j} + \frac{\partial v_j}{\partial x_i}\right)\frac{\partial v_i}{\partial x_j}\right] - C_2 f_2\rho\frac{\varepsilon^2}{k} + \rho E + S_\varepsilon \tag{6-283}$$

式中，k 为湍动能，m^2/s^2；ε 为湍动能耗散率，m^2/s^3；μ_T 为湍流黏度，可采用 Kolmogorov-Prandtl 关系式计算：

$$\mu_T = \upsilon f_\mu C_\mu\frac{k^2}{\varepsilon} \tag{6-284}$$

其中，$f_1 = 1$，$C_1 = 1.45$，$C_2 = 2.0$，$C_\mu = 0.09$。上述公式中其他变量为：

$$f_\mu = \exp\left[-2.5\Big/\left(1 + \frac{Re_T}{50}\right)^2\right] \tag{6-285}$$

$$Re_T = \frac{\rho k^2}{\mu_L\varepsilon} \tag{6-286}$$

$$D = 2\mu_{\mathrm{L}}\left(\frac{\partial\sqrt{k}}{\partial x_i}\right)^2 \tag{6-287}$$

$$E = 2\frac{\mu_{\mathrm{L}}\mu_{\mathrm{T}}}{\rho}\left(\frac{\partial^2 v_i}{\partial x_j \partial x_{\mathrm{k}}}\right)^2 \tag{6-288}$$

$$f_2 = 1 - 0.3\exp(-Re_{\mathrm{T}}^2) \tag{6-289}$$

k-ε 方程中的 S_{k} 和 S_{ε} 分别是凝固引起的达西源相，表达式为：

$$S_{\mathrm{k}} = \frac{(1-f_{\mathrm{L}})^2}{f_{\mathrm{L}}^3 + \xi}A_{\mathrm{mush}}k \tag{6-290}$$

$$S_{\varepsilon} = \frac{(1-f_{\mathrm{L}})^2}{f_{\mathrm{L}}^3 + \xi}A_{\mathrm{mush}}\varepsilon \tag{6-291}$$

当凝固过程中存在湍流时，其热量传输也会受到影响，除考虑对流换热外，还需要考虑湍流黏度引起的导热项变化，采用热焓处理潜热时：

$$\rho\left(\frac{\partial H}{\partial t} + v_i\frac{\partial H}{\partial x_i}\right) = \frac{\partial}{\partial x_i}\left[\left(\lambda_{\mathrm{L}} + \frac{\mu_{\mathrm{T}}}{Pr_{\mathrm{T}}}\right)\frac{\partial T}{\partial x_i}\right] \tag{6-292}$$

式中，λ_{L} 为层流导热系数；Pr_{T} 为湍流普朗特数，金属凝固过程中 Pr_{T} 可取 0.8~1.0。

6.4.4.2 大涡模型

大涡模型（LES）方法是通过滤波处理方式计算湍流的，其主要思想是大涡结构（又称拟序结构）受流场影响较大，小涡则可以认为是各向同性的，因而可以将大涡计算与小涡计算分开处理，并采用统一的模型计算小涡。基于这个基本原则，大涡模拟通过滤波处理，首先将小于某个尺度的旋涡从流场中过滤掉，只计算大涡流场，然后通过求解附加方程得到小涡的解。实际处理时，过滤尺度一般取为网格尺度。显然，这种方法比直接求解纳维-斯托克斯方程效率更高，消耗系统资源更少，且比湍流模式方法更精确。尤其应该注意的是，湍流模式理论上无法准确模拟大涡结构，因此在需要模拟大涡结构时，只能采用 LES 方法。

尽管大涡模拟理论比湍流模式理论更精确，但是因为大涡模拟需要使用高精度的网格，对计算机资源的要求比较高，所以还不能在工程中广泛使用。在绝大多数情况下，湍流计算还要采用湍流模式理论，大涡模拟则可以在计算资源足够丰富的时候尝试使用。现在已经有不少学者采用大涡模拟分析连铸过程结晶器内钢水的流场问题，并取得了一定的进展。

大涡模型采用过滤方法消除湍流的小尺度脉动，在物理空间中，过滤方程可以用积分运算实现。将脉动速度在边长为 Δl 的立方体中做体积平均，边长 Δl 称为过滤长度。经过体积平均处理之后，小于 Δl 的脉动速度就被过滤掉[5]，图 6-14 为过滤之后的流动速度和脉动速度示意图。

积分过滤过程的公式如下：

$$\bar{v}(x,t) = \frac{1}{\Delta l^3}\int_{-\Delta l/2}^{\Delta l/2}\int_{-\Delta l/2}^{\Delta l/2}\int_{-\Delta l/2}^{\Delta l/2} v_i(\xi,t)G(x-\xi)\mathrm{d}\xi_1\mathrm{d}\xi_2\mathrm{d}\xi_3 \tag{6-293}$$

式中，$G(x-\xi)$ 为过滤函数，用以实现大尺度和小尺度脉动的分离。

直接计算的大尺度脉动称为可解尺度湍流，不直接计算的小尺度脉动常称为不可解尺

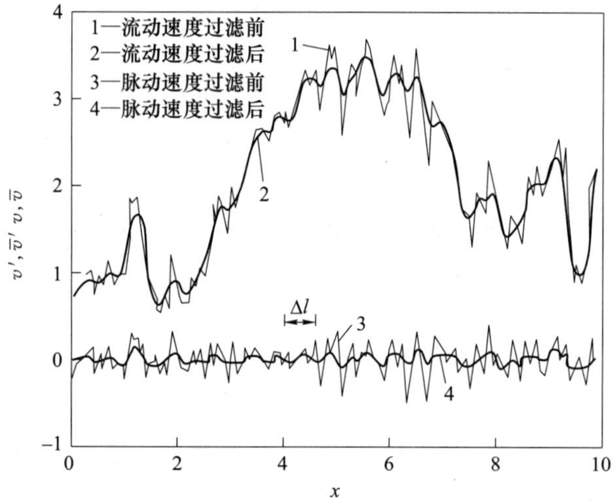

图 6-14 过滤前后的流动速度和脉动速度

度或亚格子尺度湍流，采用 Δl 作为物理空间中不同尺度脉动的过滤标准时，滤波函数 G 有盒式滤波器、高斯过滤器、频谱空间低通过滤器三种。

A 盒式滤波器

盒式滤波器是物理空间中最简单的各向同性过滤器。假设过滤器长度为 Δl，一维盒式过滤器的函数为：

$$G(x-\xi)=\frac{1}{\Delta l}\theta\left(\frac{\Delta l}{2}-|x-\xi|\right) \tag{6-294}$$

式中，θ 为如下的台阶函数：

$$\begin{cases}\theta=1, x-\xi>0\\ \theta=0, x-\xi<0\end{cases} \tag{6-295}$$

一维盒式过滤器滤波的物理空间特征如图 6-15（a）所示，傅里叶变换之后的表达式为：

$$\overline{G}(k)=\frac{\sin(k\Delta l/2)}{k\Delta l/2} \tag{6-296}$$

盒式过滤器滤波的频谱空间特征如图 6-15（b）所示。

B 高斯过滤器

将过滤函数 $G(x-\xi)$ 取为高斯函数，就是高斯过滤器，也是一种物理空间过滤器。一维高斯过滤器的函数表达式为：

$$G(x-\xi)=\left(\frac{6}{3.14\Delta l^2}\right)^{1/2}\exp\left(-\frac{6|x-\xi|}{\Delta l^2}\right) \tag{6-297}$$

经过傅里叶变换，高斯过滤器在频谱空间的表达式为：

$$\overline{G}(k)=\exp\left(-\frac{\Delta l^2k^2}{24}\right) \tag{6-298}$$

高斯过滤器滤波的物理空间特征和频谱空间特征如图 6-16 所示。

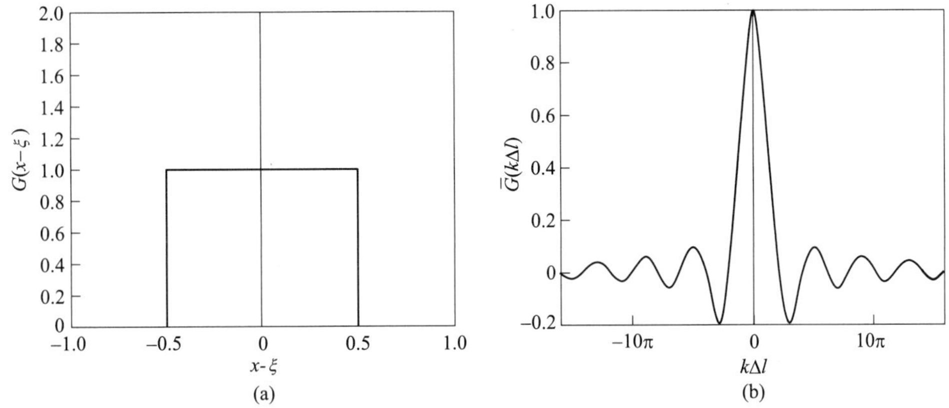

图 6-15 盒式过滤器滤波特征

（a）物理空间；（b）频谱空间

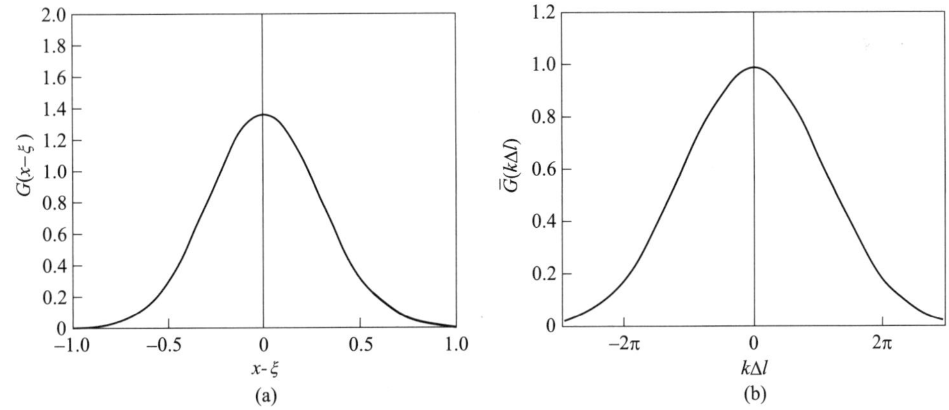

图 6-16 高斯过滤器滤波特征

（a）物理空间；（b）频谱空间

C 频谱空间低通过滤器

过滤处理既可以在物理空间进行，也可以在频谱空间进行。频谱空间的过滤更方便处理，令高波数脉动等于零，就相当于对脉动信号做低通滤波。低通滤波的最大波数称为阶段波数，符号为 k_C。频谱空间一维低通滤波的数学表达式为：

$$\overline{G}(k)=\theta(k_C-|k|) \tag{6-299}$$

式中，θ 为台阶函数。根据傅里叶变换，可以得到其在物理空间的表达式为：

$$G(x-\xi)=\frac{\sin(3.14|x-\xi|/\Delta l)}{3.14|x-\xi|/\Delta l} \tag{6-300}$$

低通过滤器滤波在物理空间和频谱空间的特征如图 6-17 所示。

经过上述过滤，湍流速度可以分解为低通脉动和剩余脉动之和：

$$v_i=\bar{v}_i+v_i' \tag{6-301}$$

这与雷诺平均处理有类似之处。不同的是，物理空间的过滤运算不满足系统平均的性

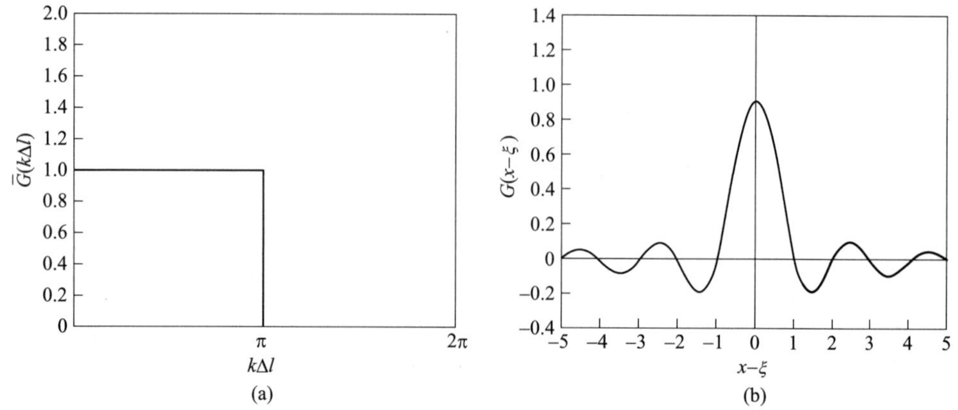

图 6-17　低通过滤器滤波特征

（a）频谱空间；（b）物理空间

质，如采用亚格子过滤之后，对于某一变量 Q：

$$\overline{(\overline{Q})} \neq \overline{Q} \tag{6-302}$$

$$\overline{(Q-\overline{Q})} \neq 0 \tag{6-303}$$

求导和过滤运算也不能交换顺序：

$$\overline{\frac{\partial Q}{\partial x}} \neq \frac{\partial \overline{Q}}{\partial x} \tag{6-304}$$

只有均匀过滤过程，过滤运算和求导才能互换；非均匀过滤时，需要使用专门的过滤器才能保证过滤和求导的可交换性，将求导和过滤不可交换时产生的误差和消除。

对纳维-斯托克斯方程进行过滤，假定过滤和求导可以互换，得到不可压缩的大涡模拟控制方程为（不考虑体积力）：

$$\rho\left(\frac{\partial \bar{v}_i}{\partial t}+\frac{\partial\, \overline{v_i v_j}}{\partial x_j}\right)=-\frac{\partial p}{\partial x_i}+\mu\frac{\partial^2 \bar{v}_i}{\partial x_i \partial x_j} \tag{6-305}$$

$$\frac{\partial \bar{v}_i}{\partial x_i}=0 \tag{6-306}$$

其中，$\overline{v_i v_j}=\bar{v}_i\bar{v}_j+(\overline{v_i v_j}-\bar{v}_i\bar{v}_j)$，将 $-(\overline{v_i v_j}-\bar{v}_i\bar{v}_j)$ 称为亚格子应力，上述公式可写为：

$$\rho\left(\frac{\partial \bar{v}_i}{\partial t}+\frac{\partial \bar{v}_i\bar{v}_j}{\partial x_j}\right)=-\frac{\partial p}{\partial x_i}+\mu\frac{\partial^2 \bar{v}_i}{\partial x_i \partial x_j}-\rho\left(\frac{\partial(\overline{v_i v_j}-\bar{v}_i\bar{v}_j)}{\partial x_i}\right) \tag{6-307}$$

这一方程与雷诺平均的纳维-斯托克斯方程具有类似的结构，右侧含有不封闭项：

$$\overline{\tau_{ij}}=-(\overline{v_i v_j}-\bar{v}_i\bar{v}_j) \tag{6-308}$$

式中，$\overline{\tau_{ij}}$ 为亚格子应力，类似于雷诺应力。

在亚格子应力中，$\bar{v}_i\bar{v}_j$ 是可解尺度的动量传输，$\overline{v_i v_j}$ 是总动量传输的低通过滤。亚格子应力是过滤掉的小尺度脉动和可解尺度湍流之间的动量传输。想要实现大涡模拟，就要构造亚格子应力的封闭模型。

将速度脉动表示为可解尺度和不可解尺度，即表示为低通脉动和剩余脉动之和时，亚格子应力可以近似表示为：

$$\overline{\tau_{ij}} = \bar{v}_i\bar{v}_j - \overline{\bar{v}_i\bar{v}_j} - \overline{\bar{v}_i v'_j} - \overline{v'_i\bar{v}_j} - \overline{v'_i v'_j} = L_{ij} + C_{ij} + R_{ij} \tag{6-309}$$

其中，L_{ij}、C_{ij} 和 R_{ij} 三项分别为：

$$L_{ij} = \bar{v}_i\bar{v}_j - \overline{\bar{v}_i\bar{v}_j} \tag{6-310}$$

$$C_{ij} = -\overline{\bar{v}_i v'_j} - \overline{v'_i\bar{v}_j} \tag{6-311}$$

$$R_{ij} = -\overline{v'_i v'_j} \tag{6-312}$$

式中，L_{ij} 为 Leonard 应力，表示可解尺度动量输运中的小尺度脉动部分，在大涡模型表达式中，只需要对封闭量 $\bar{v}_i\bar{v}_j$ 做一次过滤；C_{ij} 为交叉应力，是可解尺度脉动和不可解尺度脉动的相互作用产生的，是二者之间的动量传输；R_{ij} 为亚格子雷诺应力，是亚格子脉动之间的动量传输。

6.4.4.3 亚格子模型

大涡模型的基本思想是对可解尺度脉动直接数值求解，不可解尺度脉动对可解尺度脉动的影响用亚格子模型化处理。亚格子模型是大涡模拟的核心内容，其中常用的模型有 Smagoringsky-Lilly 模型、动态 Smagoringsky-Lilly 模型和 WALE（Wall-Adapting Local Eddy-Viscosity model）模型、CSM（coherent structure model）模型和 Vreman 代数模型。

A Smagoringsky-Lilly 模型

Smagoringsky-Lilly 模型在大涡模型中的方法与雷诺平均法的零方程模型类似，认为涡黏系数可通过如下计算：

$$\nu_T = l^2 (2\bar{S}_{ij}\bar{S}_{ij})^{1/2} \tag{6-313}$$

式中，$\bar{S}_{ij}$ 为平均流动的变形速率；l 为混合长度，按如下公式处理：

$$l = \min(\kappa d, C_S \Delta l) \tag{6-314}$$

式中，κ 为卡门常数；d 为距壁面最近的距离；C_S 为 Smagoringsky 常数；Δl 为当地网格尺寸。

目前，Smagoringsky-Lilly 模型广泛用于气相和工程湍流模拟中，但也存在一些重要缺陷，如 Smagoringsky 常数需要预先设定，因此不能适应于比较复杂的流动状态。同时，该模型在近壁面处没有准确的渐进描述，其润黏性不会在壁面附近的层流区中趋近于零，而在转捩区中又过于耗散。此外，该模型具有所有涡粘模型的共同问题，无法反映能量从小尺度脉动向大尺度脉动的传输，而这一物理现象在转捩区中十分重要。

B 动态 Smagoringsky-Lilly 模型

动态 Smagoringsky-Lilly 模型是根据已解析的运动尺度所提供的参数动态计算 C_S，从而解决用户预选设定参数与实际变化不符的问题。动态 Smagoringsky-Lilly 模型基本思想是通过两个不同的亚尺度应变速率张量求解亚网格尺度模型的系数，这两个不同的应变速率张量通过两个不同的过滤尺寸计算，即主过滤器 $\bar{\Delta}$ 和二次过滤器 $\hat{\bar{\Delta}}$，且 $\hat{\bar{\Delta}} > \bar{\Delta}$，通常取 $\hat{\bar{\Delta}} = 2\bar{\Delta}$，二次过滤用符号^表示。两种尺度的滤波所产生的亚网格应力分别为 τ_{ij} 和 T_{ij}，两者之间的关系为：

$$T_{ij} - \tau_{ij} = \widehat{\bar{v}_i\bar{v}_j} - \hat{\bar{v}}_i\hat{\bar{v}}_j = \boldsymbol{L}_{ij} \tag{6-315}$$

式中，$\boldsymbol{L}_{ij}$ 为二阶张量，是尺度介于主过滤器和二次过滤器之间湍流产生的应力。

对 Smagoringsky 模型，这两个尺度上的亚网格应力定义为：

$$\tau_{ij} = 2\rho C_{\rm S}\bar{\Delta}^2\ \overline{|S|}\ \bar{S}_{ij} \tag{6-316}$$

$$T_{ij} = 2\rho C_{\rm S}\hat{\bar{\Delta}}^2\ \overline{|\hat{S}|}\ \hat{\bar{S}}_{ij} \tag{6-317}$$

式中，$\overline{|S|}$ 为应力张量的模数，计算如下：

$$\overline{|S|} = \sqrt{2\bar{S}_{ij}\bar{S}_{ij}} \tag{6-318}$$

因此，二阶张量 $\boldsymbol{L}_{ij}$ 变为：

$$\boldsymbol{L}_{ij} = 2\rho C_{\rm S}\hat{\bar{\Delta}}^2\ \overline{|\hat{S}|}\ \hat{\bar{S}}_{ij} - 2\rho C_{\rm S}\bar{\Delta}^2\ \overline{|S|}\ \bar{S}_{ij} \tag{6-319}$$

类似地，定义另一个二阶张量 $\boldsymbol{M}_{ij}$：

$$\boldsymbol{M}_{ij} = 2\rho\ \overline{\bar{\Delta}^2\ \overline{|S|}\ \bar{S}_{ij}} - 2\rho\bar{\Delta}^2\ \overline{|\hat{S}|}\ \hat{\bar{S}}_{ij} \tag{6-320}$$

因此，$\boldsymbol{L}_{ij} = C_{\rm S}\boldsymbol{M}_{ij}$。通过最小二乘法，随流场动态调整的 $C_{\rm S}$ 为：

$$C_{\rm S} = \frac{\boldsymbol{L}_{ij}\boldsymbol{M}_{ij}}{\boldsymbol{M}_{kl}\boldsymbol{M}_{kl}} \tag{6-321}$$

为提高稳定性，可采用如下方式进行平均处理：

$$C_{\rm S}^2 = -\frac{1}{2}\frac{\langle L_{ij}M_{ij}\rangle}{\langle M_{kl}M_{kl}\rangle} \tag{6-322}$$

C　WALE 模型

WALE 模型是 Nicoud 在 1999 年提出的，其模型的涡黏系数定义为：

$$\nu_{\rm T} = l^2\frac{(P_{ij}^d P_{ij}^d)^{3/2}}{(S_{ij}^d S_{ij}^d)^{5/2} + (P_{ij}^d P_{ij}^d)^{5/4}} \tag{6-323}$$

其中的 l 为：

$$l = \min(\kappa d, C_{\rm W}V^{1/3}) \tag{6-324}$$

$$P_{ij}^d = \frac{1}{2}\left(\frac{\partial\bar{v}_i}{\partial x_k}\frac{\partial\bar{v}_k}{\partial x_j} + \frac{\partial\bar{v}_j}{\partial x_k}\frac{\partial\bar{v}_k}{\partial x_i}\right) - \frac{1}{3}\delta_{ij}\frac{\partial\bar{v}_l}{\partial x_k}\frac{\partial\bar{v}_k}{\partial x_l} \tag{6-325}$$

式中，V 为网格单元的体积；$C_{\rm W}$ 为常数，一般取 0.3～0.5；S_{ij}^d 为平均变形速率；δ_{ij} 为 Kronecker 符号（当 $i=j$ 时，$\delta=1$；当 $i\neq j$ 时，$\delta=0$）。

D　CSM 模型

CSM(Coherent structure model) 模型为拟序结构模型，其使用速度梯度张量的函数动态地确定 $C_{\rm S}$ 值。该函数基于如下假设：对于具有良好分辨率的 DNS 网格，亚网格应力项耗散在小尺度的拟序漩涡中心处很小，解析的尺度和亚网格项之间的能量传递位于该拟序漩涡周围，公式定义如下：

$$C_{\rm S}^2 = C_{\rm CS}\ |F_{\rm CS}|^{3/2} \tag{6-326}$$

其中：

$$F_{\rm CS} = \frac{\bar{Q}}{\bar{E}} \tag{6-327}$$

$$\overline{Q} = -\frac{1}{2}\frac{\partial \overline{v}_j}{\partial x_i}\frac{\partial \overline{v}_i}{\partial x_j} \tag{6-328}$$

$$\overline{E} = \frac{1}{2}\frac{\partial \overline{v}_j}{\partial x_i}\frac{\partial \overline{v}_j}{\partial x_i} \tag{6-329}$$

式中，C_{CS} 为模型常数，取 1/30；F_{CS} 为拟序结构函数，且 $|F_{CS}| \leqslant 1$。

E　Vreman 代数模型

Vreman 代数模型是将涡黏系数以数学表达式方式给出，具体如下：

$$\nu_T = C_V \sqrt{\frac{\beta_{11}\beta_{22} - \beta_{12}^2 + \beta_{11}\beta_{33} - \beta_{13}^2 + \beta_{22}\beta_{22} - \beta_{23}^2}{\frac{\partial v_j}{\partial x_i}\frac{\partial v_i}{\partial x_j}}} \tag{6-330}$$

其中：

$$\beta_{ij} = \Delta_k^2 \frac{\partial v_i}{\partial x_k}\frac{\partial v_j}{\partial x_k} \tag{6-331}$$

式中，Δ_k 为各向异性过滤尺度；C_V 为常数，可取为 0.07。

6.4.5　流动与传热和传质的关系

一般地，流体包括气体和液体，不包括固体。因此，固体内不考虑动量传输问题，而流体则必须考虑。通常，动量传输会促进热量传输和质量的传输，因为体系中随着流动进行的热量和质量迁移更多地取决于流速，而流速往往会高于热传导速率和分子/原子扩散速率。前述章节中的热量传输和质量传输均以流体为研究对象，即考虑了流动的影响。实际上，当研究对象为固体或流速非常小的液体或气体时，传热和传质描述可以进一步简化。对于热量传输，当体系内部无流动或不需要考虑流动时，即：

$$v_x = 0 \tag{6-332}$$

$$v_y = 0 \tag{6-333}$$

$$v_z = 0 \tag{6-334}$$

此时，热量传输方程简化为：

$$\rho C \frac{\partial T}{\partial t} = \frac{\partial}{\partial x}\left(\lambda \frac{\partial T}{\partial x}\right) + \frac{\partial}{\partial y}\left(\lambda \frac{\partial T}{\partial y}\right) + \frac{\partial}{\partial z}\left(\lambda \frac{\partial T}{\partial z}\right) + q_v \tag{6-335}$$

上述方程是典型的导热微分方程，适用于只考虑导热问题的体系，大大减少了模型求解时间。某些情况下，流动对传热过程的影响不能忽略，但可以等效处理，如采用放大导热系数的方法考虑连铸过程中强制对流对换热的促进作用，仍可以比较准确地求解整个凝固传热过程，这大大提高了求解效率，使在线实时监测连铸坯热状态并动态调控冷却和轻压下参数成为可能。不足的是，这种处理方式会使结晶器区域的凝固和传热进程与实际有一定的偏差，但整体规律仍有一定的可靠性。

对于质量传输，当体系内部无流动或不需要考虑流动时，可以得到如下以质量浓度表示的扩散微分方程：

$$\frac{\partial \rho_A}{\partial t} = D_A\left(\frac{\partial^2 \rho_A}{\partial x^2} + \frac{\partial^2 \rho_A}{\partial y^2} + \frac{\partial^2 \rho_A}{\partial z^2}\right) \tag{6-336}$$

采用摩尔浓度时：

$$\frac{\partial C_A}{\partial t} = D_A\left(\frac{\partial^2 C_A}{\partial x^2} + \frac{\partial^2 C_A}{\partial y^2} + \frac{\partial^2 C_A}{\partial z^2}\right) \tag{6-337}$$

由此可见，对于固体或流速可以忽略的气体或液体，其传质主要依赖于分子或原子的扩散作用。因为速度是矢量，同时与压力和外力有关，动量传输的求解效率较低。当传质过程中不考虑流动时，可以节约大量求解时间，对于某些以扩散传质为主（如热处理）的工况是非常实用的。

实际上，传热和传质也会影响流动，这是一种交互的影响。传热对流动的影响，一方面体现在黏度随温度的变化规律，另一方面密度也是随温度变化的函数，二者是影响流动行为的关键参数。传质对流动的影响与传热的影响基本类似，不过对常见的稀溶液流体而言，溶质组元变化范围不大，对黏度的影响一般也不大，主要体现在溶质对密度的影响上。本质上，传质中的质量浓度就是某组元的密度，多种组元和溶剂的总密度即为流体的密度，这一点对流动的影响更直接。由于传热和传质对流动的影响主要体现在一些参数项上，而不是偏微分的扩散项或累计项上，故方程形式没有变化，这里不再给出。

6.4.6 钢的凝固过程动量传输描述

凝固过程中钢水的流动与冶炼时钢水的流动有一定的相似之处，因为凝固过程中的动量传输也只存在于高温钢水，这也是一种牛顿流体，满足流动传输微分方程。不同的是，凝固过程中液相到固相的过渡是需要考虑的，这里面涉及对糊状区流体状态的修正，否则流动微分方程难以收敛。

6.4.6.1 糊状区处理

A 多孔介质

目前的诸多研究中，将固、液两相混合状态采用达西定律来描述是比较接近实际过程的，即将糊状区中的液相流动看作多孔介质中流体行为。当糊状区视为多孔介质时，即当液相分数介于 0 和 1 之间，每个单元中的孔隙率等于该单元中的液体分数，用以描述未凝液相在已凝固相中的流动。在完全凝固区域，孔隙率等于 0，速度为 0；在完全的液相中，孔隙率为 1，速度为流体的速度。为此，美国明尼苏达大学 Voller 教授于 1987 年提出在动量方程中添加一个达西源相[6]，即：

$$\rho\left(\frac{\partial v_i}{\partial t} + v_j\frac{\partial v_i}{\partial x_j}\right) = \rho F - \frac{\partial p}{\partial x_i} + \mu\frac{\partial^2 v_i}{\partial x_j^2} + S_P \tag{6-338}$$

根据达西定律，该源相为：

$$S_P = \frac{\mu_L}{K_P}(v_i - v_{s,i}) \tag{6-339}$$

式中，μ_L 为液相层流黏度，Pa · s；K_P 为渗透率，m^2；v_i 为流体速度，m/s；$v_{s,i}$ 为固相运动速度（如连铸拉速），m/s。

上式中的渗透率是多孔介质的重要参数，与多孔介质结构和物理性质相关，反映凝固过程中液相在惯性力作用下穿过糊状区的能力。

根据 Carmen-Kozeny 方程，渗透率可以计算：

$$K_P = K_0\frac{f_L^3 + \xi}{(1 - f_L)^2} \tag{6-340}$$

式中，K_0 为渗透率系数，m^2，取决于多孔介质的形态；ξ 为极小的常数，避免源相中分母为零；f_L 为液相体积分数或液相率，单位为 1。

对于金属枝晶凝固模式，可以按如下公式计算：

$$K_0 = \frac{\lambda_2^2}{180} \tag{6-341}$$

式中，λ_2 为二次枝晶间距，m。

某些数值软件中，为了简化处理，将上述公式整理如下：

$$S_P = \frac{(1 - f_L)^2}{f_L^3 + \xi} A_{mush}(v_i - v_{s,i}) \tag{6-342}$$

式中，A_{mush} 为糊状区系数，kg/(m^3·s)；f_L 为液相分数；v_i 为流体速度，m/s；$v_{s,i}$ 为固相运动速度（如连铸拉速），m/s。

模型计算时只需要根据试验结果或经验数据设定 A_{mush} 即可。对于大多数凝固条件的金属，一般在 $1\times10^7 \sim 1\times10^9$ kg/(m^3·s)。

B 增大黏度

液相在糊状区的流动也可以通过增大黏度处理，这种情况下，黏度一般设置为随固相率变化的函数。一些学者在 Al-Cu 和 Al-Si 等合金凝固过程中建立了黏度变化模型，用来描述凝固初期固态晶核自由运动的状态，当固相率小于某一临界值时，为增大黏度模式；大于某一临界值时，固相晶体彼此搭桥，形成了多孔介质结构，固相不能自由运动，此时切换到渗透率模式。比较常见的增大黏度模型为 Poole 和 El-Kaddah 提出的公式[7]：

$$\mu_m = \begin{cases} \mu_L(1 + 2.5f_S + 10.05f_S^2 + 0.0071\exp(16.67f_S)) & 0 < f_S < f_C \\ \mu_L & f_S > f_C \text{ 或 } f_S = 0 \end{cases} \tag{6-343}$$

式中，μ_m 为等效黏度，Pa·s；μ_L 为液相黏度，Pa·s；f_S 为固相率；f_C 为增大黏度模型与多孔介质模型转换的临界固相率。

6.4.6.2 湍流处理

凝固是一个放热降温过程，温度下降会使黏度增大，同时，固相率增大会使糊状区阻力增加，这都会对流动有一定的抑制作用。然而，对于浇铸初期和中期过程，液相的流动可能达到湍流的程度，可根据雷诺数 *Re* 判定。目前，对于钢的连铸或模铸数值仿真过程，一般都会考虑湍流。实际分析中，常用的湍流模型是雷诺平均处理中的 k-ε 双方程模型，如标准 k-ε 模型、低雷诺数 k-ε 模型、Realizable k-ε 模型和 RNG k-ε 模型，以及大涡模型中的 Smagoringsky-Lilly 模型、动态 Smagoringsky-Lilly 模型和 WALE 模型。

一般地，湍流状态下的动量传输与层流时有较大差异，这对与流场有关的一些质量缺陷来说非常敏感，如结晶器内坯壳表面与皮下的夹渣和夹杂，以及钢锭浇铸过程的裹渣等，一些旋涡卷渣和气泡捕捉也与湍流有关。这些现象通过雷诺平均处理可能会变得模糊或平滑，进而观察不到某些局部的特征。因此，以这些问题为研究对象时，建议采用大涡模拟，与实际更为接近。另外，湍流和层流对其他传输变量的影响也不同。层流条件下，以垂直于速度方向的扩散和平行于速度方向的对流传输为主，热量和质量传输的方向性更强；湍流条件下，流体不同位置会有持续的交互传输，提高了热量和质量分布的均匀性。

整体来看，浇铸初期时，钢水温度高、黏度小，强制对流的影响大。根据雷诺数与速度成正比、与黏度成反比可知，这时雷诺数较大，因此湍流的可能性更大；凝固后期时，钢水温度降低，黏度增大，强制对流的影响可以忽略不计，雷诺数更小，层流的可能性更大。

6.4.6.3 凝固收缩负压引起的流动

凝固过程使液相转变为固相，液态基体中原子或分子间距较大，而固态基体中间距较小，这一过程会引起较大的体积变化，即凝固收缩。对于金属和合金的凝固过程，由于液固转变是由表及里的，表层坯壳形成之后，由于强大的支撑作用和抵抗变形的能力，中心区域的液相凝固时，其收缩得不到外部坯壳向中心的协调变形，致使残留液相被收缩负压抽吸。由于凝固末期固相之间的残留钢液多富集溶质，最终会形成比较明显的中心偏析。因此，凝固过程收缩负压对流动和溶质传输的影响是非常关键的。

根据质量守恒定律，收缩本身与密度的变化有关。对于液相和固相，密度主要是温度的函数，两相区内的密度也可以采用混合定律计算。根据凝固过程中不同位置的密度变化，就可以得到收缩应变。实际计算中，一些学者将液相密度与固相密度的关系简化表示为：

$$\rho_s = \rho_l \cdot [1 + \alpha_s(T_s - T_{ref})] \tag{6-344}$$

式中，ρ_l 为液相线温度时的钢水密度，kg/m^3；ρ_s 为液相线温度时的钢水密度，kg/m^3；α_s 为收缩系数，K^{-1}；T_s 为固相温度，K；T_{ref} 为参考温度，K，可取为液相线温度。

凝固过程中，随着温度降低，体积变化为：

$$\varepsilon_V = \frac{V_2 - V_1}{V_1} = \frac{(m/\rho_2) - (m/\rho_1)}{m/\rho_1} = \frac{\rho_1 - \rho_2}{\rho_2} = \frac{\alpha_s(T_1 - T_2)}{1 + \alpha_s(T_2 - T_{ref})} \tag{6-345}$$

式中，T_1 和 T_2 为两个目标温度，K；V_1 和 V_2 为两个温度下的单元体积，m^3；ρ_1 和 ρ_2 为对应的密度，kg/m^3；m 为单元质量，kg。

对于单元体，当各向同性时，体积应变约为线性应变的 3 倍，可得：

$$\varepsilon_l = \frac{\alpha_s \Delta T_{s,t}}{3[1 + \alpha_s(T - T_{ref})]} \tag{6-346}$$

式中，T 为节点的实际温度，K；$\Delta T_{s,t}$ 是每个时间步长固相的温降，K。

由于连铸坯或钢锭凝固组织分为柱状晶和等轴晶两类，柱状晶从表层坯壳向内部逐层生长，等轴晶在液相中独立长大，这会导致不同的收缩行为[8]。柱状晶一般视为固定不动，收缩方向是从凝固前沿到表面；而等轴晶是自由收缩，其同时受到周围柱状晶的影响，收缩方向为沿径向指向内部并同时向表面运动。柱状晶单位时间步长内其引起固相在厚度方向 x 轴上的速度为：

$$v_{c,x} = \frac{\Delta x}{\Delta t} = \int_0^X \frac{-\alpha_s}{3[1 + \alpha_s(T - T_{ref})]} \frac{\Delta T_{s,t}}{\Delta t} dx \quad 0 \leqslant X \leqslant l_c \tag{6-347}$$

式中，Δx 为厚度方向的收缩量，m；Δt 为时间不长，s；l_c 为柱状晶长度，m。

等轴晶凝固收缩引起的固相速度变化为：

$$v_{e,x} = \int_0^{l_c} \frac{-\alpha_s}{3[1 + \alpha_s(T - T_{ref})]} \frac{\Delta T_{s,t}}{\Delta t} dx + \left(\frac{f_S - f_C}{1 - f_C}\right)^2 \int_{l_c}^X \frac{-\alpha_s}{3[1 + \alpha_s(T - T_{ref})]} \frac{\Delta T_{s,t}}{\Delta t} dx \quad X > l_c \tag{6-348}$$

式中，f_S 为节点的固相率；f_C 为界面处柱状晶向等轴晶转变的临界固相率，可取为 0.49。

上式中等号右侧第一项为柱状晶向表面的收缩，第二项为等轴晶向其内部的收缩，由此可以描述等轴晶的综合收缩行为。

将上述方程与流动、传热和传质方程联合求解，就能计算出两相区内凝固收缩引起的界面前沿的液相速度变化，同时揭示其对传热和传质的量化影响。

6.4.6.4 其他力的作用

凝固过程中的动量传输除了重力影响之外，还存在一些额外的体积力，如热浮力、溶质浮力和电磁力。

A 热浮力

热浮力主要与钢水温度有关。凝固过程中，由于不同位置处的温度不同，对应的钢水密度和膨胀系数不同，由此会引起热对流。凝固过程中的热浮力计算为：

$$F_B = \rho g \beta (T - T_{ref}) \tag{6-349}$$

式中，F_B 为单位体积的热浮力，N/m^3；ρ 为密度，kg/m^3；g 为重力加速度，m/s^2；β 为热膨胀系数，K^{-1}；T 为某一节点或单元的温度，K；T_{ref} 为参考温度，K；在凝固计算时可取液相线温度。

考虑热浮力的流动方程是通过源相将 F_B 添加到纳维-斯托克斯方程中，如下式所示：

$$\rho\left(\frac{\partial v_i}{\partial t} + v_j \frac{\partial v_i}{\partial x_j}\right) = \rho F - \frac{\partial p}{\partial x_i} + \mu \frac{\partial^2 v_i}{\partial x_j^2} + S_P + F_B \tag{6-350}$$

B 溶质浮力

溶质浮力是由于凝固过程溶质再分配和宏观偏析而引起的流动驱动力。不同溶质的类别不同，其密度也不同。由于局部富集而导致在某些位置形成高溶质区和低溶质区，考虑到钢水密度与溶质有关，进而高密度区具有下沉倾向，而低密度区具有上浮倾向。溶质浮力可表示为：

$$F_C = \sum_m \rho g \beta_{c,m} (C_m - C_{m,ref}) \tag{6-351}$$

式中，F_C 为单位体积的溶质浮力，N/m^3；$\beta_{c,m}$ 为组元 m 的溶质膨胀系数，摩尔浓度时单位为 m^3/mol，质量浓度时单位为 m^3/kg，摩尔分数或质量分数时单位为%$^{-1}$；C_m 为组元 m 在钢水中的质量分数，%；$C_{m,ref}$ 为组元 m 的参考质量分数，%。

当考虑溶质浮力时，与热浮力类似，需要把溶质浮力以源相形式加入流动微分方程中：

$$\rho\left(\frac{\partial v_i}{\partial t} + v_j \frac{\partial v_i}{\partial x_j}\right) = \rho F - \frac{\partial p}{\partial x_i} + \mu \frac{\partial^2 v_i}{\partial x_j^2} + S_P + F_B + F_C \tag{6-352}$$

C 电磁力

某些工况下，连铸或模铸过程中还会有电磁力的作用，比如电磁搅拌、电磁制动、电磁加速和电磁约束等，这种通过电磁装备对钢水进行流动控制的方法本质上都是电磁力的作用。对于电磁力对流动的影响，也可以基于源相的形式加入纳维-斯托克斯方程中。以典型的连铸电磁搅拌为例，如图 6-18 所示，电磁力的计算方法比较复杂，需要一些假设条件：

（1）将电磁搅拌器的线圈简化为相同体积的导电区域；

（2）与外加磁场相比，忽略钢水的感应磁场；

（3）电磁搅拌过程中，磁雷诺数远小于1，忽略钢液流动对磁场的影响，即对欧姆定律 $\boldsymbol{J}=\sigma(\boldsymbol{E}+\boldsymbol{u}\times\boldsymbol{B})$，忽略其中的 $(\boldsymbol{u}\times\boldsymbol{B})$ 项；

（4）低频搅拌工况下电磁场可视为准静态磁场，忽略位移电流 $\partial\boldsymbol{D}/\partial t$；

（5）电磁搅拌器的冷却水、不锈钢保护套与结晶器冷却水套等相对磁导率接近于1，模型中的气体按空气处理；

（6）视铁芯、结晶器铜板和钢坯/钢水等为各向同性材料，其电导率和磁导率等物性参数均设定为常数。电磁场计算中采用时均电磁力代替瞬态值。

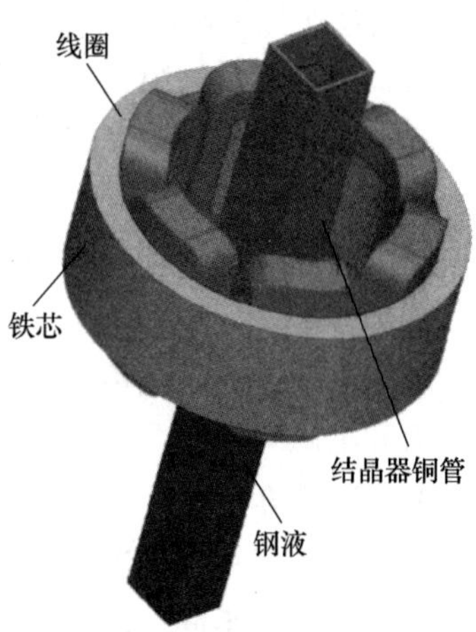

图6-18　方坯连铸结晶器电磁搅拌器

扫码看彩图

如此条件下，可以得到电磁搅拌的控制方程，采用低频励磁电流时，描述电磁场的麦克斯韦方程组可描述如下：

（1）磁场的高斯定律：

$$\nabla\cdot\boldsymbol{B}=0 \tag{6-353}$$

（2）安培环路定律：

$$\boldsymbol{J}=\nabla\times\frac{\boldsymbol{B}}{\mu} \tag{6-354}$$

（3）法拉第定律：

$$\nabla\times\boldsymbol{E}=-\frac{\partial\boldsymbol{B}}{\partial t} \tag{6-355}$$

（4）欧姆定律：

$$\boldsymbol{J}=\sigma\boldsymbol{E} \tag{6-356}$$

式中，$\boldsymbol{B}$ 为磁感应强度，T；$\boldsymbol{E}$ 为电场强度，V/m；$\boldsymbol{J}$ 为感应电流强度，A/m^2；μ 为磁导率，H/m；σ 为电导率，S/m。

由于电磁搅拌器为旋转磁场，采用具有相位差的三相交流电，励磁为余弦曲线，产生的磁场为谐波磁场。因此，计算得到的磁感应强度 $\boldsymbol{B}$ 和感应电流 $\boldsymbol{J}$ 为复数形式。其中，各方向的磁感应强度与感应电流表达式如下：

$$\begin{cases}B_x=B_{xr}+B_{xi}i\\B_y=B_{yr}+B_{yi}i\\B_z=B_{zr}+B_{zi}i\\J_x=J_{xr}+J_{xi}i\\J_y=J_{yr}+J_{yi}i\\J_z=J_{zr}+J_{zi}i\end{cases} \tag{6-357}$$

式中，B_k 和 $J_k(k=x,\ y,\ z)$ 分别为磁感应强度与感应电流在 i 方向的分量；B_{kr} 与 B_{ki} 分别为

磁感应强度 B_k 的实部和虚部；J_{kr} 和 J_{ki} 分别为感应电流 J_k 中的实部和虚部。

对于谐波磁场，其产生的电磁力可以分解为与时间相关的部分和与时间无关的部分。由于电磁场的周期远小于钢液的动量响应周期，因此可用时均电磁力代替时变电磁力。不同方向的电磁力为：

$$\begin{cases} F_x = \dfrac{1}{2}Re_{\mathrm{E}}(J_y \cdot B'_z + J_z \cdot B'_y) \\ F_y = \dfrac{1}{2}Re_{\mathrm{E}}(J_z \cdot B'_x + J_x \cdot B'_z) \\ F_z = \dfrac{1}{2}Re_{\mathrm{E}}(J_x \cdot B'_y + J_y \cdot B'_x) \end{cases} \tag{6-358}$$

式中，$B'_i(i = x, y, z)$ 为磁感应强度 B_i 的共轭复数；Re_{E} 表示对复数计算结果取实数部分。因此，时均电磁力的矢量表达式为：

$$F_{\mathrm{E}} = \frac{1}{2} Re_{\mathrm{E}}(\boldsymbol{J} + \boldsymbol{B}') \tag{6-359}$$

考虑电磁力的凝固过程，其流动微分方程中需要添加电磁力源相，表达式为：

$$\rho\left(\frac{\partial v_{\mathrm{i}}}{\partial t} + v_{\mathrm{j}}\frac{\partial v_{\mathrm{i}}}{\partial x_{\mathrm{j}}}\right) = \rho F - \frac{\partial p}{\partial x_{\mathrm{i}}} + \mu\frac{\partial^2 v_{\mathrm{i}}}{\partial x_{\mathrm{j}}^2} + S_{\mathrm{P}} + F_{\mathrm{B}} + F_{\mathrm{C}} + F_{\mathrm{E}} \tag{6-360}$$

D 鼓肚和轻压下附加变形引起的额外速度

对于一些高端钢材的浇铸过程，为了提高中心质量，还会附加额外的机械挤压作用，比如连铸过程的轻压下技术。对于板坯来说，中心偏析常与鼓肚和负压抽吸引起的流动有关；对于方坯和圆坯来说，一般只有凝固收缩的作用。因此，鼓肚和机械变形对液相的流动也有直接的影响，并最终影响了产品质量。

对于板坯鼓肚，莱奥本大学的研究人员建立了柱状晶结构下鼓肚引起凝固前沿固相移动速度的方程[9]，进而评价对液相流动和中心偏析的影响。对于如图 6-19 所示的二维坯壳鼓肚状态，实际上分为三个区域，中心为液相区的Ⅰ、中心为两相区的Ⅱ和中心为刚性固相区的Ⅲ，不同区域内沿拉坯方向的速度均设定为：

$$v_{\mathrm{s,z}} = v_{\mathrm{cast}} \tag{6-361}$$

式中，v_{cast} 为拉速。

（1）对于Ⅰ区来说，其枝晶尚未搭桥，界面前沿处固相沿厚度方向的速度 $v_{\mathrm{s},x}$ 表达式是：

$$v_{\mathrm{s},x} = v_{\mathrm{s},x}^{\mathrm{b}} \tag{6-362}$$

式中，$v_{\mathrm{s},x}^{\mathrm{b}}$ 为鼓肚引起的铸坯表面在 x 方向的速度，m/s；可通过鼓肚量与时间的关系求得。

（2）对于Ⅱ区来说，由于枝晶已经搭桥，表面鼓肚和中心的变形不一致。将该区域两个相邻辊之间的鼓肚划分为 A、B 两个区间，对于 A 区来说，其固相沿厚度方向的速度为：

$$v_{\mathrm{s},x} = v_{\mathrm{s},x}^{\mathrm{b}} \tag{6-363}$$

对于 B 区，其固相速度从零强度等值线处的最大值减小至中心处的零，由此建立了一个构造函数：

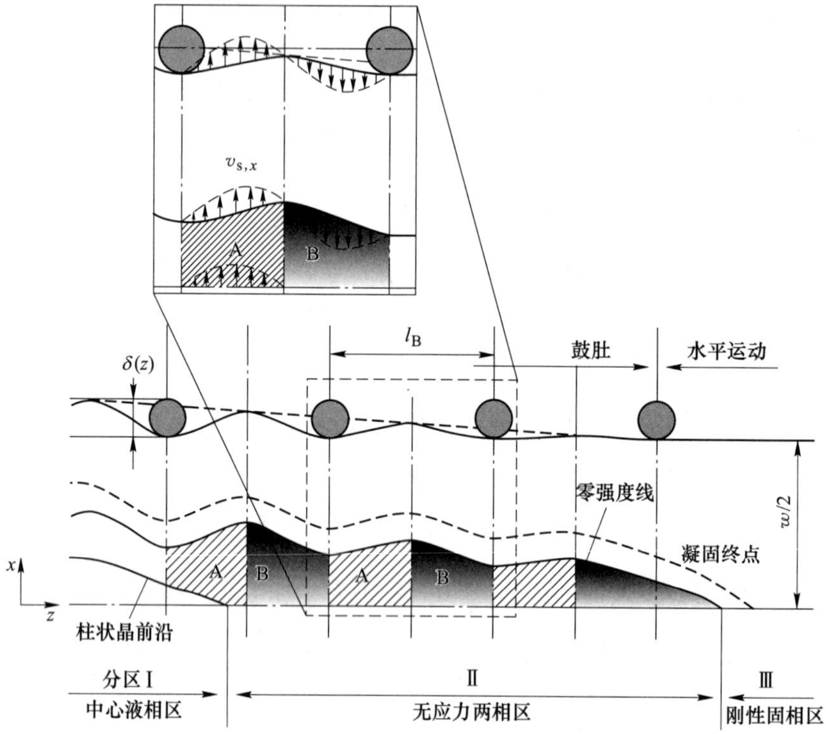

图 6-19 板坯连铸凝固过程中的鼓肚模型结构

$$v_{s,x} = v_{s,x}^{b} - v_{s,x}^{b}\exp\left(-\varphi_1 \frac{f_S - f_{SC}}{(f_{ZST} - f_S)^{\varphi_2}}\right) \qquad (6\text{-}364)$$

式中，φ_1 和 φ_2 为常数，分别为 50 和 0.25；f_S 和 f_{SC} 分别为两相区和中心处的固相率；f_{ZST} 为零强度温度对应的固相率，可取为 0.8。

（3）对于Ⅲ区来说，由于中心已经完全凝固，不考虑厚度方向的收缩，即：

$$v_{s,x} = 0 \qquad (6\text{-}365)$$

表面鼓肚模型中计算得到的形状曲线为：

$$x^{b}(z) = \frac{w}{2} + \frac{\delta^{b}(z)}{2} + \frac{\delta^{b}(z)}{2}\sin\left(2\pi \frac{z - z_0}{l_B} - \frac{\pi}{2}\right) \qquad (6\text{-}366)$$

其中

$$\delta^{b}(z) = \delta_{max}^{b} + \frac{\delta_{max}^{b}}{l_B N}(z_0 - z) \qquad (6\text{-}367)$$

式中，δ_{max}^{b} 为最大鼓肚量，m；N 为辊对数量；z_0 为鼓肚起始位置，m。

上式对时间求导即可得到对应的表面速度 $v_{s,x}^{b}$，根据表面速度可得到不同位置液相在厚度方向的速度 $v_{s,x}$。将上述方程与动量、热量和质量传输方程联立求解，即可得到鼓肚引起的凝固界面处的速度，通过相间传输平衡可以得到鼓肚对溶质分布的影响。

对于连铸轻压下工艺，这种额外的机械变形引起的流动变化可以通过前述鼓肚模型的扩展描述，具体如图 6-20 所示。由此，多辊轻压下工艺下连铸坯表面的形状曲线为：

$$x^{b}(z)=\frac{w}{2}-\frac{\varepsilon}{l_{SR}}(z-z_1) \tag{6-368}$$

式中，w 为连铸坯总厚度，m；ε 为总压下量，m；l_{SR} 为压下区间长度，m，对应的计算公式为：

$$l_{SR}=z_2-z_1 \tag{6-369}$$

式中，z_1 和 z_2 分别为压下的起始位置和结束位置，m。

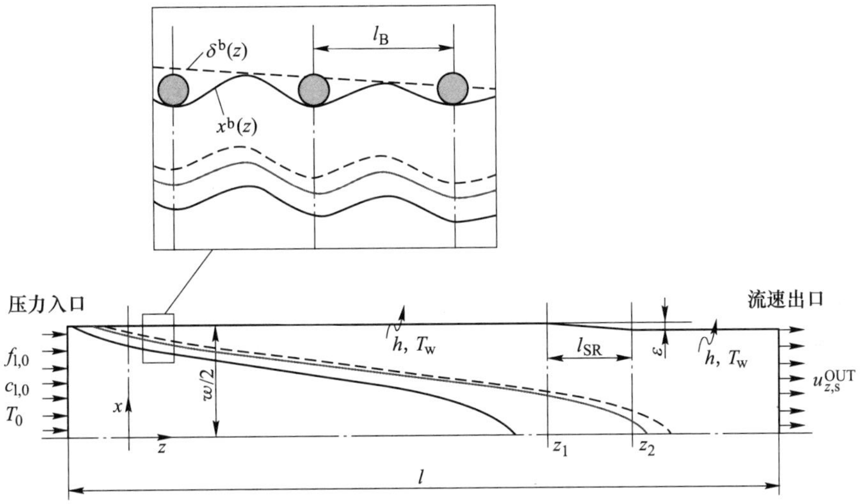

图 6-20 板坯轻压下变形的模型结构

由于机械压下作用，连铸坯拉坯速度可能会发生改变，这里同样需要对轻压下位置连铸坯的凝固状态分别讨论：

（1）当中心固相率等于零，即为液相状态时，拉坯方向的速度为：

$$v_{s,z}=v_{cast} \tag{6-370}$$

厚度方向的速度：

$$v_{s,x}=v_{s,x}^{b} \tag{6-371}$$

连铸坯表面的速度 $v_{s,x}^{b}$ 为已知量，可以通过轻压下范围内形状函数 $x^{b}(z)$ 对时间求导获得。实际上，这种情况并不常见，轻压下中心固相率通常均大于零。

（2）对于两相区内压下，由于内部变形抗力增大，连铸坯拉速会有所改变。两相区内某一位置 z 处沿拉坯方向的速度为：

$$v_{s,z}=\frac{\frac{w}{2}}{\frac{w}{2}-\frac{z-z_1}{l_{SR}}\varepsilon}v_{cast} \tag{6-372}$$

根据轻压下量的线性分布关系，沿厚度方向的速度为：

$$v_{s,x}^{b}=\frac{\varepsilon}{(z_1-z_2)/v_{s,z}}=\frac{\varepsilon}{l_{SR}}v_{s,z} \tag{6-373}$$

对于轻压下扇形段，当固相率大于零强度对应值时，可满足连续性方程：

$$\frac{\partial v_{s,x}}{\partial x} + \frac{\partial v_{s,z}}{\partial z} = 0 \tag{6-374}$$

假设在全部范围内均可如此描述，则：

$$v_{s,x} = C - \frac{\partial v_{s,z}}{\partial z}x \tag{6-375}$$

式中，C 为常数。当 $x = x^{b}$ 时：

$$v_{s,x} = v_{s,x}^{b} = C - \frac{\partial v_{s,z}}{\partial z}x_{b} \tag{6-376}$$

故常数 C 为：

$$C = v_{s,x}^{b} + \frac{\partial v_{s,z}}{\partial z}x_{b} \tag{6-377}$$

整理可得：

$$\begin{aligned} v_{s,x} &= v_{s,x}^{b} + \frac{\partial v_{s,z}}{\partial z}(x_{b} - x) \\ &= \frac{\varepsilon}{l_{SR}}v_{s,z} + \frac{\partial\left(\dfrac{\frac{w}{2}}{\frac{w}{2} - \frac{z - z_{1}}{l_{SR}}\varepsilon}v_{cast}\right)}{\partial z}(x_{b} - x) \\ &= \frac{\varepsilon}{l_{SR}}v_{s,z} + \frac{-2v_{cast}\varepsilon w l_{SR}}{[w l_{SR} - 2\varepsilon(z - z_{1})]^{2}} \end{aligned} \tag{6-378}$$

（3）对于完全凝固区域，连铸坯受轻压下影响时，其拉坯方向的速度与轻压下扇形段或拉矫辊出口速度一致：

$$v_{s,z} = \frac{\frac{w}{2}}{\frac{w}{2} - \varepsilon}v_{cast} \tag{6-379}$$

沿厚度方向的速度：

$$v_{s,x} = 0 \tag{6-380}$$

将上述方程代入宏观传输方程组进行同步迭代求解，即可获得某一轻压下制度下凝固界面前沿液相的流动特征，并能够解析由此引起的温度场和浓度场的变化规律。

目前，国内外学者已经开始对连铸坯表面变形与内部钢水宏观流动关系进行模型构建[9-11]，相关结果与现场规律整体一致。然而，值得说明的是，上述对鼓肚和机械压下进行的模型研究中，进行了大量的理论假设和简化，相关结果可以在工程范畴对实际生产有一定的指导意义。对于凝固过程与变形相耦合的流场描述，目前仍有待完善。

6.5　电磁力作用下连铸宏观传输模型

本节以国内某厂方坯连铸电磁冶金条件下的宏观传输特征为研究对象，通过建立水口到凝固终点全域三维多场耦合数值模型，解析不同工艺参数下连铸坯凝固、传热、流动和溶质扩散行为，揭示结晶器电磁搅拌 M-EMS 和凝固末端电磁搅拌 F-EMS 对连铸坯凝固质量的影响机制。

6.5.1 连铸工况与参数

以某厂三机三流断面为 250 mm×280 mm 的大方坯连铸机为研究对象，其生产的 45 号钢主要化学成分见表 6-1。根据第 2 章内容，钢中其他主要溶质元素（如 Si、Mn、P、S）在连铸过程中的传输现象及偏析分布规律与 C 元素相似。因此，本章仅分析溶质元素 C 的分布与偏析情况。计算采用的钢液热物性参数如表 6-2 所示。

连铸机配备了 M-EMS 与 F-EMS 组合搅拌器。其中，M-EMS 搅拌器采用六线圈凸极式绕组结构，F-EMS 搅拌器采用十二线圈克莱姆绕组结构，搅拌器中心的位置分别距离弯月面 0.45 m 和 14 m；对于 M-EMS，搅拌器的下沿低于结晶器的出口。由于连铸坯断面较大，液芯较长，采用分段计算方案进行求解。连铸工艺参数及各冷却区长度分别见表 6-3 和表 6-4。

表 6-1　45 号钢主要化学成分 （%）

成分	C	Si	Mn	P	S
含量	0.42~0.50	0.17~0.37	0.50~0.80	≤0.035	≤0.035

表 6-2　钢的热物性参数

参　　数	值	参　　数	值
初始碳含量	0.0048	钢液黏度/(kg · m^{-1} · s^{-1})	0.006
溶质分配系数	0.34	钢液密度/(kg · m^{-3})	7020
溶质膨胀系数	0.011	钢液比热容/(J · kg^{-1} · K^{-1})	680
溶质液相线斜率	−8750	钢液导热系数/(W · m^{-1} · K^{-1})	29
溶质液相扩散系数/(cm^2 · s^{-1})	$0.0052\exp\left(-\frac{11700}{RT}\right)$	凝固潜热/(J · kg^{-1})	270，000
		热膨胀系数/K^{-1}	1×10^{-4}
溶质固相扩散系数/(cm^2 · s^{-1})	$0.0761\exp\left(-\frac{134557}{RT}\right)$	糊状区系数	$1\times10^{-8}\sim5\times10^{-8}$
		纯铁熔化温度/K	1808

表 6-3　连铸工艺参数

参　　数	值	参　　数	值
铸机半径/m	16.5	水口外径/mm	90
断面大小/mm×mm	250×280	M-EMS 中心距弯月面/mm	450
结晶器厚度/mm	24	M-EMS 搅拌器高度/mm	500
结晶器长度/mm	780	M-EMS 工作电流/A	350
结晶器有效长度/mm	645	M-EMS 工作频率/Hz	3
拉速/(m · min^{-1})	1.05	F-EMS 中心距弯月面/m	14
过热度/K	30	F-EMS 搅拌器高度/mm	720
水口插入深度/mm	100	F-EMS 工作电流/A	600
水口内径/mm	40	F-EMS 工作频率/Hz	8

表 6-4 不同冷却区长度及水量

冷却区	二冷 1 区	二冷 2 区	二冷 3 区	二冷 4 区
长度/m	0. 35	1. 80	2. 20	3. 50
水量/(L · $\min^{-1}$)	81	62	30	30
方式	水	气雾	气雾	气雾

6. 5. 2 大方坯连铸过程传输模型

6. 5. 2. 1 控制方程

基于 6. 2~6. 4 节关于钢的凝固传输行为的基本描述和假设，把糊状区看作连续多孔介质，忽略凝固收缩及其引起的钢水流动，假设材料各向同性，将钢水视为不可压缩的牛顿流体，考虑热量、动量和质量传输之间的相互影响，控制方程如下：

A 热量传输方程

采用热焓法描述凝固潜热释放时，对于湍流条件，采用式（6-292）描述热量传输过程。

B 质量传输方程

对于溶质扩散，其宏观传输方程为：

$$\rho\frac{\partial Y_m}{\partial t}+\rho\frac{\partial v_i Y_m}{\partial x_i}=\frac{\partial}{\partial x_i}\left[\rho\left(D_{\mathrm{L},m}+\frac{\mu_{\mathrm{t}}}{Sc_{\mathrm{t}}}\right)\frac{\partial Y_m}{\partial x_i}\right]+S_{i,\mathrm{dif}}+S_{i,\mathrm{con}} \tag{6-381}$$

式中，Y_m 为溶质组元 m 的质量分数，%；$D_{\mathrm{L},m}$ 为组元 m 在液相中的扩散系数，$\mathrm{m^2/s}$；Sc_{t} 为湍流施密特数，设定为 1. 0；$S_{i,\mathrm{dif}}$ 与 $S_{i,\mathrm{con}}$ 分别为扩散源项与对流源项，表达式分别为：

$$S_{i,\mathrm{dif}}=\frac{\partial}{\partial x_i}\left[\rho f_{\mathrm{S}}D_{\mathrm{S},m}\frac{\partial(Y_{\mathrm{S},m}-Y_m)}{\partial x_i}\right]+\frac{\partial}{\partial x_i}\left[\rho f_{\mathrm{L}}\left(D_{\mathrm{L},m}+\frac{\mu_{\mathrm{t}}}{Sc_{\mathrm{t}}}\right)\frac{\partial(Y_{\mathrm{L},m}-Y_m)}{\partial x_i}\right] \tag{6-382}$$

$$S_{i,\mathrm{con}}=\frac{\partial}{\partial x_i}[\rho(u_i-u_{\mathrm{S},i})(Y_{\mathrm{L},m}-Y_m)] \tag{6-383}$$

式中，$D_{\mathrm{S},m}$ 为组元 m 在固相中的扩散系数，$\mathrm{m^2/s}$。

C 动量传输方程

考虑溶质传输后，需要在动量方程中加入溶质浮力源项，N-S 方程可写为：

$$\rho\frac{\partial v_i}{\partial t}+\rho\frac{\partial v_i v_j}{\partial x_j}=\frac{\partial}{\partial x_j}\left[\mu_{\mathrm{eff}}\left(\frac{\partial v_i}{\partial x_j}+\frac{\partial v_j}{\partial x_i}\right)\right]-\frac{\partial P}{\partial x_i}+\rho g_{\mathrm{i}}+F_{\mathrm{B}}+F_{\mathrm{C}}+F_{\mathrm{E}}+S_{\mathrm{P}} \tag{6-384}$$

上式中变量符号及其单位与 6. 4 节一致，源相数学描述见 6. 4. 6 节。

考虑到结晶器内钢水的湍流特征，模型中采用低雷诺数 k-ε 模型模拟钢液的湍流行为，方程见式（6-282）~式（6-291）。

D 其他方程

对于考虑溶质传输的多组元钢液，其固液相线温度的计算式分别为：

$$T_{\mathrm{S}}=T_{\mathrm{melt}}+\sum_m m_m Y_m/k_m \tag{6-385}$$

$$T_{\mathrm{L}}=T_{\mathrm{melt}}+\sum_m m_m Y_m \tag{6-386}$$

式中，T_{melt} 为纯铁的熔点，1811 K；m_m 为溶质组元 m 的 Fe-m 二元相图的液相线斜率；k_m 为溶质组元 m 的分配系数。

考虑溶质传输后，采用式（6-8）计算某一温度 T 的液相率：

$$f_L^{n+1} = f_L^n - \lambda \frac{\alpha_p(T - T^*)\Delta t}{\rho V L_m - \alpha_p \Delta t L_m \dfrac{\partial T^*}{\partial f_L}} \tag{6-387}$$

式中，λ 为松弛因子，0.9；α_p 为单元矩阵系数；Δt 为时间步长，s；T^* 为固液界面处的动态平衡温度，K。

研究中假设界面满足热力学平衡，并采用杠杆定律描述考虑质量传输条件下的界面温度变化，T^* 的计算表达式为：

$$T^* = T_{melt} + \sum_m m_m \left[\frac{Y_m}{k_m + f_L(1 - k_m)} \right] \tag{6-388}$$

其中，固相率与液相率有如下关系：

$$f_S + f_L = 1 \tag{6-389}$$

因此，根据混合理论可计算组元 m 的质量分数为：

$$Y_m = Y_{L,m} f_L + Y_{S,m} f_S \tag{6-390}$$

组元 m 在液相与固相中的质量分数分别为：

$$Y_{L,m} = \frac{Y_m}{1 + (1 - f_L)(k_m - 1)} \tag{6-391}$$

$$Y_{S,m} = \frac{k_m Y_m}{1 + f_S(k_m - 1)} \tag{6-392}$$

E 初始条件和边界条件

（1）初始条件。初始温度为过热度 30 ℃的钢水，初始浓度为 $Y_{C,0} = 0.48\%$。

（2）边界条件：

1）水口入口。入口速度由通钢量根据质量守恒计算得出，入口温度为钢液液相线温度与过热度之和。入口处的湍动能与湍动能耗散由半经验公式[12]计算得出：

$$k = 0.01 v_{in}^2 \tag{6-393}$$

$$\varepsilon = 2k^{1.5}/D \tag{6-394}$$

式中，v_{in} 为水口入口速度，m/s；D 为水口的水力直径，m。

2）计算域出口。采用充分发展边界条件，即所有物理量沿出口法线方向的梯度为零。

3）自由液面。考虑到保护渣的保温效果，自由液面处设为绝热；且液面处的剪切应力设为零。

4）壁面。采用无滑移壁面，壁面附近的流场由低雷诺数 k-ε 模型处理。其中，水口壁面为绝热；结晶器区的边界热流密度由 Savage 和 Pritchard[13] 提出的关系式计算得出：

$$q_s = 2680000 - b\sqrt{L/v_c} \tag{6-395}$$

其中，

$$b = \frac{1.5 \times (2680000 - \bar{q})}{\sqrt{L_m/v_c}} \tag{6-396}$$

$$\bar{q} = \frac{C_W \times m \times \Delta T}{S_{eff}} \tag{6-397}$$

式中，L 为距弯月面的距离，m；L_m 为结晶器的有效长度，m；v_c 为拉速，m/s；$\bar{q}$ 为结晶器区域的平均热流密度，W/m^2；C_W 为冷却水比热容，J/(kg·K)；m 为结晶器冷却水流量，kg/s；ΔT 为结晶器冷却水温差，K；S_{eff} 为结晶器有效冷却面积，m^2。

对于计算域扩展到的足辊区与二冷区，其分别采用不同的综合换热系数[14]，其中，水喷嘴：

$$h_1 = 420 w_0^{0.351} \tag{6-398}$$

气雾喷嘴：

$$h_2 = 116 + 10.44 w_1^{0.851} \tag{6-399}$$

式中，h_1 和 h_2 分别为足辊区和二冷区的综合换热系数，$W/(m^2 \cdot K)$；w_0 为足辊区冷却水流量密度，$L/(m^2 \cdot s)$；w_1 为二冷区冷却水流量密度，$L/(m^2 \cdot min)$。

此外，为与实际连铸工况相符，连铸坯的角部采用弱冷处理。

钢种热物性参数详见本书第 3 章相关内容。

模型网格划分为六面体结构化网格，且在变量梯度较大的区域进行了人工加密，同时要使求解结果达到网格无关性；收敛条件与网格、时间和空间步长等均有关，设置难度不大，详见主编团队相关论文。

6.5.2.2 模型验证

采用 LakeShore 475DSP 高斯计和 CEDAR DIS-RL 扭矩仪测定了现场电磁搅拌器不同电流和频率下、不同位置处的磁感应强度和力矩。不同条件下模型预测结果与实测值的偏差小于 5%，基本满足工程要求，具体过程可见主编团队已发表的论文。

基于现场实际生产，采用“射钉法”测量凝固终点附近的坯壳厚度，如图 6-21 所示。

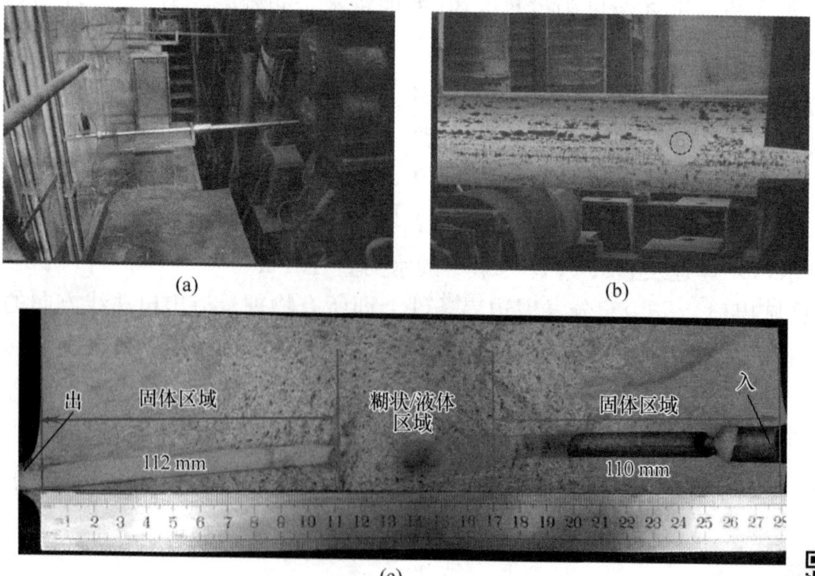

图 6-21 射钉实验与结果示意图

扫码看彩图

其中，图 6-21（a）为射钉枪的安装示意图，射钉枪安装在第一架与第二架拉矫机之间，距离弯月面 18.75 m，射钉位置为铸坯的窄面中心，拉速稳定后开始进行射钉。图 6-21（b）显示了射钉打在铸坯表面后留下的孔洞。跟踪标记射钉位置的铸坯，切割后进行刨、磨，再进行热酸浸蚀，然后观察硫化物在铸坯上的扩散情况，如图 6-21（c）。由于选用的射钉枪威力较大，射钉完全穿透了整个铸坯，图中可以清晰看到，射钉处的窄面中心坯壳厚度约为 112 mm，且铸坯的凝固对称性较好。

图 6-22 对比了 45 号钢 250 mm×280 mm 连铸坯凝固坯壳厚度与铸坯表面温度的计算值与测量值结果。从图中可以看出，坯壳厚度的预测值与射钉测量数据吻合较好。根据模拟计算，对应工况下大方坯连铸凝固终点约为 20.5 m。表面温度测定位置分别在凝固末端电磁搅拌的前后与第一架拉矫机之后（14 m、16 m、18.5 m），采用比色测温枪测得连铸坯窄面的表面温度。对比可见，计算值与测量值相差较小。综上，本模型的传热与凝固计算可靠性较好，说明具有比较可观的准确性。

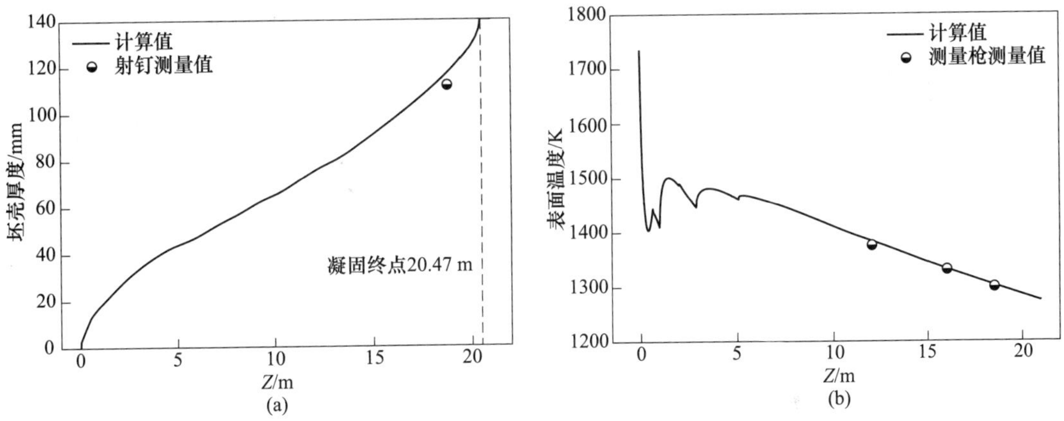

图 6-22 45 号钢连铸坯壳厚度与表面温度的计算值与测量值对比

（a）坯壳厚度；（b）表面温度

6.5.3 M-EMS 对结晶器内钢的凝固传输行为的影响

6.5.3.1 *流场*

图 6-23 给出了不同电流强下结晶器区域宽面中心对称面（$X=0$ m）的速度云图与流线图，其中电流强度分别为 0 A、200 A、350 A 和 500 A。图中看出，随着电流强度的增加，钢水流股在结晶器液相穴的冲击深度变浅。此外，电流强度 200 A 时，搅拌强度较弱，钢水在此截面上的回流区形态与没有结晶器电磁搅拌时相差不大。

由于搅拌器安装位置靠下，电流强度 350 A 时，在结晶器出口出现了二次流，且二次流在轴向的范围较广，下回流区的涡心距离弯月面约 1.05 m。电流提升到 500 A 之后，相比 350 A 时电磁力约提升两倍，更大的电磁力对钢水回流有一定的约束作用，二次循环流反而更集中于结晶器出口附近；同时，二次回流区轴向范围减小，涡心位置距弯月面约 0.84 m，但径向范围扩大，代表钢液的旋转流动更加剧烈，可加快钢液进入过冷状态。

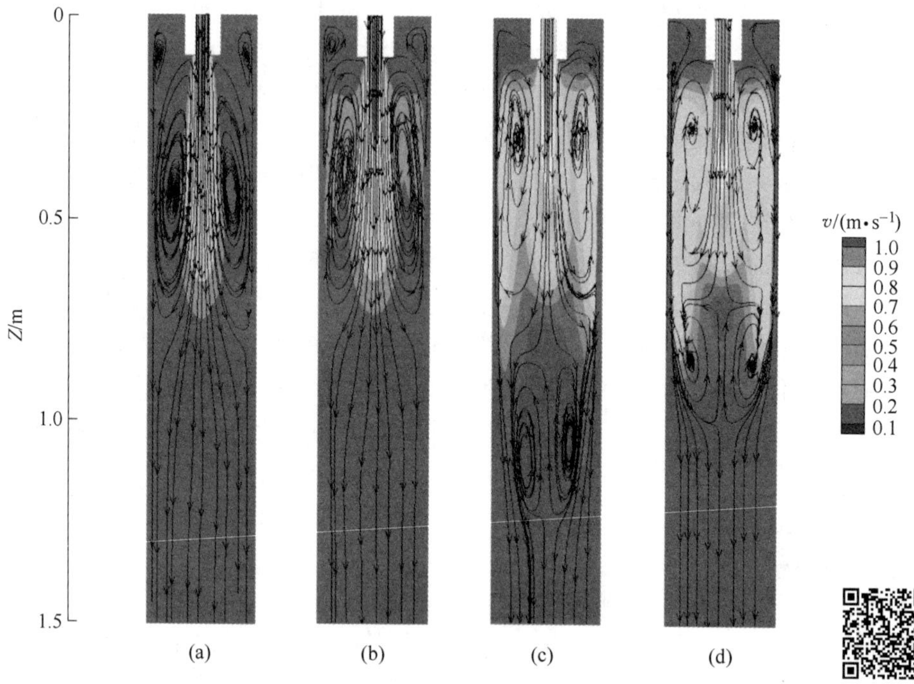

图 6-23　不同电流强度下宽面中心对称面的速度云图与流线图　扫码看彩图

（a）0 A；（b）200 A；（c）350 A；（d）500 A

6.5.3.2　溶质场

图 6-24 显示了不同电流强度下结晶器上部湍流区域范围内宽面中心对称面（$X=0$ m）

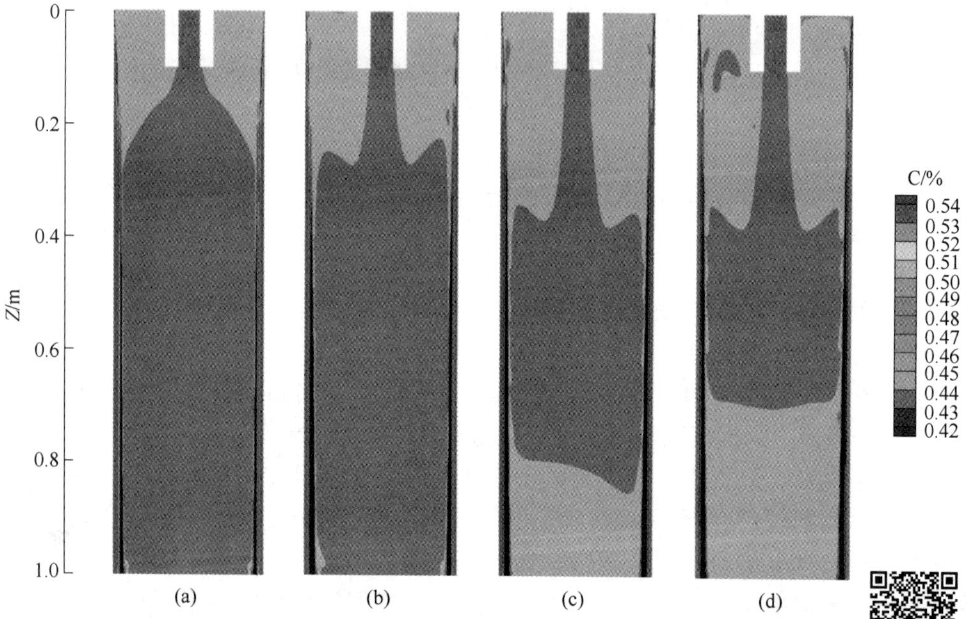

图 6-24　不同电流强度下结晶器区域连铸坯宽面中心对称面上 C 元素分布　扫码看彩图

（a）0 A；（b）200 A；（c）350 A；（d）500 A

上的 C 元素分布情况。图中可见，因受到热浮力与溶质浮力的综合影响，溶质含量较高的钢水在上回流区的作用下上浮到弯月面区域，使弯月面区域出现了溶质元素正偏析；而且，电流强度越大，钢水冲击深度越浅，弯月面处的偏析程度越高。由于弯月面处的钢水凝固速度较快，富集的溶质被初始凝固的坯壳捕捉，导致初生坯壳边缘产生正偏析。此外，由于溶质元素在固相中的溶解度小于在液相中的溶解度，随着凝固的进行，C 元素在固液相中进行再分配，凝固界面上排出的 C 不断富集于液相中，因此凝固坯壳中的 C 含量低于未凝固的钢液中的 C 含量；由于强烈的流动作用，坯壳表层一定深度处形成了负偏析。

图 6-25 显示了不同电流强下结晶器出口处（$Z=0.645$ m）铸坯横截面上的 C 元素分布情况。图中看出，与对称面上的 C 元素分布相符，随着电流强度的增加，连铸坯边缘与角部的正偏析程度升高。然而，电流强度越大，连铸坯表面附近的负偏析程度也越明显。这是由于电流强度越大，M-EMS 搅拌钢水的水平旋流速度越大，对凝固前沿的冲刷作用也越强，降低了凝固界面的溶质富集，进而加剧了 C 元素的负偏析程度。由于连铸坯角部的流速较慢，对凝固坯壳的冲刷较弱，角部的负偏析程度较低。

扫码看彩图

图 6-25 不同电流强度下结晶器出口截面上的 C 元素分布情况
(a) 0 A；(b) 200 A；(c) 350 A；(d) 500 A

图 6-26 为距离弯月面 2 m 处不同电流强度下连铸坯宽面方向上的 C 元素浓度分布。

从图中可以看出，随着电流强度增加，连铸坯中心液相穴内的 C 元素浓度升高；电流强度为 0 A、200 A、350 A 和 500 A 时，连铸坯液相穴内 C 元素的最大质量分数分别为 0.4846%、0.4865%、0.4876% 和 0.4884%。将靠近连铸坯表层的区域放大（距表面 40 mm），其与 C 元素云图呈现相似的规律。由于电磁搅拌可促使富集溶质 C 的钢水上浮至弯月面，连铸坯表面的正偏析程度随着电流强度的增加而升高。当坯壳形成之后，在水口上回流与电磁搅拌旋流冲刷的双重作用下，连铸坯表层开始出现负偏析。随着电流强度增加，C 元素的负偏析程度增大；同时，最大负偏析出现在距离铸坯表面约 12.5 mm 处，与搅拌器中心位置（Z=0.45 m）处的坯壳厚度相符，也就是说，在冲刷最强的位置形成了最大负偏析。在 0 A 与 350 A 工况下，于连铸坯宽面中心线上距铸坯表面 10 mm 处钻屑测定了 C 元素的含量，对比可见，实测结果与计算结果的误差较小，说明模型结果比较可靠。

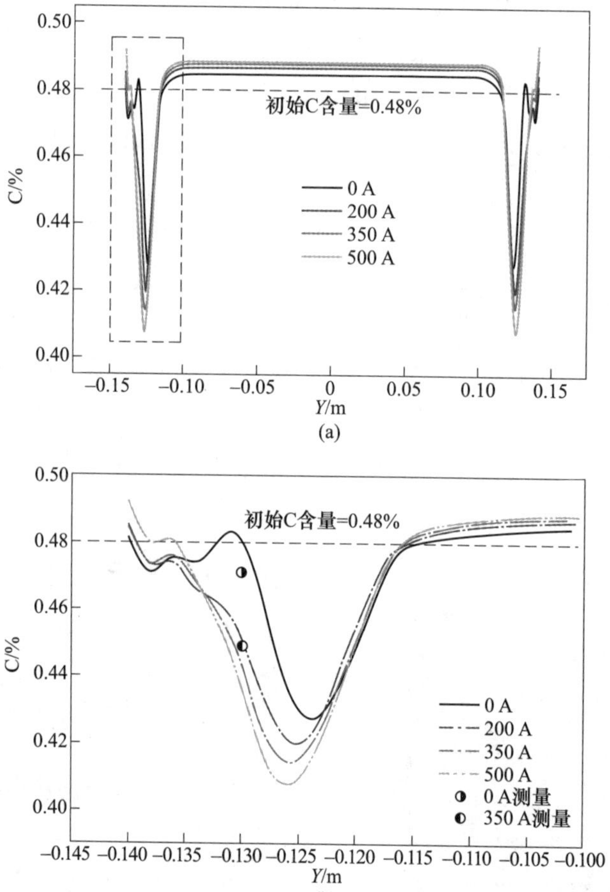

扫码看彩图

图 6-26　不同电流强度下 Z=2 m 处铸坯宽面方向上的 C 元素分布情况

（a）宏观；（b）表层局部

扩展阅读　F-EMS 对凝固末端钢的凝固传输行为的影响

扫码看资源

F-EMS 对流动和溶质分布的影响

思 考 题

1. 凝固过程的传输行为分为哪三类，分别对应于哪些现象？
2. 推导傅里叶传热定律。
3. 导热系数的概念是什么，常见物质导热系数的范畴是什么？
4. 凝固过程的热量传输与热处理有何区别，如何处理？
5. 推导菲克第一定律。
6. 扩散系数的概念是什么，钢中不同溶质扩散系数的范围如何？
7. 凝固过程的质量传输与热处理有何异同，如何处理？
8. 推导牛顿黏性定律。
9. 黏度的概念是什么，动力黏度和运动黏度有何区别？
10. 欧拉方程和纳维-斯托克斯方程的描述对象分别是什么，二者有何区别？
11. 层流和湍流的概念是什么，如何判定？
12. 湍流的描述模型有哪几种，分别具有什么特征？
13. 流动和传热、传质之间的关系是什么？
14. 凝固过程的动量传输与常见流体行为有哪些区别？

参 考 文 献

[1] 孙天亮 . 不同凝固潜热处理方法对计算铸坯温度场影响的评估 [C]//中国金属学会 . 冶金自动化信息网年会论文集，2004.

[2] 李东辉，高云宝，辛启斌，等 . 铸件凝固潜热的处理方法与应用研究 [J]. 铸造，2004，53 (12)：1005-1007.

[3] Ludwig A，Wu M. Modeling of globular equiaxed solidification with a two-phase approach [J]. Metallurgical and Materials Transactions A，2002，33 (6)：3673-3683.

[4] Smagorinsky J. General circulation experiments with the primitive equations：I. The basic experiment [J]. Monthly Weather Review，1963，91 (3)：99-164.

[5] 张兆顺 . 湍流大涡模拟的理论与应用 [M]. 北京：清华大学出版社，2008.

[6] Voller V R，Prakash C. A fixed grid numerical modelling methodology for convection-diffusion mushy region phase-change problems [J]. International Journal of Heat and Mass Transfer，1987，30 (8)：1709-1719.

[7] Poole G M. El-Kaddah N. An improved model for the flow in an electromagneticallystirred melt during solidification [J]. Metallurgical and Materials Transactions B，2013，44 (6)：1531-1540.

[8] Jiang D，Wang W，Luo S，et al. Mechanism of macrosegregation formation in continuous casting slab：a numerical simulation study [J]. Metallurgical and Materials Transactions B，2017，48：3120-3131.

[9] Wu M，Domitner J，Mayer F，et al. A numerical study on the principle of mechanical softreduction for reducing the centerline segregation in slab casting [C] //Proceedings of the 4rd Int. Conf. Simulation and Modeling in Metallurgical Processes in Steelmaking (STEELSIM 2011)，2011.

[10] Wu M，Domitner J，Ludwig A. Using a two-phase columnar solidification model to study the principle of mechanical soft reduction in slab casting [J]. Metallurgical and Materials Transactions A，2012，43：945-964.

[11] Jiang D，Wang W，Luo S，et al. Numerical simulation of slab centerline segregation with mechanical reduction during continuous casting process [J]. International Journal of Heat and Mass Transfer，2018，

122: 315-323.

[12] Mizikar E A. Mathematical heat transfer model for solidification of continuously cast steel slabs [J]. Transtions of TMS-AIME, 1967, 239 (11): 1747-1753.

[13] Savage J, Pritchard W H. The problem of rupture of the billet in the continuous casting of steel [J]. Journal of the Iron and Steel Institute, 1954, 178 (3): 269-277.

[14] Mizikar E A. Spray cooling investigation for continuous casting of billets and blooms [J]. Iron and Steel Engineer, 1970, 6: 53-60.